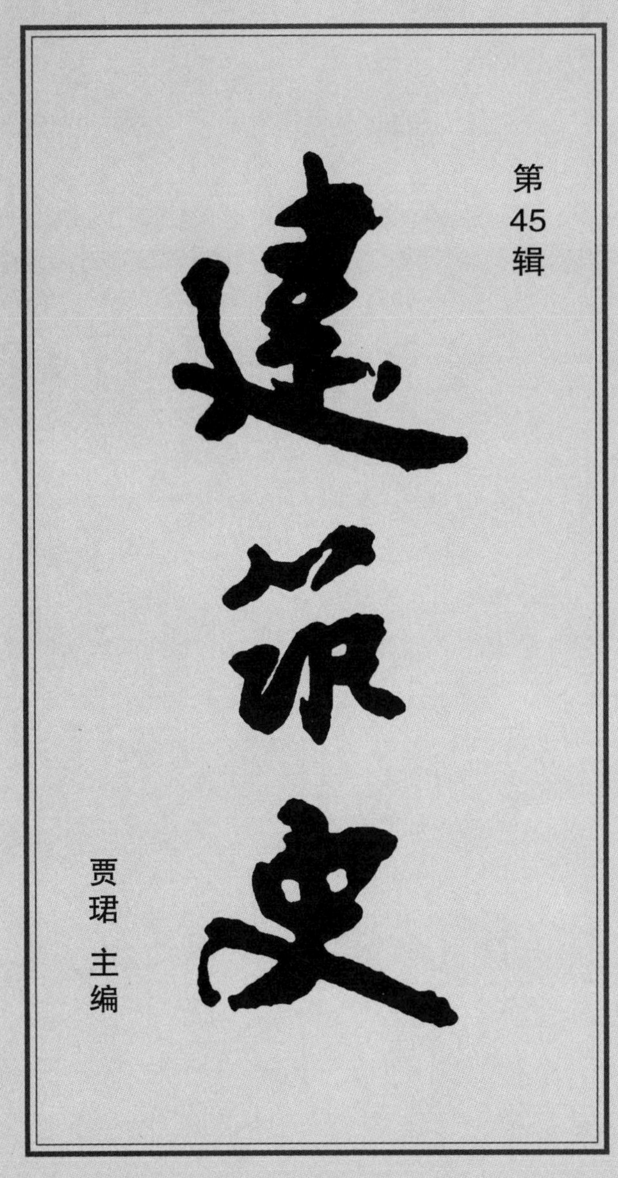

清华大学建筑学院 主办

中国建筑工业出版社

目　录

唐代斗栱与清官式斗栱的挑檐性能对比

——兼论斗栱演变的力学因素

刘天洋　周晶　Wael M. Y. Shehab

（西安交通大学）

摘要：本文设计了唐代斗栱与清官式斗栱简化模型，应用力学领域的有限元模拟方法，并开创性地应用数字图像相关实验方法，以模拟和实验两种方式获得了斗栱模型在竖向载荷产生的弯矩下关键构件的角刚度，进而定量对比了唐代斗栱与清官式斗栱的挑檐性能。模拟结果显示，唐代斗栱角刚度比清官式斗栱高约一倍；清官式斗栱模型的实验结果与有限元模拟基本吻合，其承力模式较为简明；而唐代斗栱模型的实验结果表现出了特殊的粘连-锁死区效应，其角刚度也远小于模拟结果。以上结果说明，从唐代到清代，斗栱的演变出现了两种趋势：其一是挑檐性能难以强化，其二是承力模式趋于简化。基于这些定量结果，本文总结出斗栱形制演变中的两个重要线索，对进一步探寻斗栱演变的推动力具有一定的启发意义。

关键词：斗栱演变，挑檐性能，角刚度，有限元模拟，数字图像相关方法

Comparisons of Overhanging Performance of Dougong in Official Buildings in Tang and Qing Dynasties

—On the Mechanic Elements of the Evolution of Dougong

LIU Tianyang, ZHOU Jing, Wael M. Y. Shehab

Abstract: This paper designs and applies simplified models of the Dougong in the Tang and Qing dynasties, using the Finite Element Method and a pioneering experimental method that measures displacement field with DIC, as well as simulation and experiment, to obtain the angular stiffness of the key components of the Dougong model under the bending moment caused by vertical load, and quantitatively compares the mechanical properties of Dougong in Tang and Qing dynasties from the perspective of supporting eaves. The simulation results show that the angular stiffness of Dougong in Tang dynasty is about twice as high as that of Dougong in Qing dynasty. The experimental results of the model of Dougong in the Qing dynasty are basically in agreement with the results of finite element simulation, and the bearing mode of Dougong in Qing dynasty is concise. The experimental results of the model of Dougong in the Tang dynasty show a special adhesion-locking zone effect, and the angular stiffness of Dougong in the Tang dynasty is also much smaller than the simulation results. The above results show that from Tang to Qing dynasties, there are two trends in the evolution of Dougong: one is that it is difficult to strengthen the performance of cornice, the other is the simplification of the bearing mode. Based on these quantitative results, this paper summarizes two important clues in the evolution of Dougong, which has certain enlightening significance for further exploring the driving force of the evolution of Dougong.

Key words: the evolution of Dougong; performance of overhanging eaves; angular stiffness; finite element simulation; digital image correlation method

一　前言

斗栱是中国古代建筑，以及受中国辐射的东亚地区建筑极富代表性的组成部分。它不仅富有装饰性，而且以复杂而精巧的结构完成着建筑的综合功能。其中，挑檐是斗栱的主要功

能之一。从建筑历史的角度来说，唐代建筑是中国木结构建筑有现存实例可考的最早的成熟形制，而清官式建筑是中国古代最后一种成熟的木结构建筑形制。这“一头一尾”之间的演变，集中反映了中国木结构一千多年的演变。而这一演变的前后差别，突出地体现在斗栱形制上。

唐代斗栱不仅用料大、整体体量大，而且与梁栿紧密结合，组成具有复合功能的整体，完成承挑出檐、维护结构稳定等一系列功能。清官式斗栱用料小、体量小，不直接承担挑檐的功能，几乎可以视作几层富有装饰性的垫木，位于真正用来挑檐的桃尖梁头之下。从唐代到清代，斗栱发生如此巨大的改变，其背后一定有内在的推动力。

现有斗栱形制的研究多针对某一特定实例，如佛光寺东大殿、应县木塔等，特殊性较强，难以得出某个时代斗栱模型的定量认知。而唐代斗栱与清官式外檐斗栱的挑檐性能对比研究目前多停留在定性角度，定量的认识较为缺乏。然而，要想深入揭示不同时代斗栱之间的挑檐性能差别，从结构性能差异的角度解释斗栱形制的演变，定量的对比研究必不可少。

为了定量对比唐代斗栱与清官式斗栱的挑檐性能，本研究设计出唐代斗栱与清官式斗栱简化模型，通过力学领域的有限元模拟方法和开创性的数字图像相关实验方法获得了两种模型关键构件的角刚度[1]，对两模型的力学结构进行对比研究；并且在模拟与实验结果的基础上，结合建筑历史发展过程，初步探讨了结构因素对斗栱形制演变的影响，丰富了关于斗栱形制演变内在推动力的研究。

[1] 本文研究的角刚度，均为斗栱在承受竖向载荷时表现出的角刚度，下文中简称为角刚度，不再重复说明。

二　斗栱力学模型

1. 模型设计

斗栱的种类纷繁多样，其中承担挑檐功能的是外檐斗栱。外檐斗栱可大致分为柱头斗栱、补间斗栱与转角斗栱三种。其中柱头斗栱相比于转角斗栱更具有结构上的典型性，且承担外檐主要的竖向载荷，因此研究选取唐代和清官式的外檐柱头斗栱作为原型进行简化。而简化原型的具体形制与尺度，需要综合考虑代表性、可比性等原则进行确定。

（1）代表性

在现存的唐代建筑，以及与之时代相近的辽宋金时期建筑中，四或五铺作（衬头方与耍头省去其一，或不省）出双杪斗栱的运用是比较普遍的；而这种普遍不仅体现在数量上，也体现在遗存建筑的体量与年代跨度大、形式与结构多样上。表1列举了部分在外檐柱头使用四或五铺作斗栱的建筑实例。

表1　唐代到辽宋金时期部分使用出双杪斗栱的建筑实例（表格来源：作者自制）

	名称	年代	体量	建筑形式	结构类型	外檐柱头斗栱
1	南禅寺大殿	唐建中三年（公元782年）	三开间四架椽，通面阔约11.6米，通进深约9.9米	单层单檐厦两头	厅堂结构	四铺作出双杪（省去衬头方）
2	广仁王庙正殿	唐大和六年（公元832年）	五开间四架椽，通面阔约11.5米，通进深约4.9米	单层单檐厦两头	厅堂结构	四铺作出双杪（省去耍头）
3	平顺大云院	后晋天福五年（公元940年）	三开间六架椽，通面阔约11.5米，通进深约10米	单层单檐九脊顶	具有殿堂结构的层叠式特征	五铺作出双杪
4	阁院寺文殊殿	辽	三开间六架椽，通面阔约16米，通进深约15.7米	单层单檐厦两头	厅堂结构	五铺作出双杪

续表

	名称	年代	体量	建筑形式	结构类型	外檐柱头斗栱
5	独乐寺山门	辽统和二年（公元984年）	三开间四架椽，通面阔约16.6米，通进深约8.8米	单层单檐四阿顶	殿堂结构分心斗底槽	五铺作出双杪
6	宝坻三大士殿	辽太平五年（公元1025年）	五开间八架椽，通面阔约24.5米，通进深约18米	单层单檐四阿顶	厅堂结构带有一定殿堂特点	四铺作出双杪（省去衬头方）
7	开善寺大殿	辽	五开间六架椽，通面阔约24.8米，通进深约14.4米	单层单檐四阿顶	厅堂结构	四铺作出双杪（省去衬头方）
8	华严寺薄伽教藏殿	辽重熙七年（公元1038年）	五开间八架椽，通面阔约25.7米，通进深约18.6米	单层单檐九脊顶	殿堂结构金厢斗底槽	五铺作出双杪
9	应县木塔副阶与第四明层	辽清宁二年（公元1056年）	全塔五明层四平座层，高约67米	多层建筑的腰檐	殿阁式	五铺作出双杪
10	善化寺大雄殿	辽	七开间十架椽，通面阔约41米，通进深约25米	单层单檐四阿顶	厅堂结构带有一定殿堂特点	五铺作出双杪
11	华严寺大雄殿	金天眷三年（公元1140年）	九开间十架椽，通面阔约53.7米，通进深约27.4米	单层单檐四阿顶	厅堂结构带有一定殿堂特点	五铺作出双杪
12	善化寺普贤阁	金贞元二年（公元1154年）	两明层，中间有一平座层，一层通面阔与通进深均约为10.4米	多层建筑上层厦两头	规模较小且无内柱但结构层叠如殿阁式	上下层与平座斗栱均为四或五铺作出双杪

从表1可知，从唐代到辽宋金时期的数百年间，四或五铺作出双杪斗栱的运用范围，跨越了从三开间四架椽到九开间十架椽的建筑体量，从单层建筑到楼阁的建筑形式，从殿堂式结构到厅堂式结构再到兼有二者特点的结构类型。如此广泛的运用，说明其在多样的斗栱配置种类里具有一定典型性。其结构繁简适中，尺度灵活，对于建筑体量不太大（如九开间及以上），檐出不追求特别广远的建筑，均可以满足承挑出檐的需要，亦可通过调整斗栱用材尺度，增加或省去令栱、替木等构件，符合于当时檐高、斗栱高与柱高之间的常用比例❷。

金代及以前的木结构建筑上，真昂的使用是比较普遍的。但是，一方面清官式斗栱全用假昂，与用真昂的唐代斗栱之间的差别较为复杂。将它们作为对比对象，不利于从力学的角度分析斗栱形制变化与挑檐性能差异之间的关系。另一方面，真昂对斗栱挑檐性能的影响，以及真昂发展过程中的力学因素，均是较为复杂关键的命题，非本文可以容纳，需另辟专文探讨。

只用单杪的斗栱，其结构过于简单，不能反映复杂斗栱的挑檐性能，尤其是无法充分反映重叠的斗栱构件对其挑檐性能的影响。而用两杪的斗栱可以比较充分地反映横截面规格相近的多层重叠构件组合而成的整体性能。用三杪及以上的斗栱不仅在实例中应用范围较小，其性能与两杪斗栱之间亦无本质区别。

在现存更为复杂的双杪双下昂斗栱实例上，如佛光寺大殿、独乐寺观音阁等处，均可以看到“一三跳偷心，二四跳计心”的做法。计心做法不仅加强了各朵斗栱之间的水平联系，同时也通过华栱、交互斗、横栱之间的榫卯咬合，起到了固定斗栱各层水平位置、限制各层华栱之间错动的功能，影响了斗栱承受竖向载荷时的形变。因此计心做法对斗栱挑檐性能的影响是不能完全忽视的。

唐代到辽宋金时期，梁栿与斗栱往往组成一体。南禅寺大殿、广仁王庙大殿、佛光寺东大殿等唐代建筑的外檐柱头斗栱中，第二跳华栱均为梁栿伸出而成（图1）。如将梁栿截断，仅保留伸入斗栱的部分，势必影响到斗栱的挑檐性能，且梁断面的限制条件难以确定，即使确定，在实体模型实验时也难以实现。另外，伸出的梁栿有两种，其一是南禅寺大殿、广仁王庙大殿的

❷有学者指出，唐宋时期木结构建筑的檐高与柱高之间有着约为$1/\sqrt{2}$的常见比例，具体参见参考文献［11］。

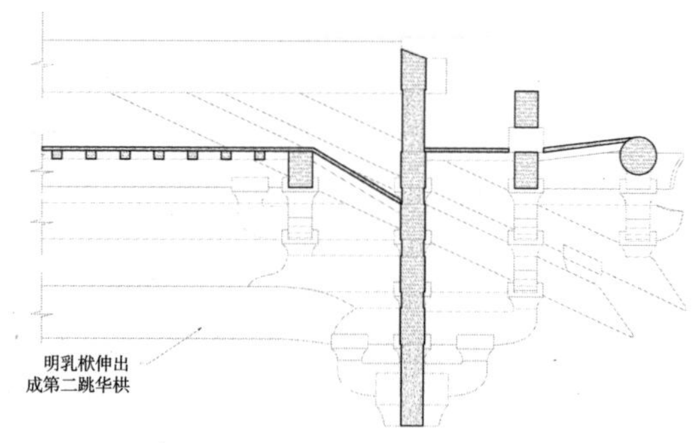

图1 佛光寺东大殿明栿与斗栱关系（图片来源：作者自绘）

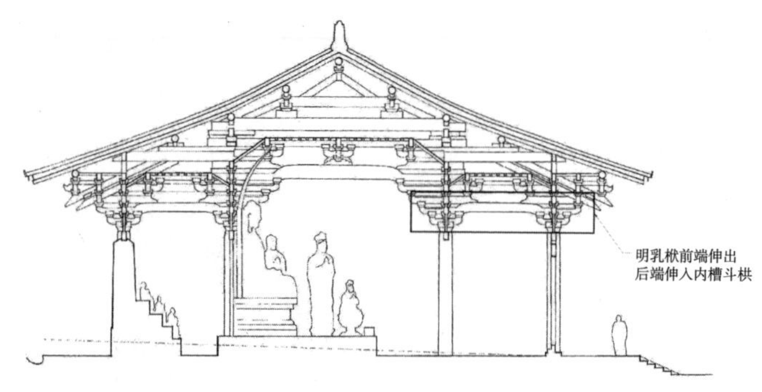

图2 殿堂结构中明乳栿位置（图片来源：根据文献［9］中的图3-7-20改绘）

厅堂式结构梁栿，其直接承接屋顶重量；其二是佛光寺大殿的殿堂结构明栿，只承担天花重量，其后尾伸入内槽斗栱中（图2）。殿堂结构在唐代及以后的很长一个时期里，是中国高等级木结构建筑的常用结构，代表了当时木结构建筑的水平。因而将斗栱放在殿堂式结构的环境中进行研究，更能代表唐代斗栱的性能水平。

综上所述，在唐代殿堂式结构环境下，以乳栿伸出作为第二跳华栱的四铺作双杪计心造斗栱，繁简适中，代表性强，故而以之作为唐代斗栱模型的原型。其各层出跳距离以及细部尺寸，均参考佛光寺大殿尺寸与《营造法式》相关规定等比缩小而来。与之对应地，清代选取五踩重翘柱头科斗栱，其做法与具体尺寸按照雍正年间颁布的《工部营造则例》[1]简化确定，桃尖梁后尾按照清官式建筑常见做法入金柱。

（2）可比性

唐代斗栱与清官式斗栱有很大的差异，为保证二者在实验中的可比性，首先使二者用材种类一致。鉴于现存的唐代建筑和大部分清官式建筑均位于北方，故选取北方常见的建筑木材——东北红松作为材料。其次，设定两个模型各自对应的建筑原型整体体量大体相等，具体来说，设定它们对应的建筑原型的檐柱与内柱之间距离均为5米，以此确定乳栿与桃尖梁的长度。另外，设定唐代斗栱用材约相当于《营造法式》中的一等材，单材截面为宋尺9寸×6寸。考虑模型制作的精度限制和两种模型用材量需保持一致等因素，确定唐代斗栱模型用材截面尺寸为单材22.5毫米×15毫米，足材高31.5毫米。清官式斗栱用当时一般建筑常用的第九等斗口[2]，标准截面为清尺4寸×2寸。考虑唐代与清代模型缩小比例一致和模型制作的精度限制等因素，确定清官式斗栱模型用材标准截面尺寸为10毫米×5毫米[3]。经测算，两个模型的体积均为600余立方厘米，差别小于5%，在用料数量上保持相对一致，具有量化的可比性。

（3）简化措施

首先，去掉单纯的艺术做法，比如栱头卷杀、斗欹内顱、梁头雕刻霸王拳、蚂蚱头等。其次，简化不承担挑檐功能的构件，如去掉斗栱上层的衬头枋、替木等。此外垂直于出跳方向的罗汉枋、柱头枋、令栱、井口枋等，在单纯受竖向载荷的情况下不受弯或受压，类似于固定斗栱各层构件水平位置的卡子，因而保留其固定斗栱各层水平位置的功能，缩短其长度。另外，清官式斗栱模型中除坐斗以外的斗、升等在缩小后尺寸极小，不仅难以加工，而且对于模型的性能影响甚微，因而全部省略。清官式建筑实例中也常见“贴耳斗”等做法，说明此类构件结构意义已经大为弱化。模型还中省略了一些不关键的细节做法。如按照清官式做法，正心瓜栱、正心万栱与坐斗等构件需增加栱垫板厚度，模型中省略之。简化后的斗栱几何模型如图3所示。

[1] 本文参考的《工部营造则例》做法，来自经梁思成先生等人总结考证校订后的版本。具体参见参考文献［5］。

[2] 清官式做法中斗口分十一等，其中前三等不见有实物或记载使用，第四等理论上可以用于城门楼等大建筑，重建于清康熙年间的故宫太和殿斗口仅用第七等，其他各种建筑多使用九等斗口。具体参见参考文献［9］。

[3] 所谓“标准截面尺寸”与模型中柱头科构件实际截面尺寸不同，但后者可根据前者按《工部营造则例》推算而来。

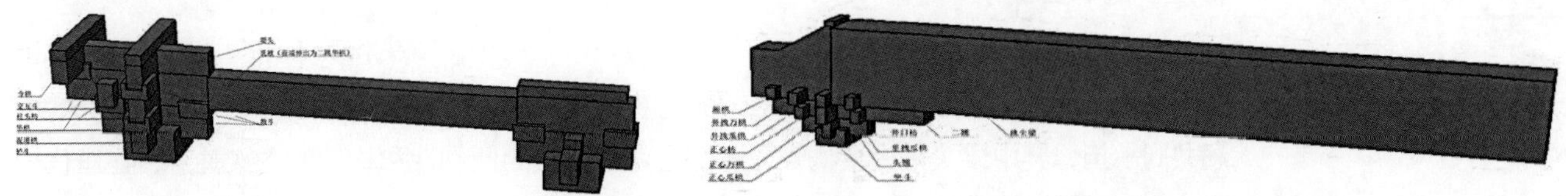

图3 简化斗栱几何模型（上为唐代，下为清代）（图片来源：作者自绘）

2. 载荷分析

（1）载荷分配比例

对于唐代模型（图4）来说，其乳栿后端，即③处承担了区域C和区域B的一半重量；其柱头正上方，即②处承担了区域B的一半与区域A的一部分；其斗栱挑檐处，即①处承担了区域A的大部分。区域A、B、C的重量比约为4：5：10。综合考虑区域A、B之间的复杂关系后，确定①、②、③三处载荷大小之比为1：1：3。

对于清代模型（图4）而言，正心桁（A处）和挑檐桁（B处）之间距离在真实建筑中只有不足四十厘米，对于其上承托的长五米左右的檐椽来说很小，可以看作一个点。故设定A、B之间的载荷比例为1：1。

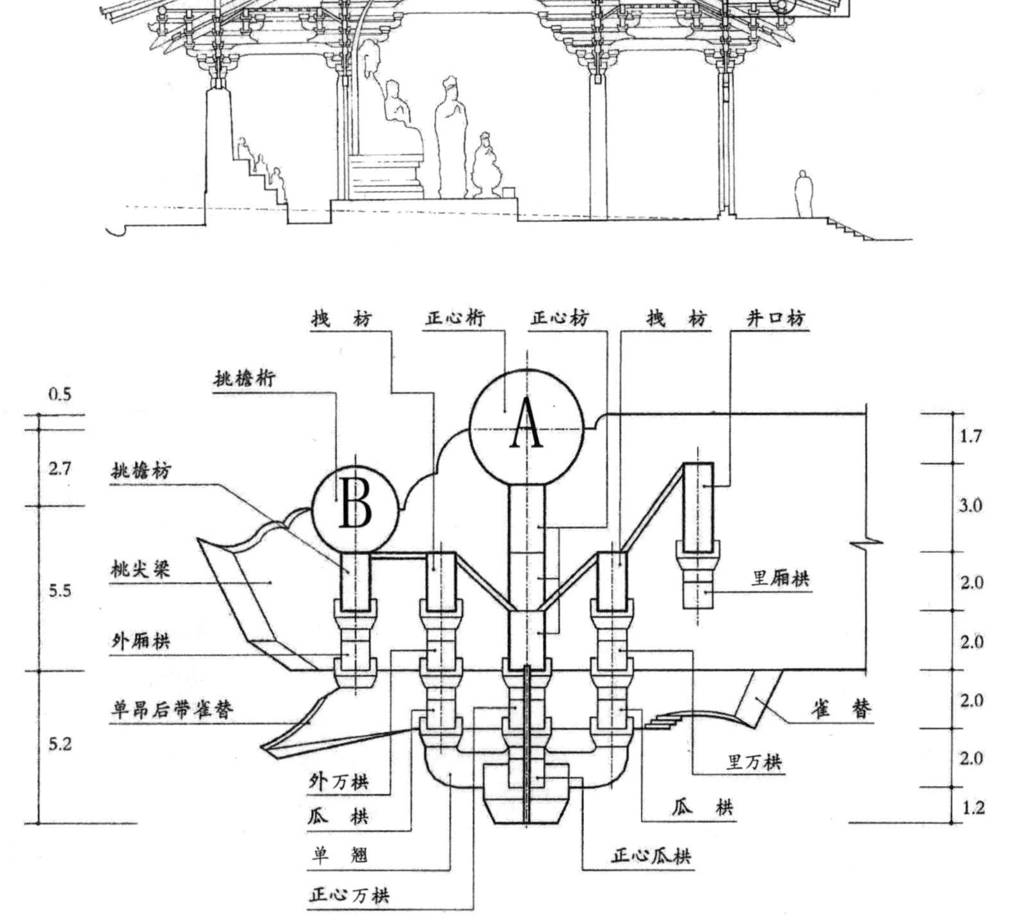

❹底图来自文献［8］：529.

❺底图来自文献［10］：454.

图4 载荷分配比例说明（上❹为唐代，下❺为清代）

（2）选取主要考察对象

唐代斗栱的挑檐重量集中在耍头前端上，因而产生弯矩，耍头和其下的两层华栱共同承担这一弯矩。清官式斗栱的挑檐重量集中在桃尖梁头的前端，其产生的弯矩由梁头和其下的头翘、二翘共同承担，其中梁头是主要的部分。综合考虑测量的便利性和构件的主次关系，在唐代模型中选取与乳栿相连的第二层华栱作为主要的考察对象，在清代模型中选取桃尖梁为主要的考察对象。

3. 边界条件分析

柱头斗栱与其下的柱通过榫卯紧密结合，而且柱与斗栱相比竖向与横向刚度很大，因此斗栱下端面可视为固定位移约束。唐代由上述载荷分析可将挑檐端与后尾载荷确定为2：3，即在后尾使用60%的载荷固定；清代桃尖梁后尾常有穿入柱中的做法，可视为固定端约束。

三 有限元模拟与实体模型实验

1. 有限元模拟

木材材料本构关系表现为复杂的各向异性特征，但在弹性阶段可简化为正交各向异性，且实际构件弦向与径向的差别很小，因此实质为横观各向异性材料，每一构件的主方向与实际保持一致。

由于木材的材料参数会随着含水量的变化而改变，在确定木材材料参数时需要考虑实际木材的含水量。实验中采用的东北红松含水量为17.0%，基于陈志勇等在特定含水量情况下所获得的材料参数，并结合所用构件含水量根据公式（1）调整材料参数。其中W_1、W_2为不同的含水量，a为各材料参数的比例系数，具体数值可参见陈志勇等的研究。

$$X_{W_2}=X_{W_1}[1+a(W_1-W_2)] \tag{1}$$

调整所得有限元模拟中的材料参数如下表所示。其中E_1为顺纹拉压模量，E_2和E_3为横纹拉压模量，G_{12}、G_{13}和v_{12}、v_{13}分别为纵截面的剪切模量和泊松比，G_{23}和v_{23}分别为横截面的剪切模量和泊松比。

表2 木材材料参数[3]

E_1（MPa）	E_2（MPa）	E_3（MPa）	G_{12}（MPa）	G_{13}（MPa）	G_{23}（MPa）	v_{12}	v_{13}	v_{23}
12341	231	231	840	840	687	0.133	0.133	0.436

本文基于通用ABAQUS有限元软件，对唐代斗栱和清官式斗栱的简化模型进行了几何建模，同时在模型对应的静力受压工况下进行了数值模拟，获得了斗栱在竖向静力荷载作用下的内力和变形特点，并定量计算出角刚度值。几何建模针对简化模型1：1建立，两个模型的底座与右端固定，载荷与最大设计实验载荷一致。接触采用ABAQUS最常用的各部件外表面接触，接触模型为摩擦系数为0.35的带摩擦软接触。网格划分以六面体网格C3D8R为主，对于少数难以划分的构件采用四面体网格C3D10。模拟所得的唐代模型与清代模型的竖直位移云图模拟结果见图5。

在竖直位移云图的基础上，分别提取唐代模型和清代模型关键点的数值位移值，得到位移斜率，即转角的近似值，再结合相应加载情况下所施加的弯矩，可以得出两种模型的角刚度。具体结果见表3。

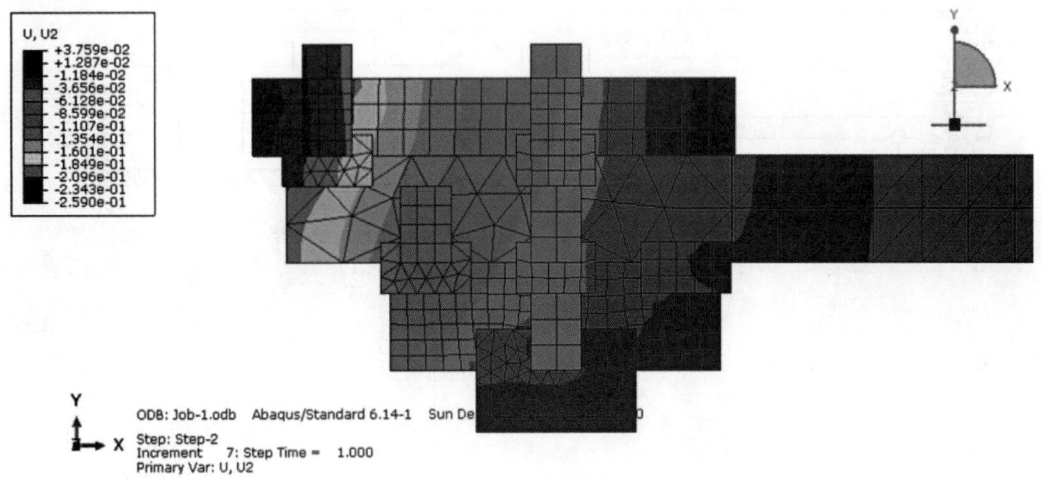

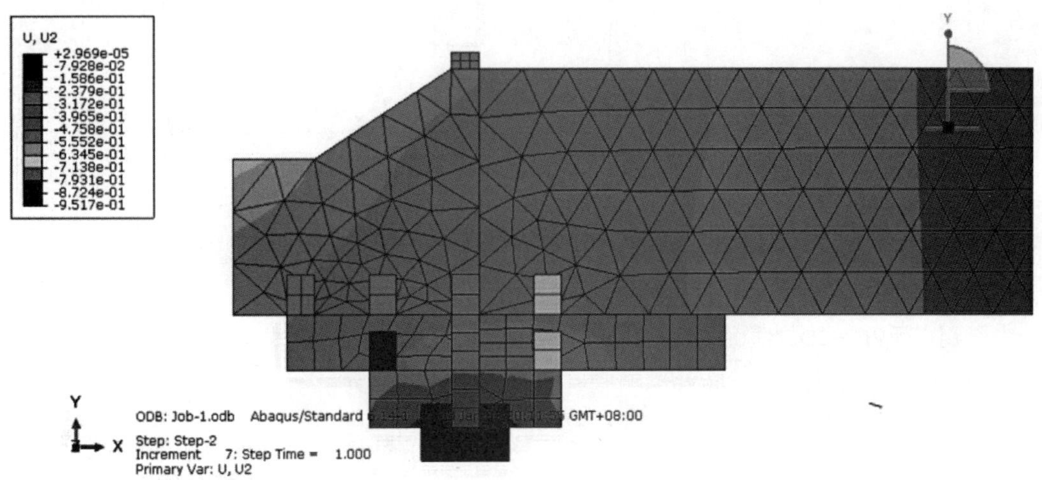

图5 有限元分析位移结果云图（上为唐代，下为清代）（图片来源：作者自绘）

表3 模拟结果计算表（表格来源：作者自制）

计算值	X（mm）	U_2（mm）	斜率	施加弯矩（N·mm）	刚度 $\times 10^6$（N·mm / rad）
唐代模型	0	−0.0734	0.0018	13800	7.667
	−32.881	−0.1347			
清代模型	0	−0.5152	0.0046	16250	3.533
	−7.291	−0.5581			

其中，X代表所取关键点在O−xyz坐标系中的x坐标值，X=0即表示斗栱中间不承受弯矩的点；U_2表示对应关键点的竖向位移值，负号即表示位移向下。模拟结果显示唐代斗栱模型角刚度是清官式斗栱模型角刚度的两倍。

2. 竖向静力逐级加卸载实验

模型实验装置如图6所示。

测量装置为DIC−2D图像相关分析系统，利用照相机对每次加载卸载后的斗栱模型进行拍照并通过斑点相关性得到斗栱模型的位移场。模型实验加载过程如图7所示。

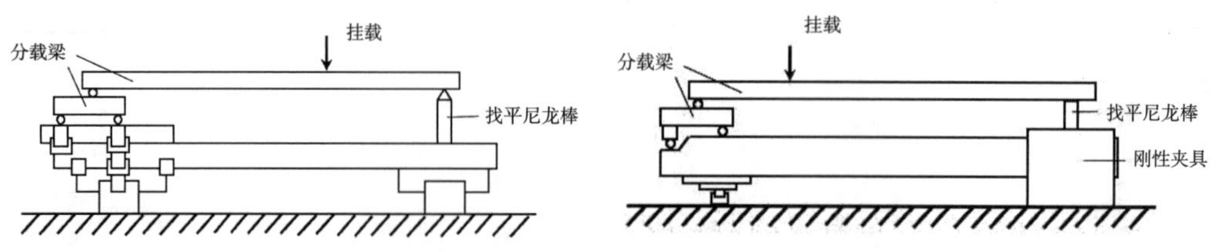

图6 实验装置图（左为唐代，右为清代）（图片来源：作者自绘）

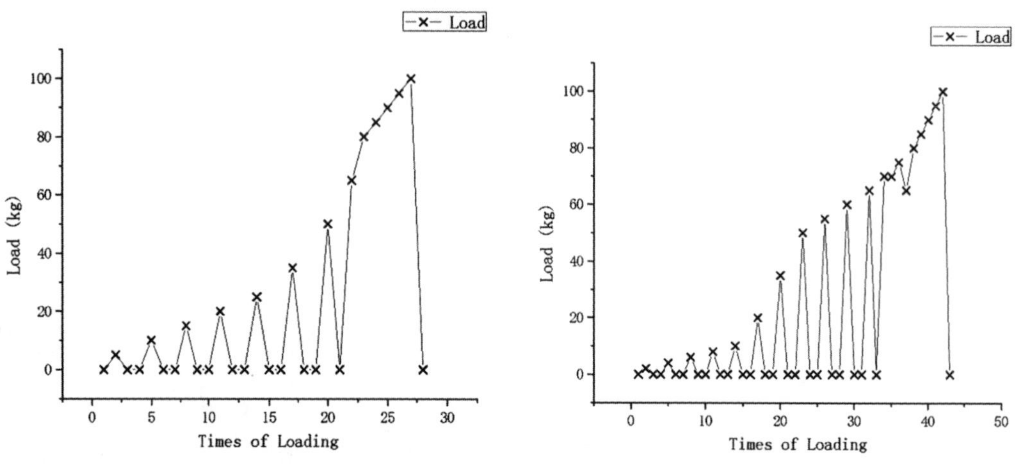

图7 加卸载方案（左为唐代，右为清代）（图片来源：作者自绘）

使用正版VIC-2D软件将加载—卸载过程中拍摄的照片与未加载时的照片对比从而获得位移场。处理流程如图8所示。

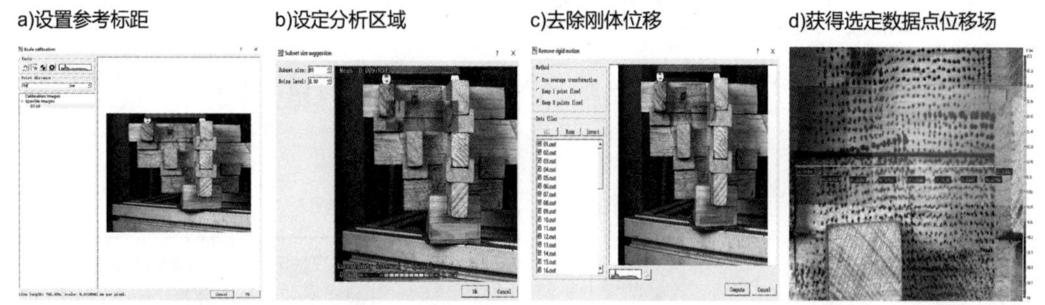

图8 数据处理流程（图片来源：作者自摄）

3. 实验结果与模拟结果比对分析

通过实验所得两模型加卸载完整过程的载荷—转角曲线，计算每一个加卸载节点的刚度值：$K=\dfrac{M}{\Theta}$，同时与模拟结果作对比（图9，图10）。

由图9、图10可知，清官式斗栱模型的实验值与模拟值有一些差别，但趋势上是一致的，而且其每次卸载后的转角均恢复在零值附近，几乎无不可恢复变形。而唐代斗栱实验的结果与模拟结果相差较大，卸载后转角并未恢复到零值附近，而是有增加的趋势。且其角刚度远小于模拟结果，而与清官式斗栱相近。若是考虑该特殊特征带来的大量额外转角，从最后的趋势上可以预料到其角刚度将大于清官式斗栱模型。

唐代斗栱模型表现出的独特实验现象，其特征在于转角位移量主要受加载—卸载循环的影响。综合以上信息，分析其主要原因为唐代斗栱模型中大量截面尺寸相近的构件间的相互作用，该效应的简化说明示意图见图11。

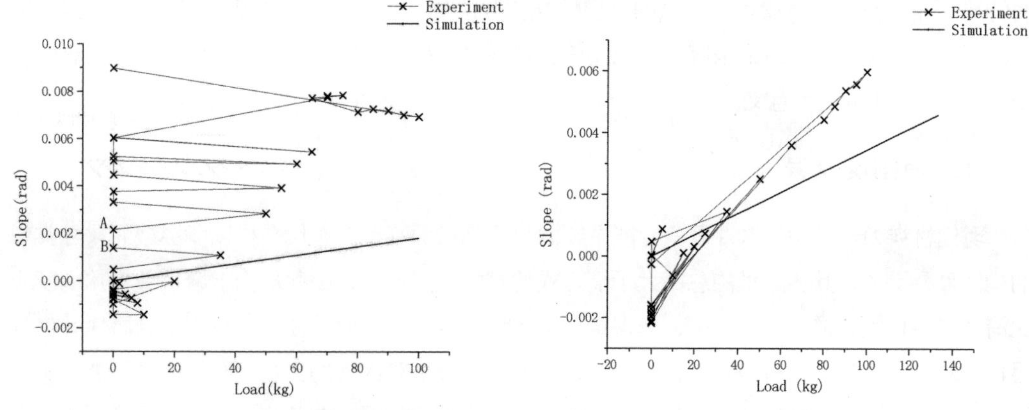

图9 载荷—转角曲线图（左为唐代，右为清代）（图片来源：作者自绘）

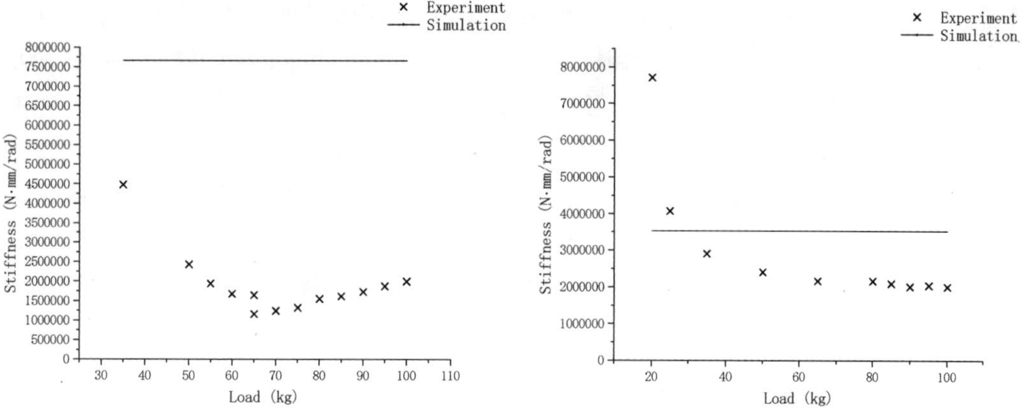

图10 载荷—斜率路径图（左为唐代，右为清代）（图片来源：作者自绘）

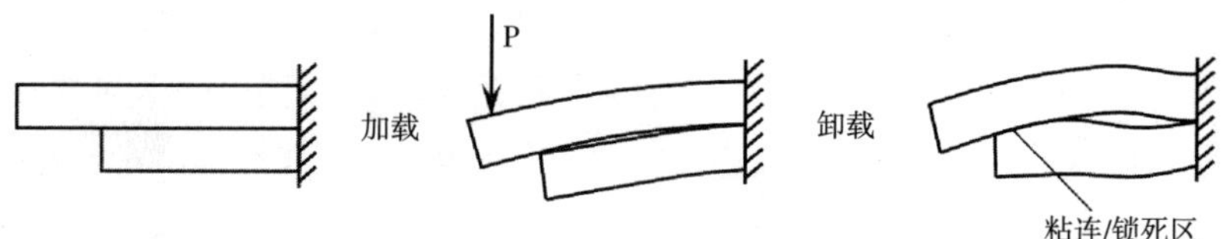

图11 唐代斗栱“粘连/锁死”效应示意图（图片来源：作者自绘）

该效应可被归结为粘连—锁死区的出现与移动，进而导致卸载时转角不断累加。根据上述解释，这一效应对循环载荷敏感，且应该有一定容限，即存在一个逐渐趋近的最大值，而不是无止境地增加下去。另外该效应在真实的复杂结构与复杂载荷综合情况下，还可能会有粘连/锁死区释放的现象。这样“粘连/锁死——释放”的过程，在诸如地震这样突发、高频次的载荷作用期间，将产生大量能量消耗，这对提高建筑物的抗震性能应具有一定的作用。

四　斗栱演变的力学因素探讨

本次研究通过仿真模拟与实体模型实验，从力学分析的角度定量揭示了唐代斗栱与清官式斗栱在挑檐方面的结构性能差异。一方面，模拟结果显示唐代斗栱模型的角刚度是清官式斗栱模型的两倍；但实体模型实验的结果说明唐代斗栱的角刚度实际上可能达不到模拟水平，仅与清官式斗栱相近。另一方面，清官式斗栱模型所表现出的挑檐性能与模拟结果大体一致，其几乎可以视为悬臂梁与其自由端下“弹簧”的结合；而唐代斗栱实体模型表现出“粘连—锁死”

的特殊性能。换言之，清官式斗栱的挑檐性能更为简明，更可预测，而唐代斗栱则较为复杂，难以用简单的弹性力学理论来解释。上述差别对探寻斗栱演变，乃至中国古代木结构建筑的演变，应具有一定的启发意义。

1. 角刚度差异

现代材料力学表明，构件受弯性能主要取决于其截面高度。唐代斗栱以多层截面尺寸类似的构件重叠而成，其各层栱的总高大于清官式建筑的桃尖梁头，因此理论上唐代斗栱角刚度应比清官式斗栱大，檐口不易下垂，模拟结果也体现了这一点。但是在工程应用中，唐代斗栱各层构件的加工精度、材料差别和构件相互之间的复杂接触等因素均会影响实际的角刚度。实体模型实验结果说明，唐代斗栱实际的角刚度与清官式斗栱相近，在某些情况下还可能更小。而且，唐代出檐远大于清代，其对斗栱施加的弯曲载荷可能更大，因而唐代建筑的檐口比较容易下垂。事实上，唐辽宋金时期的建筑在后代修缮过程中锯短出檐的现象屡见不鲜。而古代匠师受当时力学认识水平所限，在不增大用料的前提下，难以找到较大幅度增大斗栱角刚度的方法。因此，要解决檐口下垂问题，只有缩短出檐一条可行之路。出檐既短，斗栱出跳距离当然相应缩短。可见，从唐代至清代斗栱尺度的缩小，其深层原因很可能是斗栱受竖向载荷时的抗弯性能难以提高，只有缩短出檐与出跳，降低载荷以保证结构的安全。此外，在出檐缩小的同时，砖墙的应用逐渐广泛，木材防水的技术也不断进步，如元代就可能出现了“地仗”做法[❶]。中国木结构建筑越来越“耐水”，广远的出檐也逐步失去防水上的必要性，檐出与出跳的缩减因而成为必然的演变方向。

❶1925年，于赤塔（东康堆古城）附近发掘蒙古帮哥王府（成吉思汗之孙）废墟时，在残木柱上发现有“用粗布包裹涂有腻子灰，表面绘有动物形象的泥饼”，证明元代已有地仗实物。具体参见参考文献［12］。

2. 挑檐性能的复杂与简明

实体模型实验表明，清官式斗栱在承担竖向载荷时承力模式较为简明，与仅使用弹性力学分析的模拟结果大体吻合，表现出较好的可预测性。虽然从外观上看来，清代纤细繁杂的斗栱比唐代健硕的斗栱似乎更为复杂，但就力学角度而言，清官式斗栱几乎可以视为“桃尖梁+垫木”的简明组合。而唐代斗栱挑檐性能比较复杂，荷载与形变之间呈现出复杂的累加关系，与模拟结果之间存在较大差距。这还仅是出双杪四铺作斗栱展现出的特点，对于更复杂的斗栱，如双杪双下昂者，其性能可能更为复杂，更难预料。

古代的匠师虽然不可能像今天一样对斗栱的挑檐性能做出定量预测，但这并不意味着古代匠师在设计、施工时只是完全按照某种固定的标准做法，对结构形制与挑檐性能之间的关系毫无概念。而且所谓“固定的标准做法”事实上也并不存在，如宋《营造法式》就批评宋元祐年间编修的法式“只是料状，别无变造用材制度”[❷]。“变造用材”，正是工匠们需要探索、决策、总结的。怎样做才能保证施工质量，怎样做才能增加结构的承载力，换言之，预料怎样的结构应具有怎样的性能，这是工匠们必须关注的问题。对于某种结构，古代的匠师们对其性能也应该有大体的估计。对唐代匠师而言，增加出跳数，用更多层华栱支撑出檐，看似应该更为安全，但构件之间的复杂关系却令实际情况可能比较复杂，较难充分预料施工质量。而对于清代匠师而言，只要增大斗口，进而增大桃尖梁的尺寸，就必然带来竖向承载能力的提升。可见对于古代工匠而言，挑檐性能的简明，能更确定地实现预期效果，保障施工质量。

❷语出自《营造法式》中的“劄子”，见文献［13］: 5.

而要实现挑檐性能的简明，将斗栱构件在力学上进行明确分工是必然方法之一。唐代斗栱用多层规格相近的构件共同承担竖向载荷，其性能受到多方面的影响，如构件之间的结合情况、构件之间的性能差异等，导致实际角刚度偏低。而清官式斗栱的构件明显分为两大类：一类就是桃尖梁，作为承载竖向载荷的主力；另一类就是其余构件，作为桃尖梁下的垫木，或作为横向联系构件，起到辅助作用。这样的分工将主要功能集中在单一构件上，使得斗栱的整体挑檐性能受到桃尖梁的决定性影响，因而得以简明。

此外，古代建筑生产是由若干个体工匠手工进行的，其产品统一性，以及构件的装配精度都很难保证。如果将承载主要由某一构件承担，也有利于排除构件差别、装配误差带来的干扰，有利于实现预期效果，保障施工质量。

因此，为了追求斗栱挑檐性能上的简明、可预测，斗栱构件的分工逐渐明确，其形制也从唐代综合复杂的状态，演变为清代“桃尖梁+垫木”的简明组合。

3. 总结与展望

通过上述分析，可以总结出斗栱形制演变中的两个重要线索：

第一，在木结构技术和力学水平无本质进步，斗栱角刚度难以增大的情况下，在不增大用料的前提下，要尽可能缓解檐下垂问题，较为直接可行的办法就是缩短出檐，缩短斗栱出跳距离。

第二，为求得挑檐性能的简明，降低构件相互关系对斗栱整体挑檐性能的影响，结构分工逐渐明确，引起了结构形制的巨大变化。

从这两点出发，可以对斗栱挑檐性能，乃至木结构整体的力学性能与形制演变之间的关系进行更深入、广泛的研究。如唐代斗栱组合形式多样，不同铺作数、出跳数的斗栱，用昂与不用昂的斗栱，其相互之间的挑檐性能差异究竟如何？清代建筑的木结构在整体上都出现了简化的趋势，如梁柱直接相接，几乎取消内檐斗栱等，这些简化的做法是否也带来了力学性能上的简明？

此外，挑檐仅是斗栱的主要功能之一。对于早期殿堂式木结构建筑而言，大量斗栱组成交织的“横架与纵架”，形成整体的“铺作层”，对于维系结构稳定具有重要作用[3]。那么这个“铺作层”的力学性能是怎样的？换言之，斗栱在受到横向载荷时会表现出怎样的力学性能？总之，将科学分析手段与建筑技术史研究的内容相互结合，从材料受力的角度来实证地解释木结构形制演变的相关现象规律，这一方向可以解释、有待解释的问题还有很多，有待于各路方家通过更大规模的模拟与实体实验进行探索。

[3] “横架”、“纵架”、“铺作层”等概念均由陈明达先生最早提出，相关内容参见参考资料［7］。

参考文献

［1］肖碧勇．**应县木塔斗栱解读及二层明层柱头斗栱传力机理研究**［**D**］．长沙：湖南大学，2010.

［2］吕璇．**古建筑木结构斗栱节点力学性能研究**［**D**］．北京：北京交通大学，2010.

［3］陈志勇．**应县木塔典型节点及结构受力性能研究**［**D**］．哈尔滨：哈尔滨工业大学，2011.

［4］刘大可．**古建筑屋面荷载编汇（上）**［**J**］．古建园林技术，2001（3）：58-64.

［5］梁思成．**清式营造则例**［**M**］．北京：中国建筑工业出版社，1981.

［6］陈明达．**营造法式大木作研究**［**M**］．北京：文物出版社，1981.

［7］成俊卿．**木材学**［**M**］．北京：中国林业出版社，1985：380-482，568-769.

［8］傅熹年等．**中国古代建筑史·第二卷**［**M**］．北京：中国建筑工业出版社，2009.

［9］孙大章等．**中国古代建筑史·第五卷**［**M**］．北京：中国建筑工业出版社，2009.

［10］潘德华．**斗栱**［**M**］．南京：东南大学出版社，2011.

［11］王贵祥．**$\sqrt{2}$与唐宋建筑柱檐关系**//中国建筑学会建筑历史学术委员会主编．**建筑历史与理论第三，四辑 1982—1983年度**［**M**］．南京：江苏人民出版社，1984.02.

［12］中国科学院自然科学史研究所．**中国古代建筑技术史**［**M**］．北京：中国建筑工业出版社，2016.

［13］梁思成．**梁思成全集·第七卷**［**M**］．北京：中国建筑工业出版社，2001.

基于精细测绘的晋祠圣母殿大木结构尺度复原与分析[1]

周淼　胡石[2]

（周淼　浙大城市学院，胡石　东南大学建筑学院/东南大学城市与建筑遗产保护教育部重点实验室）

[1] 基金项目：国家自然科学基金课题（51808491），国家文物局"指南针计划"专项课题（20100307），教育部人文社会科学基金青年基金项目（17YJCZH270），杭州市社科规划人才培育计划专项课题（2018RCZX31）。

[2] 通信作者。

摘要：本研究基于精细测绘成果，对晋祠圣母殿进行尺度复原，并分析其木构架尺度构成规律和斗栱材栔规律。依整数尺柱间制的原则复原得到营造尺为309毫米。复原木构架间架尺寸，分析柱网侧脚、生起的特点，并推测屋面曲线设计方法。复原斗栱材栔尺寸，阐述殿身与副阶斗栱用材材广差异，以及栱、枋构件材厚分级现象与特点。

关键词：古代木构建筑，营造尺，尺度设计，精细测绘

A Study on Dimensional Design Method of the Shengmu Hall in *Jinci* Temple based on Precision Measurement

ZHOU Miao, HU Shi

Abstract: Based on the results of precision measurement, the authors speculate the dimensional design method of the Shengmu (Sacred Mother) Hall in Jinci Temple, analyzing the regulars of timber construction's scale and detail size of *Dougong*. The original building rule is calculated to be 30.9 centimeter by length. It restores the size of timber structure with an analysis of characteristics such as outward inclined foot and elevation, and deduces the design method of the roof curves. It also restores sizes of dougong, and explicates the difference between the size of dougong used in the main part of the hall and its appentice penthouse, highlighting the phenomenon and feature of layers of thickness.

Key words: Ancient timber building; building ruler;dimensional design;precision measurement

一　研究问题与方法

1．研究问题与意义

古代木构建筑尺度研究，以推测、还原古代建筑营造设计方法为目的，通过将实测公制尺寸还原为古代建筑营造使用的尺寸，探究尺度构成规律和尺度设计方法，是建筑技术史中定量研究的重要领域。

精细测绘是获取文物建筑信息的基础工作，既强调测量精度的准确，也要求测量统计样本数量的全面；针对研究对象实施三维激光扫描、摄影测量作业，通过对点云数据的处理获取尺寸和形态的可靠数据；并制定全面的构件测量计划，结合手工测量获取细部尺寸。

唐宋时期木构建筑是中国目前保存的最早的一批地面建筑，这一时期的建筑设计方法与明清时期存在差别。而现存唐宋时期木构建筑大多数为面阔三、五开间的中小型建筑，开间数少容易造成数据偏差，斗栱数量少、铺作数少容易造成斗栱用材规律不明显。

晋祠圣母殿创建于北宋天圣年间（1023—1032年），是现存形制最完整的几处唐宋时期大型建筑之一，也是仅存的两处唐宋时期重檐建筑之一，1961年被评为第一批全国重点文物保护单位（图1）。圣母殿为重檐歇山建筑；殿身面阔五间，进深四间八架椽；副阶面阔七间，进深六间

十二架椽。由于圣母殿间架数多，加上斗栱数量多、斗栱出跳数多，主体结构保存完整，便于进行大量数据采集与统计，并消除偶然因素造成的数据偏差，适合作为尺度研究的对象。

北宋官方技术书《营造法式》（后文中简称为《法式》）中强调了“以材为祖”的构件加工思路，而圣母殿的始建年代早于《法式》的刊行，对圣母殿斗栱材栔的复原，可以有助于我们了解《法式》影响之前的山西中部地区建筑用材规律。

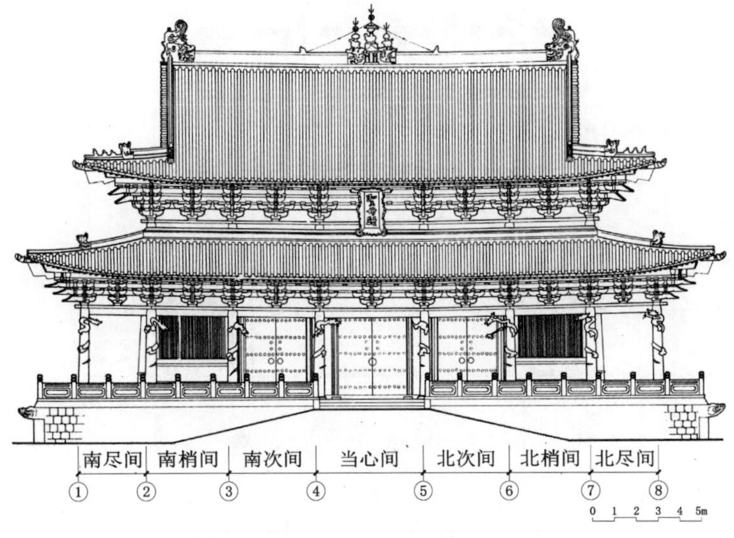

图1 晋祠圣母殿正立面图（图片来源：文献［4］：175）

2. 前人研究综述

关于晋祠圣母殿的尺度复原，前辈学者已做过相关研究。[3]傅熹年推得营造尺为300毫米或310毫米，张十庆推得312毫米，肖旻推得313毫米。三位学者推得营造尺长差异，主要是由于采用的原始数据与研究方法不同[4]。傅熹年与张十庆都使用间架实测数据折合整数尺的方法，由于原始数据不同，所得复原营造尺310毫米和312毫米略有差别；傅熹年认为310毫米用尺在宋代偏大，取营造尺为300毫米，也可折算出比较规整的间架尺寸。肖旻研究中引入基本模数M，将间架尺寸折算为基本模数M的倍数，推得M值为206.5毫米，并认定M为单材广，依《法式》五等材广6.6寸折算，推得营造尺为313毫米（表1）。

[3] 文献［1］：101-102；文献［2］：82；文献［3］：232-235.

[4] 傅熹年所用原始数据来源于文献［4］：66-80；张十庆所用原始数据来源于文献［5］：166-167；肖旻所用原始数据来源于文献［6］，文献［4］.

表1 前人研究结果比较（表格来源：文献［4］-［6］）

	营造尺	面阔当心间		面阔次间		面阔梢间 进深中进、梢间		面阔尽间 进深尽间	
傅熹年	30厘米	495厘米	16.5尺	405厘米	13.5尺	372厘米	12.5尺	310厘米	10.3尺
张十庆	31.2厘米	498厘米	16尺	408厘米	13尺	374厘米	12尺	314厘米	10尺
肖旻	31.3厘米	495厘米	15.84尺	402厘米	12.87尺	372厘米	11.88尺	310厘米	9.9尺
	M=6.6寸		24M		19.5M		18M		15M

总结前人研究，存在以下几点不足，这些也是本研究的研究重点。

（1）原始测绘数据精度为厘米级，而营造尺复原、材栔复原需要得出毫米级结论。

（2）原测绘材料中，缺少对构架、斗栱的全面测量，屋面曲线设计的分析没有涉及，也不足以支撑斗栱材栔尺寸复原与分析。

（3）复原思路受限于《法式》规定，造成复原结论与历史真实背离。例如，圣母殿营建于《法式》刊行之前，并且存在多种用材规格，华栱单材断面并非《法式》所规定的3：2比例，材广与材厚的取值也可能不采用《法式》中提及的几种尺寸，认定单材广为6.6寸会忽略其他取材尺寸的可能性。

3. 研究内容与方法

本研究中原始数据取自东南大学“指南针计划——晋祠圣母殿精细测绘”成果，此次测绘利用三维激光扫描获取空间尺寸，并结合手工测量获取细部构件尺寸。数据精度与数据采集量

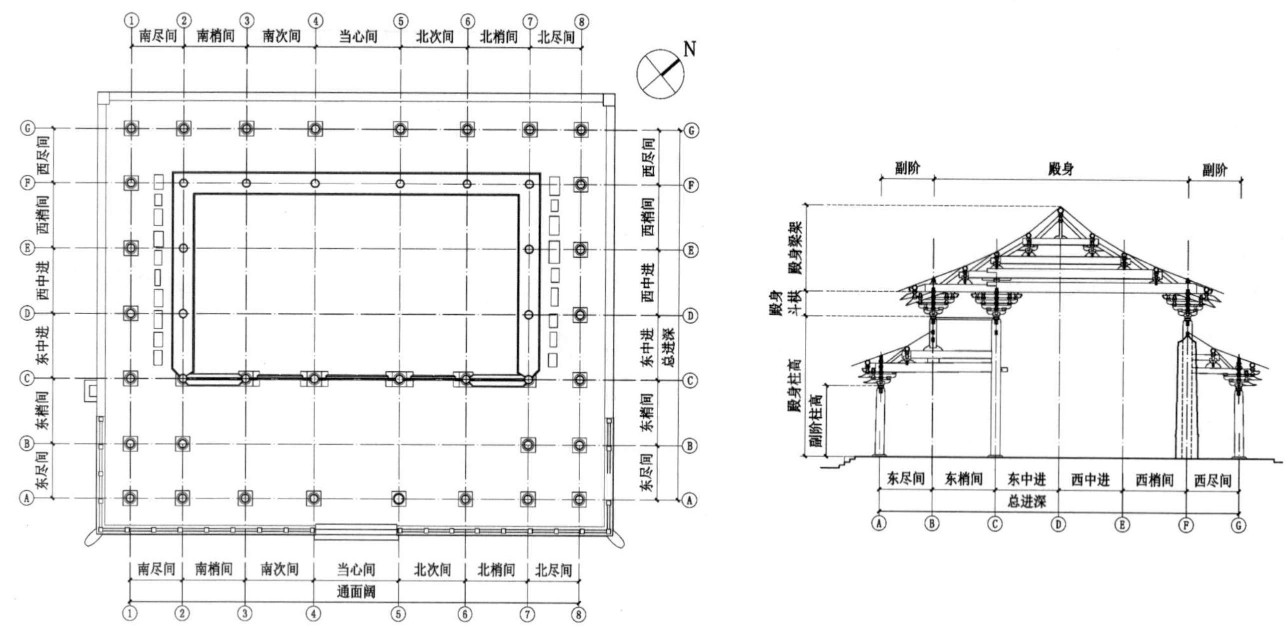

图2 开间名称、轴线编号索引图（图片来源：作者自绘）

可以支持在木构架和斗栱材栔方面的尺度研究（图2）。

本研究包括以下三个方面：

（1）营造尺复原与校验：基于“整数尺柱间制”的原则，由间架实测数据还原出可能的营造尺取值区间，在这个取值区间内，选取使得材广、材厚、栔高均可还原较整的数值，即可认为是最可能的营造尺取值；并选取平柱高指标、台基平面指标作为校核；最终，选定最可能的营造尺取值。

（2）木构架尺度构成规律：推算出大木构架构成的基本设计尺寸。

（3）斗栱材栔规律：材广、材厚、栔高的比值，用材规格。

二 营造尺复原与校验

1. 营造尺复原

（1）营造尺取值区间推算

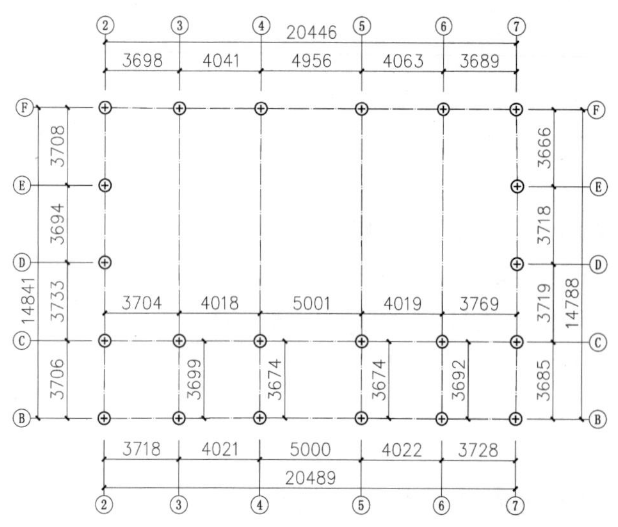

图3 圣母殿殿身柱头间距（图片来源：作者自绘）

殿身柱头平面是整栋建筑平面尺寸的基准，是由于殿身柱头平面取整数尺寸，便于铺作层柱头枋和各种梁栿构件下料长度计算。依据殿身柱头的平面尺寸进行复原，研究发现营造尺取值在307.3～311.6毫米之间时，各开间距离可取得趋近整数尺的结果（图3，表2）。

（2）营造尺取值推定

①以材栔尺寸推算

选取较为规整的副阶华栱和殿身华栱计算。统计之后求得平均数，副阶为材广210毫米，栔高105毫米，足材广315毫米；殿身材广223毫米，栔高92毫米，足材广为315毫米。

分别用307～312毫米的营造尺取值计算材栔尺寸，发现使以308毫米、309毫米营造尺复原用材可以得到取整的尺寸。

表2　圣母殿殿身柱头平面尺寸（单位：毫米）（表格来源：作者自制）

面阔方向					
开间	当心间	南次间	北次间	南梢间	北梢间
前檐柱缝	5000	4021	4022	3718	3728
内槽柱缝	5001	4018	4019	3704	3769
后檐柱缝	4956	4041	4063	3698	3689
平均值（毫米）	4985.7	4026.7	4034.7	3706.7	3728.7
整数尺（尺）	16	13	13	12	12
营造尺取值（毫米）	311.6	309.7	310.4	308.9	310.7

进深方向				
开间	东梢间	东中进	西中进	西梢间
南山墙面	3706	3733	3694	3708
北山墙面	3685	3719	3718	3666
平均值（毫米）	3688.3	3726	3706	3687
整数尺（尺）	12	12	12	12
营造尺取值（毫米）	307.4	310.5	308.8	307.3

备注：进深方向东梢间3B-3C、4B-4C、5B-5C、6B-6C柱头间距分别为3699毫米、3674毫米、3674毫米、3692毫米，本表中未列出。

殿身材广7.2寸，栔高3寸，足材广10.2；副阶材广6.8寸，栔高3.4寸，足材广10.2寸；殿身与副阶材厚均为160毫米，合5.2寸（表3）。

表3　圣母殿斗栱材栔尺寸校验（单位：寸）（表格来源：作者自制）

实测均值			复原值	307 毫米	308 毫米	309 毫米	310 毫米	311 毫米	312 毫米
副阶	单材广	210毫米	6.8	6.84	**<u>6.82</u>**	**<u>6.80</u>**	6.77	6.75	6.73
	材厚	160毫米	5.2	**<u>5.21</u>**	**<u>5.19</u>**	**<u>5.18</u>**	5.16	5.14	5.13
	栔高	105毫米	3.4	**<u>3.42</u>**	**<u>3.41</u>**	**<u>3.40</u>**	**<u>3.39</u>**	**<u>3.38</u>**	3.37
殿身	单材广	223毫米	7.2	7.26	7.24	**<u>7.22</u>**	**<u>7.19</u>**	7.17	7.15
	材厚	160毫米	5.2	**<u>5.21</u>**	**<u>5.19</u>**	**<u>5.18</u>**	5.16	5.14	5.13
	栔高	92毫米	3	**<u>3.00</u>**	**<u>3.00</u>**	**<u>2.98</u>**	2.97	2.96	2.95
足材广		315毫米	10.2	10.3	**<u>10.2</u>**	**<u>10.19</u>**	10.16	10.13	10.1

备注：与复原值误差范围在±0.02寸的数值加粗、下划线。

②以平面尺寸推算

以308毫米、309毫米为营造尺，对殿身柱头平面、副阶柱头平面和柱脚平面尺寸进行复原，发现采用309毫米可得到一套更为规整的复原尺寸（表4）。

表4　308毫米、309毫米营造尺比较（表格来源：作者自制）

殿身柱头平面尺寸						
	面阔方向				进深方向	
开间	通面阔	当心间	次间	梢间	总进深	梢间与中进
平均值（毫米）	20468	4986	4031	3718	14815	3704
复原尺寸（尺）	66	16	13	12	48	12
308毫米营造尺	66.5	16.2	13.1	12.1	48.1	12
309毫米营造尺	**66.2**	**16.1**	**13**	**12**	**47.9**	**12**

2. 营造尺校验

（1）平柱柱高校验

圣母殿侧脚、生起明显，选取副阶与殿身平柱柱高作比较，若柱高以台明地面至普拍枋上皮计算，副阶平柱柱高4040毫米、殿身内槽平柱柱高8040毫米，以309毫米为营造尺，可复原为整数尺，分别为13尺和26尺。

（2）台基尺寸校验

圣母殿台基虽历经修缮，而如今的平面尺寸为30850毫米×25320毫米，若按309毫米营造尺，恰好折合100尺×82尺。

因此，309毫米营造尺满足了各项指标的约束条件，即整数尺的间架尺寸与简单寸的用材尺寸，且同时在平柱高指标、台基平面指标上，都可复原出适当整数尺。309毫米也是北宋时期较为常见的营造官尺长，本研究推定，晋祠圣母殿创建时使用的营造尺长为309毫米。❶

❶文献［7］：259.

三　木构架尺度构成规律

1. 柱网与侧脚

上文已推定营造尺为309毫米，并复原殿身柱头平面，可继续推得柱脚平面与副阶柱头平面尺寸（图4～图6，表5）。

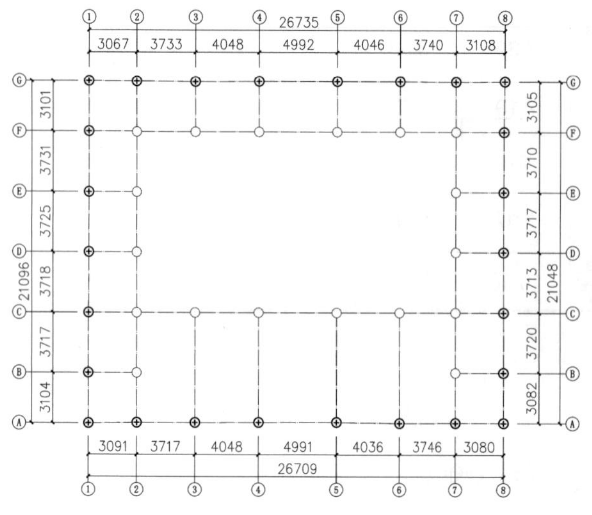

图4 圣母殿副阶柱头间距（图片来源：作者自绘）

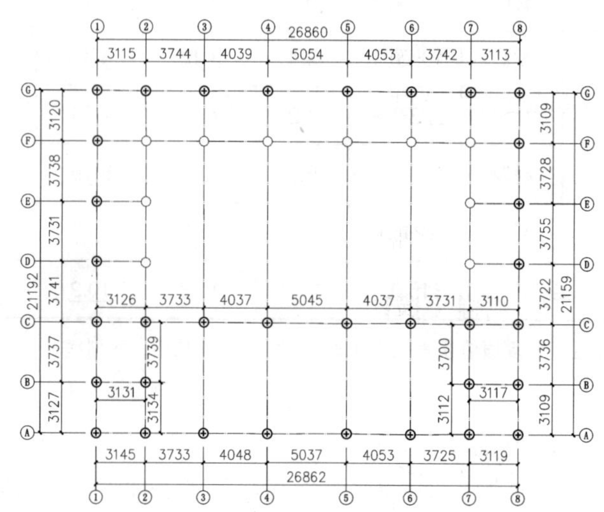

图5 圣母殿柱脚间距（图片来源：作者自绘）

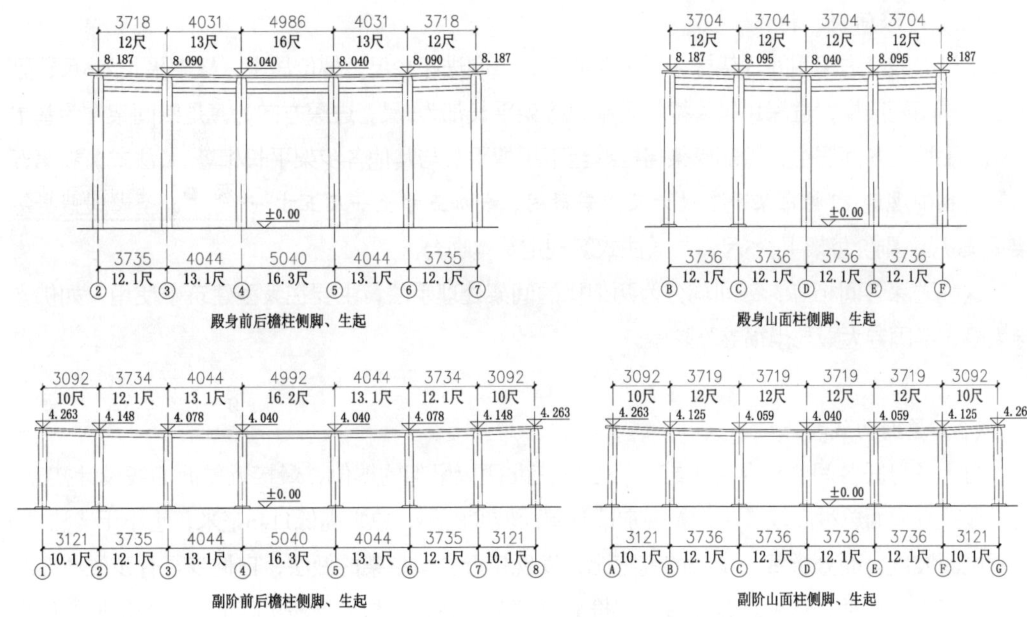

图6 柱网侧脚、生起（图片来源：作者自绘）

表5 圣母殿副阶柱头与柱脚平面尺寸复原（营造尺=309毫米）（表格来源：作者自制）

副阶柱头平面尺寸								
	面阔方向					进深方向		
开间	通面阔	当心间	次间	梢间	尽间	总进深	中进	尽间
平均值（毫米）	26722	4992	4044	3734	3092	21060	3719	3092
复原尺寸（尺）	86.6	16.2	13.1	12.1	10	68	12	10
柱脚平面尺寸								
	面阔方向					进深方向		
开间	通面阔	当心间	次间	梢间	尽间	总进深	梢间与中进	尽间
平均值（毫米）	26840	5040	4044	3735	3121	21186	3736	3121
复原尺寸（尺）	86.9	16.3	13.1	12.1	10.1	68.6	12.1	10.1

由于构架变形与历次修缮，侧脚与生起最容易产生扰动，1990年代的修缮工程也重新调整了侧脚与生起❷。根据实测值复原得到目前的状况是：

面阔方向：当心间平柱柱脚间距比殿身柱头间距多0.3尺，其他各间柱脚间距比柱头间距多0.1尺。

进深方向：各间柱脚间距比殿身柱头间距多0.1尺。

2. 侧样（横剖面）

（1）殿身与副阶平柱高

当心间殿身平柱高（含柱础、普拍枋高度）和副阶平柱高（含柱础、普拍枋高度）可复原为26尺和13尺，殿身平柱正好是副阶平柱高的2倍；并可推知，在圣母殿柱网竖向高度设计中，柱高是包括普拍枋与柱础高度在内的。

❷ 文献［2］：128-129. 圣母殿的柱额和铺作层具有较为明显的生起。由于生起值以较小的寸为单位，施工精度、结构变形和测量精度都使得实测生起值很难还原出符合规律的尺寸，本文仅在插图标示生起。

（2）进深间架、榑位

圣母殿殿身进深四间八架椽，通进深48尺，每间进深12尺，榑位居中，椽架平长为6尺；副阶进深一间两架椽，进深10尺，榑位居中，椽架平长都为5尺。进深方向计算是以间架作为基本单元，平榑在各间居中，檐部椽架自柱缝至下平榑平长与其他各步架平长相等。《法式》卷第五用椽之制中规定：“椽每架平不过六尺。若殿阁，或加五寸至一尺五寸……”[1]，圣母殿殿身每架平长6尺，副阶每架平长5尺，与《法式》规定基本吻合。

这种进深各间相等、每间均分为两架椽的间架处理手法，主要在大型建筑中使用，如佛光寺大殿、奉国寺大殿与崇福寺弥陀殿。

[1] 文献［8］：155.

（3）屋面曲线特点

由于圣母殿各间的榑存在生起，当心间南北两榀梁架的榑位，最接近屋面曲线设计初衷。圣母殿殿身屋面总举高较《法式》规定殿堂屋面坡度的小，总举高低1145毫米，也小于《法式》厅堂屋面坡度。而分析每一步架的高宽比，发现接近类似举架的做法，自檐步至脊步依次为四举、四五举、六举、八举。若按举架法推算脊榑总举高，也与圣母殿实际情况较为接近，仅相差73毫米（图7～图10，表6）。

在以往的认识中，唐宋时期使用举折法，明清时期被举架法取代。而圣母殿屋面曲线接近举架法，存在两种可能：

一、北宋天圣年间始建时即为举架法。而与圣母殿创建年代接近的宁波保国寺大殿，也极有可能采用举架的办法。[2]南北不同建筑技术区系的实例表明，举架法虽不见于《法式》，却可能在北宋时期就已使用，与举折法并存。

[2] 文献［9］：117.

二、北宋始建时依某种举折法建成较低、较缓的屋面曲线，明嘉靖四十年（1561年）修缮时，依照举架法，以接近的整数比对原屋面进行微调。

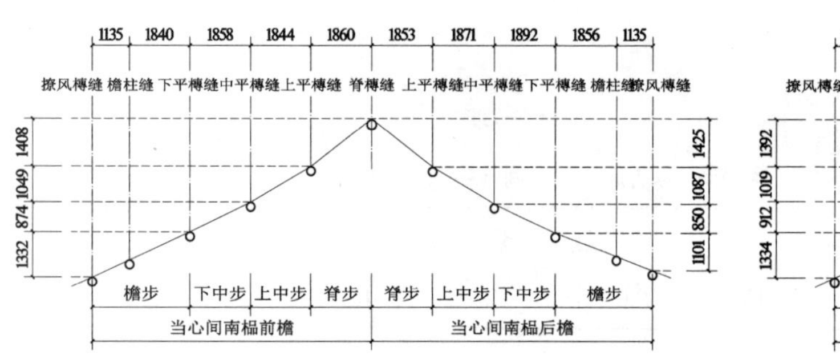

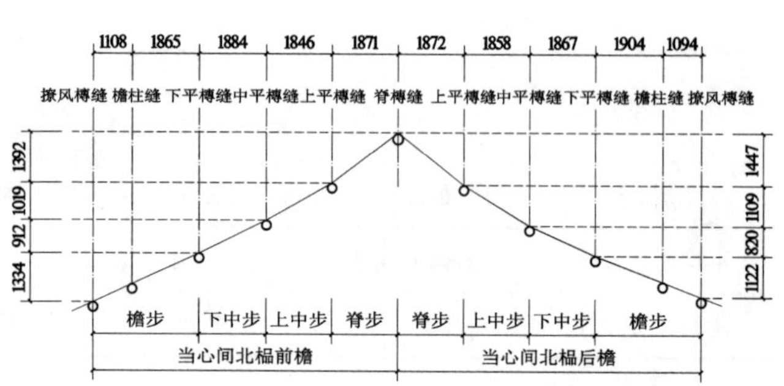

图7 圣母殿当心间梁架榑位（图片来源：作者自绘）

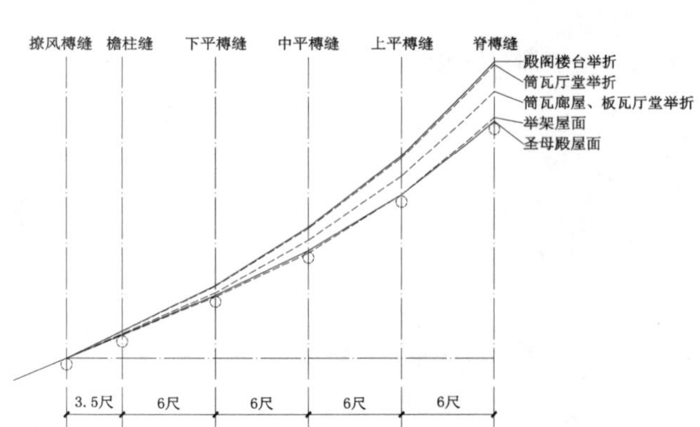

图8 圣母殿屋面曲线与举折法、举架法对比（图片来源：作者自绘）

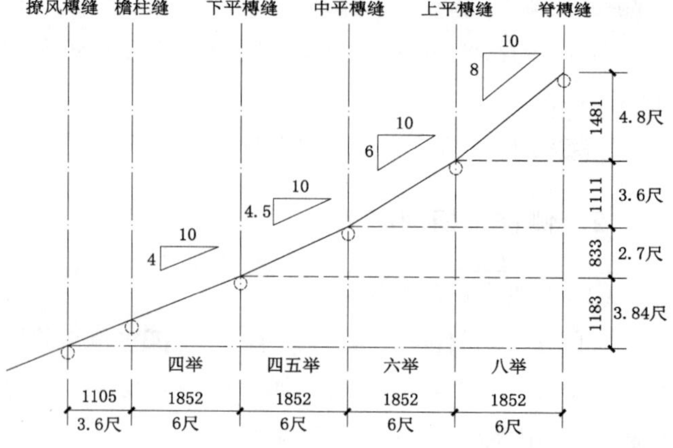

图9 举架法复原（图片来源：作者自绘）

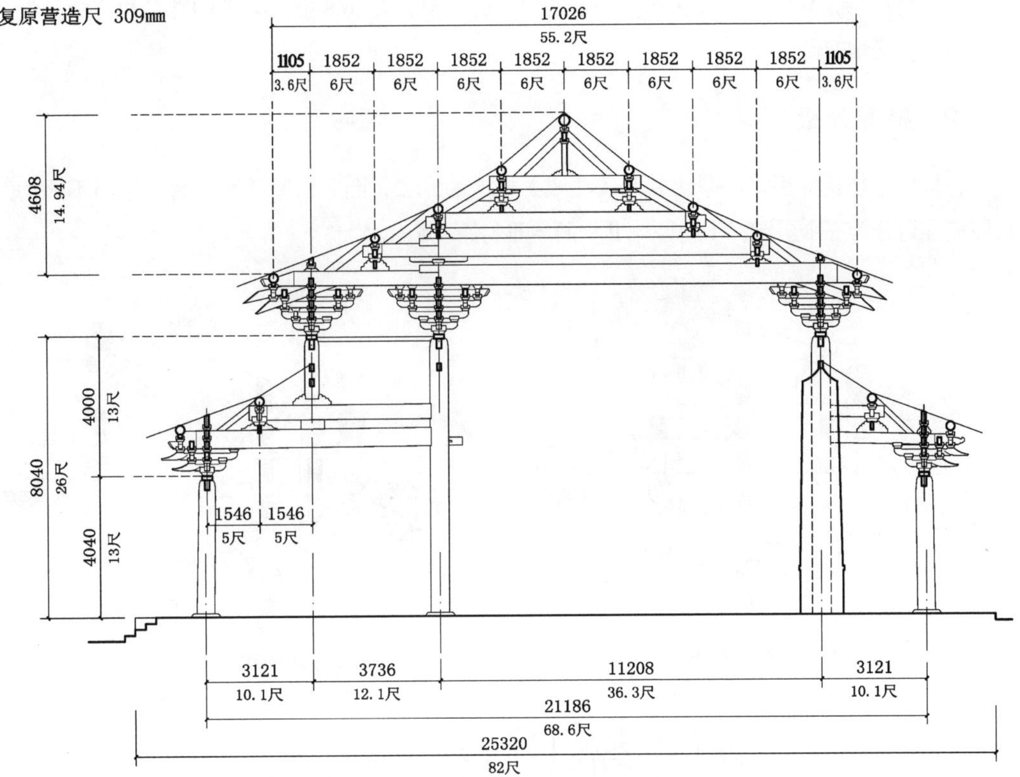

图10 圣母殿侧样（横剖面）尺度分析（图片来源：作者自绘）

表6 当心间梁架步架斜度（表格来源：作者自制）

	檐步		下中步		上中步		脊步	
	高宽比	角度	高宽比	角度	高宽比	角度	高宽比	角度
南榀前侧	0.448	24.13°	0.470	25.17°	0.569	29.64°	0.757	37.13°
南榀后侧	0.368	20.2°	0.449	24.18°	0.581	30.16°	0.769	37.56°
北榀前侧	0.449	24.18°	0.484	25.83°	0.552	28.9°	0.744	36.65°
北榀后侧	0.374	20.51°	0.439	23.7°	0.597	30.84°	0.773	37.7°
A平均值	0.41	22.26°	0.461	24.72°	0.575	29.89°	0.761	37.26°
B接近整数比	4：10	21.8°	4.5：10	24.23°	6：10	30.96°	8：10	38.66°
A、B角度差	0.46°		0.49°		1.1°		1.4°	

四 斗栱材栔规律

1. 材栔比例

圣母殿材广与栔高的比例关系为：

（1）殿身、副阶足材广一致，均为10.2寸，但单材广和栔高不同。

（2）殿身单材广7.2寸，大于副阶单材广6.8寸。若按殿身材广7.2寸计，为《法式》四等材材广，用材规格低于《法式》要求的二等材或三等材。在《法式》用材制度中提到：“**若副阶并挟屋，材分减殿身一等。**”[3]即副阶用材比殿身用材小一等。圣母殿副阶材广恰小于殿身材广，材厚一致，应是处理殿身与副阶用材差异的独特方法。

[3] 文献［8］：79.

（3）材广与栔高比并非《法式》规定的15：6。副阶材广6.8寸、栔高3.4寸，材广恰是栔高的两倍，应是地方做法特点。

2. 材厚分级

各种栱、枋构件用材广厚比并非《法式》规定的3：2，而且材厚差别显著。依照不同构件材厚差异可分为三个层级，Ⅰ材厚＞Ⅱ材厚＞Ⅲ材厚（图11，表7）。

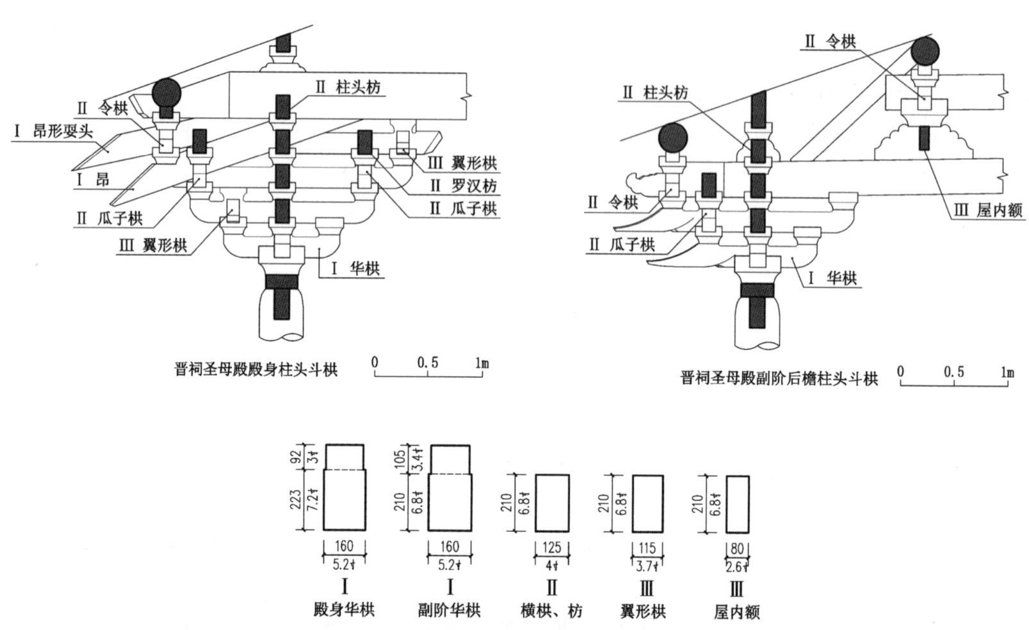

图11 圣母殿斗栱材厚分级（图片来源：作者自绘）

表7 圣母殿栱、枋构件材厚等级（表格来源：作者自制）

材厚等级	材厚	复原尺寸	主要栱、枋构件类型	结构作用
Ⅰ	160毫米	5.2寸	华栱、昂、昂形耍头、副阶泥道栱等。	承主要竖向荷载
Ⅱ	125毫米	4寸	瓜子栱、令栱、罗汉枋、柱头枋、襻间枋等。	承局部竖向荷载、拉接
Ⅲ	115毫米	3.7寸	翼形栱	装饰
	80毫米	2.6寸	屋内额	横向拉接

这种材厚分级现象具有以下特点：

（1）具有结构强度意识：华栱、昂等主要受力构件材厚为Ⅰ级；而承较小的局部竖向荷载的瓜子栱、令栱、柱头枋和罗汉枋就选Ⅱ级材厚；翼形栱、屋内额不承受竖向荷载，材厚为最小的Ⅲ级。

（2）节省用料：单材横栱和枋材（Ⅱ级）的用量远大于足材栱、昂（Ⅰ级），而Ⅱ级构件材厚小于标准材厚，对于圣母殿这样的大型工程而言，是一种经济的做法。

五 结论

本研究可得到以下主要研究结论：

（1）以晋祠圣母殿殿身柱头平面尺寸进行复原，营造尺复原为309毫米；

（2）屋面总举高较低，屋面曲线设计接近举架法，举架法在北宋时期可能已经出现；

（3）殿身与副阶的斗栱足材广一致，殿身单材广比副阶单材广大；根据栱、枋构件的受力作用不同，各种构件的材厚分级。

参考文献

［1］傅熹年. **中国古代城市规划、建筑群布局及建筑设计方法研究（上册）［M］**. 北京：中国建筑工业出版社，2001.

［2］张十庆. **中日古代建筑大木技术的源流与变迁［M］**. 天津：天津大学出版社，2004.

［3］肖旻. **唐宋古建筑尺度规律研究［M］**. 南京：东南大学出版社，2006.

［4］彭海. **晋祠圣母殿勘测收获——圣母殿创建年代析［J］**. 文物，1996（01）：66-80.

［5］陈明达. **营造法式大木作制度研究［M］**. 北京：文物出版社，1993.

［6］柴泽俊等. **太原晋祠圣母殿修缮工程报告［M］**. 北京：文物出版社，2000.

［7］郭正忠. **三到十四世纪中国的权衡度量［M］**. 北京：中国社会科学出版社，1993.

［8］梁思成. **营造法式注释，梁思成全集（第七卷）［M］**. 北京：中国建筑工业出版社，2001.

［9］张十庆. **宁波保国寺大殿：勘测分析与基础研究［M］**. 南京：东南大学出版社，2012.

高平三王村三嵕庙大殿之四铺作下昂造斗栱[1]

赵寿堂 刘畅 李妹琳 蔡孟璇

（清华大学建筑学院）

❶本文为国家社会科学基金重大项目“《营造法式》研究与注疏”（项目批准号17ZDA185）和清华大学自主课题“《营造法式》与宋辽金建筑案例研究”（项目批准号2017THZWYX05）相关成果。

摘要： 基于手工测量和三维激光扫描数据，本文对高平三王村三嵕庙大殿的大木尺度设计进行了浅析，进而结合《营造法式》和宋金木构实例，从构件样式、尺度算法、细部构造角度，对本案下昂造斗栱的匠作渊源试作讨论。研究表明：大殿营造尺长310毫米，斗栱分°值为0.425寸；补间铺作的下昂昂制约为七举。斗栱在构件样式和构件尺度上具有明显的“法式化”倾向；下昂斜度、几何算法在晋东南地区存在相近案例；下昂与华头子的交接构造也具有域内传承线索。样式、算法、构造的异同关联着匠作亲缘的远近，帮助我们在更广阔的历史、地理维度进行匠作示踪。

关键词： 三王村三嵕庙，大木尺度，下昂，算法基因，样式，构造

A Study on The Exterior Eaves Bracket Sets (Dougong) of The Main Hall at Sanzong Temple in Sanwang, Gaoping, Shanxi

ZHAO Shoutang, LIU Chang, LI Meilin, CAI Mengxuan

Abstract: Based on manual measurements aided by 3D laser scanning,the article interprets the geometric design of the wooden structure of the main hall at Sanzong Temple in Sanwang village,Gaoping,Shanxi province. This research shows that the unit of length used for construction (chi) was 310 mm, the basic modular unit (fen) was 0.425 cun,and the inclination of descending cantilevers (xia'ang) was 7/10. The exterior eaves bracket sets (dougong)are similar to the regulations of *Ying Zao Fa Shi* (*A Treatise of Architectural Methods*) in component style and dimension. Moreover, there are similar cases and intra-domain inheritance clues in the geometric design and mortise-tenon joints of xia'ang. Style, geometric design and joint design are related to craftmanship, which help us conduct further gene-tracing research on a broader scale.

Key words: Sanzong Temple in Sanwang; dimensional design of greater carpentry; descending cantilevers (Xia'ang);carpentry genes;style;mortise-tenon joints

高平三王村三嵕庙[2]位于三王村南的小丘之巅，庙宇坐北朝南，有东西两个院落。大殿位于西侧主院，是此庙最古之建筑遗存。庙内已无碑刻题记，营建史料匮乏，亦未见学者之专文研究。据文物部门考证，此庙重修于北宋宣和年间（1120—1125年），现存大殿为金代遗构[3]（图1）。

2017年暑期，清华大学团队对大殿进行了三维激光扫描；2018年暑期，清华大学师生对大殿进行了手工测绘。两次实测数据为大殿大木尺度解读提供了可能。

图1 三嵕庙大殿外观（图片来源：作者自摄）

❷据寺庙管理员李师傅介绍，此庙实为周边三村五社共同祈祀之所。本文依文保碑所刻之名称之。

❸山西省文物局网站资料：“始建年代不详。据庙内已失残碑得知，三嵕庙重修于宋宣和年间（1120—1125年），主祭三嵕兼祀道教诸神。正殿应为金代建筑，其余皆为清代建筑。”

一　平面实测与分析

大殿面阔和进深均为三间，从室内外的六站扫描点云中提取了大殿各立面的柱头开间尺寸，并尝试用不同长度的营造尺对平面丈尺进行校验（表1）。

表1　三嵕庙大殿柱头平面实测数据（测值单位：毫米）（表格来源：作者自制）

	南/北立面			东/西立面		
	当心间	东次间	西次间	心间	南次间	北次间
scan001	3421.9	2925.7	2948.0	3425.0	2945.0	2933.7
scan002	3420.7	2941.4	2949.4	—	—	—
scan003	3418.4	2933.6	2952.3	3407.2	2929.1	2968.8
scan004	3404.2	2945.5	2958.1	—	—	—
scan007	3406.7	2936.6	2952.5	—	—	—
	—	—	2975.2	3417.5	—	—
scan008	3410.7	2951.3	2953.5	—	—	—
	—	2959.2	—	3404.4	—	—
平均值1	3413.77	2941.90	2955.57	3413.53	2937.05	2951.25
平均值2		2948.74			2944.15	
309毫米/尺	11.05	9.52	9.56	11.05	9.51	9.55
310毫米/尺	**11.01**	**9.49**	**9.53**	**11.01**	**9.47**	**9.52**
311毫米/尺	10.98	9.46	9.50	10.98	9.44	9.49
326毫米/尺	10.47	9.02	9.07	10.47	9.01	9.05
327毫米/尺	10.44	9.00	9.04	10.44	8.98	9.03
310毫米/尺复原值	11.00	9.50		11.00	9.50	
吻合度	99.89%	99.89%	99.64%	99.90%	99.73%	99.79%
326毫米/尺复原值	10.50	9.00		10.50	9.00	
吻合度	99.73%	99.73%	99.26%	99.72%	99.90%	99.41%

由测量数据可知，大殿为正方形平面。以开间半尺假说作为筛选条件，若取310毫米/尺，各面心间为11尺，次间为9.5尺；若取326毫米/尺，心间10.5尺，次间9尺。相比之下，310毫米/尺吻合系数较高，且在晋东南地区宋、金时期常用营造尺长区间内，可信度较高（图2）。

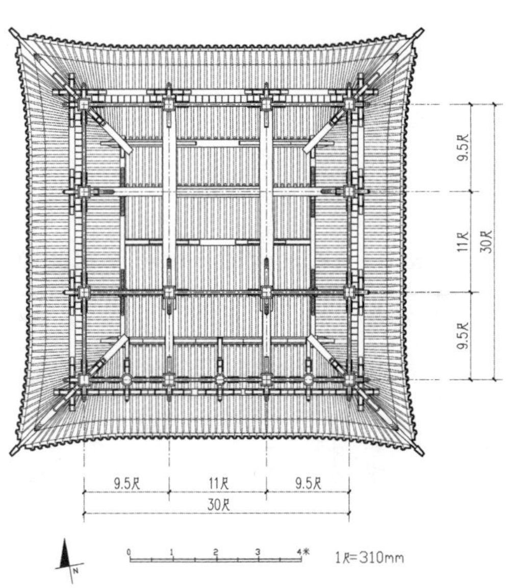

图2　大殿仰视平面图（清华大学测绘图）

二　架道实测与分析

大殿为厅堂式厦两头造，六架椽屋，四椽栿对乳栿用三柱。从前廊和室内的六站扫描数据中提取架道尺寸，并尝试用不同长度的营造尺对平面丈尺进行校验，得到表2。

表2　三峻庙大殿架道实测数据（测值单位：毫米）（表格来源：作者自制）

	脊—上平			上平—下平		下平—撩风槫
	南	北	合计	南	北	南
scan004-前廊	—	—	—	1667.4	—	1695.6
scan004-前廊	—	—	—	1655.5	—	1717.0
scan005-前廊	—	—	—	1658.5	—	1680.3
scan006-前廊	—	—	—	1655.3	—	1705.0
scan007-室内	1727.0	1679.9	3406.9	—	1637.2	—
scan007-室内	1710.4	1715.9	3426.3	—	1638.9	—
scan008-室内	1689.4	1693.5	3382.9	—	1632.0	—
scan008-室内	1692.0	1737.1	3429.1	—	1580.5	—
scan008-室内	1690.9	1713.3	3404.2	—	1647.8	—
平均值	1701.94	1707.94	3409.88	1659.18	1627.28	1699.48
	1704.94			1643.23		
310.00	5.50		11.00	5.35	5.25	5.48
311.00	5.48		10.96	5.33	5.23	5.46
325.00	5.25		10.49	5.11	5.01	5.23
326.00	5.23		10.46	5.09	4.99	5.21
310毫米/尺复原值	5.50		11.00	5.30		5.50
吻合度	100.00%		100.00%	99.02%	99.04%	99.68%

从实测和复原数据看，架道与柱头平面相对应，每间两架。心间进深尺寸刚好被脊步均分；而次间两架并不均分，下平槫偏出次间中线约半尺。因正面各间当心用下昂造补间铺作，下平槫偏出一定距离而不与补间铺作的昂尾相犯。至于上平槫至下平槫的平长究竟取5.25尺还是5.3尺尚难确定。若取5.25尺，则下平槫至檐柱缝的平长为4.25尺，再加上斗栱外跳出跳值，檐步约为5.6尺；若取5.3尺，檐步平长约5.5尺。下文将结合斗栱实测数据进一步讨论。

三　斗栱实测与分析

1. 材分设定

各栱只材厚数据经由手工实测，列于表3；外跳足材广与单材广数据量自扫描点云，列于表4。

表3　三峻庙大殿斗栱材厚实测数据（测值单位：毫米）（表格来源：作者自制）

测量位置			外侧材厚				内侧材厚	
	斗栱类型	斗栱编号	1跳华栱	下昂	耍头	令栱	一跳华栱	二跳华栱/楮头
南立面	转角	1#	128	134	132	130	—	—
	补间	2#	132	132	126	131	132	131
	柱头	3#	132	—	115❶	130	—	—
	补间	4#	127	127	134	135	132	131

❶本文测表中所有涂灰数据均为特异值。

续表

测量位置			外侧材厚				内侧材厚	
	斗栱类型	斗栱编号	1 跳华栱	下昂	耍头	令栱	一跳华栱	二跳华栱 / 楷头
南立面	柱头	5#	130	—	120	125	136	—
	补间	6#	130	130	117	125	135	130
	转角	7#	132		122	132	—	—
西立面	转角	1#	134	130	125	125	135	135
	柱头	2#	135	—	135	130	—	—
	柱头	3#	128	—	130	125	128	—
	转角	4#	—	—	123	130	—	137
东立面	转角	1#	—	—	—	—	—	—
	柱头	2#	124	—	135	132	129	140
	柱头	3#	128	—	130	120	—	—
	转角	4#	127	—	130	127	132	132
最大值			135	134	135	135	136	140
最小值			124	127	120	125	128	130
除特异后均值			129.8	130.6	128.5	129.0	132.4	133.7
合寸/31毫米			4.19	4.21	4.15	4.16	4.27	4.31

表4　三嵕庙大殿斗栱外跳材广实测数据（测值单位：毫米）（表格来源：作者自制）

位置			足材广	单材广		
	斗栱类型	斗栱编号	1 跳足材	泥道栱广	隐刻泥道慢栱	令栱广
南立面	转角	1#–L	271.1	192.0	195.3	197.2
		1#–R	271.7	—	—	192.1
	补间	2#–L	284.4	—	197.7	198.3
		2#–R	281.1	—	—	196.3
	柱头	3#–L	276.3	185.7	186.4	—
		3#–R	281.2	—	—	195.6
	补间	4#–F	262.3	184.5	197.9	197.6
		4#–R	—	190.9	203.3	—
	柱头	5#–L	270.4	187.0	193.6	191.2
		5#–R	269.8	186.4	192.3	193.2
	补间	6#–L	272.2	195.9	193.1	183.3
		6#–R	268.0	—	—	191.5
	转角	7#–L	273.8	—	—	195.1
		7#–R	276.6	197.5	190.9	197.1

位置			足材广	单材广		
	斗栱类型	斗栱编号	1 跳足材	泥道栱广	隐刻泥道慢栱	令栱广
西立面	转角	1#-L	—	—	—	—
		1#-R	269.6	—	188.3	185.4
	柱头	2#-L	—	202.5	196.9	193.3
		2#-R	279.3	—	193.2	
	柱头	3#-L	—	—	192.1	—
		3#-R	267.0	195.7	192.6	197.9
东立面	柱头	2#-L	—	—	193.3	
		2#-R	—	184.5	194.8	
	柱头	3#-L	278.5	—	195.8	197.2
		3#-R	—	192.3	194.7	—
	转角	4#-L	266.9			185.4
		4#-R	—	—	—	—
最大值			284.4	202.5	203.3	198.3
最小值			262.3	184.5	186.4	183.3
平均值			273.34	191.24	194.01	193.39
合寸/31毫米			8.82	6.17	6.26	6.24

从材厚实测值看，足材和单材构件的材厚基本一致，未分别设置。足材广与单材广比值约为1.4，足材广、厚比约为2.1，单材广、厚比约为1.5。足材广：单材广：材厚接近21：15：10。若每分° 取0.425寸（13.18毫米），则材厚131.8毫米，单材广197.7毫米，足材广276.8毫米，与实测值吻合度较高。

2. 出跳值与构件尺寸

出跳值，栱只、耍头、华头子、下昂尖的长度数据量自扫描点云；栌斗和小斗的广、高数据由手工测量获得。

（1）出跳值

表5　三嵕庙大殿斗栱外跳出跳实测数据（测值单位：毫米）

测量位置			出跳值
	斗栱类型	斗栱编号	
南立面	转角	1#-L	432.4
		1#-R	419.5
	补间	2#-L	415.3
		2#-R	407.1

续表

测量位置			出跳值
	斗栱类型	斗栱编号	
南立面	柱头	3#-L	407.3
		3#-R	413.9
	补间	4#-F	409.7
		4#-R	410.3
	柱头	5#-L	428.7
		5#-R	415.1
	补间	6#-L	406.7
		6#-R	401.8
	转角	7#-L	423.9
		7#-R	426.1
西立面	转角	1#-L	—
		1#-R	419.7
	柱头	2#-L	—
		2#-R	418.0
	柱头	3#-L	—
		3#-R	417.9
东立面	柱头	2#-L	—
		2#-R	—
	柱头	3#-L	426.8
		3#-R	—
	转角	4#-L	411.0
		4#-R	—
最大值			428.7
最小值			406.7
除特异后均值			416.29
合分°（1分°=13.18毫米）			31.60
整数分°			31
合310毫米尺			1.34
按分°合尺			1.32

跳长均值折合分°值在31～32分°之间，考虑到外跳华栱或下昂上皮受拉，测量值或有偏大倾向，暂取31分°，约合1.3尺（表5）。以此反观，檐步似有平长5.5尺的设计倾向，金步平长则可能是5.3尺。

（2）栌斗与小斗尺寸

部分栌斗与小斗的广、高数据，列于表6。折合分°值后，栌斗广、高约可取整为32分°与20分°，比实测值略大；散斗广、高约可取整为14分°与10分°，比实测值略小；交互斗广、高约可取整为18分°与10分°，比实测值略小；齐心斗广、高约可取整为16分°与10分°，比实测值略小。

表6　三崚庙大殿栌斗和小斗尺寸实测数据（测值单位：毫米）（表格来源：作者自制）

测量位置			栌斗		散斗		齐心斗		交互斗	
	斗栱类型	斗栱编号	斗广	斗高	斗广	斗高	斗广	斗高	斗广	斗高
南立面	转角	1#	—	—	—	—	—	—	—	—
	补间	2#	圆形	240	188	132	217	135	242	—
	柱头	3#	414	252	204	122	222	—	245	—
	补间	4#	花形	248	198	137	223	142	245	—
	柱头	5#	420	257	194	140	228	141	245	—
	补间	6#	圆形	247	190	130	219	132	245	—
	转角	7#	—	—	—	—	—	—	—	—
西立面	转角	1#	—	—	—	—	—	—	—	—
	柱头	2#	418	265	192	132	226	135	245	141
	柱头	3#	420	251	179	132	230	140	240	135
	转角	4#	—	—			—		—	
东立面	转角	1#	—	—	—	—	—	—	—	—
	柱头	2#	416	253	176	137	226	136	246	133
	柱头	3#	412	246	183	137	222	138	241	135
	转角	4#	—	—	—	—	—		—	—
最大值			420	265	204	140	230	142	246	141
最小值			412	240	176	122	217	132	240	133
均值			416.7	251.0	189.3	133.2	223.7	137.4	243.8	136.0
合分°			31.6	19.0	14.4	10.1	17.0	10.4	18.5	10.3
合寸			13.44	8.10	6.11	4.30	7.22	4.43	7.86	4.39

需说明的是，斗因长期受压，斗高应有减小趋势，而表中小斗高度均值却大于10分°，是因为斗欹位置在测量时存在误差还是上文推算的分°略小了呢？若取每分°0.44寸，重新折算（表7），散斗尺寸复原的吻合度更高。以0.44寸/分°（13.64毫米/分°）重新折算材厚和材广实测数据，得表8、表9。若材厚仍取10分°，单材取15分°，足材取21分°则偏差颇多；若材厚取10分°，单材取14分°，足材取20分°，则与实测值的比例关系出入较大。因此，仍认为0.425寸/分°的取值更为合理，手测斗高数据可能存在误差。

表7　以0.44寸/分°折算栌斗和小斗尺寸实测数据（测值单位：毫米）（表格来源：作者自制）

	栌斗		散斗		齐心斗		交互斗	
	斗广	斗高	斗广	斗高	斗广	斗高	斗广	斗高
平均值	416.7	251.0	189.3	133.2	223.7	137.4	243.8	136.0
按0.44寸/分°，合分°	30.5	18.4	13.9	9.8	16.4	10.1	17.9	10.0

表8　以0.44寸/分°折算材厚实测数据（测值单位：毫米）（表格来源：作者自制）

	外跳材厚				里跳材厚	
	华栱	下昂	耍头	令栱	里一跳	里二跳
平均值	129.8	130.6	128.5	129.0	132.4	133.7
按0.44寸/分°，合分°	9.51	9.57	9.42	9.46	9.70	9.80

表9　以0.44寸/分°折算材广实测数据（测值单位：毫米）（表格来源：作者自制）

	足材广	单材广		
	一跳华栱	泥道栱	泥道隐刻栱	令栱
平均值	273.34	191.24	194.01	193.39
按0.44寸/分°，合分°	20.04	14.02	14.22	14.18

（3）栱只长度

各横栱长度量自扫描点云，列于表10。表中栱只半长是从栱端量至同侧出跳构件外皮的，也就是栱只半长×2+出跳构件厚度=栱只全长；栱只全长则是直接从栱只两端量取的。

表10　三嵕庙大殿栱长实测数据（测值单位：毫米）（表格来源：作者自制）

测量位置			栱只长					
	斗栱类型	斗栱编号	泥道栱半长	泥道栱全长	隐刻泥道慢栱半长	隐刻慢栱全长	令栱半长	令栱全长
南立面	转角	1#-L	373.2	—	573.7	—	426.5	—
		1#-R	—		—		—	
	补间	2#-L	—	868.3	565.0	1267.4	—	970.3
		2#-R	—		—		—	
	柱头	3#-L	—	878.3	—	1291.7	—	983.7
		3#-R	—		—		—	
	补间	4#-F	—	871.9	—	1269.9	—	978.3
		4#-R	—		—		—	
	柱头	5#-L	—	879.0	—	1287.4	—	970.9
		5#-R	—		—		—	
	补间	6#-L	—	—	—	1262.2	—	975.6
		6#-R	367.6		567.4		—	
	转角	7#-L	—	—	—	—	421.3	—
		7#-R	375.3		571.9		—	

续表

测量位置			栱只长					
	斗栱类型	斗栱编号	泥道栱半长	泥道栱全长	隐刻泥道慢栱半长	隐刻慢栱全长	令栱半长	令栱全长
西立面	转角	1#-L	—	—		—	—	—
		1#-R	—				—	
	柱头	2#-L	359.8	—	552.1	—	—	955.5
		2#-R	363.7		500.8		—	
	柱头	3#-L	—	883.1	—	1317.8？	—	—
		3#-R	—		586.8		434.3	
东立面	柱头	2#-L	—	875.9		1298.9	—	975.9
		2#-R	—				—	
	柱头	3#-L	—	—	505.5	—	—	—
		3#-R	363.3		569.5		422.4	
	转角	4#-L	—	—	—	—	—	—
		4#-R	—		—		420.5	
最大值			375.3	883.1	586.8	1298.9	434.3	983.7
最小值			359.8	868.3	552.1	1262.2	420.5	955.5
除特异后均值			367.15	876.08	569.49	1279.58	425.00	972.89
合分°			27.87	66.50	43.22	97.12	32.26	73.84
整数分°			28	66	43	96	32	74
直接合尺			1.18	2.83	1.84	4.13	1.37	3.14
按整数分° 合尺			1.19	2.81	1.83	4.08	1.36	3.15

由表10可知，泥道栱长66分°，令栱长74分°，隐刻泥道慢栱长96分°。以上单只栱长虽与《法式》规定有异，但隐刻泥道慢栱与泥道栱30分°的级差与法式规定一致。另外，华栱出跳31分°，栱长算至泥道中线为37分°，恰为令栱长度之半[1]，与《法式》华栱和令栱等长的规定也吻合。若认为令栱长度不取72分°是华栱出跳31分°而非30分°之故，为何泥道栱不取比令栱减长10分°的64分°，再将隐刻泥道慢栱设定为94分°呢？若以次间开间9.5尺，合224分°反推，隐刻泥道慢栱的栱头间距为224/2−96=16分°。莫非匠人在设计栱长时是以16分°的栱头间距来计算隐刻慢栱长度，再以30分°的级差来确定泥道栱长度的吗？

[1] 南立面柱头铺作外出一跳华栱，里转用楷头；补间铺作一跳用华头子，里转用华栱；皆非内外均出华栱形式，因而此处仅以算至泥道中缝的半只外华栱长度进行比较。

（4）耍头、华头子、昂尖长度

耍头长度取令拱心至耍头尖的水平长度，华头子长度取栌斗斗口至卷瓣外端的水平长度，昂尖长度取昂上交互斗心垂线与昂下皮交点至昂尖的实际长度（图3）。各长度数据均量自点云，列于表11，因补间铺作各昂尖已被锯掉，仅量到山面两组昂尖数据。

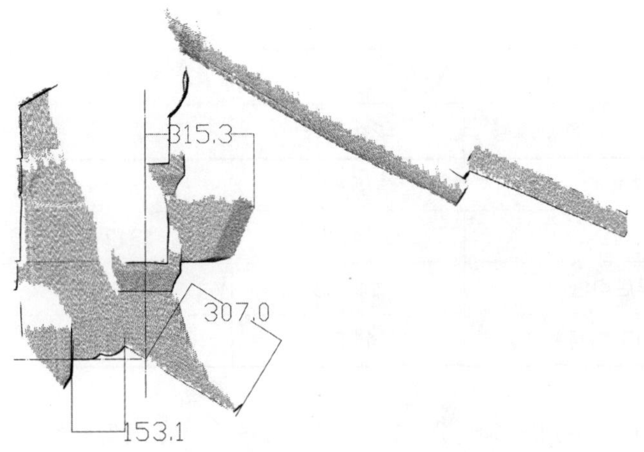

图3 耍头、华头子、昂尖长度的量取方式（图片来源：作者自测）

表11 三峻庙大殿栱长实测数据（测值单位：毫米）（表格来源：作者自制）

位置			构件尺寸		
	斗栱类型	斗栱编号	华头子长	耍头长	昂尖长
南立面	转角	1#-L	—	320.70	—
		1#-R	—	329.70	—
	补间	2#-L	143.70	332.10	—
		2#-R	145.80	326.70	—
	柱头	3#-L	—	327.20	—
		3#-R	—	328.90	—
	补间	4#-F	153.30	292.4	—
		4#-R	150.50	—	—
	柱头	5#-L	—	—	—
		5#-R	—	329.80	—
	补间	6#-L	141.80	319.10	—
		6#-R	144.80	322.70	—
	转角	7#-L	—	319.60	—
		7#-R	—	324.70	—
西立面	转角	1#-L	—	—	—
		1#-R	—	322.40	—
	柱头	2#-L	—	—	—
		2#-R	154.30	312.80	328.3
	柱头	3#-L	—	—	—
		3#-R	152.20	—	—
东立面	柱头	3#-L	153.10	315.30	307.0
		3#-R	—	—	—

续表

位置		构件尺寸		
斗栱类型	斗栱编号	华头子长	耍头长	昂尖长
最大值		154.3	332.1	328.3
最小值		141.8	312.8	307.0
除特异后均值		148.83	323.69	317.65
合分°／13.18毫米		11.29	24.56	24.11

经分°折算，华头子长约11分°，耍头长约25分°，下昂尖长约24分°，与《法式》规定的9分°、25分°、23分°较为接近。

3. 下昂与檐步几何算法

大殿仅正面各间施补间铺作一朵。补间用下昂造斗栱，昂尾只挑一斗，直抵下平槫，十分爽峻（图4）。

图4 补间下昂造斗栱外观（图片来源：作者自摄）

仔细观察三朵补间铺作的昂尾节点（图5），现虽有木块衬垫，原始设计应较为精密，暂认为昂尾上皮平切之处约略与其挑斗斗底外楞相合，即存在图6的几何设计[1]（图6）。昂首交互斗斗底外楞A点与昂尾小斗斗底外楞B点确定了下昂斜度，即H/L。其中，L为檐步平长，H为乳栿、割牵下皮之距[2] h_1与交互斗栔高h_2之和。

西次间补间铺作

心间补间铺作

东次间补间铺作

图5 昂尾构造现状（图片来源：作者自摄）

[1] 不计昂尾所垫木块高度，昂尾挑斗斗底外楞B’点与B点重合。

[2] 昂尾挑斗斗底约略与割牵下皮同高。

先确定h_1的高度。从大殿前廊的3站扫描点云中提取了下平槫缝的h_1值和上平槫缝的h_0值（表12）。从构造关系看，h_1与h_0应当相等，而从实测数据看，h_1普遍偏大，两处均值相差将近2分°余，约1寸。若金步平长取5.25尺，则檐步平长L为5.6尺（132分°），H取h_0与h_2之和88分°，则下昂斜度恰好2/3；若金步平长L取5.3尺，檐步平长L为5.5尺（130分°），H取h_1与h_2之和91分°，则下昂斜度恰好0.7。考虑到上平槫缝在梁架集中荷载作用下的受压趋势，h_1或比h_0更接近原始设计。同时，参照上文对斗栱出跳值31分°和檐步平长5.5尺的可能性讨论，下昂斜度为0.7或更为可靠。

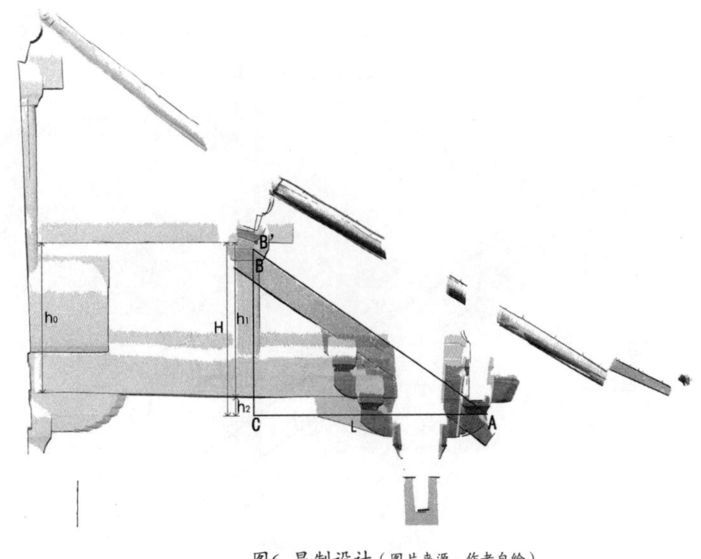

图6 昂制设计（图片来源：作者自绘）

表12 三嵕庙大殿栱长实测数据（测值单位：毫米）（图片来源：作者自制）

乳栿下皮与劄牵下皮之距			
站点	位置	h_1	H_0
scan004	东蜀柱西侧	1114.2	1084.4
	西蜀柱东侧	1105.7	1071.9
scan005	东蜀柱东侧	1115.9	1082.4
	西蜀柱东侧	1109.2	—
scan006	东蜀柱西侧	1113.3	1084.8
	西蜀柱西侧	1099.6	1075.8
平均值		1109.65	1079.86
合分°/13.18毫米		84.22	81.96
合尺/310毫米		3.58	3.48
整数分°		85	82

再看檐步的屋架举势。若椽架南北两侧均以槫下替木底皮为参照，外跳昂上挑一材两架，昂尾仅挑一架，屋架举高比昂制三角形举高H少一材一架（21分°），算得檐步坡度为（91−21）/130=0.538，约为五五举。若以五五举反推，则屋架举高71.5分°约3尺；昂制三角形举高92.5分°，与前文计算值仅有1.5分°之差，以此算得昂斜为0.712。

4. “昂制”与斗栱自身的设计权衡

对于檐步与下昂造斗栱自身的几何设计，理论上大致有两种方式：其一，由屋架（檐步）举势确定下昂斜度，再以此斜度要求来设计斗栱，确定各构件尺寸和交接关系；其二，选择确定形制（昂制）的斗栱，通过昂尾不同的交接构造实现屋架的几何设计。匠人在实操中究竟会选择哪种方式呢？虽不排除对个案进行制图设计的可能，却有理由相信：特定昂制下的一套成熟构件尺寸和构造做法比变换昂制而牵动斗栱全身更为便捷，前者仅需确定“或只挑一枓，或

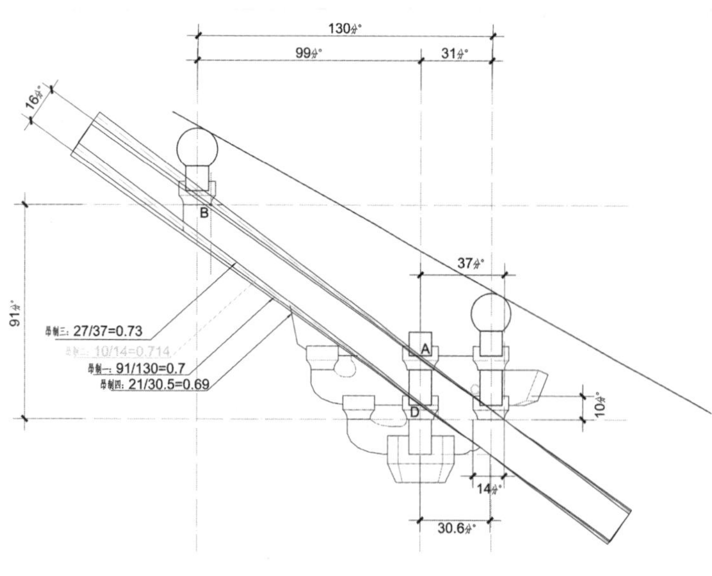

图7 昂制复原（图片来源：作者自绘）

挑一材两栔"之类的局部调整，后者几乎需要重新设计所有构件。

三嵕庙大殿的四铺作下昂造斗栱是通过哪种方式设计的呢？要回答这个问题还需仔细咀嚼斗栱自身的设计权衡。由柱头和转角铺作的卷头造设计可知，补间铺作的昂上交互斗采用了归平设计。进而，以斗栱出跳31分°，下昂真广16分°为约束[1]，试作复原图见图7。

图7中昂制一，即以檐步计算所得的0.7昂斜来反推斗栱设计的。而昂制二、三、四则是从斗栱自身的设计角度，从构件的构造交接和匠人可能关注的算法权衡的探讨。具体而言，昂制二是由下昂上皮经由交互斗斗底外楞和斗耳内楞C点确定的，原因是笔者在现场观察到了这一现象（图8），且5：7的这种比例关系应是匠人熟知的[2]；昂制三是由耍头尺度确定的，若耍头尾刚好抵达扶壁栱中缝，则耍头身长31分°，经过昂上交互斗斗底外楞和A点的耍头三角形确定下昂斜度为27/37[3]。昂制四则是考虑到以华头子确定昂制的可能性，若下昂下皮刚好过华头子心上的D点，则华头子三角形平长30.6分°抬高21分°，取整为21/30.5，约为0.69。以上四种权衡下，昂制范围在0.69～0.73之间，在昂尾处形成约6分°（2.55寸）的高差。昂制一的昂上皮刚好经过昂尾挑斗斗底外楞B点；昂制二、三均高于B点，只需将昂尾放斗的平台稍多切削便可；仅昂制四在高度上略显不足。回过头观察图5中昂尾的切削情况，切削平台比斗底深度略大，似与昂制二较为接近。另外，昂制二还与前文以五五举檐步举势反推的下昂斜度相吻合。

若进一步以下昂与其他构件的交接关系验证（图9）。昂制一、昂制二与现状交接关系基本吻合（图10），从昂身上部在泥道内侧的豁口和里二跳华栱尖角处厚度看，昂制一与现状更为接近。应该说，昂制一与昂制二在泥道内外的各个细节尺寸上仅有不足0.5分°之差，在昂尾处也仅有约2分°（0.85寸）的高差，是较难通过构造和尺度解读来取舍的。尽管如此，通过以上构造细节的比对还是有效地缩小了昂制的可能范围。

图8 下昂上皮与交互斗内楞交接关系（图片来源：作者自摄）

❶ 由点云量的下昂真广均值208.5毫米，约合16分°。

❷"方五斜七"或"方七斜十"是古代常用的方圆比。

❸《营造法式》"大木作功限"中的下昂斜度可由耍头的尺度计算。另外，若本案中耍头身长38分°，则昂斜约与昂制二相同。

图9 下昂与柱头枋交接关系（图片来源：作者自摄）

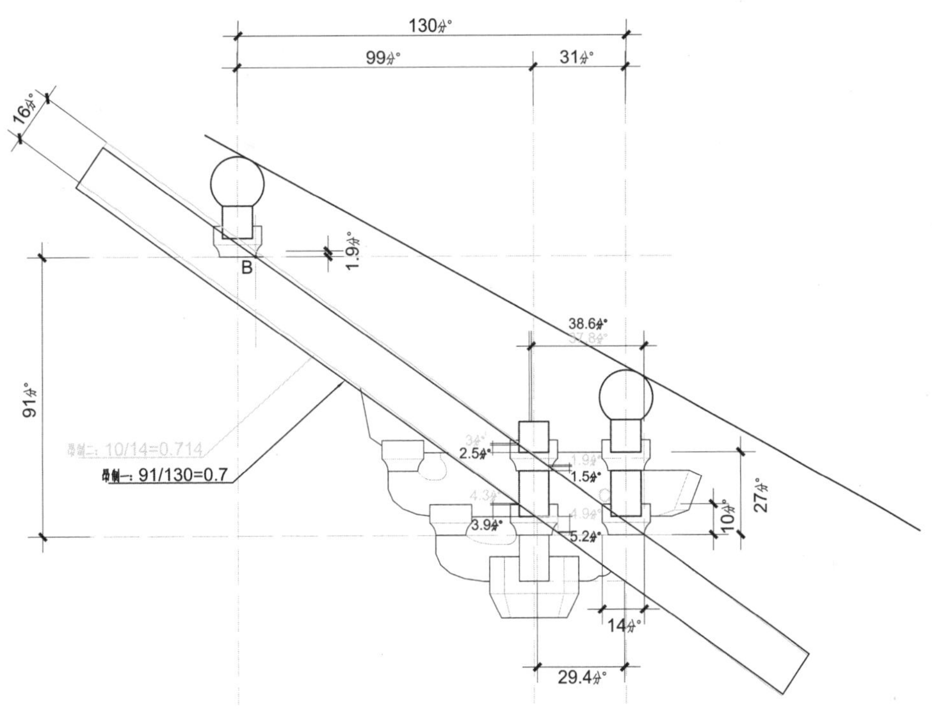

图10 下昂与其他构件交接处尺寸（图片来源：作者自绘）

四　斗栱设计的匠作渊源

1．与《营造法式》的关联性

（1）构件样式与构件尺寸

之所以将构件样式和构件尺寸放在一起讨论，是因为样式背后的算法和尺寸权衡隐藏着匠心，它是保证样式纯正的秘诀所在。本案的四铺作下昂造斗栱不仅在昂尖、华头子、耍头、小斗等构件的外观样式上与《法式》十分相似，而且在尺寸上也与《法式》规定基本一致。此外，泥道栱与隐刻泥道慢栱的30分°级差、外跳华栱半长与令栱半长相同，以上栱长的权衡之法都与《法式》规定吻合，只是在具体长度上略有差异。

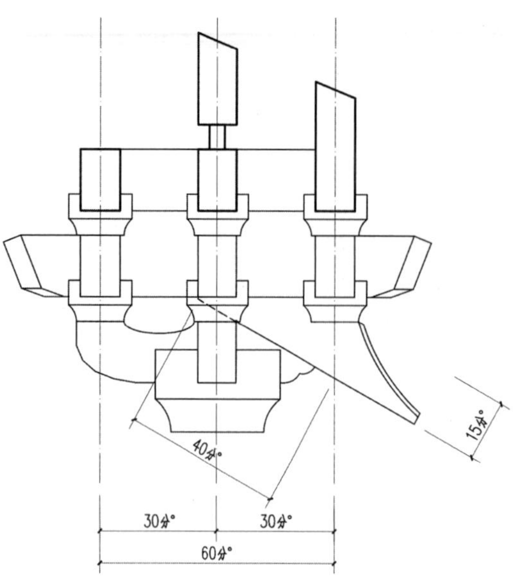

图11《营造法式》四铺作插昂造斗栱复原（图片来源：作者自绘）

（2）昂制

《法式》对昂身上彻的四铺作下昂造未作记载，“图样”和“功限”仅有四铺作插昂造的相关规定[1]。根据“图样”和“功限”，可复原四铺作插昂造斗栱如图11所示。这个四铺作插昂的斜度约为15/27，比《法式》的五铺作下昂造斗栱的昂制更为陡峻[2]。本案的四铺作下昂也比晋东南地区宋、金时期的五铺作下昂更为陡峻[3]，而且比《法式》的四铺作插昂还要陡得多。

（3）构造权衡

从《法式》卷三十“绞割铺作栱昂枓等所用卯口”的五铺作的绞割图样中（图12），我们可以观察到与下昂斜度算法相关联的构造细节：

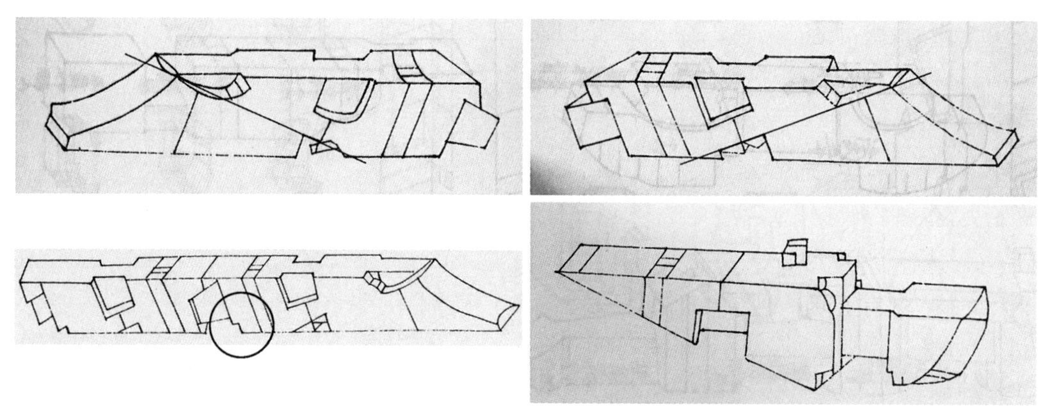

图12 五铺作下昂造斗栱分件图（图片来源：故宫本《营造法式》）

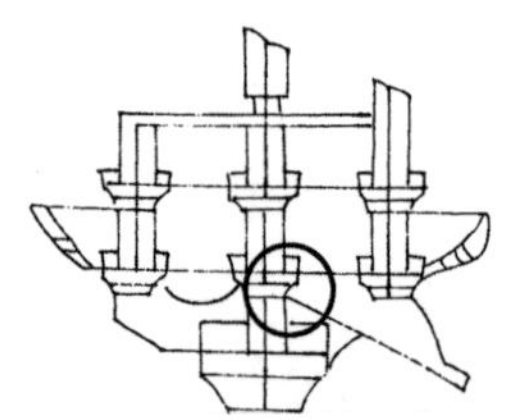

图13《营造法式》四铺作插昂造侧样（图片来源：故宫本《营造法式》）

①昂上交互斗归平，且交互斗斗底外下楞刚好落在昂身上皮上。这说明交互斗归平的几何算法已十分精确。

②昂身在泥道处设置了容纳交互斗隔口包耳的卯口。昂身刚好从交互斗斗口出，以斗承昂的构造关系明确，昂斜的计算起点明晰。

③耍头用足材，身长明确，以耍头尺度可推算下昂斜度。

《法式》四铺作插昂造斗栱的卯口设计未有绞割图，从卷三十的四铺作出跳分数图（图13）和卷三十四的四铺作立样可知：

①昂上交互斗归平，且交互斗斗底外下楞刚好落在单材插昂昂身上皮上，交互斗归平算法精确。

②昂身下皮在泥道处约抬高1单材，与泥道栱上棱重合。

③华头子与下昂在泥道处不用齐心斗。猜测其原因是下昂在泥道处仅抬高一单材，若设齐心斗势必会被插昂穿破，不但削弱了构造强度，而且徒增繁复。

再比较三嵕庙下昂造的构造细节。昂上交互斗斗底外楞恰落于昂身上皮，交互斗归平的构造权衡与《法式》相同；下昂在泥道处与华头子的台阶状咬合（图14）与《法式》五铺作昂身之隔口包耳状卯口有点相似，而与《法式》四铺作不同；昂下皮在泥道处的抬升高度并不十分明确[4]，下昂斜度可由耍头尺度推算。

[1]《法式》对插昂造的规定如：“若四铺作用插昂，即其长斜随跳头”，“四铺作插昂一只，身长四十分”等。

[2]《法式》五铺作下昂造斗栱的昂制为27/71，约0.38。

[3] 晋东南地区宋、金时期五铺作下昂造斗栱的下昂斜度多为五举或四举左右。

[4] 昂身下皮与栱方棱线或中线等特殊部位无明确交接意向。若以华头子的台阶状卯口为参照，昂下皮在其与台阶状卯口的交点处约略抬高了1单材（15～16分°）。若以5/7的昂制反推，算得昂制三角形平出21分°，台阶状卯口或与昂制权衡有所关联。

2. 与相近地域下昂造斗栱案例比较

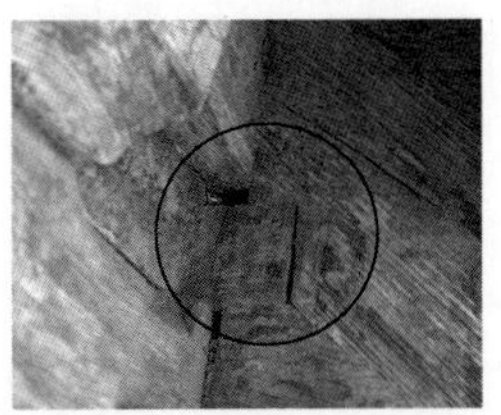

图14 本案下昂与华头子的台阶状咬合设计（图片来源：作者自摄）

山西地区现存众多宋、金、元时期的下昂造木构建筑，下昂造遍及四至七铺作的各种类型，尤以五铺作为多，而四铺作较少。已知有小张碧云寺大殿、定襄关王庙大殿、高平三王村三嵕庙大殿、高平二郎庙戏台、川底佛堂大殿、上阁舜帝庙大殿、上阁龙岩寺后殿、洪洞泰云寺大殿、寨里关帝庙献殿等。扩至全国范围，还有河南登封清凉寺大殿、济源济渎庙拜殿、登封法王寺山门、汝州风穴寺中佛殿、苏州玄妙观三清殿等案例。

（1）昂制与檐步算法

若下昂上彻下平槫，必然涉及下昂斜度与檐步举势的配合问题。不考虑耍头上彻和昂身弯折的情况，且假设槫径相同，下昂斜度与檐步举势的配合大致有以下3种情况：①下昂斜度与檐步坡度相同，不论檐步平长是多少，昂尾距下平槫的高度与昂头距橑风槫的高度始终相等，即2絜+1材+1替木，所谓“挑一材两絜”；②若下昂斜度小于檐步坡度，则随着檐步平长的增加，昂尾与下平槫的高差也将增加，昂尾需要垫得更高；③若下昂斜度大于檐步坡度，则随着檐步平长的增加，昂尾与下平槫的高差将会减小，昂尾垫高也相应减小。《算法基因——两例弯折的下昂》一文曾讨论过五铺作四举下昂的六种分化，讨论的核心便是在使用同样四举下昂的情况下，不同匠作流派解决昂尾与下平槫之间高差的不同策略[5]。六种分化中，有五种属于情况②，一种属于情况①，为什么①和③两种情况并不多见呢？显然与“四举下昂”的限定相关，对于宋金遗构而言，檐步举势小于或等于四举的案例较少。那又为什么只讨论四举下昂，而不讨论更陡的下昂案例呢？首先要区分柱头与补间铺作，就山西地区而言，若柱头铺作使用下昂造，其昂尾大多压于梁栿之下而未及下平槫[6]，也就不存在昂尾与槫的交接权衡问题，只有下昂造补间铺作才有上彻下平槫的机会，而这些上彻下平槫的补间铺作多为五铺作，且多用四举下昂。为什么不使用更大的下昂斜度或是更小的檐步举势呢？这是个复杂问题，关联着功能要求、匠作习惯、审美需求等诸多因素。虽然从理论上说，下昂斜度和檐步举势都是可以调整的变量，但就《法式》和现存案例来看，二者实际上更接近制度性控制，取值区间相对稳定。一旦制度性控制在特定的历史、地理范围内被大多匠作流派所接受，剩下的问题就是不同匠作流派如何在这些控制下“解题”了。

[5] 文献［1］：299-311.

[6] 榆次雨花宫大殿和上阁龙岩寺南殿是山西地区少见的柱头铺作昂尾上彻下平槫位置的案例，但是昂尾与下平槫之间仍以梁栿或驼峰过渡。

对于各种“分化”的讨论，是要以斗栱铺数[7]和下昂斜度作为限定的。尽管存在着不同铺数的斗栱使用相同斜度下昂的可能，但考虑到铺数不同，下昂的约束条件也将不同，因此，对不同铺数的斗栱进行有针对性的下昂斜度设计应是合理做法。进一步猜测，每个匠作流派或许都有一套四到八铺作下昂造的设计模式或常规算法。即便在特定的历史地理范围内，某一铺数的斗栱使用某种昂斜已成为习惯，或被“制度”所规定，在具体设计中仍存在不同匠作流派的不同算法权衡。上文提到的五铺作四举下昂多种“分化”即是证明。

[7] 即四、五、六、七、八铺作。

回到本案的四铺作下昂造斗栱。四铺作定然也存在着上述3种情况下的各种“分化”，虽然现存的四铺作案例稀少，仍不妨一窥：高平二郎庙戏台补间铺作，下昂斜度3/8，檐步举势约0.55，以耍头上彻来补足昂尾与下平槫之间的高差（图15）；上阁龙岩寺后殿补间铺作，下昂较缓，昂斜小于檐步举势，昂尾挑蜀柱以抵下平槫（图16）；洪洞泰云寺大殿、寨里关帝庙献殿的补间铺作，昂斜与檐步举势相近，昂尾均挑一材两絜（图17）；川底

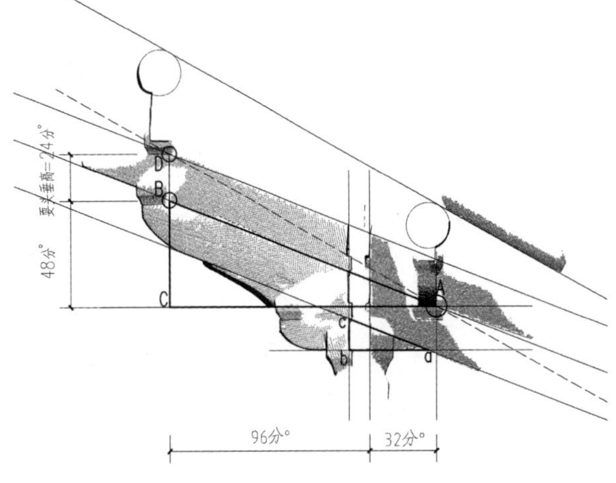

图15 高平二郎庙戏台补间铺作昂制推算[2]

图16 上阁龙岩寺后殿补间铺作的下昂（图片来源：作者自摄）

图17 洪洞泰云寺大殿的下昂
（图片来源：作者自摄）

图18 川底佛堂的下昂（图片来源：作者自摄）

图19 上阁舜帝庙的下昂（图片来源：作者自摄）

佛堂、上阁舜帝庙大殿补间铺作，昂斜大于檐步坡度，昂尾只挑一斗，是与本案檐步算法最为接近的案例（图18，图19）。山西之外的四铺作下昂造斗栱尚待进一步解读。

（2）构件样式与构件尺寸

在《法式》颁行之后，山西地区大木斗栱样式的“法式化”演变已得到学界公认，这种演变的过程也是地方匠作吸纳官式匠作技艺，进行融会创新的过程。演变或许是从较易模仿的外观样式开始的，毕竟几何算法和构造权衡的改变需要更多的智力劳作，甚至不能缺少跨向另一个匠作流派的勇气和努力。

说回外观样式，仍以华头子、昂尖、耍头作为观察点，均与本案相近的案例有陵川龙岩寺中殿、西溪二仙庙后殿、西上坊成汤庙大殿、长子崔府君庙大殿、平顺九天圣母庙大殿、平遥慈相寺大殿、太谷真圣寺大殿、阳曲不二寺大殿等。

对样式相似的案例展开“构件尺寸”精细测量和数据统计是必要的。若能将所测数据复原成以分°为单位的长度值❶，便可以实现案例间、案例与《法式》间的对比研究，解读匠人心中的“算计”了。

❶学界在斗栱尺度的复原研究中，有“尺度控制”和“分°控制”两种不同倾向。对于宋金案例，尤其是《法式》颁行之后的案例，笔者倾向以“分°控制”进行解读。

（3）构造权衡

下昂、华头子的卯口设计，昂上交互斗是否规平，是下昂造斗栱“构造权衡”的核心问题。三嵕庙下昂造斗栱与《法式》下昂造斗栱在构造权衡上的诸多异同也存在于山西地区的其他宋金案例，例如：

①《法式》颁行之前的四、五铺作下昂造案例中，昂上交互斗存在下降、归平、上升三种

情况，猜测“交互斗归平”尚未成为统一追求；《法式》颁行之后，四、五铺作的交互斗归平设计已是常态，或与《法式》“五铺作以下并归平”的制度性规定相关。

②补间铺作的华头子多用足材构件，尚未见以单材华头子配合齐心斗的“法式型”做法。华头子在泥道处有“隐刻”与“不隐刻”齐心斗两种做法；华头子与下昂在泥道处的交接构造有“台阶状”咬合和“平接”两种方式，而台阶状咬合设计又往往与下昂斜度的计算点相关联[2]（图20）。足材华头子与下昂的台阶状交接，具有地域内前后相继的稳定性。

[2] 华头子与下昂有台阶状咬合的案例还有高平开化寺大殿、高平资圣寺大殿、平顺龙门寺大殿、长春村玉皇庙大殿、崇寿寺释迦殿、陵川龙岩寺中殿等。

资圣寺毗卢殿外檐铺作华头子分件影像

陵川南吉祥寺中殿外檐铺作华头子分件影像

图20 华头子的“台阶状”咬合与“平接”（底图来源：文献［3］）

③下昂昂广也是构造和尺寸权衡的重要因素。理论上，只要昂广足够，就可以弥补下昂倾斜向下所带来的高度减损，仅调整下昂广便可以实现交互斗归平。然而，昂广关联着构件用材标准化、结构安全、物料经济、审美习惯等诸多因素，并不随意设置。规平设计更多地依赖华头子和昂斜的综合权衡。从山西地区宋、金木构案例看，昂广取值多在“真高1单材”至“真高1足材”之间[3]，比《法式》规定的单材昂广有更大的取值区间。

[3] “真高”或“真广”是指下昂水平放置时，铅垂截面的高度，即下昂用材的真实高度；“垂高”或“垂广”则是下昂倾斜状态下，铅垂截面的高度。

④补间铺作昂尾与角梁的构造权衡。在对三嵕庙尺度解读中，我们已经注意到略不完美的转角构造（图21）：昂尾与角梁相犯，昂尾斜切与角梁拼接，角梁上的大斗压住部分昂尾，昂尾露出部分则以小斗切半拼接，昂尾构造含混拮据。相比之下，陵川龙岩寺中殿和西溪二仙庙后殿的转角交接则颇为讲究：龙岩寺中殿的昂尾与角梁距离较大，并无相犯，构造完整，自成体系（图22）；西溪二仙庙后殿的昂尾小斗与角梁相犯，角梁不挑大斗且切割卯口以容小斗，保证昂尾的完整构造形态（图23）。架道设计、次间面阔、补间铺作居中等大木尺度决定了昂尾与角梁的位置关系，而在确定的位置关系下，不同的构造设计往往也是不同匠心所在。

图21 三嵕庙大殿转角处昂尾与角梁的构造权衡（图片来源：作者自摄）

图22 陵川龙岩寺中殿转角处昂尾与角梁的构造权衡（图片来源：赵波摄）

图23 西溪二仙庙后殿转角处昂尾与角梁的构造权衡（图片来源：蒋哲摄）

五 结论

1. 大木尺度设计推荐结论

大殿柱头平面为边长3丈的正方形，心间与次间之广分别为11尺和9.5尺，营造尺长约为310毫米；脊步、金步、檐步平长依次是5.5尺、5.3尺、5.5尺；斗栱标准材厚10分° 、单材广15分° 、足材广21分° ，每分° 约为0.425寸。补间铺作昂制约为七举，檐步举势约为五五举。

2. 匠作示踪

三嵕庙下昂造斗栱在构件样式、材份设定、小斗分型等方面具有明显的“法式化”倾向，相同的构件尺寸或相近的构件尺寸权衡也有力地证明了本案与《法式》匠作的关联。

而在昂制算法上，本案却具有明显的独特性；并且，我们还在与之相距不远的川底佛堂和上阁舜帝庙案例中看到了相近的昂制和檐步设计，以待另文讨论。此外，本案华头子与下昂的台阶状咬合构造也具有明显的域内传承线索。

样式、算法、构造的异同关联着匠作亲缘的远近，帮助我们在更广阔的历史、地理维度进行匠作示踪。

（本文在此对2018年暑期参加高平三王村三嵕庙测绘的清华大学师生表示感谢。）

参考文献

[1] 刘畅，徐扬，姜铮．**算法基因——两例弯折的下昂**//王贵祥主编，贺从容副主编．**中国建筑史论汇刊第拾贰辑**［**M**］．北京：清华大学出版社，2015.

[2] 赵寿堂，徐扬，刘畅．**算法基因——山西高平两座戏台之大木尺度对比研究**//贾珺主编．**建筑史**［**M**］．北京：中国建筑工业出版社，2018：47-69.

[3] 刘畅，姜铮，徐扬．**算法基因——高平资圣寺毗卢殿外檐铺作解读**//王贵祥，贺从容，李菁．**中国建筑史论汇刊第拾肆辑**［**M**］．北京：中国建筑工业出版社，2017.

晋南宋金时期斗栱下昂斜率的生成机制及其调节方式研究

喻梦哲　惠盛健
（西安建筑科技大学建筑学院）

摘要：铺作中下昂的安放角度牵涉到包括榫卯制备在内的诸多方面，其设计规律有待深入探讨。该倾角的算法本质上可化简为一组勾股比率，在特定跨度（如一跳）内，其勾高为若干材、栔的加和，股长在《营造法式》中虽以份数表记，但若排除精密调节的需要，本质上仍是材广的整倍数。因此，可以利用材栔组合加减的模式去描述下昂的斜率生成机制，从而保障这一斜角比率便于工匠认知、记忆和调整，这是思维逻辑上比例优先的产物，是代数优先于几何的数学传统带来的必然结果。本文对近年来学界陆续发表的关于晋南地区宋金遗构的精细测量数据进行初步梳理后，提出了关于该区期内下昂斜率生成逻辑和调节模式的简单猜想，并尝试描述算法本身的演化轨迹。

关键词：斜率取值，几何约束，折算方法，基准量

An Analysis of the Generative Mechanism and Adjustment Mode of the Angle of the Lower Inclined Arm in Song and Jin Dynasties

YU Mengzhe, HUI Shengjian

Abstract: The placed angle of Ang element in a Puzuo system involves many aspects including the mortise and tenon joint, thus a thorough study of its design rule is desperately needed. Essentially the angle could be simplified as a set of pythagorean ratios. Within a certain interval, we can reduce each sides of this right triangle as add up of some Cai and Qi module. Through describing the angle generation mechanism of the lower inclined arm by adding or subtracting such module, the craftsman managed to memorize, express, and adjust this vital ratio. This article collects and organizes the surveying data published in recent years,then proposes a conjucture of the generation logic and adjustment mode of the angle of the inclined arm on account of case study. Finally, it makes a brief statement of the algorithm's evolution track.

Key words: the value of slope ratio; geometric constraint; conversion; reference quantity

一　引言

下昂在整组铺作中的倾斜角度可以转述为一组勾股比，其勾高反映了材、栔的叠加关系，股长显示了跳距的构成原则。唐辽时期的下昂往往因与檐椽平行而显得和缓[1]，宋金以降则趋于峻急，时代性的差异是显而易见的。同时，《营造法式》对于该问题表述极为含混，铺作中下昂、上昂乃至昂形耍头各自的斜率如何确定？它们相互间在取值上是否存在制约关系？屋架与下昂之间、下昂与栱方之间在定斜时的相互影响机制又是怎样的？本文试图依托近年来陆续公布的精细测绘案例，探索晋南宋金遗构中下昂的斜率生成逻辑和调节模式，以期揭示隐匿于实测数据下的设计规律，并尝试描述算法本身的演化轨迹，归纳相关约束条件的基本类型。

[1] 结合吕舟、刘畅在文献［17］中对佛光寺东大殿的分析，推及华林寺大殿、陈太尉宫正殿等南方案例，唐宋时期以昂下三角为基准放大整数倍后得到橹步架三角的做法是确实存在的。

二 晋南宋金遗构下昂斜率的计算依据及其表述方法

首先要明确的是，《营造法式》记述的单材广15分° 的情况在实例中并非绝对主流，尤其晋南的北宋中前期案例大量采用1.6倍的单材广厚比，栔高则多取单材广、厚之差即6分° ，此时材、栔的断面比例不能趋同，两者并非相似形的关系，这与法式以3：2常数控制整个材分制度的做法截然不同。16分° 材虽然在数理自洽性方面弱于法式体系，但在构件制备方面具有先天的优势——它无需区分下斗和下栱的木料，或对斗件进行二次切削处理。

在承认8：5断面材同样常见的前提下，我们暂且以份制来表述所得数据，当然，这并不意味着相关案例都采用了三级材分模数，实际上它们可能仍处于更原始的材栔模数阶段，这里的“份值”也没有实际的构造意义，附会法式概念只是为了更加直观地表达材断面的比例关系。

此时我们必须面对的一个关键抉择是：围绕繁复多样的实例数据进行份值还原时，到底应该以材广还是材厚为准？是谁生成和决定了谁？显然，李诫的原则是材广优先，制度部分的“材”条明确指出“各以其材之广分为十五份,以十份定其厚”，功限中的“以材为祖”也都体现为“以材广为祖”（如《仓廒库屋功限》“其名件以七寸五分材为祖计之”即举的三等材广，而不提材厚数据），在严格奉行3：2材断面比例时，两者当然是互为表里，但在其他情况下，以广定厚有可能导致材厚畸零。

我们知道材广厚比的折算前提是十进制，那么最合理的方式就是这两个数字间有一个被表示为“10”，另一个是其简单倍数或约数，这也正是我们认为材厚取10分° 应是先验的，因而实例中出现了1.4、1.5、1.6倍材广的原因，它们所成的简洁等差数列正是对这种推论的支持。同样的数据，若我们认定材广优先，则材厚作为因变量要被表达为0.714、0.667、0.625的复杂形式，相互间也不成序列，显然不便于记忆和度量，这显然是不可信的。

实际上，作为“材广优先”证据的数据高吻合度往往同样支持材厚取整，这是两者耦合的结果，不能据之认为前者较后者更加重要，真实情况可能恰好相反：从数据可靠性考虑，材广测值受到外力挤压变形的影响更大，一般情况下其样本离散率大于材厚测值；同时，工匠在施工过程中是否存在因节省物料的考虑而微调材栔高度比的可能？是否存在加荒折损？最终形成的栱方断面是否完全符合设计值？这些都将影响到材广取值的可信度。我们知道，材厚面的加工手续（如开栱眼、刨削小斗接面等）往往较材广面（隐刻或卷杀栱端折线）为多，也就意味着材广方向受到了更多的切削加工，其数据较原初设计值产生偏差的可能也更高。

三 晋南宋金遗构下昂斜率的生成机制及其原型与亚类

关于下昂倾角的算定，在数学层面可以简单地定义为其首、尾两端间高差与水平投影长度的勾股比，也就是以“率”代“度”进行表达，且这其中任何一个局部单元（两跳之间）均可代表整段昂身，这就能在数据可控的特定区段内对大量案例进行比对。基于构造约束的视角，我们考察下昂造铺作每向外伸出一跳后其上构件的抬升高度（其连线即为下昂下皮），以此构成描述下昂斜率变化的三角，据之可将实例分作五类情况：

其一，平出一大跳（两跳）、抬升一足材。现存唐辽殿阁基本都属于此类，因其偷心、计心相间使用，故不宜逐跳计算，而应视相邻的两个计心造跳头间为一个单元。它的特点是在一个单元的相邻两跳内可自由调整跳距（因偷心造无栱方约束），但该单元的总跳距不变，相应的总抬升值也不变（每两铺一足材）。佛光寺东大殿、崇明寺雷音殿、镇国寺万佛殿、奉国寺大雄殿、独乐寺观音阁、佛宫寺释迦塔下檐等均是如此，诸如净土寺大殿藻井、华严寺薄伽教藏殿

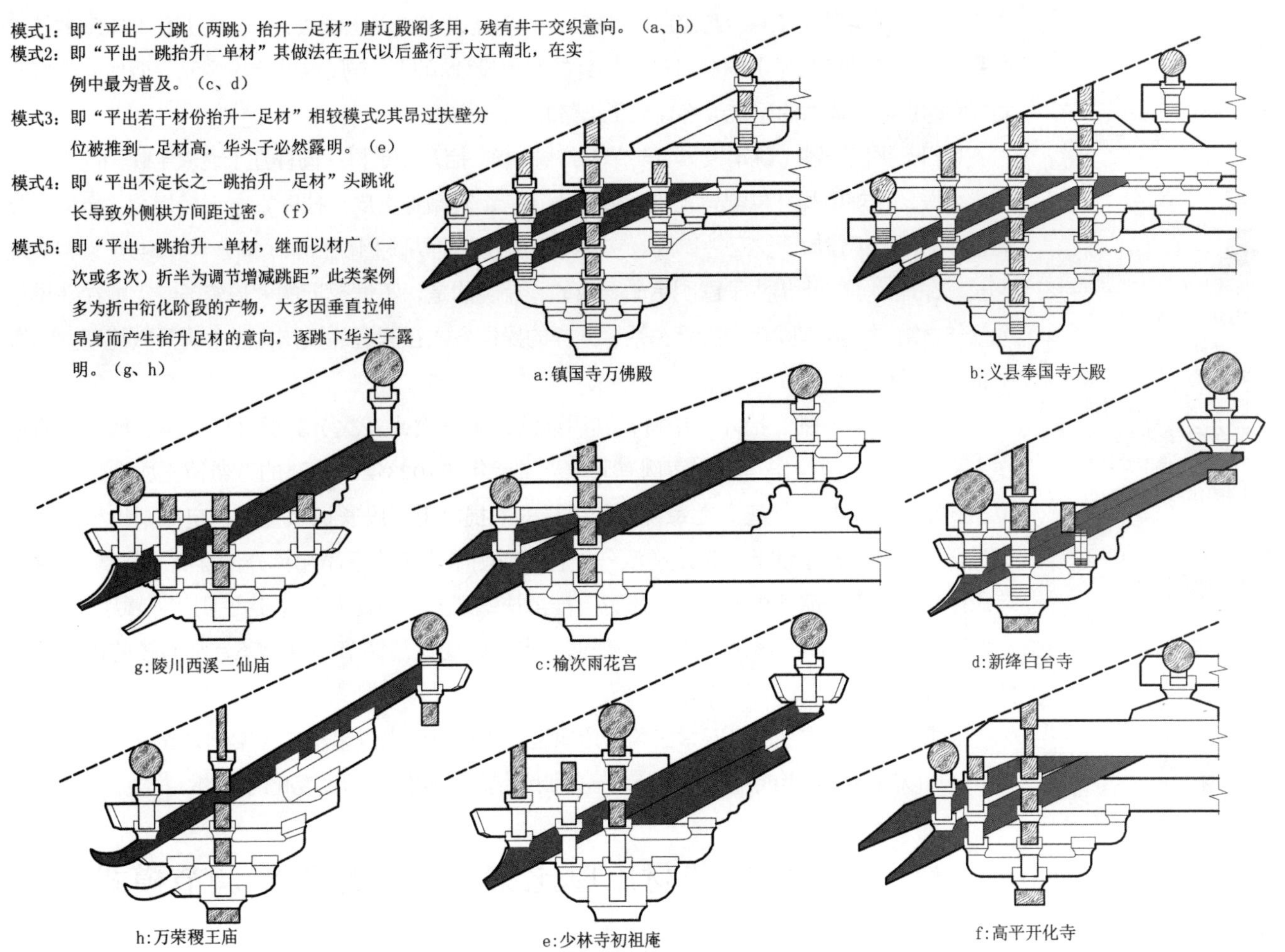

图1 宋金时期铺作下昂五种定斜模式分类与示意（图片来源：改绘自文献［3］、［4］、［6］、［8］、［11］、［19］、［20］）

壁藏等亦复如是（图1）。

其二，平出一跳（多合两单材）、抬升一单材。在组织形式更加规范的逐跳计心造铺作上，这类做法最为常见，典型实例有榆次永寿寺雨花宫——其前廊开敞而殿身内部构架水平分层明显，在很多样式细节上都传承了唐代风貌❶，外檐仅柱头上施用五铺作单杪单昂，并配合昂形耍头，其下昂垫于明栿外伸部分之上而压于草栿下，斜率设计明显地与屋架间存在联动。其下昂后尾径直搭接在扶壁素方上棱，而非支垫在交互斗处，这或许代表了五代宋初以来低等级铺作栱昂的构造约束原则（尽可能摆脱斗件的控制），因而具备“原型”的意义。相似的思路在诸如金构新绛白台寺正殿上同样存在，其外檐四铺作单昂虽相间杂用平出假昂及插昂，但假昂上隐刻线仍直抵泥道栱外侧上棱，向上延展后可与挑斡边线相互重合（图1）。

其三，平出若干材分（大于一跳）、抬升一足材。典型案例是素来被认为与《营造法式》最具技术亲缘性的登封初祖庵大殿❷，其昂身前后端节点与雨花宫差异显著——昂头搭在外伸的华头子之上，从而摆脱了交互斗的控制，整体起算分位亦随之升高，昂尾下皮则与扶壁栱上素方外侧下棱相合（符合唐辽以来的成规）。它的斜率表述机制远不如前者简洁，而是在其基础上将自昂身往上的全部构件整体拉高，以确保昂过柱缝时与素方对齐，这有利于保持露明扶壁部分的视觉秩序感（不令昂、方错缝）。我们或许可以把初祖庵的昂制看作雨花宫的衍化类型，它们的算法原则大体相同，只是在昂、方交接细节的处理上存在分歧——雨花宫看重的是维持唐辽以来昂身前段自交互斗口内伸出的传统，对于后段与扶壁部分的对位关系较为放松；初祖庵则刚好相反，更加重视昂身后部入扶壁处的边缘对齐关系，而对前端的处置赋予更多自由（通过

❶ 如内柱缝上叠垒大量素方形成兜圈的井干壁，梁栿间以栌斗、驼峰垫托，逐榑下施托脚且顶在令栱而非榑条两侧，转角处用隐衬角栿且大角梁斜置，梁架存在明、草栿分层等。

❷ 初祖庵大殿的所谓“法式化”倾向大多仍停留在样式层面，从诸如地盘设计中存在移柱与间椽错位，内柱逐段续接乃至材分模数的构成形式突破法式规定（单材广厚比不取3：2）等方面看，“北构南相”[18]的背后或许是不同匠系间一时的交融杂糅，而非真正涵化了李诫所主张的全套技术手段。

华头子的垫托实现）。昂头自交互斗口内吐出是唐辽以来的固化做法，一旦在五代北宋新的技术体系（华头子伸出托昂）下被打破，昂身的斜率设计和调节方式也就趋于多元。两例的建成时间相距约百年，技术的积累最终导致了思路的彻底分化。

其四，平出一跳（跳距较大且与单材广脱钩）、抬升一足材。同样建于北宋中晚期的高平开化寺大殿，在规模和斗栱配置上均近似于雨花宫，其昂身上皮与扶壁素方下棱相合，显得十分规整，前端则仍置放于交互斗口内。它的特殊之处在于两跳相距悬殊（36分°和24分°），头跳讹长或许是为了防止华头子露明承昂导致的。有趣的是，不惟邻近的大周资圣寺大殿在斗栱形象上与之雷同、数据间存在折算关系，同样的操作方式在遐远的泉州文庙上檐及敦煌壁画图像中也有所反映（图1）。

其五，平出一跳、抬升一单材，其后继续以（一次或多次）对折材广所得份数为调节量作水平方向的增减操作。典型案例有北宋天圣元年（1023年）始建的万荣稷王庙大殿，它的下昂斜率生成机制同样建立在每跳合两单材的前提之上，股长调节量的选定原则也与前述几例类似，但昂的构造细节却自成一派——它的露明华头子将下昂起算分位推高了整整一单材，若用计心造则正对瓜子栱上缘，中段也上推至扶壁素方半高处（图1），这说明工匠赋予昂的首、尾两端完全的自由，不刻意约束其中任何一点，以此灵活调节昂身斜率，因而较前述各种做法更加激进。

上述五种模式均是由以五举三角形为原型、水平方向上以单材广（实例以16分°居多）为基准量、以单材广之半或再折的四分之一为调节量增减操作、衍生变化而来的。

四　采用1.6倍单材广厚比案例的下昂斜率调节模式

宋金时期华北遗构中单材的广厚比主要存在1.4、1.5和1.6三种情况，其中尤以后者居多，栔高取值则较多地采用0.6倍材厚或半材广，这意味着材分制度内部存在不同的细类区别，而材、栔本身广厚比例的差异又进一步制约了昂下勾股关系中基准量与调节量的设定，最终导致了不同的斜率生成模式。

16分°单材广的案例包括永寿寺雨花宫、初祖庵大殿、开化寺大殿[6]❶、稷王庙大殿、龙岩寺中殿、西溪二仙庙寝殿与王报二郎庙戏台等。

从实测数据可知，永寿寺雨花宫的单材厚10分°、广16分°，栔高6分°，头跳32分°、二跳16分°，因此下昂斜率为16/32=0.5（图2）。

初祖庵大殿单材广16分°、栔高6分°，足材22分°，头跳出32分°、二跳30分°，两跳间的差值2分°恰为三小斗的斗平高度，这也许是微调空间尺寸过程中可以用到的最小单元（按折半法则处理单材广三次，即单材广八分之一）（图2）。

西溪二仙庙寝殿❷采用折下式假昂，单材广16分°、足材22分°，头跳32分°、二跳28分°，下昂首尾构造关系与初祖庵相似，都是在入柱缝处令昂身下皮与素方外侧下棱相合，华头子露明并在扶壁缝上隐出齐心斗，并在昂身凿出“鼻子”以相契合。以材广的1/4（同时即斗欹高的4分°）为调节量处理后的单材广与头跳平出值之比（即下昂斜率）为16/（32+4+4），即四举。此时将上道昂及以上构件整体推抬一个栔高（6分°），可使其后尾与扶壁素方边缘对齐。其里转折线采取不同的设计方法，系以单材广16分°加斗平的2分°为勾高，以头跳32分°为股长，斜率加剧至五五举。同样的情况也出现在梁泉村龙岩寺中殿❸和北马村玉皇庙大殿❹上（图3）。

❶据文献［6］知开化寺大殿下昂五举、耍头四举，足材20分°，头跳出36分°、二跳24分°，交互斗斗耳长4分°，单材广暂按15分°标注，但我们推测其原型仍为“单材广16分°、栔高4分°，头跳设计值长32分°、二跳28分°”，为了保持昂自交互斗口出，不得不极度拉长头跳华栱，并减省二跳长，调节量就是材广1/4或作为栔高的4分°。

❷据文献［7］、［8］对西溪二仙庙的分析可知，由于实测材广数据均值大于15.6分°，考虑到设计值不可能小于该数，而维持足材广不变的前提下微调单材、栔高比例的做法并不少见，尤其它的跳距设置与营造尺长与初祖庵、雨花宫等案例极度近似，故而我们认为其单材广的初始设计值应为16分°。

❸据文献［9］梁泉村龙岩寺中殿除了首跳出华栱及昂尾折率放缓至五举外，其他构造细节和复原份值都与西溪二仙庙寝殿相似，且两者大木作部分固化为严格的5:6比例关系，复原营造尺长亦相等，同时和初祖庵大殿仅相差1毫米。龙岩寺和初祖庵的份值均取0.375寸，显然是整尺八分的产物，二仙庙则是合其1.2倍的0.45寸。三者的建造时段相近，空间距离不远，构件样式均呈现出强烈的法式化倾向，且诸如角间以补间铺作承椽、多段蜀柱接续以取代驼峰承梁栿等节点做法也高度接近，它们或许具备相当程度的技术亲缘性。

❹文献［10］中指出北马玉皇庙4/11的下昂斜率可以转译为16/（32+4+4+4）分°，同样是以单材广的1/4为单元在五举基础上调节得来。

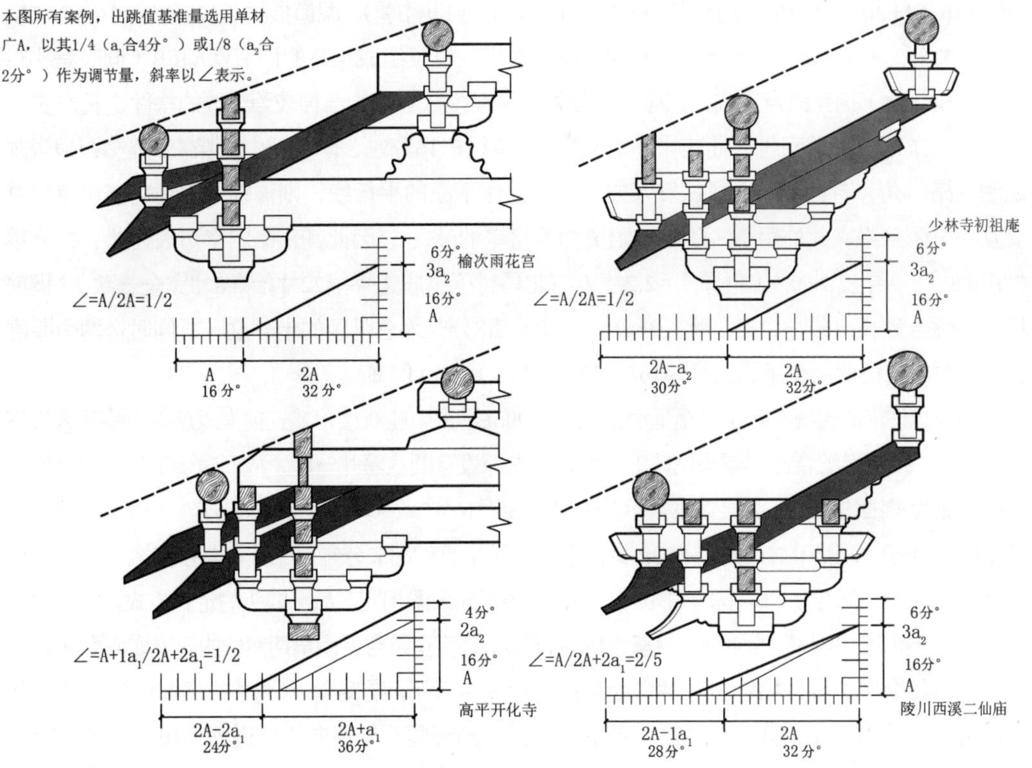

图2 取1.6倍单材广厚比诸案例的下昂抬升方式示意之一（图片来源：改绘自文献［3］、［4］、［6］、［7］）

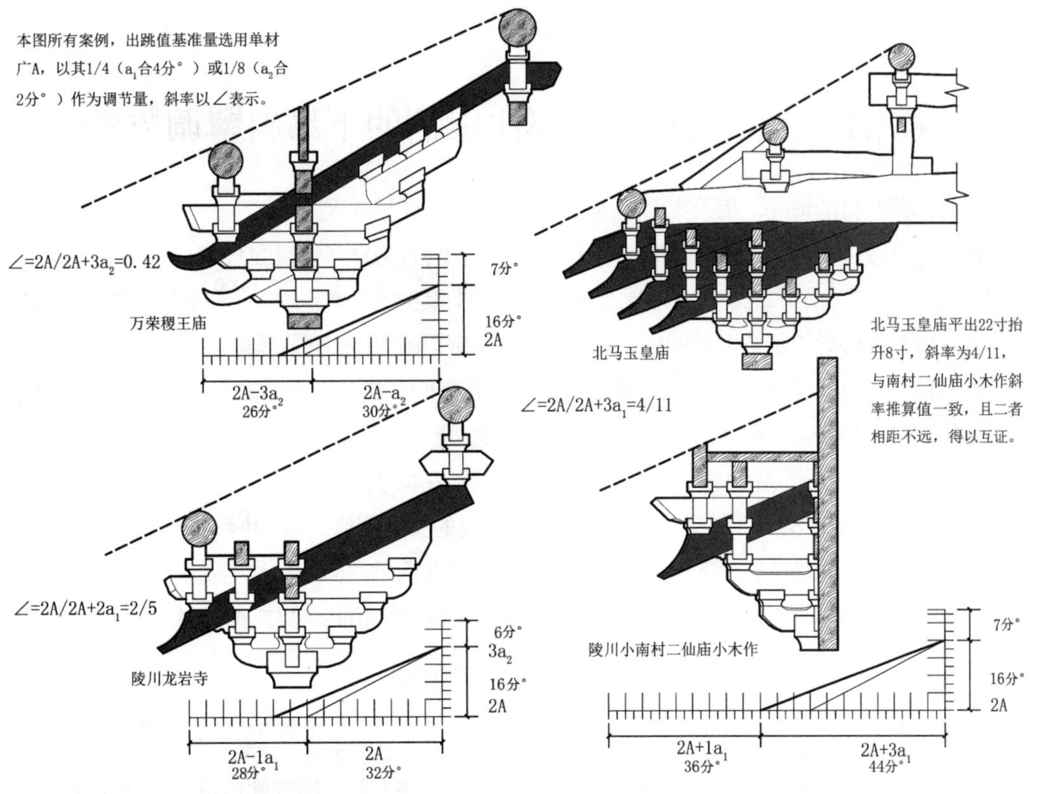

图3 取1.6倍单材广厚比诸案例的下昂抬升方式示意之二（图片来源：改绘自文献［9］、［10］、［11］、［12］）

另一个类似的案例是万荣稷王庙大殿[5]，原文献虽未给出昂身角度的具体测值，但就给出的华头子尺寸推算，昂的斜率应为四二举。设若我们仍以单材广的1/4（即4分°）为A，以其与絜高的差值（即3分°）为B进行操作，则所有铺作构件与空间尺寸均可简明表述——其下昂斜率0.42为16/（30+2A），补间铺坐第二跳里跳长54分°=16×3+2B、令栱和第四层泥道栱长70

[5] 文献［11］按所测数据推定大殿复原营造尺长314毫米，斗栱头跳长28分°、二跳24分°，单材广15分°、厚9.1分°，份值合0.44寸且与推定的唐代材等恰相对应。对此本文持不同看法：抛开《营造法式》文本不论，在份值还原时到底该优先考虑材广还是材厚？一定是由广生厚吗？在单材广厚比不符合3：2时，材广15分°还是先决的吗？我们以材厚取10分°为前提，反推数据后得到更为简洁的份值（0.4寸），它同样存在于“唐代”或者《营造法式》的材等序列中，复原营造尺值及各空间尺寸推算值与原文结果基本相同，吻合率甚至更高，此时数据可表述为：单材广16分°、栔高7分°，头跳长30分°、二跳26分°。

分° =16×4+2B、第一层泥道栱长74分° =16×4+10（即材厚）、泥道慢栱长120分° =16×7+2A、耍头长32分° =16×2。可知上述尺寸均是由单材广、厚及组成栔高的调节量A和B（同时是小科的斗平和斗欹）相互组合完成，这应该就是处于材栔模数阶段的一种较为粗放的构件定长方法。

小木作则可以举南村二仙庙帐龛为例❶。其单材广16分° 、厚10分° ，栔高7分° ，报告未说明下昂斜角，若在测稿上过扶壁素方外侧上棱作下昂的平行线，则该辅助线约略交于第二跳交互斗里侧斗平，此处距第二跳中线距离约为材厚的0.5寸，因此其下昂斜率可表述为：抬升单材广0.8寸、平出2.7−0.5（材厚）=2.2寸（与北马村玉皇庙之平出22寸抬高8寸完全一致）。调整后头两跳合计长44分° ，第三跳长36分° ，其差值8分° 为总跳距的十分之一，同时合两个基准长或半材广，由此折得下昂斜率为16/（32+4+4+4）=4/11（图3）。

16分° 材广的传统在晋南甚至延续至元代，如高平古中庙戏楼，其五铺作双昂中，头跳为折下式假昂，二跳真昂配合昂形耍头挑斡下平槫，因内部设有鬬八藻井一座，故而对于下昂的斜率设计提出了更为精细的要求。测绘数据显示其单材广接近16分° 、厚9分° 、栔高6分°（但下昂垂高突破足材达24分° ，即单材广的1.5倍），真昂下华头子平直伸出52分° ，昂下皮与扶壁素方外侧下棱相合，其斜率可表述为（16+6）/52即四二举，与稷王庙大殿相同。昂形耍头的定斜方式则符合“平出若干材分抬高一单材”的原则，斜率为16/40即四举，完全符合晋南早期案例的习惯取值❷（图4）。

上述几个案例或许揭示了一种广泛存在并持久流行于河东、泽璐地区的铺作设计传统，其本质可以归纳为：在16分° 单材广前提下，下昂、昂形耍头等斜向构件遵奉“每平出若干距离抬升一单材”的基本原则，伸出值在两倍单材广基础上，以8、4乃至2分° 作为调节量❸反复增减微调，最终达到获取整数斜率的目的。16分° 直接源自下料过程中三小斗分型后的基本斗长，因此究其实，这仍是一种“倍斗取长”的模数设计方法。

五 采用1.5、1.4倍单材广厚比案例的下昂斜率调节模式

再看15分° 材的情况，相关案例包括青莲寺释迦殿、慈相寺大殿等。

此类案例受《营造法式》影响较深，稳定表现为单材15分° 、足材21分° 、头跳长基本上近似于两倍单材广。3：2的材栔广厚比无疑证明了此类案例已确实地进入了材分模数制的阶段。

青莲寺释迦殿始建于宋元祐四年（1089年），五铺作单杪单昂配昂形耍头，下昂的构造细节与前述西溪二仙庙寝殿等例一致，均是昂身前端压在露明华头子上而后端入扶壁处以下皮对齐素方下棱。其份值折合0.48寸，单材广15分° 、栔高6分° ，头跳29分° 、二跳34分° ，推测其原始设计值❹应是30分° 和33分° 。以构成材广的两个基本约数A（5分° ）和B（3分° ）来看，前者是6A而后者是11B，A和B又分别相当于一、二跳的实际测值（34−29=5分° ）与推测设计值（33−30=3分° ）之差。其下昂斜率因此可表述为“在两跳共63分° 长度内下降了一材两栔”即3/7，若逐跳表记则可转述为15/（30+5），即在平出两材广抬高一材广的五举三角形基础上，

---

❶据文献［12］知该处用六铺作双杪单昂，头跳偷心导致下两杪共出一大跳，华头子露明外伸后抬高昂身，使其上交互科逐层归平，昂与扶壁素方错交也表明它完全脱离了齐心斗的控制。有趣的是初祖庵和保国寺大殿的下昂平出值也都是44分° ，只是各自的抬高份数不同。

❷古中庙戏楼昂形耍头下的三角空隙中，股长自交互斗斗平外棱算起，内伸过头跳慢栱内侧上棱，即“慢栱厚+第二跳跳距+交互科耳厚=9+27+4=40分° ”，勾高为一单材即16分° 。同样，在跳距的设定方面，古中庙戏楼的一、二跳分别为29分° 、27分° ，推测是在28分° 的原始设计值基础上微调所致（目的可能是为了令耍头下皮与其下构件上皮密合），按其0.375寸的份值（同样是西溪二仙庙寝殿、梁泉龙岩寺中殿和西李门二仙庙正殿的取值）反推28分° 合10.5寸甚为规整，且28分° 本身就符合法式功限部分的减跳规定，其间可能存在沿承关系。

❸调节用的基准量取值必须为单材广的1/2、1/4或1/8，通过不断对折得到，一般取其中值4分° ，这同时也是交互斗斗耳与斗欹的高、厚取值。

❹青莲寺释迦殿铺作实测跳距折出的份数显得无逻辑，推测是两跳分别减、增了1分° ，但总跳距未改变，这样做的目的是为了寸数取值更整（头跳30分° 时长14.4寸，29分° 时长13.92寸≈14寸，吻合率更高；二跳按33分° 算合15.84寸≈16寸，调增1分° 后合16.32寸，吻合率虽略低于前者，但保障了总出跳值取63分° 即3尺，以此满足椽平长取整数尺的需要）。

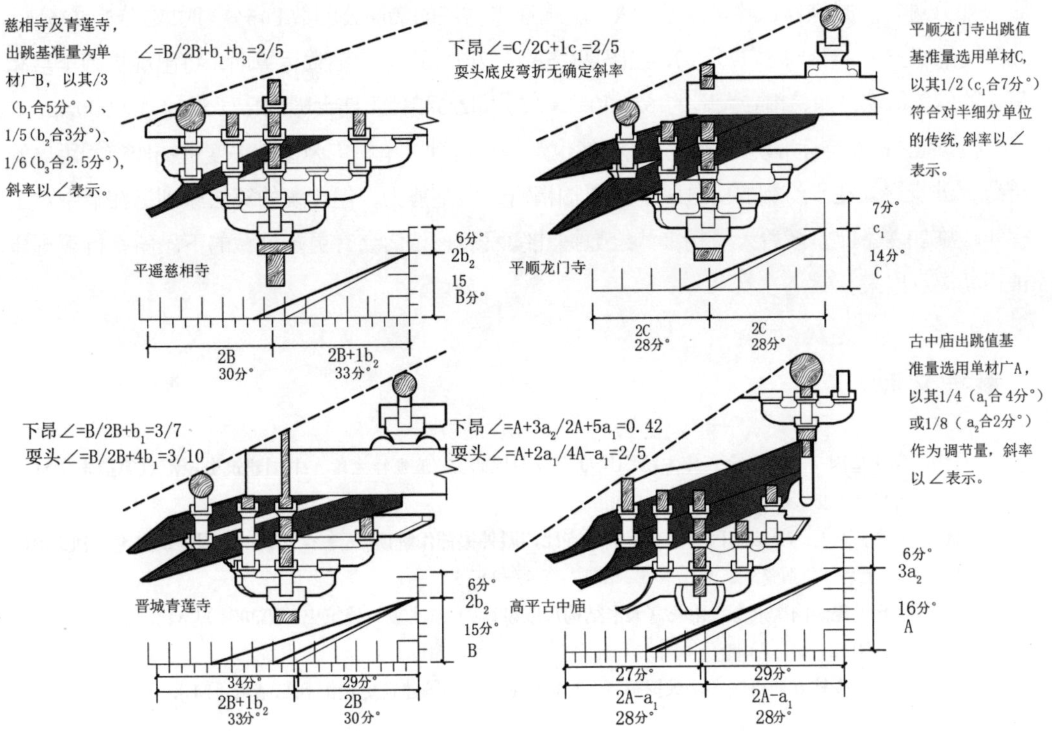

图4 取1.5、1.4倍单材广厚比诸案例的下昂抬升方式示意（图片来源：改绘自文献［13］、［14］、［15］、［16］）

将股长再增加一个基数A（5分°）得到最终斜率；其昂形耍头的斜率也可借由相同的折算方法得到，为15/（30+5+5+5+5）即3/10。同一铺作中的不同构件采用相同原则进行推算，逻辑上相对圆融也更为可信（图4）。循着这一思路，我们在慈相寺大殿的实测数值中甚至能够看到使用半分°尾数基数的可能❺。

最后，14分°单材广的案例较为少见，著名者如平顺龙门寺大雄殿。该构份值（0.48寸）、材厚与足材广的取值都与青莲寺释迦殿相同，但材栔分配是按照2：1而非5：2执行，即单材广14分°、栔高7分°，头跳28分°恰合两倍材广，二跳29分°则意味不明，多出的1分°或许源自昂身下垂翻转导致的变形误差（就出跳值与整数尺的折算关系看，28分°合2.7尺，吻合率达99.56%）。勘测数据表明其下昂定为四二举，与稷王庙相同，但其斗栱扭转变形较为剧烈，从加设擎檐柱的情况即可见一斑，或许存在檐头荷载作用下华头子向内侧挤压缩短，进而带动下昂外翻导致斜率趋于陡峻的可能，我们猜测它的实际斜率可能采用了晋南早期建筑中更为常见的四举，而0.4=14/（28+7），即选择了栔高7分°作为调节量。

从大的构造关系看，晋南三构开化寺、青莲寺和龙门寺的下昂定斜方法并无本质区别，但存在细微的权衡差异（三者各自基于16分°、15分°、14分°材广寻求自身的最简公约数4分°、5和3分°、7分°作为调节基数），其出跳设置亦各自不同（二跳分别等于、大于、小于头跳），这或许反映了细微的匠门差异（图4）。

六 结语

从下昂斜率生成机制的发展脉络看，大致存在着一个从唐代的从属于屋架设计，到五代宋初形成独立惯用取值（自五举逐渐转为四举）的过程，且零星出现了诸如四二、四五举等多种亚类。然而，无论工匠使用的是15分°、16分°或是14分°材广，其下昂斜率的折算原则与操作方法都是一样的：即首先以平出两材广、抬升一材广所成的五举三角形作为起算基础，进而对作为分母的

❺据文献［16］，从慈相寺大殿简省的用材和纤细的构件看，它存在大规模改造重建的可能，其推测份值为0.44寸，单材合15分°、栔高6分°，头跳长33分°（合1.45尺，吻合率99.86%）、二跳30分°（合1.3尺，吻合率98.48%），与上节所述青莲寺释迦殿的复原跳距取值刚好相反，下昂斜率经测算为四举。我们认为它的生成机制可以表述为0.4=15/（30+5+2.5），即以合1/6材广或1/4材厚的2.5分°为基数A进行股长调节，调整量达3A。需要注意的是其下昂后尾的抬升位置超过了柱缝的齐心枓分位，直接与上层素枋相交，据测值推算总计抬升了22.7分°，考虑到整体沉降、变形的影响，原始值必然更大，可能是足材广加A即23.5分°。

股长部分进行加减操作，其增减基数A一般选择单材广的最简公因数（15分°时取5分°或3分°、16分时取4分°、14分°时取7分°），当出现0.5A尾数以作进一步细致运算时，将出现更为丰富和复杂的斜率取法，如慈相寺大殿的15/（30+5+2.5）即2/5和稷王庙大殿的16/（32+4+2）即0.42。

《营造法式》定标准跳距为30分°当然也是基于这种以单材广为基础去度量铺作空间距离的传统，进步之处在于份制的引进赋予其更加精密的调整能力，但传统的算法原则仍在暗中对工程实践施加着影响。随着大量精细测绘数据陆续发表，相信会有更多潜藏的下昂斜率折算规律被逐渐揭示出来。

参考文献

[1] 刘畅．**算法基因——晋东南三座木结构尺度设计对比研究**//王贵祥主编．**中国建筑史论汇刊第拾辑**［M］．北京：清华大学出版社，2014：202-229.

[2] 刘畅，姜铮，徐扬．**算法基因——高平资圣寺比卢殿外檐铺作解读**//王贵祥主编．**中国建筑史论汇刊第拾肆辑**［M］．北京：中国建筑工业出版社，2017：147-181.

[3] 刘畅，徐扬．**也谈榆次永寿寺雨花宫大木结构尺度设计**//贾珺主编．**建筑史（第30辑）**［M］．北京：清华大学出版社，2012：11-23.

[4] 刘畅，孙闯．**少林寺初祖庵实测数据解读**//王贵祥主编．**中国建筑史论汇刊第贰辑**［M］．北京：清华大学出版社，2009：129-157.

[5] 刘畅，孙闯．**保国寺大殿大木结构测量数据解读**//王贵祥主编．**中国建筑史论汇刊第壹辑**［M］．北京：清华大学出版社，2009：27-64.

[6] 张博远，刘畅，刘梦雨．**高平开化寺大雄宝殿大木尺度设计初探**//贾珺主编．**建筑史（第32辑）**［M］．北京：清华大学出版社，2013：70-83.

[7] 刘畅，徐扬，姜铮．**算法基因——两例弯折的下昂**//王贵祥主编．**中国建筑史论汇刊第拾贰辑**［M］．北京：清华大学出版社，2015：267-311.

[8] 姜铮，李沁园，刘畅．**西溪二仙宫后殿大木设计规律再讨论——基于2010年补测数据**//贾珺主编．**建筑史（第36辑）**［M］．北京：清华大学出版社，2015：26-45.

[9] 刘畅，姜铮，徐扬．**山西陵川龙岩寺中央殿大木尺度设计解读**//贾珺主编．**建筑史（第37辑）**［M］．北京：清华大学出版社，2016：8-24.

[10] 刘畅，刘芸，李倩怡．**山西陵川北马村玉皇庙大殿之七铺作斗栱**//王贵祥主编．**中国建筑史论汇刊第肆辑**［M］．北京：清华大学出版社，2011：169-197.

[11] 徐怡涛．**山西万荣稷王庙建筑考古研究**［M］．南京：东南大学出版社，2016：44-65.

[12] 吕舟，郑宇，姜铮．**晋城二仙庙小木作帐龛调查研究报告**［M］．北京：科学出版社，2017：112-121.

[13] 赵寿堂，徐扬，刘畅．**算法基因——山西高平两座戏台之大木尺度对比研究**//贾珺主编．**建筑史（第42辑）**［M］．北京：中国建筑工业出版社，2018：47-69.

[14] 刘畅，汪治，包媛迪．**晋城青莲上寺释迦殿大木尺度设计研究**//贾珺主编．**建筑史（第33辑）**［M］．北京：清华大学出版社，2014：36-54.

[15] 刘畅，刘梦雨，徐扬．**也谈平顺龙门寺大殿大木结构用尺与用材问题**//王贵祥主编．**中国建筑史论汇刊第玖辑**［M］．北京：清华大学出版社，2014：3-22.

[16] 塞尔江·哈力克，刘畅，刘梦雨．**平遥慈相寺大殿三维激光扫描测绘述要**//贾珺主编．**建筑史（第35辑）**［M］．北京：清华大学出版社，2015：86-100.

[17] 吕舟，刘畅，**清华大学建筑设计研究院，北京清华城市规划设计研究院，文化遗产保护研究所．佛光寺东大殿建筑勘察研究报告**［M］．北京：文物出版社，2011：124-125.

[18] 张十庆．**北构南相——初祖庵大殿现象探析**//贾珺主编．**建筑史（第22辑）**［M］．北京：清华大学出版社，2006：84-89.

[19] 刘畅，刘梦雨，王雪莹．**平遥镇国寺万佛殿大木结构测量数据解读**//王贵祥主编．**中国建筑史论汇刊第伍辑**［M］．北京：清华大学出版社，2012：101-148.

[20] 刘畅，刘梦雨，张淑琴．**再谈义县奉国寺大雄殿大木尺度设计方法——从最新发布资料得到的启示**［J］．故宫博物院院刊，2012（02）：72-88+162.

清华藏定东陵烫样基础信息实录[1]

刘畅　文雯　荷雅丽　王青春
（清华大学建筑学院）

摘要：本文通过全面梳理清华大学建筑学院收藏的清代陵寝烫样之形式特征、题签和题注信息，并对照相关历史图文档案、现有研究成果，对比故宫博物院等处的陵寝烫样收藏，确定烫样为同治十二年所成之定东陵宝城方案之一。进而，本文作者在谨慎采集烫样材料样本的基础上，针对制作烫样所采用的主要材料进行了初步研究，并结合史料对现有烫样材料研究进行了反思。

关键词：定东陵烫样，组成，题签题注，构造信息

[1] 本文得到国家社会科学基金重大项目“《营造法式》研究与注疏”（项目批准号17ZDA185）和清华大学自主课题“《营造法式》与宋辽金建筑案例研究”（项目批准号2017THZWYX05）资助。

A Brief Discussion of the Dingdongling *Tangyang* Stored at Tsinghua University

LIU Chang, WEN Wen, Alexandra HARRER, WANG Qingchun

Abstract: The paper investigates an extraordinary paper model (*tangyang*, literally ironed model) that has survived from the late Qing dynasty and is currently stored at the Tsinghua University School of Architecture. Through analysis of the physical shape and the hand-written labels and notes attached to it, and through comparison with information obtained from historical texts and similar models now at display in the Palace Museum, the model could be identified as one of the two models made in the twelfth year of the reign of emperor Tongzhi to represent the architectural design of the artificial mound (Baocheng) of the Dingdong Mausoleum. After conducting material sample testing and experiments to reproduce ironed paper, the authors then reflect on the historical materials and methods used to make this *tangyang*.

Key words: *tangyang* of Dingdong Mausoleum; composition; labels and notes; structural information

烫样是根据建筑物设计图纸所拟定的尺寸式样，按一定比例做成的模型小样，图样、烫样、木样相配合，是完成建筑设计的重要步骤[1]。有相当数量的清代宫殿、苑囿、陵寝烫样保存至今，分散于国内外不同收藏之中[2]。清华大学建筑学院现藏一清代皇家陵寝烫样，著录为“清定东陵方城宝城烫样”。该烫样彩绘贴签，共由31个部件组成，可分件拆卸至大槽底，细致表现陵寝方城明楼和宝城地宫的设计效果（图1，图2）。对比烫样标注信息和烫样自身尺度，可以判断烫样的比例尺基本为1：100，即“寸样”。本文特别针对烫样收藏的基本组成、必要著录信息以及进一步的研究计划进行综述，为同类课题奠定研究基础。

[2] 惠陵妃园寝及其宝顶、崇陵和一件疑为城门烫样现藏于柏林民族学博物馆。定东陵全分样、北海各园全分样、圆明园各处全分样等均藏于故宫博物院。

图1 清华藏定东陵烫样（图片来源：姜明摄）

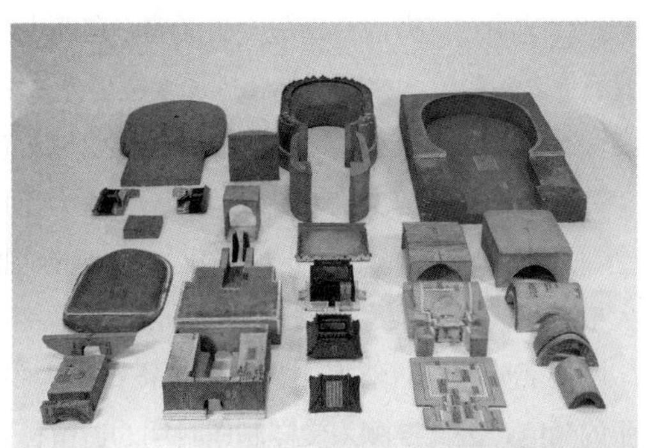

图2 清华藏定东陵烫样分件总览（图片来源：姜明摄）

一　部件组成

1. 基本描述

清帝逊位后，样式雷家族式微，雷氏后人陆续出售家藏画样、烫样等。其中一部分在朱启钤先生建议下，由北京图书馆购买收藏，另一部分由中法大学收藏，后转移至故宫博物院，同时存在零散的买卖和收藏情况[2]。总体上，样式雷烫样在百余年间经历坎坷，流传过程中不免损坏或遗失部分构件。本烫样于1931年5月由居住在水车胡同的雷文元出售给中法大学，由时任北平市工务局长的汪申伯购入[3]，1935年6月汪申伯和刘南策将其捐赠给中国营造学社[4]，其保存状况也能反映出这种复杂传承转运的历史痕迹。

清华藏定东陵烫样于2017年曾进行过一次保守性修复，包括表面清洁、旧有修复痕迹清除、垛口复位与回贴以及石栅栏的回贴[5]。但现状的方城和宝城的部分垛口有脱落，部分脱落构件已被制成样本收藏。宝城西侧北石沟嘴、东侧北中两个石沟嘴均脱落。此外，在近期搬运过程中，地宫石门和木踏跺扶手分别脱落，构件尚存。烫样南端在制作时应有一段礓礤，位于方城前月台构件的前部凹槽处，现遗失[6]（图3）。对比历史照片还可以发现，地宫宝床下的小型部件吉土——一个边长不足1厘米的棱台，对应现存两处贴签，分别上书“吉土”和“吉土下口面宽五尺五寸进深三尺八寸高八尺上口见方一尺八寸”——今亦无存，大致遗失于2000年清华大学对外开放烫样拍摄介绍的过程中（图4）。

图3 菩陀峪普祥峪万年吉地之方城明楼烫样（图片来源：故宫博物院提供）

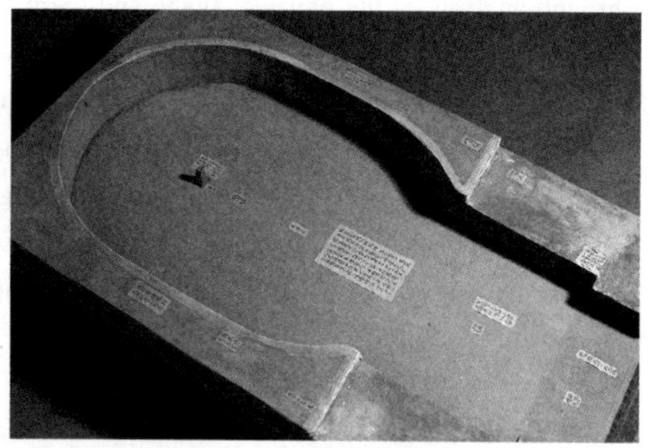

图4 菩陀峪普祥峪万年吉地大槽底局部（图片来源：清华大学建筑学院提供）

具体而言，清华藏烫样涵盖范围南起方城前月台，东、西、北三面皆至宝城泊岸外皮，南端礓礤和金井吉土缺失。烫样表面贴签，字迹工整，应当是进呈样；表面除贴签外，还有若干处墨题，字迹潦草，推测为进呈后修改意见的记录。组成烫样之31个构件，可层层拆卸组装，相邻层间留有余量便于操作。总体而言，按部件所属位置，可分为方城明楼和宝城地宫两部分。

方城明楼部分共有14个构件，分别为明楼上层檐、下层檐、墙身，方城城面、城身、南门洞券、北门洞券、扒道券，东西看面墙，东西木踏跺，隧道券和方城前月台。其中明楼下层檐与墙身有嵌套关系。南北门洞券和扒道券位于方城城身内，顶部有两小孔，孔中穿绳，便于提拉分离。东西看面墙内侧下方有方形凸起，可插入方城前月台与大槽底的空隙处，便于固定墙体。

宝城地宫部分共有17个构件，分别为宝顶、宝城、东西北三件背后灰土、两件填厢盖面灰土、蹬券、蓑衣顶、闪当券、罩门券、金券门洞券、金券、地宫平水墙、地宫地面、地宫底和大槽底。其中宝顶之下的三件背后灰土和两件填厢盖面灰土顶面平齐；蹬券架在隧道券上与方城明楼部分相连。值得注意的是，蓑衣顶构件西侧有一指纹，指纹部分颜料缺失，呈现底层纸张的颜色，因此推测为烫样制作时期的遗留；同时为推测烫样制作工艺流程提供了重要线索。

需要重申的是，烫样各个构件之间尺寸并不完全密合，在总体协调的前提下，有多处留有空隙，以实现方便组装的目的，也暗示着烫样尺度控制与建筑原始设计之间的差异，说明烫样制作工艺的特殊性和专业匠作技巧；此外，另有宝顶、地宫各券座等处的构件与基座存在较大误差，反映出手工制作的特点。

2. 部件组成

梳理烫样现存信息，统一进行构件编号，针对名称、影像、尺寸及保存状况进行统计，列表如下（表1）。

表1 清华藏定东陵烫样构件组成表（表格来源：作者自制）

编号	名称	照片	实测尺寸（毫米）			保存状况	备注
			面宽	进深	总高		
方-01	明楼上层檐		90	90	46	良好	
方-02	明楼下层檐		105	105	45	良好	
方-03	明楼墙身		136	136	65	良好	
方-04	方城城面		160	160	14	西北垛口残缺	
方-05	方城墙身		158	158	70	西侧破损较大	
方-06	方城南门洞券		72	16	33	良好	
方-07	方城北门洞券		67	96	35	良好	
方-08	扒道券		153	13	52	良好	
方-09	看面墙东		109	32	86	良好	
方-10	看面墙西		109	32	86	良好	

编号	名称	照片	实测尺寸（毫米）			保存状况	备注
			面宽	进深	总高		
方-11	木踏跺东		9	68	49	栏杆脱落	
方-12	木踏跺西		9	68	49	良好	
方-13	隧道券		62	87	35	良好	
方-14	月台		185	269	55	西侧表层颜料有较大脱落	
宝-01	宝顶		294	192	47	良好	
宝-02	方城填厢盖面灰土		71	75	19	良好	
宝-03	蹬券		76	73	95	良好	
宝-04	大夯灰土东		50	256	120	良好	
宝-05	大夯灰土西		50	256	120	良好	
宝-06	背后灰土		126	26	120	良好	
宝-07	宝城		274	298	158	多个垛口缺损两侧石沟嘴残损	
宝-08	地宫填厢盖面灰土		143	187	78	良好	
宝-09	蓑衣顶		124	170	67	良好	西侧有指纹

续表

编号	名称	照片	实测尺寸（毫米）			保存状况	备注
			面宽	进深	总高		
宝-10	闪当券		105	15	57	题签残损严重[1]	
宝-11	罩门券		98	30	58	良好	
宝-12	金券门洞券		67	30	43	良好	
宝-13	金券		126	116	63	题签部分残损	
宝-14	地宫平水墙		147	179	77	石门脱落， 题签部分残损	
宝-15	地宫地面		143	179	6	良好	
宝-16	地宫底		274	556	16	良好	
宝-17	大槽底		630	367	74	良好	
缺-01	礓礤					缺失	
缺-02	金井吉土					缺失	

[1] 绝大多数构件上所贴题签均有不同程度的缺损，表中所列“残损严重”者为影响多个字迹识别，“部分残损”者为影响单一字迹识别。

二　题签与题注

题签与题注信息是烫样构件命名的基础，也是解读烫样信息的依据，便于进而展开烫样、图样、文档信息的校雠工作，揭开陵寝设计和工程技术的面纱。

1. 题签

烫样各个构件均有红黄两色、笔迹工整的贴签，绝大多数为黄签。题签内容以说明构件名称、实际尺寸和实际工程做法，罗列信息如表2。在此，特别将其中带有重要历史信息者摘要说明如下。

（1）红色签仅有月台构件靠近隧道斜面处的一张（方-14-07），上书“**添安木踏跺二座各宽三尺**”。UV光下，黄色签纸无明显荧光反应，而红色签纸有强烈的橙红色荧光反应，推测签纸可能经镉红或朱红染色（图5）。与之相似的另一处签纸在大槽底内侧龙须沟口旁，是一张方形纸，上无签文。这张代表龙须沟口的贴纸在UV光下有强烈的橙色荧光反应，推测可能与红签属于同一种纸张（图6）。

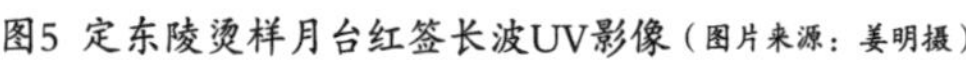

图5 定东陵烫样月台红签长波UV影像（图片来源：姜明摄）

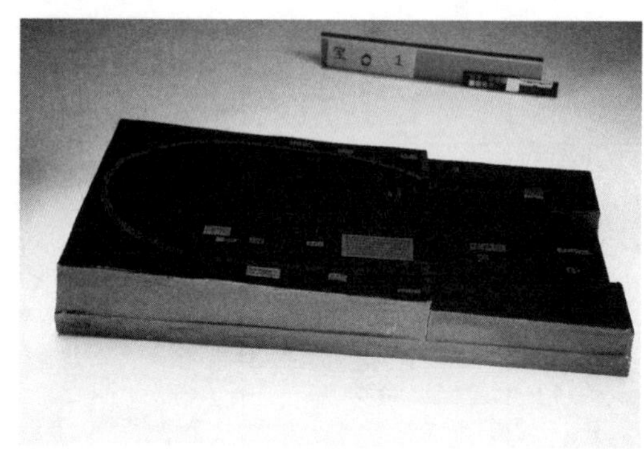

图6 定东陵烫样大槽底龙须沟口长波UV影像（图片来源：姜明摄）

对照堂谕档纪事中载“**今日（同治十二年六月初三日）遵王爷谕烫方城内两边扒道券木踏跺**”，又有“**六月初八日，宗人府神机营撤回方城月台，添安木踏跺一各一分**”[7]，可知在五月廿五日进呈时原本没有这两个木踏跺，而是六月“添安”，因此签纸颜色异于其他以示强调，文字中也有后期添加而非初始制作的意思。题签中，方城城面上的一处上书“**遵照昭西陵方城明楼**”、蓑衣顶顶面一处上书“**遵照慕陵地宫券座**”以及宝城城面一处上书“**遵照定陵宝城长元式**”三处签文对烫样身份和制作年代的认定都有重要参考价值，后文详述。

（2）尽管对比工程尺寸和烫样自身尺寸，能够判断烫样的比例尺为1：100，但是仍有以下现象值得注意：

①多数构件高度比实际夸大，以适应俯视观察的视角——所有构件高度平均误差在8.2%。

②一些互相咬合的构件组中内部构件多数尺度小于设计值，以适应组装需要。如，金券前门洞券签文所写“**中高一丈五尺**”，即48毫米，而实测高度为44毫米，且此构件的中高、面阔和进深三个实测尺寸都小于签文尺寸，平均误差在7.5%。而在组装时与之对应的金券尺寸与签文尺寸高度吻合。进而，位于此构件下方内侧的门洞券就相应缩小一定尺寸，以保证金券能安放在地宫平水墙上。

③存在制作精度基本符合设计值、无约束构件制作误差较大的现象。如，方城南门洞券、隧道券、罩门券、金券、地宫平水墙和垛口等构件的实测高度与签文所写高度折合寸样尺寸吻合较好；方城墙身券洞的尺寸偏小，且无与其他构件直接关联，推测属于单纯的制作误差。

（3）烫样中存在多处题签说明同一处设计尺寸的情况。例如宝-07-01和宝-07-10都出现了“**宝城身高一丈九尺**”的信息；方-14-03和宝-17-10都写有“**月台面宽六丈一尺五寸进深八尺三寸台明高八尺**”；宝-13-04和宝-15-12都写有“**金券进深二丈二尺七寸面宽三丈六尺中高二丈五尺**”，不同题签中的信息自洽，在同一比例尺下可确保不同构件能够组装吻合。相应地，同一处修改信息也反映在多个题签题注上，后文详述。

2. 题注

烫样表面在题签之外，还有5个构件有多处墨字题注，直接写在颜料表面，字迹潦草，数字表达不用汉字而用行业内通行的记数法，推测为进呈后的修改意见，为样式房记录或内部交流之用。

（1）题注最集中处位于方城城身及其南北门洞券。其中在方城南门洞券的顶面写有“**南门洞**”的题注（图7）；在方城北门洞券的顶面写有“**北**”的题注（图8）。方-05-03题签外侧写有“**比北门洞活（阔）十一寸**”“**中高1丈6**”，“**门洞券**”三字上方写有“**南**”，内侧写有“**平水129**”（图9）❶。题注墨迹部分覆盖在黄签上，是对签文的修改。

（2）题签中所写的方城南门洞券尺寸为“**中高一丈九尺，进深五尺五寸，面宽一丈六尺，平水高一丈二寸**”。同一尺寸在方-06-01中也有体现。方-06-01签文有修改痕迹，与另加题注不同，此处修改是用较粗的笔直接覆盖在原有数字上面。原签文与方-05-03相同，后期将“**九**”改“**六**”，“**六**”改“**四**”，“**一**”改“**八**”，“**二**”改“**三**”❷以上三处是对方城南门洞券原始设计数据的记录，与工程做法中的记录“**南门洞券面阔一丈六尺，进深五尺五寸，中高一丈九尺，下平水高一丈二寸**”[8][9]相同。题注修改后的方城南门洞券中高为一丈六尺，在方-05-03旁题注和方-06-01中是一致的，方-06-03中也写明“**中高改1丈6尺**”，三处数据一致。

（3）方-06-03题签的字体和记数法与其他签文明显不同，所录信息也表达修改的含义，推测与其他题签不是同时贴上，而是进内呈明后随题注贴上。此外，方-06-03紧下方附有题注“**1丈4尺**”（图10），与方-06-01的数据一致，当是同一次更改。方-06-03中写有“**四月廿一日进内呈明**”。根据堂谕档纪事中的记录，同治十二年四月廿一日，样式房在“**灰线**”，确定地宫做法并开始制作烫样是在同年五月初五，因此此处的时间不应是同治十二年的四月廿一日。堂谕档纪事载：“**同治十二年五月廿一日，钟老爷传进内四下中**”，因此推测此签可能为笔误，将“五”误写作“四”。

❶本文涉及题注中汉字数字均原样著录，非汉字记数法数字均以阿拉伯数字代替，以示区分。

❷此处若一丈二寸改为八丈三寸则差异过大，与其他记录不符。参考方-05-03旁题注，推测可能改为一丈三寸或八尺三寸，存疑。

图7 方城南门洞券顶面题注（图片来源：姜明摄）

图8 方城北门洞券顶面题注（图片来源：姜明摄）

图9 方城城身顶面题注（图片来源：姜明摄）

图10 方城南门洞券底面题注（图片来源：姜明摄）

（4）方城城身正面有两处极浅的题注，内容与顶面类似，均为尺寸修改信息。其中方-05-01题签上方写有“面9尺4”，外侧隐约可辨“中高1丈12”和“□改”字样（图11）。因墨迹过浅且字迹潦草，准确完整的文字信息难以确认，但对照工程做法的记录和烫样实测尺寸可以推知，此处题注是对方城罩门券尺寸的修改，面宽由一丈二寸改为九尺四寸，中高由一丈三尺六寸改为一丈一尺二寸。这一推断的另一旁证是题签上“一丈二寸”的“一”字左边加了一“丿”，可能是原本要直接在签上改“一”为“九”，但后来作罢，直接在旁边题注。这种修改手法和方城南门洞券的尺寸修改非常相似，但墨迹深浅差异巨大。

（5）宝城内侧的正中和左前的泊岸部分也分别有一处题注，正中题注为“中一寸八分半”（图12），左前题注为“中一寸五分”（图13）。由于宝城城面并非水平，而是由南向北逐渐抬高的斜面，正中部分比前端口处高，因此推测这两处题注可能是标明烫样两个控制点的高度。

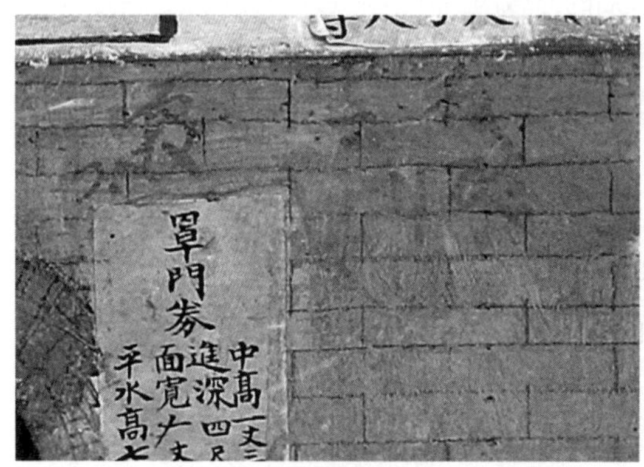

图11　方城城身正面题注（图片来源：姜明摄）

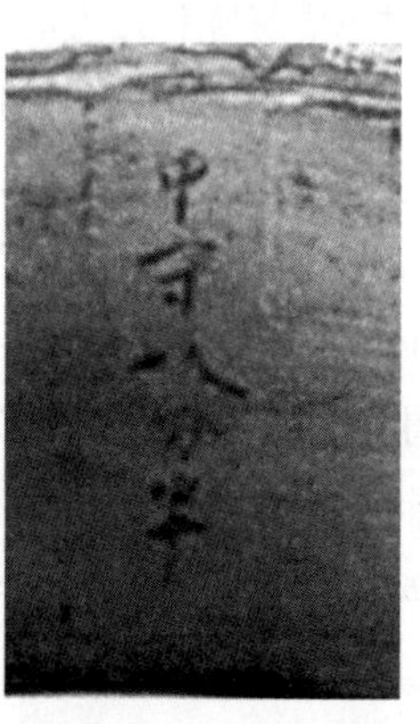

图12　宝城城身中部题注（图片来源：姜明摄）

图13　宝城城身前部题注（图片来源：姜明摄）

表2　清华藏定东陵烫样题签信息表（表格来源：作者自制）

编号	照片	内容	所在构件名称	所在构件位置	颜色
方-01-01		明楼一座四面各显三间明间面宽一丈三尺五寸二次间各面宽四尺下檐柱高一丈五尺台明高一尺二寸	明楼上层檐	正面中	黄
方-02-01		明楼	明楼下层檐	正面中	黄
方-03-01		券洞四座各中高九尺面宽七尺六寸进深八尺下平水高五尺	明楼强身	正面左	黄

续表

编号	照片	内容	所在构件名称	所在构件位置	颜色
方-04-01		遵照昭西陵方城明楼	方城城面	顶面左前	黄
方-04-02		石沟嘴	方城城面	顶面右前	黄
方-05-01		罩门券中高一丈三尺六寸进深四尺五寸面宽一丈八寸平水高七尺七寸	方城城身	正面左	黄
方-05-02	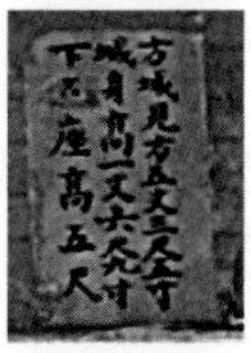	方城见方五丈三尺五寸城身高一丈六尺九寸下石座高五尺	方城城身	正面右	黄
方-05-03	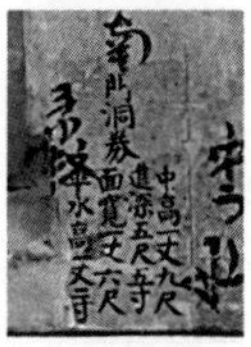	门洞券中高一丈九尺进深五尺五寸面宽一丈六尺平水高一丈二寸	方城城身	顶面左前	黄
方-05-04		扒道券	方城城身	顶面右后	黄
方-05-05	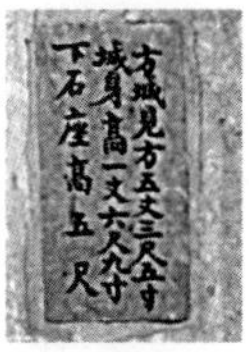	方城见方五丈三尺五寸城身高一丈六尺九寸下石座高五尺	方城城身	顶面左后	黄
方-06-01		门洞券中高一丈（九改六）尺进深五尺五寸面宽一丈（六改四）尺平水高（一丈二寸改八尺三）	方城南门洞券	顶面右	黄

编号	照片	内容	所在构件名称	所在构件位置	颜色
方-06-02		门洞券	方城南门洞券	顶面左	黄
方-06-03		中高改1丈6尺	方城南门洞券	底面	黄
方-07-01		五伏五券高五尺二寸五分	方城北门洞券	正面左	黄
方-07-02		门洞券中高一丈六尺进深三丈六尺面宽一丈二尺矢高六尺六寸平水高九尺四寸	方城北门洞券	正面右	黄
方-08-01	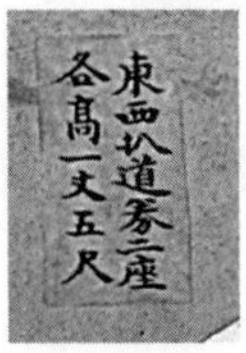	东西扒道券二座各高一丈五尺	扒道券	正面左	黄
方-08-02		石过梁	扒道券	正面中	黄
方-08-03	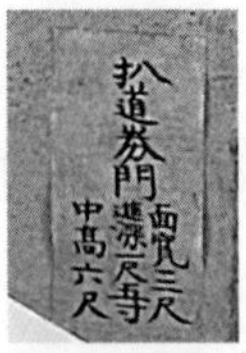	扒道券门面宽三尺进深一尺五寸中高六尺	扒道券	正面右	黄
方-09-01		看面墙二段踏跺二座	看面墙东	正面右	黄

续表

编号	照片	内容	所在构件名称	所在构件位置	颜色
方-10-01		看面墙二段踏跺二座	看面墙西	正面左	黄
方-13-01		五伏五券高五尺二寸五分	隧道券	顶面中	黄
方-14-01		方城下大料石一进宽二尺五寸高七尺八寸内土衬厚八寸	月台	正面中	黄
方-14-02		月台面墁尺七金砖	月台	顶面左前	黄
方-14-03		月台面宽六丈一尺五寸进深八尺三寸台明高八尺	月台	顶面前中	黄
方-14-04		礶眼	月台	顶面左中	黄
方-14-05		礶石	月台	顶面中	黄
方-14-06		礶眼	月台	顶面右中	黄

续表

编号	照片	内容	所在构件名称	所在构件位置	颜色
方-14-07		添安木踏跺二？座各宽三尺	月台	顶面左后	红
方-14-08		隧道	月台	斜面前	黄
方-14-09		隧道券中高一丈一尺进深三丈五寸五分面宽一丈一尺北中高一丈八尺五寸	月台	斜面中	黄
宝-01-01		宇墙高三尺五寸	宝顶	前中	黄
宝-01-02		抹什盘踍泥三层涮金黄土二道	宝顶	顶面前中	黄
宝-01-03		荷叶沟	宝顶	左中	黄
宝-01-04		自土曹底至宝顶上皮通高五丈五尺	宝顶	顶面左中	黄
宝-01-05		宝顶踹蹬小夯灰土二十五步	宝顶	顶面中	黄

续表

编号	照片	内容	所在构件名称	所在构件位置	颜色
宝-01-06		宝顶中高一丈二尺五寸	宝顶	顶面后中	黄
宝-02-01		填厢盖面灰土	方城填厢盖面灰土	顶面中	黄
宝-03-01		蹬券	蹬券	顶面中	黄
宝-04-01		大夯灰土	大夯灰土东	顶面前	黄
宝-04-02		大夯灰土	大夯灰土东	内侧前上	黄
宝04-03		泊岸背后灰土十六步	大夯灰土东	内侧上	黄
宝-04-04		宝城背后灰土三十八步	大夯灰土东	内侧中上	黄
宝-04-05	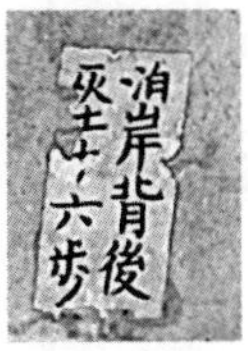	举溜踏蹬灰土十二步	大夯灰土东	内侧中	黄

续表

编号	照片	内容	所在构件名称	所在构件位置	颜色
宝-04-06		衬平灰土五步	大夯灰土东	内侧中下	黄
宝-04-07		衬平灰土五步	大夯灰土东	内侧中下	黄
宝-04-08		衬平灰土三步	大夯灰土东	内侧下	黄
宝-05-01		大夯灰土	大夯灰土西	顶面前	黄
宝-05-02		大夯灰土	大夯灰土西	内侧前上	黄
宝-05-03		大夯灰土	大夯灰土西	内侧前下	黄
宝-05-04	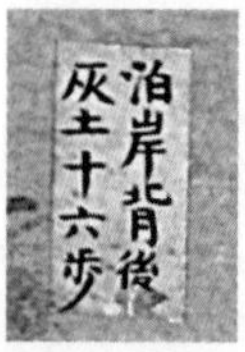	泊岸背后灰土十六步	大夯灰土西	内侧上	黄
宝-05-05	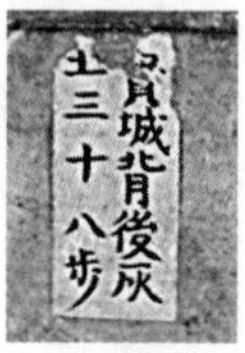	宝城背后灰土三十八步	大夯灰土西	内侧上中	黄

续表

编号	照片	内容	所在构件名称	所在构件位置	颜色
宝-05-06	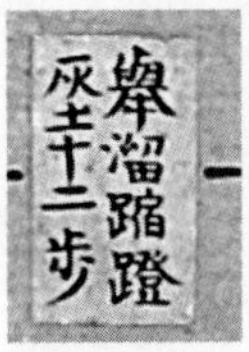	举溜踏蹬灰土十二步	大夯灰土西	内侧中	黄
宝-05-07		衬平灰土五步	大夯灰土西	内侧下中	黄
宝-05-08		衬平灰土三步	大夯灰土西	内侧下	黄
宝-06-01		背后砖？宽五尺	背后灰土	顶面中	黄
宝-06-02	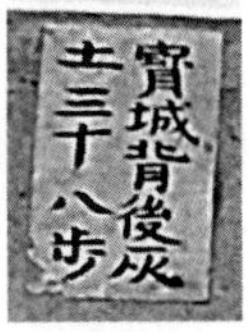	宝城背后灰土三十八步	背后灰土	内侧上	黄
宝-06-03	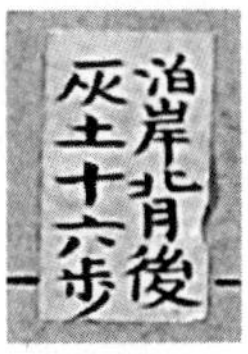	泊岸背后灰土十六步	背后灰土	内侧上中	黄
宝-06-04	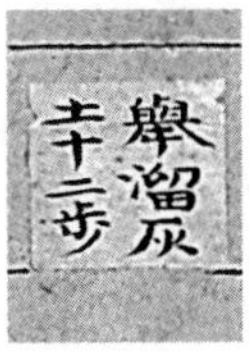	举溜灰土十二步	背后灰土	内侧中	黄
宝-06-05	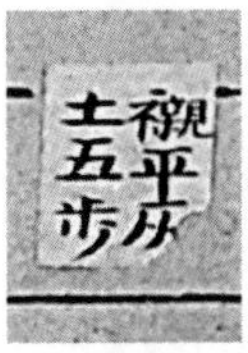	衬平灰土五步	背后灰土	内侧下中	黄

续表

编号	照片	内容	所在构件名称	所在构件位置	颜色
宝-06-06		衬平灰土三步	背后灰土	内侧下	黄
宝-07-01		宝城身高一丈九尺	宝城	外侧左	黄
宝-07-02		押面石厚八寸	宝城	外侧右前	黄
宝-07-03	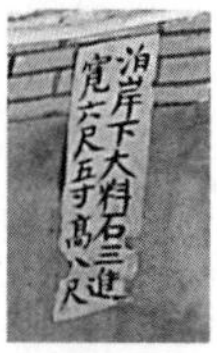	泊岸下大料石三进宽六尺五寸高八尺	宝城	外侧右后	黄
宝-07-04		石栅栏	宝城	顶面左前	黄
宝-07-05		石沟嘴	宝城	顶面左前中	黄
宝-07-06		遵照定陵宝城长元式	宝城	顶面左后中	黄
宝-07-07		宝城里口东西宽六丈二尺	宝城	顶面左后	黄

续表

编号	照片	内容	所在构件名称	所在构件位置	颜色
宝-07-08		石栅栏	宝城	顶面右前	黄
宝-07-09		石沟嘴	宝城	顶面右前中	黄
宝-07-10		宝城身高一丈九尺底宽一丈一尺顶宽一丈	宝城	顶面右中	黄
宝-07-11		宇墙	宝城	顶面右后中	黄
宝-07-12		垛口高五尺	宝城	顶面右后	黄
宝-08-01		填厢盖面灰土	地宫填厢盖面灰土	顶面中	黄
宝-09-01		遵照慕陵地宫券座	蓑衣顶	顶面前	黄
宝-09-02		自大增底至蹬券上皮通高三丈九尺七寸五分	蓑衣顶	顶面中	黄

续表

编号	照片	内容	所在构件名称	所在构件位置	颜色
宝-10-01	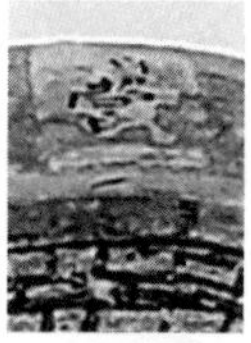	闪当券	闪当券	顶面中	黄
宝-11-01	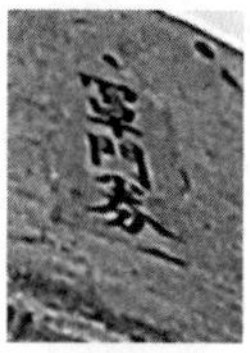	罩门券	罩门券	顶面左	黄
宝-11-02		五伏五券高五尺二寸五分	罩门券	顶面中	黄
宝-12-01		门洞券	地宫门洞券	顶面中	黄
宝-12-02		五伏五券高五尺二寸五分	地宫门洞券	顶面右	黄
宝-13-01		五伏五券高五尺二寸五分	金券	顶面左	黄
宝-13-02		金券	金券	顶面中左	黄
宝-13-03		遵照慕陵地宫券座	金券	顶面中	黄

续表

编号	照片	内容	所在构件名称	所在构件位置	颜色
宝-13-04		金券进深二丈二尺七寸面宽三丈六尺中高二丈五尺	金券	顶面右	黄
宝-13-05		券石厚一尺五寸	金券	左侧中	黄
宝-14-01		大料石宽二尺	地宫平水墙	顶面左前	黄
宝-14-02		青白石宽二尺五寸	地宫平水墙	顶面右前	黄
宝-14-03		青白石宽二尺五寸	地宫平水墙	顶面左后	黄
宝-14-04		大料石厚二尺	地宫平水墙	顶面中后	黄
宝-14-05		背后砖七进宽五尺二寸五分	地宫平水墙	顶面右后	黄
宝-14-06		铜管扇	地宫平水墙	背面中	黄

续表

编号	照片	内容	所在构件名称	所在构件位置	颜色
宝-14-07		平水高八尺四寸	地宫平水墙	左内侧	黄
宝-15-01		闪当券进深五尺面宽二丈一尺中高二丈一尺八寸	地宫地面	顶面左前	黄
宝-15-02		沟漏	地宫地面	顶面左前	黄
宝-15-03		沟漏	地宫地面	顶面右前	黄
宝-15-04		罩门券进深九尺面宽一丈八尺五寸中高一丈八尺六寸	地宫地面	顶面前	黄
宝-15-05		石门里口宽八尺一分高八尺七寸五分	地宫地面	顶面左前	黄
宝-15-06		鱼门洞	地宫地面	顶面左前	黄
宝-15-07		鱼门洞	地宫地面	顶面左	黄

续表

编号	照片	内容	所在构件名称	所在构件位置	颜色
宝-15-08		鱼门洞	地宫地面	顶面右前	黄
宝-15-09		鱼门洞	地宫地面	顶面右	黄
宝-15-10		门洞券进深一丈面宽一丈二尺中高一丈五尺	地宫地面	顶面中	黄
宝-15-11		海墁石厚一尺五寸	地宫地面	顶面左中	黄
宝-15-12		金券进深二丈二尺七寸面宽三丈六尺中高二丈五尺	地宫地面	顶面右	黄
宝-15-13		背后砖七进五尺二寸五分	地宫地面	顶面左	黄
宝-15-14		宝床一张宽七尺二寸长一丈二尺高一尺三寸	地宫地面	顶面后	黄
宝-15-15		青白石宽二尺五寸	地宫地面	顶面左后	黄

续表

编号	照片	内容	所在构件名称	所在构件位置	颜色
宝-15-16		大料石宽二尺	地宫地面	顶面右后	黄
宝-16-01		小夯灰土十一步	地宫底	顶面前	黄
宝-16-02	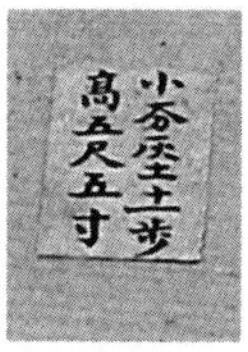	小夯灰土十一步高五尺五寸	地宫底	顶面前中	黄
宝-16-03	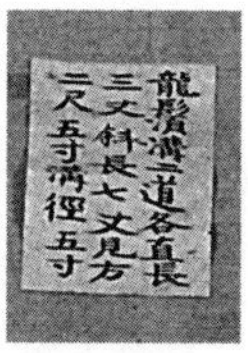	龙须沟二道各直长三丈斜长七丈见方二尺五寸沟径五寸	地宫底	顶面中	黄
宝-16-04		背后砖三进	地宫底	顶面左	黄
宝-16-05	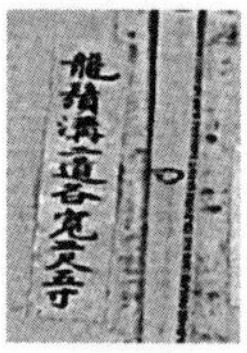	龙须沟二道各宽二尺五寸	地宫底	顶面左中	黄
宝-16-06		背后砖三进	地宫底	顶面右	黄
宝-16-07	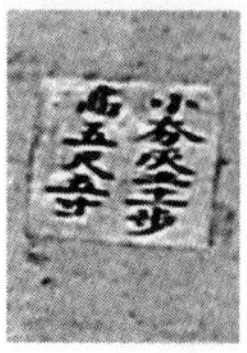	小夯灰土十一步高五尺五寸	地宫底	顶面后	黄

续表

编号	照片	内容	所在构件名称	所在构件位置	颜色
宝-17-01		踥蹽墙底满下柏木杠	大槽底	低面前左	黄
宝-17-02		踥蹽墙底	大槽底	低面前右	黄
宝-17-03		方城墙底大料石分位下椿其余满下柏木杠	大槽底	低面前左	黄
宝-17-04		方城墙底	大槽底	低面前右	黄
宝-17-05		地宫宝城地脚刨槽东西面宽十丈二尺自宝城后泊岸外皮至方城两边面宽红墙裏皮进深十二丈九尺五寸下口面宽九丈二寸进深十二丈四尺五寸穴中自地皮往下落深二丈东墙帮深二丈西墙帮深一丈九尺北墙帮中深二丈一尺五寸东深二丈一尺西深二丈南墙帮深一丈九寸壙墙均深三尺三寸	大槽底	低面中	黄
宝-17-06		大墙底	大槽底	低面中	黄
宝-17-07		大墙落深二丈	大槽底	低面后中	黄

续表

编号	照片	内容	所在构件名称	所在构件位置	颜色
宝-17-08		吉土	大槽底	低面后	黄
宝-17-09		吉土下口面宽五尺五寸进深三尺八寸高八尺上口见方一尺八寸	大槽底	低面左后	黄
宝-17-10		月台面宽六丈一尺五寸进深八尺三寸台明高八尺	大槽底	高面左前	黄
宝-17-11		外明高六尺	大槽底	高面左前	黄

三 材料信息

已有研究成果表明，烫样是用纸张、秫秸和木头等加工制作的。所用的纸张多为元书纸、麻呈文纸、高丽纸和东昌纸。木头则多用质地松软，较易加工的红、白松之类[1]。本文所述烫样以纸张为主要材料，底盘用木头做成网格。烫样的主体部分板料基地为若干张纸制成的合褙，在其上覆面层纸并施涂颜料。然而，既有研究成果尚无法确切说明、科学认定烫样基本材料——纸张、颜料尤甚，更遑论复原原始制作工艺了。本文借助整理著录烫样藏品的契机，配合史料解读，尝试初步研讨烫样材料信息，为今后工作奠定基础。

1. 样式房档案及相关物质文化史资料

首先是烫样制作者自己记录的信息。

第一组信息是《堂谕档普祥峪菩陀峪纪事》的记载："同治十二年五月初五日，惇王爷、醇王爷传旨……地宫着遵照慕陵地宫券座烫样二分""景大人谕：……两处千万要烫一样高低，不可分别粗细，花活均要细腻鲜明。""钟老爷云：你赶紧设法调度，你自有办法找画匠、找盔头作人帮办。"五月廿四日烫样"进面八堂看阅"，廿五日恭呈御览。从领取任务至呈交成品，前后历时不超过20天。在20天中，样式房除两分地宫券座烫样外还烫有普祥峪菩陀峪全分样各一分、地势烫样一分和龙凤小样等[7]，另有图纸若干，工作量极大，而样式房此时人手并不充足。同治十二年三月廿七日雷思起回明八堂大人问话时说："咸丰十年暂行停止差使，现今只存四人，老幼不齐，恐悮差，不敢承此重差。"[7]七爷回："不论。老头子因此差你独门。"可知样式房的烫样制作除自行寻找的6名画匠和盔头作匠人外没有更多有力的援助，加上原有4人共10人上下。雷思起回禀钟老爷“人少自己也得动手分派众人，无紧要事不进内听差”[7]的话也可作为旁证。

繁重的任务使得烫样制作并不采用十分精细复杂的做法，材料也并不昂贵，以方便实用、加工快捷为要。令人浮想联翩的是蓑衣顶侧面指纹。或许那正是匠人在巨大的时间压力下，在颜料还未干透时急于移动构件而留下的。

第二组信息是光绪元年样式房记《三海烫画样材料账》中的记录（图14，图15）。其中一张记录烫画样制作使用的颜料和胶料：“八月十三日查准：大条胶二斤，白定粉一斤，洋录四两，靛球四两，伏头青五两，雄黄二两，洋靛四两，胭脂三张，醋碌三两，硍硃一包，米膏五小包，腾黄二两，广胶一斤，万年墨一块”，可见这批烫画样制作时使用的胶有大条胶和广胶，红颜（染）料有银朱和胭脂，黄颜（染）料有雄黄和藤黄，蓝颜（染）料有靛青、佛头青和洋靛，绿颜（染）料有洋绿和醋绿，白颜料有白定粉，黑颜料及字迹有万年墨。另一张记录烫画样制作使用的纸张：“八月十三日：东昌纸半刀，迁安榜纸卅张，黄毛边三张，矾连四三张，表辛纸五刀，合背黄白廿张，白面斤半”，可知这批烫画样制作时用表辛纸最多，东昌纸、迁安榜纸和黄白纸合褙使用次多，黄毛边纸和矾连四纸使用最少，白面则用于制作裱纸粘合剂糨糊。

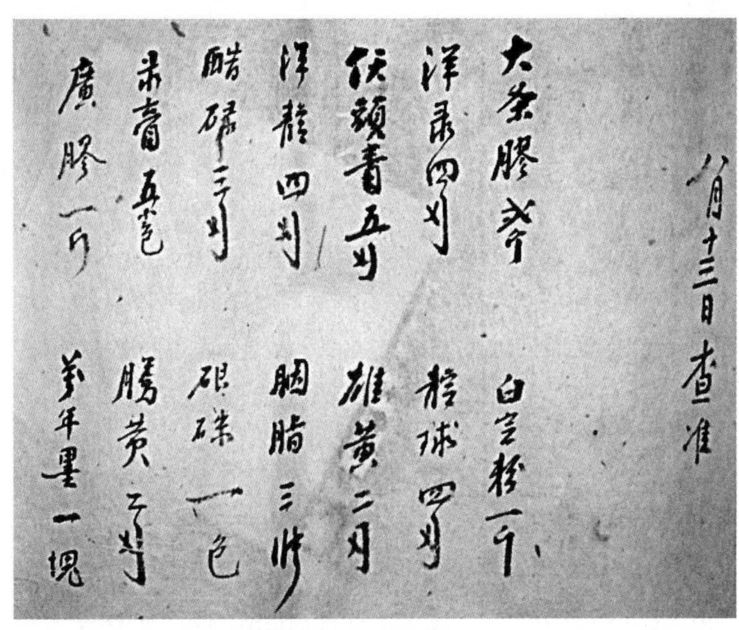

图14《三海烫画样材料账》颜料及胶料记录（图片来源：中国营造学社纪念馆提供）

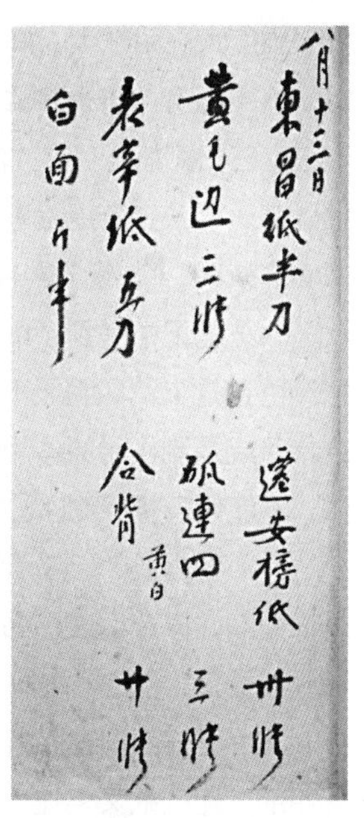

图15《三海烫画样材料账》纸张记录（图片来源：中国营造学社纪念馆提供）

第三组信息是中国古纸研究、颜料史研究中针对样式雷档案中的烫样用材的成果。纸张方面共涉及6种，以刘仁庆的相关论文为主要依据，结合其他史料分别试析如下：

（1）使用最多的表辛纸疑为明清时期的表芯纸的通假写法。表芯纸广泛用于点水烟和做饭，因此又名“吹火纸”、“点烟纸”，是生活中常用的纸煤。使用前将其卷成筒状，点燃后冒烟，在一端用嘴轻吹即产生明火。又因其每刀仅36张，又名“三六表”，五刀共180张。表芯纸以嫩毛竹或慈竹为原料，制作过程中未经漂白，明纸色泽灰白，品质低于毛边纸，手摸有粗糙感，清纸色泽淡黄，纤维细长，质嫩性韧，柔软匀薄，耐拉性好，吸水性强（图16）。表芯纸

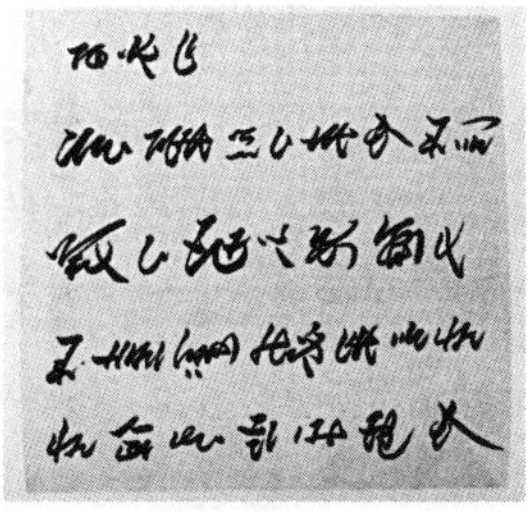

图16 表芯纸[12]

原产于江西万载，《万载县志》云："万载土产三大宗纸为最"，可知当时表芯纸是万载县的一大重要特产和富源[10][11]。万载县与样式雷家族的故乡江西永修相距不远，或许在该家族入京前即对表芯纸的性能和使用较为熟悉，以此纸为烫样纸板制作的主要材料也不无可能。

（2）东昌纸的含义有两种说法。刘仁庆认为东昌纸是一种近代纸名，产于山东东昌府（今山东聊城），因地得名；品质类似迁安纸，纸质松软，富吸水性，可用于装裱时的洒水吸潮。而多数人则认为东昌纸是毛头纸的别称，产于河北迁安等地。毛头纸以纸边有须毛而得名，匀度较差，韧性较大，色泽灰白，用于糊窗、皮袍衬纸和包裹物品，每刀100张，半刀即50张[12]。无论采用哪种说法，在原料方面均是以桑皮为主，掺入废麻等废料；在作用方面，均不太可能用作呈进画样的用纸，可能是作为裱纸或烫样时的辅助性吸潮纸用。

（3）迁安榜纸并无直接史载或解释，但如果将其拆解成"迁安"和"榜纸"两个关键词则可以寻找一些线索。明清及近代产于河北迁安的手工纸主要有毛头纸和红辛纸。如果东昌纸确为毛头纸，则此处迁安榜纸应是其他种类，毛头纸的相关信息不再赘述。红辛纸是近代河北迁安产桑皮纸，又名迁安纸、油衫纸等，俗称河北高丽纸。纸质厚实，色泽灰白，拉力较强，富有绵性，不易发脆，经久耐用，用于糊窗、扎风筝、书画抄经等[13]。榜纸为明清纸名，按颜色等特征分为白榜纸、大青榜纸、皂榜纸、方榜纸、结实榜纸等多种，原料多样，有青檀皮和沙田稻草的宣纸配方，也有桑皮和竹等。榜纸用于官府的张榜告示、殿试揭榜等，因此要求幅面大、强度大、耐性大，同时纸面必须是原抄而不允许有粘贴[14]。明代王世贞《弇山堂别集》卷九十八中写有"诏御用监岁征物料如弘治例……永平府滦州榜纸三千张"❶，清代《畿辅通志》卷三十三田赋部分写有"滦榜纸张银六两五分八厘二毫二丝三忽五微九织七纱二埃二渺七漠"❷，清代高士奇《金鳌退食笔记》中写有"乙字库执掌奏本纸栾榜纸中夹等纸，各省解到胖袄备各项奏准领取"❸，迁安与滦州同属永平府，二者或有关联。

（4）笔记中提到了纸合褙有黄白两种，在本烫样中，据微距观察表面破损处露出的里层纸张颜色，并未发现明显不同，均呈黄色。可能原因有三：或是该烫样制作时只用了一种黄色纸合褙；或是制作时原本用了两种颜色，但白纸随时间推移老化变黄；或是可观察的样本数量有限，不能代表整个烫样，制作时用到了白色纸合褙但用于目前未观察到的部位，存疑。

（5）毛边纸产于江西铅山，以竹为原料，色泽淡黄或米黄，细嫩柔软，韧性好，吸水性强，纸面匀润，厚薄适度。书写时落笔流畅，宜笔锋，不凝滞，发墨彩，字迹经久[14][18]。因其宜书且数量少，色黄，推测可能为烫样所贴黄签用纸，但未经证实。

（6）矾连四同样不直接见于记载，但用"矾"形容的纸张多为熟纸，故矾连四可能指代熟连四纸。连四纸又名连史纸，但二者又不完全相同。连四纸产于江西铅山，以竹为原料，经过漂白，纸质匀薄细腻，质量高于毛边纸，同样宜书[10][19]。矾连四应当是用胶矾处理过的连四纸，与黄毛边的用途可能相似，染色后作为贴签或画样用纸。

颜（染）料方面共6色11种，现按颜色分别试析如下❹：

（1）红色有硍硃和胭脂两种。硍硃（Vermilion），现写作"银朱"，主要成分为人工合成的HgS，是中国古代最重要的红颜料之一，广泛应用于建筑彩画和油漆作中。银朱的合成有干法和湿法两种，中国古代传统采用干法制备。将HgS和S混合加热搅拌至生成黑色HgS，600℃下升华成红色针状银朱。查《酌定奉天通省粮货价值册》可知光绪三十二年硍硃价格为每斤0.8两银，而乾隆年间的各项则例中的硍硃价格均在每斤0.4～0.5两银。胭脂是一种提取自红花中的有机植物染料，《齐民要术》中即有"杀花法"制备胭脂染料的记载。乾隆年间胭脂的价格在每个1分银或每张4厘银，是非常廉价的染料。同时可知胭脂的存放状态有"个"和"张"两种，烫画样中使用"张"的形态，胭脂三张仅需1分2厘银。

（2）黄色有雄黄和腾黄两种。雄黄（Realgar）是主要成分是As_2S_2，常与雌黄矿伴生，一

❶文献[15]，卷九十八.

❷文献[16]：26.

❸文献[17]：54.

❹颜料及胶料的相关信息均来自文献[20]。

般呈橙黄色，长期暴露在光线下会明显褪色。乾隆年间雄黄颜料的价格在每斤0.5～0.96两银之间。腾黄，又写作“藤黄”，是一种由藤黄树脂制成的有机植物染料。乾隆年间的价格在每斤0.3～0.25两银之间，光绪三十二年为每斤0.2两银，价格逐渐下滑，整体低于雄黄。

（3）蓝色有靛球、伏头青和洋靛三种。其中靛球不直接见于清代匠作则例中，推测为靛蓝的一种形态。靛蓝（Indigo）又名广靛花、广花、靛花、靛青、蓝靛等，为有机植物染料，清代彩绘中的靛蓝颜色大多较暗，饱和度较低，可能偏蓝绿色。光绪三十二年蓝靛价格为每斤0.06两银，靛青价格为每箱40两银。伏头青，又写作“佛头青”，即今所谓人造群青（Ultramarine），主要成分为（Na,Ca）$_8$（$AlSiO_4$）$_6$（SO_4,S,Cl）$_2$，是清晚期建筑彩画中常用的青色颜料，不见于匠作则例，而是作为天青的替代品使用。乾隆年间天大青的价格为每斤1.4两银，天二青的价格为每斤3.5两银，尚未发现清晚期价格。佛头青在中国古代曾指代过深蓝色和浓艳的蓝色等其他颜料，20世纪初所指为人造群青。洋靛即今所谓普鲁士蓝（Prussian blue），主要成分为Fe4［Fe（CN）$_6$］$\cdot xH_2O$，有时也含Na^+、NH^{3-}、K^+，与伏头青同样不见于匠作则例，可能是作为替代品使用。光绪三十二年洋靛的价格为每桶16两银。普蓝在18世纪已传入中国，但少见于中国文物中，这批19世纪后半叶的烫画样或可为普蓝在中国的流传和使用提供新的线索。

（4）绿色有洋绿和醋绿两种。洋绿很可能即今所谓巴黎绿（Emerald green），主要成分是醋酸亚砷酸铜，问世于19世纪初，是清晚期建筑彩画中的常见颜料。光绪三十二年洋绿价格为每箱60两银。醋绿一词出现于文献中仅此一处，故难以确定其具体所指。然而传统铜绿的制备方法之一是以醋和铜为原料，推测醋绿有可能指代的是这种方法所制备的铜绿。乾隆年间铜绿的价格为每斤0.1～0.11两银。

（5）白颜料仅写有白定粉一种，应当是清代则例中多次出现的定粉，又名胡粉、铅粉、官粉，即今所谓铅白（Lead white），主要成分为人工合成的碱式碳酸铅。乾隆年间诸则例及嘉庆十九年《武英殿镌刻匾额户部颜料价值则例》中记录的定粉价格均为每斤0.12两银。

（6）黑色颜料为万年墨，主要成分是碳单质，不同品种的墨价格差异较大，乾隆年间的价格从每斤0.04～3.6两银不等。

胶结剂方面共4种，其中大条胶和米膏未见于清代匠作则例，具体信息存疑。广胶是清代建筑彩画中常用的胶料之一，产自广东，因地得名。广胶用牛皮熬制，比水胶贵，乾隆年间价格为每斤0.06～0.068两银，嘉庆十九年记录为每斤0.15两银，且“每金百张用四钱”。白面是制作糨糊的原料，主要成分为淀粉。白面与纸张记录在同一页，应当是裱纸时使用的粘结剂。

2. 纸张取样与分析

纸张是烫样制作所用最主要的材料。现有研究对纸张类型的界定较为模糊，只提供了一个大的范围。为进一步确定本文所述烫样所用纸张的种类，笔者谨慎取样并委托中国制浆造纸研究院对样本作纤维配比检测。

为最小化实验对烫样本身的破坏，本次取样位置选择在已经脱落的宝城垛口，不对烫样主体造成更多破坏。烫样制作的里层合褙纸与面层纸分属两道不同的工序，存在种类不同的可能，因此本次取样分别选取垛口局部面层纸和里层纸各两片，大小约2毫米见方，共制成外01、外02、里01、里02四件样本，其中外01和外02属于同一层，里01和里02属于同一层。笔者将样本送往纸院，依据GB/T 4688—2002，使用912.1e型号L&W纤维分析仪检测样本纤维组成。结果显示，外01样本的纤维组成为70%竹浆和30%麻浆，外02、里01和里02样本的纤维组成均为100%竹浆（图17）。由于样本量过少，而大量取样对文物破坏较大，故该结果仅可作为参考。

分析纸院检测结果，不难发现面层纸与里层纸确属两种不同的纸张：里层制作合褙用纸为纯竹纸，面层纸则是以竹为主的竹麻混合纸。样本中未检测出树皮纤维，但不排除样本量过小而未

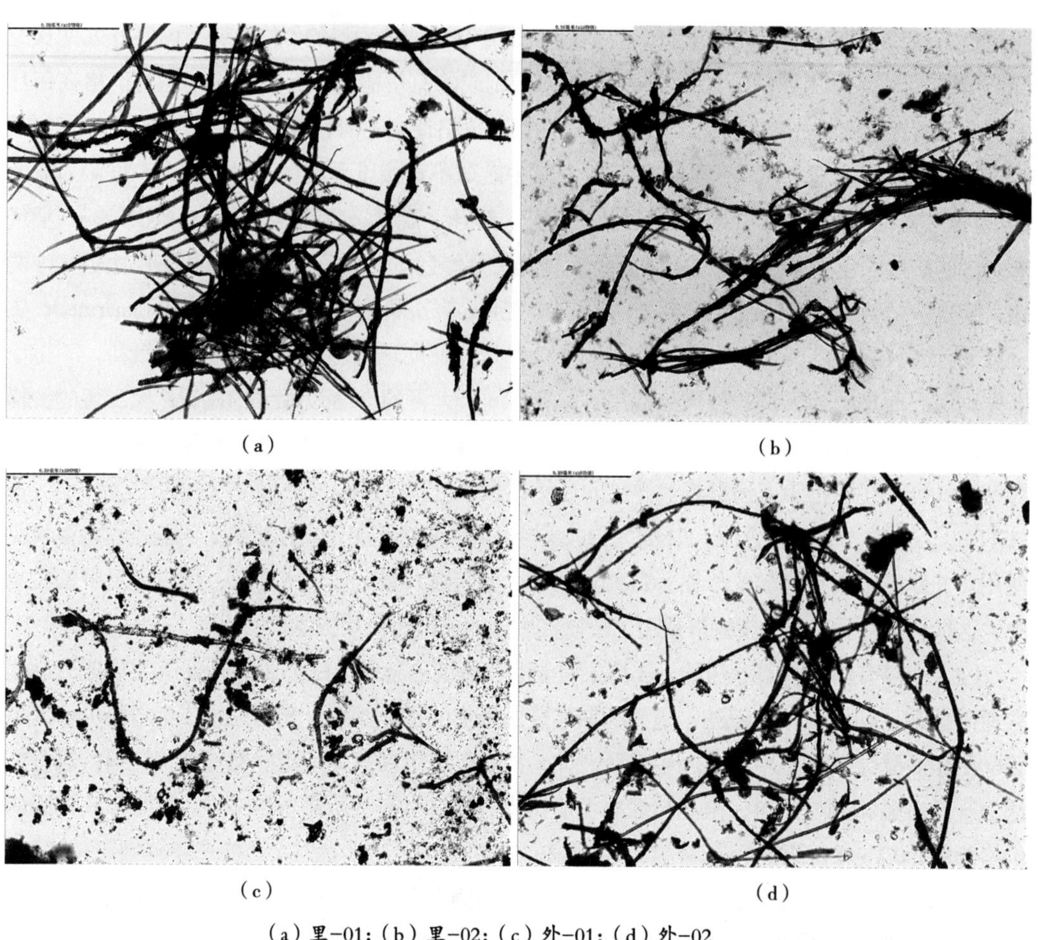

（a）里-01；（b）里-02；（c）外-01；（d）外-02

图17 样本纤维分析影像（图片来源：中国制浆造纸研究院提供）

取到纸张中树皮纤维的可能，仅能确定纸张中至少含有竹麻两种纤维。元书纸和毛边纸都是常见的竹纸，麻呈文纸是竹麻混合纸，上述三种纸均较为廉价，符合对烫样制作用纸特点的推断。

3. 对于五种主要颜色的初步分析

烫样多数构件表面施涂颜料，用颜料和纸张原色共同表现构件材质和彩画装饰，局部用平面彩绘的形式表达细部构件。

砖结构多用不同程度的蓝灰表现，五伏五券立面等重要部位用墨线描出砖缝。方城城身和月台的立面则用灰紫色表现，用墨线描出砖缝，顶面为蓝灰色，但色调略有差异，月台顶面的颜色偏绿，而方城城身顶面的颜色偏白，更接近其他砖构件的颜色。由题签可知，只有月台表面墁金砖，因此月台顶面的颜色可能是有意改变，使之区别于普通砖构件。明楼墙身和看面墙立面下部也用灰紫色，但不描砖缝。宝城下部和月台下部的泊岸砖用土黄色颜料表达，外侧用墨线描绘砖缝，里侧不描砖缝。

石料多用白色表现，如地宫券石宝床石门等、方城城身石须弥座、宝城石栅栏、明楼台基踏跺和墙体角柱石腰线石等，此外宝顶荷叶沟也用白色表现。用来表现石料的白色颜料与用来表现青砖的灰色颜料同时出现时，白色覆盖在灰色上方。

灰土材料有两种表现方法：其一是构件表面不施涂颜料，保留纸张的原色，使用这种方法的构件有三件背后灰土、地宫底灰土和两件填厢盖面灰土，均是在烫样内部作衬底填充用的构件；其二是构件表面施涂红黄二色调和的土黄色颜料，以宝顶为代表，色调不均匀，中部偏红，边缘偏黄。这种做法与题签说明的实际工程中“涮金黄土二道”对应，与普通的大夯灰土和小夯灰土不同。

明楼上下两层檐和东西看面墙帽的琉璃瓦以及看面墙扶手顶部的琉璃瓦用金黄色颜料表现。

除材料本身颜色外，烫样还表达了建筑彩画和构件表面抹灰的颜色。与材料色相比，这部分颜色的饱和度较高，颜料纯度也较高，没有表现出明显的调和色，但不同位置的同种颜色也略有差异。

烫样中的红色分为深浅两种：明楼和看面墙墙身及木踏跺的红色较深，明楼两层檐内外檐额枋部位及上层檐小红山的红色较浅，即抹灰部位和彩画部位的红色不同。绿色和蓝色集中在明楼内外檐彩画部位，看面墙墙帽下沿也用少量绿色。上层檐中的绿色也分深浅两种，浅绿涂在除瓜栱外的斗栱层和额枋处，深绿涂在内檐墙的撞头部分；蓝色则施涂在瓜栱和普拍枋处。上层檐的彩画比下层檐施涂精细且颜色鲜亮，二者主要区别在于下层檐是直接在纸张上涂蓝绿颜料，覆盖力较弱，部分区域呈半透明状，清晰可见底层纸张的颜色，虽然用墨线框定边界，但着色时并不严格按边界涂，工艺粗糙（图18）；而上层檐是先在纸上涂一层白色颜料作为基底，然后再依次涂红、蓝、绿三种颜色，工艺细致，边界清晰。由于有白色作底，颜色也更鲜亮（图19）。

图18 明楼墙身蓝绿颜料（图片来源：姜明摄）

图19 明楼下层檐蓝绿颜料（图片来源：姜明摄）

黑色在烫样中不以色块的形式，而以墨线的形式出现，主要用于表现缝隙和阴影。在五伏五券、月台、宝城泊岸和方城城身等处均用黑色线条表达砖缝。在木踏跺的栏杆部位，还用墨线表现扶手的阴影效果。

综上，烫样的颜料用于构件材质和表面装饰效果的表达，主要涉及红、黄、蓝、绿、黑、白及其调和色。表现材质时多用调和色，表现装饰时多用纯色，同一色系的颜色不完全相同，施涂方式也有所差异。

四　烫样认定与著录

1. 烫样身份认定

综合现有资料，我们可以判定本文所述烫样为定东陵地宫券座方案之一，理由如下：

首先，在烫样大槽底构件的底部木框架上，有铅笔书写的“定东”字样（图20），推测为烫样流传至清华早期所写，当时人距烫样制作不过数十年，对烫样来源的了解应当更为清楚可靠，因此这处铅笔字可作为烫样身份认定的依据之一。

图20 大槽底背面“定东”铅笔字（图片来源：姜明摄）

其次，如前所述，在宝-09-01和宝-13-03

题签上书“遵照慕陵地宫券座”，与《工程备要》记载同治十二年五月初五“奉旨万年吉地地宫尺丈规模着遵照慕陵”[8]吻合。宝-07-06题签上书“遵照定陵宝城长元式”，根据堂谕档纪事同治十二年三月卅日记录“画菩陀峪普祥峪地势，画五丈见方格，按照西陵各座规制，院当酌拟丈尺，宝城长元势”[8]，虽未明确说明宝城形状遵照定陵，但长元式的规制是一致的。清代的七座后陵中，只有定东陵的两座宝城是长元式，此前的帝陵中也只有定陵是规则的长元式，据此推断，定东陵的宝城形状是遵照定陵设计的，与本文所述烫样题签内容一致。另外，方-04-01题签上书“遵照昭西陵方城明楼”，对照堂谕档纪事，方案设计阶段曾考虑以昭西陵和孝东陵规制作参照，分别查勘规模并殿、花门尺寸及月台尺寸❶，在五月初五日确定“万年吉地琉璃花门仍在隆恩殿后作法即遵照昭西陵规模”[7]。此处并未直接说明方城明楼的规制依据，但结合三月卅日的记录可推断定东陵的方城明楼也是以昭西陵为依据的，与本文所述烫样吻合。上述三个题签与菩陀峪普祥峪万年吉地工程的档案记录的一致性可作为烫样身份认定的又一依据。

❶菩陀峪万年吉地工程备要卷一：（同治十二年四月十九日）于十七日恭谒各陵，并派监督、监修分诣昭西陵、孝东陵查勘规模，暨带通晓堪舆司员敬诣普祥峪菩陀峪。样式雷图档366-00211：堂谕档普祥峪菩陀峪纪事：（同治十二年四月廿二日）查昭西陵、孝东陵殿、花门尺寸、月台尺寸。

最后，烫样贴有“遵照定陵宝城长元式”的签文，说明烫样制作一定在定陵完工后。清代陵寝中只有帝后陵有宝城宝顶，而定陵之后建造的只有定东陵、惠陵和崇陵三座。惠陵和崇陵的地宫券座与本文所述烫样不符，且已知崇陵烫样保存在德国柏林民族学博物馆，因此只有定东陵符合条件。

除此之外，烫样的多处题签内容与定东陵的历史档案记载吻合，且烫样宝城的平面比例也最为接近定东陵，皆可作为烫样身份认定的旁证。

综上所述，我们可以确定清华藏清代皇家陵寝烫样是定东陵地宫券座的方案之一。

2. 烫样年代认定

由堂谕档纪事可知，烫样的主要制作周期在同治十二年五月，从五月初五日接到明确制作规模到五月廿四日进面八堂大臣和五月廿五日进呈御览，前后不超过20天。但烫样表达的方案经过修改和添加，其所经历的时间有所延长。如前所述，两座木踏跺在六月初三日至六月初八日添安。

值得注意的是，烫样现存的实际尺寸是按照修改后的尺寸制作的。实测得方城南门洞券中高51毫米，面宽45毫米，进深18毫米，平水高33毫米。按寸样比例尺和清代营造尺长320毫米折算，方城南门洞券中高一丈六尺，面宽一丈四尺，进深五尺六寸，平水高一丈三尺，与修改后的方案吻合，甚至在高度上也没有夸大。

另一处烫样实物与题签内容不符之处是方城外罩门券的尺寸。方-05-01上书“罩门券中高一丈三尺六寸进深四尺五寸面宽一丈八寸平水高七尺七寸”，而实测尺寸为中高38毫米，进深14毫米，面宽30毫米，平水高25毫米，按寸样比例尺和清代营造尺长折算，方城外罩门券中高一丈一尺九寸，进深四尺四寸，面宽九尺四寸，平水高七尺八寸，中高和面宽均明显小于签文。工程做法中有“同治十三年六月奏案册开，方城门洞券原估不合作法，今改外层罩门券中高一丈一尺二寸，面阔九尺四寸，进深四尺五寸。里层门洞券中高一丈六尺六寸，面阔一丈四尺，进深六尺”的记录，与修改后的题注及实物尺寸基本对应，仅中高略有夸大。

上述两处实物与修改后的尺寸对应，而与题签原载尺寸不同的情况为我们推测烫样制作时间线提供了一定依据。如果方-06-03题签上的时间的确是“五月廿一日”的笔误，那么这次修改就发生在同治十二年的五月廿一日，“钟老爷传进内四下中”时，此时烫样应当基本完成，题签俱备。而样式房在这次进内中得到了方城罩门券和南门洞券的两处修改意见，于是利用五月廿五日进呈御览之前的四天，甚至是“进面八堂看谕”之前的三天修改烫样。其中南门洞券的做法较简单，可重新制作，构件表面未见明显修改痕迹。方城城身做法复杂，来不及重新制作，因此直接在罩门券局部增添涂改。

图21 方城城身罩门券涂改痕迹（图片来源：姜明摄）

无论是烫样中的其他拱券还是实际的工程做法，各券座的顶部弧度或与底部相同（如木梳背和半圆券），或是大于底部弧度的尖角（如锅底券），鲜有底部起拱较陡而顶部突然变平缓的。现存烫样的方城罩门券紧靠平水部分起拱较陡，至40° 左右时突然变平，顶部曲线很不自然，推测为在原有半圆券顶部下方续接一段，以降低中高的做法。券脸处有明显的后期涂抹的痕迹，颜料色彩比立面其他部分更灰，局部脱落处露出底层较亮的灰紫色，推测是修改时掩盖添补痕迹的遗留。添补处的墨线绘制砖缝排列形式也与下方及其他处砖缝不同。砖券下部和烫样中出现的其他构件的券脸部分砖缝均是五伏五券砖，而上方涂抹部位的砖缝改做狗子咬形式，砖的尺度明显变大，边缘处可见与撞券部分十字缝的砖缝有冲突之处，是此处临时修改做法的另一依据（图21）。

墨笔题注的时间没有直接的证据证明，但从常识推断，进呈御览的烫样表面不应出现明显的潦草的笔迹，且记数方式也不是通用的正规写法，而应当是进呈取回后的修改。样式房的常驻匠人数量有限且书法水平并不高，烫样签文的工整文字应当是委托笔贴式或类似的人代笔。样式房的匠人很难在短时间内再写一份工整的签文，因此将原有作法不吻合的题签保留在修改后的烫样上应对进呈，是权宜之计。据档案记载，帝后在五月廿五日后没有再次看样，即该烫样完成了向皇室展示设计意图的任务，此后只用于“按照烫样造见做法清册”[7]，即烫样美观整洁的重要性降低，数据准确以指导施工的重要性提高，因此可以在表面用较凌乱的字体更正尺寸。

至于烫样进呈御览后的去向，据堂谕档纪事载，五月廿五日进呈后留中，五月廿七日交宗人府，此后没有直接去向的记录。但六月初三日样式房“遵王爷谕烫方城内两边扒道券木踏跺”，至六月初八日“宗人府神机营撤回方城月台，添安木踏跺一各一分”[7]。添安木踏跺需要扒道券和月台两个构件的尺寸，而扒道券和南门洞券均安装在方城城身内，因此很可能在此期间被一同拿回样式房，潦草的墨题就是这个时候添上的。至光绪二年五月，随施工接近尾声，烫样画样等设计表达媒介再次回到京中，交下宗人府神机营存档，以便后世工程参考调阅。

同治十三年的工程做法记录中，里层门洞券即方城南门洞券的中高是一丈六尺六寸，而烫样改后签文及实测尺寸均与一丈六尺对应，进深也与原先的五尺五寸对应而非改后的六尺，可知该烫样方案也并非与实际施工做法完全相同。

3. 烫样基础信息著录

综上所述，清华大学建筑学院藏“定东陵方城宝城烫样”，其著录基本信息须在现有简要名称和尺寸的基础上大大扩充，汇总如表3。

表3　清华藏定东陵烫样基础信息著录（表格来源：作者自制）

藏品编号	文-m-01	藏品名称	定东陵方城宝城烫样
制作人	样式房（时任掌案雷廷昌）	制作年代	同治十二年（1872年）
总体尺寸	630×367×310（毫米）	比例	1：100（寸样）
主要材质	纸合褙、木框、沥粉、颜料层等	制作工作	传统烫样工艺
部件总数	31	总体状况	保存良好，局部有缺损

基本描述	烫样为彩绘贴签的进呈样，表面有潦草的墨字题注。不同构件间留有一定空隙，31个构件可层层拆装。烫样及其所表现的方案均有修改痕迹		
同源案例	普祥峪菩陀峪万年吉地规模全分烫样（故宫博物院藏） 清东陵惠陵妃园寝全分烫样（柏林民族学博物馆藏） 清东陵惠陵妃园寝宝城烫样（柏林民族学博物馆藏） 清西陵崇陵方城宝城烫样（柏林民族学博物馆藏）		
具体信息			
构件名称	数量	构件名称	数量
明楼上层檐	1	宝顶	1
明楼下层檐	1	填厢盖面灰土	2
明楼墙身	1	蓑衣顶	1
方城城面	1	背后灰土	3
方城城身	1	闪当券	1
门洞券	3	罩门券	1
扒道券	1	金券	1
看面墙	2	地宫墙面	1
木踏跺	2	地宫地面	1
隧道券	1	地宫底面	1
月台	1	大槽底	1

五　总结与展望

本文以整理烫样基础信息、形成完成著录为目的，记录了清华藏清代皇家陵寝烫样的构件组成、形式特征、题签题注和使用材料，同时明确了以下基本认识：

（1）根据现有样式雷图文档案资料、相关烫样遗存，参考前人研究和标注痕迹，判定此件清华大学建筑学院藏品样为“定东陵宝城烫样”无误。该烫样制作于同治十二年，为定东陵地宫方案之一，与故宫收藏的定东陵底盘全样（一套）和另一件定东陵宝城烫样共同组成当年设计成果。

（2）对照实测构件尺寸判定该烫样为“寸样”，高度尺寸部分夸张，部件交接处有意留出空隙以便拆装。

（3）综合前人研究和现有样式雷档案记载，进一步明确和探讨了制作烫样的材料，明确烫样工艺与盔作、画作之间的直接关系。

作为针对“定东陵宝城烫样”的系列个案研究，笔者的研究团队已经制定了进一步三个专题的工作计划：一，烫样构造与装饰工艺分析检测，具体包括纸张、颜料、粘合剂，制作工艺方面的内部结构、细部工艺构造、纸合褙与面层裱糊构造、颜料涂刷、沥粉工艺、“熨烫”技术以及工具方面的模具、裱纸工具、沥粉工具、刻画工具等；二，制作工艺与复制实践，用实操的方法检视上一步研究的合理性；三，烫样之技术史与建筑史意义，站在更高的视角考察烫样的历史地位，考察制作人技术支撑、教育背景、知识结构等行业问题，为填补中国建筑设计史的学术空白进行尝试。

此外还应看到，关于样式房烫样制作材料工艺及其与建筑设计和信息传达之间的关系等方面的研究尚处于起步阶段；而清代帝后陵寝烫样因其复杂的内部结构、综合的施工工艺，丰富地体现当时设计者的工作思路和方法，具有深远的研究潜力。同时，以今日北京故宫博物院、德国柏林民族学博物馆等处的数量可观的烫样收藏，亦迫切需要及时开展深入的探讨。

参考文献

[1] 黄希明，田贵生．**谈谈“样式雷”烫样**［J］．故宫博物院院刊，1984（4）：91-94.

[2] 蒋博光．**样式雷和烫样**［J］．古建园林技术，1993（1）：45-48.

[3] 朱启钤．**中法大学收获样子雷家图样目录之审定**［J］．中国营造学社汇刊，1932，3（1）：188.

[4] 本社纪事．**本社自二十四正月起至六月底止受赠各界图籍参考品胪列于左敬表谢悃**［J］．中国营造学社汇刊，1935，5（4）.

[5] 邹璐鲡．**清华建筑学院藏清代陵寝烫样保护与研究**［D］．北京：北京联合大学，2018.

[6] 王蕾．**清代定东陵建筑工程全案研究**［D］．天津：天津大学，2005.

[7] 样式雷图档366-00211包：**堂谕档普祥峪菩陀峪纪事**．中国国家图书馆藏．

[8]（清）全庆等辑．**菩陀峪万年吉地工程备要**．清内府抄本．中国国家图书馆藏．

[9]（清）**普祥峪万年吉地工程备要**．清内府抄本．中国国家图书馆藏．

[10] 刘仁庆．**古纸纸名研究与讨论之十｜明代纸名（中）**［J］．中华纸业，2017，38（09）：91-96.

[11] 刘仁庆．**论表芯纸**［J］．纸和造纸，2012（8）：64-68.

[12] 刘仁庆．**近现代手工纸纸名辑录与览正之一｜近代手工纸纸名（上）**［J］．中华纸业，2017，38（21）：75-79.

[13] 刘仁庆．**古纸纸名研究与讨论之五唐代纸名（下）**［J］．中华纸业，2016，37（23）：78-84.

[14] 刘仁庆．**古纸纸名研究与讨论之九明代纸名（上）**［J］．中华纸业，2017，38（07）：96-100.

[15]（明）王世贞．**弇山堂别集**．钦定文渊阁四库全书．

[16]（清）李卫等监修，唐执玉等纂修．**畿辅通志，卷三十三**．钦定文渊阁四库全书．

[17]（清）高士奇．**金鳌退食笔记，卷下**．钦定文渊阁四库全书．

[18] 刘仁庆．**论毛边纸**［J］．纸和造纸，2012（5）：71-75.

[19] 刘仁庆．**论连史纸**［J］．纸和造纸，2012（4）：62-66.

[20] 刘梦雨．**清代官修匠作则例所见彩画作颜料研究**［D］．北京：清华大学，2019.

基于绘制方法的北京城市历史地图脉络再梳理

邓啸骢
（清华大学建筑学院）

摘要：近年来随着北京老城保护的深入，北京城市历史地图作为最直观的一手图像资料逐渐成为学者们研究北京城市史、建筑史的重要依据。北京自明代以来的城市历史地图数量繁多，但目前针对其分类研究却寥寥无几，亟待选择一种合理的分类方法系统梳理它们的绘制脉络。本研究首次归纳总结了4种中国地图绘制方法，并基于该方法将经遴选的41张北京城市历史地图进行归类，梳理出部分地图间的内在联系，并证明各类型北京城市地图存在的“多系共存”现象。

关键词：北京城市历史地图，绘制方法，脉络梳理，多系共存

Reclassifying Historical Maps of Beijing with Cartographic Methods

DENG Xiaocong

Abstract: As the preservation of Beijing historical city has gradually been increasing concern, the historical maps of Beijing have been widely used as essential references for urban history and architectural history studies. However, a plenty of historical maps of Beijing were preserved since Ming dynasty, their classification studies are limited and unsatisfied. In this study, we summarized four Chinese cartographic methods for the first time, and reclassify 41 historical maps of Beijing. The connections among these maps were found and a “different maps coexistence” phenomenon was proved.

Key words: historical maps of Beijing; cartographic method; maps reclassification; different maps coexistence

一　背景

北京是中国古代都市计划的无比杰作，是全人类共同的财富❶，近三十年来对北京老城❷的保护研究工作被提升到全新高度。老城整体保护与中轴线申遗工作逐步深入：2002年，在《北京历史文化名城保护规划》中提出保护北京老城整体格局，以书面形式确定保护范围为北京二环路以内，大致与明清北京城相当；2011年，北京市全面启动“中轴线申遗”工程；2017年9月，《北京城市总体规划（2016年—2035年）》正式由国务院批复同意，再次重申以上两点。在此背景下，北京城市历史地图❸作为北京城市史、建筑史、遗产保护研究的最直观、生动的第一手资料，被众多学者们视为圭臬。

北京城市历史地图数量庞大，收藏处所众多：根据王灿炽所著《北京史地风物书录》中的统计，各类北京区域、政区、地形、水利、城市地图共计463张（套）；由国图舆图组编纂的《舆图要录》中，记录了明代至民国共绘制北京城市地图70余张；所藏机构众多，包括中国国家图书馆善本部舆图组、首都图书馆、中国第一历史档案馆等❹，根据《清内务府造办处舆图房图目初编》❺中“都城宫苑”一节所示，故宫博物院曾藏有北京地图善本共计13幅，其中最著名的“清内务府藏京城全图”便是1935年在清宫造办处舆图房❻中清理出来的❼。

目前对于北京城市历史地图的研究着力于3个方面。其一，针对单幅或数幅北京历史地图的研究，杨乃济（1984）通过援引清宫史料、志书、口述史等历史资料推定得出《乾隆京城全图》的作者、绘制时间，并记述其中的地图要素[4]；钟翀（2013）将“同光中兴”时期的多

❶文献［1］：20.

❷《北京城市总体规划(2016年—2035年)》中将原有“旧城”一词改为“老城”，本文用词与之相同。

❸本研究中的北京城市历史地图特指明代、清代、民国及新中国成立后各阶段绘制的北京城市地图。

❹文献［2］：78.

❺文献［3］：2507-2508.

❻在清人法式善所著的《陶庐杂录》中有载：“舆图房隶今养心殿造办处，中外臣工所进图式，存贮于此。”

❼文献［4］：8.

张北京历史地图归纳为《首善全图》系图与《京城内外首善全图》系图，前者经过改良形成后者，并推定了各图绘制时间❽。其二，针对北京历史地图的收集、整理与评价，王均、孙东虎等（2000）介绍若干幅1907至1948年间由陆地测量总局等不同权威机构测绘、编制的古旧北京地图[6]；朱竞梅（2001）收集大量的北京历史地图，并对地图要素加以描述，以地图文献来源对北京历史地图进行分类[2]。其三，针对北京历史地图的数字化研究，侯仁之先生及其研究团队自20世纪90年代起着手进行北京历史地图的数字化工作，是该领域的奠基人，团队分别对行政区划、地形地貌、河流泊塘、重要建筑分布等专题进行整理、转绘，出版《北京历史地图集》丛书。

❽文献［5］：98-99.

基于以上情况，笔者认为北京城市历史地图作为珍贵的历史资料，目前缺乏系统地梳理脉络、分类，亟待选择出一种合理的分类方法，仅以绘制时间或舆图出处作为分类依据对于城市史、建筑史研究的索引作用甚微；另外，笔者想说明一点：历史地图数字化固然为学者研究地图中的信息提供了空前便利，但无法否认的是它同时也消隐大量现代地图学认定的“弱相关”信息，包括符号化的城市意象，因此研究原始地图仍有其科学价值。

二　中国城市地图绘制方法的4种类型与相互关系

以何种方式划分北京城市历史地图更合理？能够使城市史、建筑史以及遗产保护学者研究更便利？这成为笔者难以自答的一个关键疑问。

在阅读文献中，成一农的《“非科学”的中国传统舆图：中国传统舆图绘制研究》解答了笔者的困惑,其中写道：“了解中国古代地图学史的研究者都会对中国古代地图学史留下这样一种印象，即中国古代地图学史是一部‘科学性’、‘准确性’不断提高的‘发展史’，或者说是一部不断追求将地图绘制变得更为‘精确’以及不断朝向‘科学’制图学发展的历史，并最终在清末汇入世界地图发展史之中。”❾

❾文献［7］：8.

虽然成一农对“中国古代地图学逐步走向科学、准确”的论点持明显怀疑态度，但毫无疑问的是，从晋代裴秀提出的“制图六体”至民国初期城市地图绘法的完全西化，我国城市地图绘制方法确实经历了巨大变革。因此，笔者认为“中国城市历史地图的绘制方法”作为分类方式较为合适，历史地图的不同绘制方法决定了地图的表现方式、比例是否精确、绘制要素的形式与多寡，直接与研究者对地图的选择密切相关。

通过梳理中国地图学史，笔者提取出中国城市地图的4种典型绘制方法：①受传统绘画艺术（Chinese Traditional Painting Art）影响的城池图绘法；②使用“计里画方”（Chinese Square Grid System）的城市地图绘法；③受西方几何测地学（Geometric Geodesy）影响的改良城市地图绘法；④由现代地图学（Modern Cartography）主导的城市地图绘法。

1. 受传统绘画艺术影响的城池图绘法

中国古代自周代起始修撰志书，周代设“小史”这一官职肩负记录帝王宗族传承、厘清宗庙辈次序列的重要使命，在《周礼・春官・小史》有详细的记载。

小史掌邦国之志，奠系世，辨昭穆。若有事，则诏王之忌讳。大祭祀，读礼法，史以书叙昭穆之俎簋。大丧、大宾客、大会同、大军旅，佐大史。凡国事之用礼法者，掌其小事。卿大夫之丧。赐谥，读诔。❿

❿引自文献［8］：2098.

而古舆图与文字相结合的志书见于东汉，流行于南北朝，其称之为“图经”，其中的“图”只是表示行政范围的疆域图，后增加有城池图、山川图、八景图、寺观图等⓫。东汉《巴郡图经》是已知最早的图经，但原书已佚，而唐代《沙州都督府图经》的舆图部分均已不存，目前

⓫引自文献［9］：2.

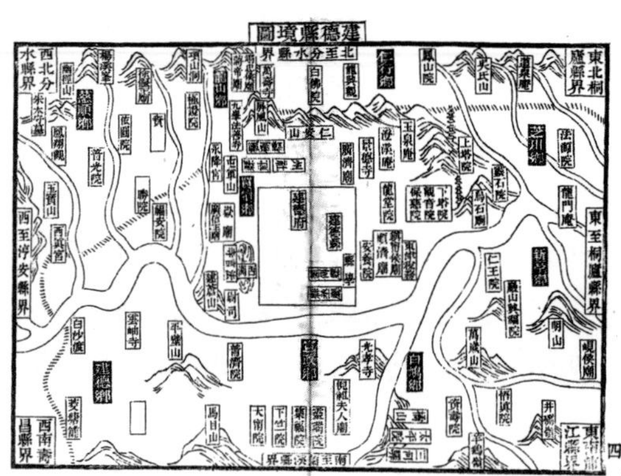

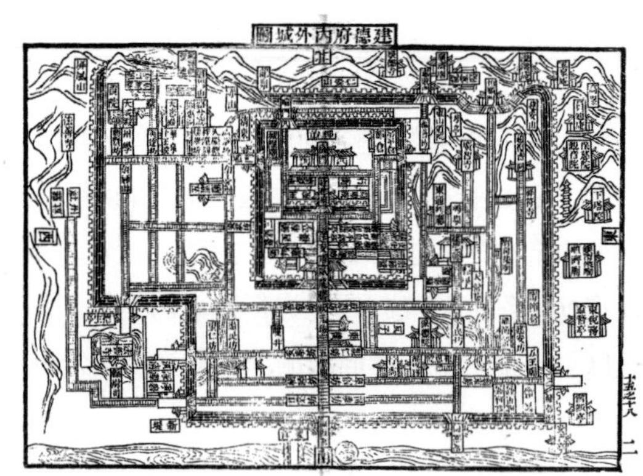

图1《严州图经》中的“建德县境图”与“建德府内外城图”❶

现存最早的是南宋《严州图经》，其中舆地图与城池图的绘制方法与后世志书无差（图1），可窥在南宋志书中舆图绘法大体已然定型。

志书中城池图需满足纸幅大小❷，以及地方官员对清晰表现城垣防御体系与治内重要名胜的诉求，很少采用“制图六体”❸等技术性较高的方法来绘制，而受中国传统绘画艺术的影响较深❹，使用平面与立面相结合的绘制方法，其中平面表示地理要素的空间布局，立面以立体形象对地图中重要的地理要素进行表达[11]，省略一般建筑，将重点城市景观立面符号化达到易识别的目的。例如，在《嘉庆重修扬州府志》的“扬州府城池图”中，绘制道路、河流使用平面画法，衙署、县学、寺庙等主要建筑以名称代替，简单表明城垣内道路肌理与主要建筑位置；而绘制城门与城墙则使用立面画法，便于辨识，而城墙使用粗细直线条间隔排列的形式，以显示城门、城墙的高耸、坚固❺（图2）；另外，绘图者将城池图中的城门提炼为3种模式化的图像符号（Patterned icon），提高城垣结构的可识别性（表1）。

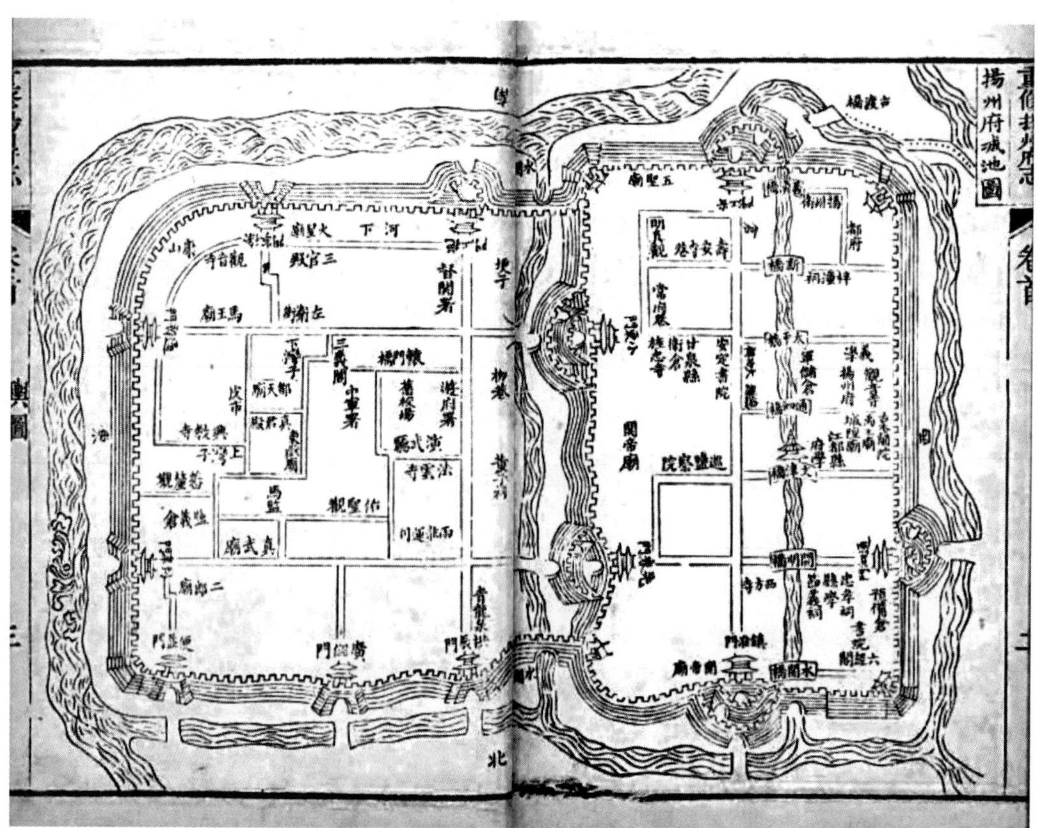

图2《嘉庆重修扬州府志》中的“扬州府城池图”❻

❶（宋）刘文富编．淳熙严州图经［M］．宋元方志丛刊本．北京：中华书局，1990(1)：32-35.

❷明清两代一般书籍单页尺寸高为24～28厘米，宽为15～17厘米，通常志书中的1张图画占用2版纸面；因此，除去0～3厘米的边栏（板框），1张城池图的大小仅高20厘米，宽30厘米。

❸在原文中阴劼、徐杏华等将“制图六体”与“计里画方”并列提出，笔者认为两者为从属关系，略有不妥，在此删除“计里画方”。

❹引自文献［10］：69.

❺引自文献［12］：19.

❻（清）阿克当阿修编．嘉庆重修扬州府志［M］．扬州：广陵书社，2006(1)：82-83.

表1 “扬州府城池图”中模式化的城门图像符号（表格来源：作者自制）

样式	城门名称	数量	图例
歇山顶重檐城楼（无瓮城）	徐凝门、通济门、拱辰门、广储门、便益门、利津门	6	
歇山顶重檐城楼（一重瓮城）	挹江门	1	
歇山顶重檐城楼（二重瓮城）	安江门、通泗门、小东门、镇淮门、先春门	5	

2. 使用“计里画方”的城市地图绘法

“计里画方”是晋代裴秀所提出的“制图六体”中“分率”的直接体现方式。胡渭在《禹贡锥指》中写道：“分率者，计里画方，每方百里、五十里之谓也……”[7]王庸先生在《中国地图史纲》中写道：“……至于图上的分率怎样表现，裴秀虽然没有明说，大概是使用计里画方的办法。”[8]

“计里画方”的精确性一直是地图学界的讨论焦点，存在着“以精确为标准”与“非以精确为标准”两方观点。胡邦波（1990）将“计里画方”定义为“在地图上按一定的比例关系绘成方格网，并以此来控制地图上各要素的方位和距离的一种制图方法”[9]，并给予极高的评价，即“在地图投影方法传入之前，‘计里画方’是我国科学性最强的制图方法”[10]；杨宇振（2008）认为“计里画方”是拥有相对比较严格比例的绘制方法[11]（图3）；而成一农（2014）认为，由于基础数据的误差问题，使用“计里画方”并不能使地图绘制得更为准确，只是能在绘图时更好地控制地理要素的空间布局[12]。笔者比较支持成一农的观点，即“计里画方”只能做到“相对”的准确性。

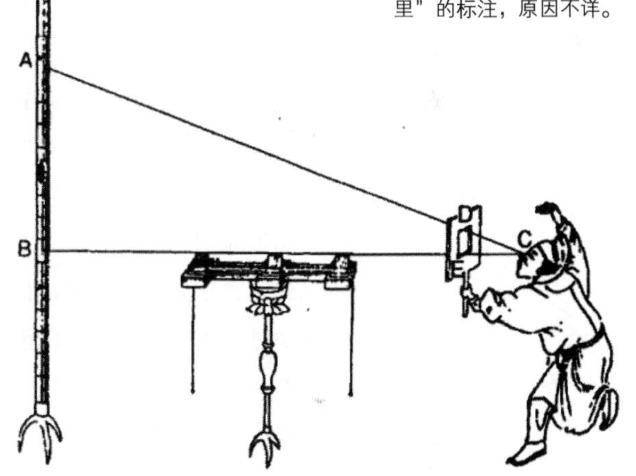

图3 中国古代利用照板、水准仪、测杆工具测量两点距离[13]

上文提到“计里画方”这一绘法很少应用于方志城池图中，但并不妨碍在小范围、大比例的城市地图中使用。阙维民（1996）认为“‘计里画方’以‘地平说’为基础，这决定了它们适应于小范围、大比例尺的绘制范围，超出范围即要变形”[14]。如图4，“光绪桐乡县城图”便是以“计里画方”绘制的，方格网经线与纬线交叠出方格单元，即为一方，图上横方36，竖方30，共计1080方[15]。

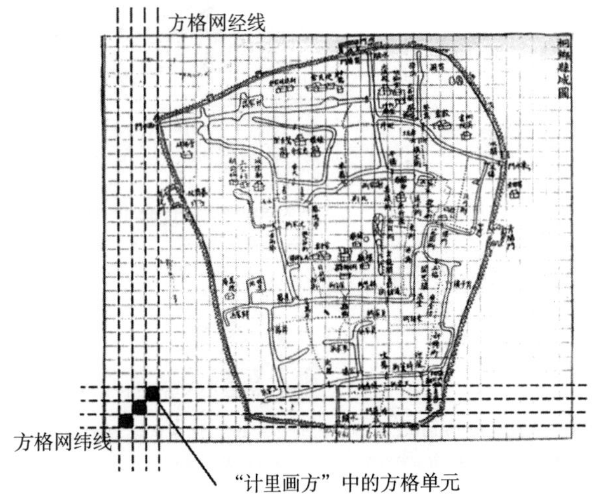

图4（光绪）“桐乡县城图”中使用的“计里画方”绘法（图片来源：根据文献［21］修改）

3. 受西方几何测量学影响的改良城市地图绘法

基督教传教士来华早可溯源至唐代，时称景教，后武宗灭法殃及景教，直至元代又重新兴起，而真正对中国古代地图学

[7] 文献［13］：122.

[8] 文献［14］：40.

[9] 文献［15］：44.

[10] 文献［15］：44.

[11] 文献［16］：86.

[12] 文献［17］：27.

[13]（美）余定国. 中国地图学史［M］. 北京：北京大学出版社，2006：121.

[14] 文献［18］：339.

[15] “光绪桐乡县城图”与其他以“计里画方”绘制的城池图有些许区别，图名下未见常见的“每坊折地若干里”或“方阔若干里”的标注，原因不详。

产生影响则是在明后期至清中期。明万历十二年（1584年），意大利人利玛窦（Matteo Ricci）在中国完成了中文标注的世界图——“山海舆地图”，将西方测绘技术引入中国，明天启三年（1623年），比利时人南怀仁（Ferdinand Verbiest）来华绘“坤舆全图”，以上传教士使用西方几何测量学的相关知识[19]，多绘制世界、中国疆域地图，而鲜有绘制城市地图。

直到清乾隆十年（1745年）这一情况得以改变，郎世宁（Giuseppe Castiglione）指导沈源、唐岱等一众画师工匠，历时5年绘制完成了“清内务府所藏京城全图”，杨乃济认为“**它是运用了测量学、舆图学、投影几何学和建筑工程画诸技艺的综合成果**”❶。但由于中国传统的景观式城市地图更加符合普罗大众的观看习惯、审美，以及清代中后期从统治阶级至平民百姓对西方科学技术的轻视态度等原因，直至清末才逐渐为中国人所接受。

❶文献［4］: 10.

这一类的城市地图绘法的显著特点是将西方投影几何学测量方法与中国“平立面结合”的传统地图绘制方法相互融合，图中的道路、建筑的相对位置更加准确；另外，虽然图上的建筑仍使用立面表现方式，但绘制方法则改为西方宫殿园林绘画中常用的远点透视与几何平面相结合的绘法❷，建筑立面更为美观、工整。

❷文献［19］: 90.

4. 由现代地图学主导的城市地图绘法

起始于清光绪十二年（1886年）的《大清会典舆图》的汇编，不仅开启了清末最大规模的全国性地图测绘事业，也间接地促进了“现代地图学绘法”应用于中国城市地图的绘制❸，至清光绪二十六年（1900年）前后，“庚子事变”进一步加快了这种趋势，近代测绘学、地图学逐渐为政府、军队所重视，最终直接刺激了政府职能部门以及民间机构对于此种新式地图的绘制，如“哈尔滨一带图”（1907年刊）、“京城（北京）详细地图”（1908年刊）等❹。

❸文献［5］: 100.

❹文献［5］: 102.

此类地图的直观特征是完全抛弃了以“平立面结合”的方法绘制城市景物的既有习惯，而是以建筑底平面轮廓为直接依据，在极大提高城市地图的科学性、准确性的同时，也弱化、隐匿了大量城市意象信息，取而代之的是大量文字描述；而20世纪40年代以后，随着航拍、卫星技术的逐步成熟，航拍照片、卫星图中的城市意象则彻底湮灭，如图5，清代至民国时期兰州的城市地图具有该特征，其中图上的城市意象要素随时间推移呈现衰减趋势，由于图5-c中并没有任何图示、文字标识，极难辨析出图上的重要建筑；而地图准确性以及精细度则随时间推移呈现增加趋势，图5-a与图5-b相比能够清楚辨别城市道路与建筑轮廓线。

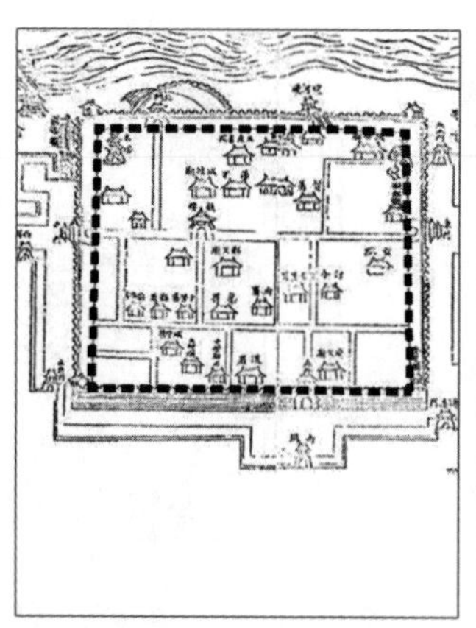

a. 清道光时期兰州内城图

b. 民国25年（1936年）兰州内城图

c. 民国29年（1939年）兰州航拍图

图5 清代中后期至民国时期兰州城市地图绘制方法的变化（图片来源：作者根据“清道光兰州城池图”、“民国25年兰州测绘图”、“民国29年兰州航拍图”❺改绘）

❺http://tieba.baidu.com/p/6125731366?traceid=

5. 4种地图绘制方法的相互关系

笔者需要强调的是：在时间层面上，以上的4类中国地图的典型绘制方法不存在严格的先后顺序、清晰的分期，在同一时间上有可能多种地图绘制方法共存。海野龙一在《地图的文化史》中的前言部分将历史地图普遍状态归纳为“精亡粗存、同系退化、多系并存、旧态隐存”，并认为“地图内容并非单向进化，虽处同一时代、统一社会、但所据信息及处理方法的各不相同，导致了地图事实上的‘多系并存’现象”[6]。笔者认为其中提出“处理方法”一词与本文的“绘制方法”含义大致相当，可理解为在同一时期的多张中国城市地图中可能存在多种绘制方法。

[6] 文献［20］：5.

三 41张典型北京城市历史地图脉络的再梳理

1. 城市历史地图来源、遴选与归类

针对北京城市历史地图的来源，朱竞梅（2001）已经进行比较系统的归纳，其中包括《北京史地风物书录》、《舆图要录》、《欧洲收藏部分中文古地图叙录》、《北京古地图集》等资料[7]；笔者在网络上获取到一些北京城市地图的高清电子扫描文件，在美国地图网站Earth Explorer[8]以及中国网站“北京印迹”[9]上可获取到北京自20世纪40至90年代的历史航拍照片、卫星图，目前通过整理，笔者收集了北京城市历史地图约85张（表2）。

[7] 文献[2]：77-78.

[8] https://earthexplorer.usgs.gov/

[9] http://www.inbeijing.cn

表2　北京城市历史地图数量情况（表格来源：作者自制）

序号	城市历史地图来源	数量（张）
1	《舆图要录》	59
2	《北京古地图集》	15
3	Earth Explorer、“北京印迹”等地图网站	4
4	网络资源	7

根据地图的清晰度、是否有代表性等条件，笔者遴选出其中41张城市历史地图，其绘制时间从1560年至1972年，跨度逾410年，基于上文对4类中国城市地图绘制方法的特征分析，笔者对这些北京城市历史地图进行分类，其中受传统绘画艺术影响的城市地图（类型Ⅰ）10张、使用“计里画方”绘制的城市地图（类型Ⅱ）3张、受西方几何测量学改良的城市地图（类型Ⅲ）7张、由现代地理学主导下绘制的城市地图（类型Ⅳ1）17张、北京城市航拍照片、卫星图（类型Ⅳ2）4张[10]，详细信息见表3，城市历史缩略地图见文末。

[10] 其中Ⅳ1与Ⅳ2均是受西方现代地理学主导，前者为绘制地图，后者为影像地图，特此进行区分。

表3　41张北京城市历史地图详细信息一览（表格来源：作者自制）

编号	名称	绘制时间	作者	来源[11]
Ⅰ-1	京师五城之图	明嘉靖三十九年（1560年）	张爵	2-56
Ⅰ-2	北京城图（金门图）	明万历二十一年（1593年）	沈应文	1-996
Ⅰ-3	顺天京城图	明万历三十五年（1607年）	王圻，王思义	2-60
Ⅰ-4	京城图	清康熙二十二年（1683年）	张茂节，李开泰	2-74
Ⅰ-5	京城图	清雍正十三年（1735年）	唐执玉	1-998
Ⅰ-6	城池全图	清乾隆五十三年（1788年）	佚名	2-106

[11] 表二的“来源”一栏中，若标有1-xxx即引自《舆图要录》的xxx编号舆图；若标2-xxx即引自《北京古地图集》的xxx页地图；若标3则下载于地图网站，若标4则为网络资源，特说明方便读者查找。

续表

编号	名称	绘制时间	作者	来源
Ⅰ-7	京师总图	清嘉庆十年（1805年）	（日）冈田玉山	1-1002
Ⅰ-8	首善全图	清嘉庆年间（1796—1820年）	丰斋	1-1003
Ⅰ-9	北京地图（京城全图）	清嘉庆年间（1796—1820年）	佚名	1-1004
Ⅰ-10	京城内外首善全图 (京师内首善全图)	清同治九年（1870年）	佚名	1-1006
Ⅱ-1	京城内外首善全图（京城内外全图）	清光绪年间（1875—1908年）	赵宏	1-1010
Ⅱ-2	京城内外首善全图	清光绪年间（1890—1902年）	谈梅庆	1-1005
Ⅱ-3	京城内外首善全图	清光绪末年（1900年后）	佚名	4
Ⅲ-1	皇城宫殿衙署图	清康熙十九年以前[1]（1680年前）	佚名	1-997
Ⅲ-2	清内务府藏京城全图	清乾隆十五年（1750年）[2]	郎世宁（指导）	1-1000
Ⅲ-3	北京城区图	清嘉庆二十二年（1817年）	（俄、法）佚名	2-146
Ⅲ-4	京师城内河道沟渠图	清光绪年间（1875—1908年）	佚名	2-194
Ⅲ-5	京师九城全图	清光绪二十六年（1900年）	佚名	4
Ⅲ-6	京师全图	清光绪三十四年（1908年）	佚名	1-1013
Ⅲ-7	京城详细地图	清宣统三年（1911年）	冯恕等	1-1024
Ⅳ1-1	最新北京精细全图	清光绪三十四年（1908年）	常琦	1-1009
Ⅳ1-2	详细帝京舆图	清宣统元年（1909年）	佚名	1-1020
Ⅳ1-3	最新北京精细全图	清宣统元年（1909年）	北京集成图书公司	1-1021
Ⅳ1-4	北京详细地图（修订改版北京详细地图）	民国初年（1912年）	德兴堂印字局	1-1026
Ⅳ1-5	实测北京内外城地图	民国2年（1913年）	内务部职方司绘制处	1-1028
Ⅳ1-6	北京地图	民国3年（1914年）	天津中东石印局	1-1031
Ⅳ1-7	北京全图（PEKING)	民国3年（1914年）	德国远东探险队	4
Ⅳ1-8	北京新图：中华民国首善之地	民国4年（1915年）	（意）马维德	1-1034
Ⅳ1-9	京都市内外城地图	民国5年（1916年）	职方司绘制处，京都市政公所测制	1-1035
Ⅳ1-10	京师内外城详细地图	民国17年（1928年）	京师警察厅总务处	1-1046
Ⅳ1-11	新测实用北平都市全图	民国19年（1930年）	苏甲容	1-1055
Ⅳ1-12	北平市最新详细全图	民国19年（1930年）	文雅社	1-1057
Ⅳ1-13	北平市内外城分区地图	民国25年（1936年）	安仙生	1-1062
Ⅳ1-14	实测北平市内外城地形图	民国26年（1937年）	北平市政府工务局	1-1069
Ⅳ1-15	最新北京全图	民国29年（1940年）	王华龙	2-334

[1] 刘敦祯先生在《〈清皇城宫殿衙署图〉年代考》中，通过比对大内宫殿历史资料，推定Ⅲ-1“皇城宫殿衙署图”的绘制时间不早于清康熙十九年（1680年）。

[2] 杨乃济在《〈乾隆京城全图〉考略》中，推定Ⅲ-2“乾隆京城全图”的绘制时间为清乾隆十五年（1750年）。

续表

编号	名称	绘制时间	作者	来源
Ⅳ1-16	最新北平大地图（解放版）	1949年	邵越崇	2-342
Ⅳ1-17	北京市街道详图	1950年	郑奇影，杨柏如	4
Ⅳ2-1	1943年航拍照片	1943年	美国第8航空队	3
Ⅳ2-2	1951年航拍照片	1951年	美国侦察机	3
Ⅳ2-3	1966年卫星图	1966年	美国“锁眼”卫星	3
Ⅳ2-4	1972年卫星图	1972年	美国“锁眼”卫星	3

下文中对于4类北京城市历史地图进行详细分析。

2. 类型Ⅰ地图分类依据与脉络梳理

类型Ⅰ地图是受传统绘画艺术影响的北京城市历史地图，共计10张，地图编号为Ⅰ-1至Ⅰ-10，绘制时间自明嘉靖三十九年至清同治九年（1560—1870年）。

Ⅰ-1至Ⅰ-7均引自于志书与图册集，如《顺天府志》、《三才图会》、《畿辅通志》与《宸垣识略》等，图幅相对较小，高约20厘米，宽约26厘米，可归为此类无疑；虽然Ⅰ-8至Ⅰ-10是图幅较大的城市地图，高宽达110厘米×60厘米，但其绘制方法仍遵循方志中城池图的绘制方法，依据有以下3点：其一，平面比例的缺失，由于刻板印刷的需要，北京“凸”字形城垣轮廓在图中表示为矩形，导致内外城的比例失调，图中基本保留街衢、坊巷的名称与大致位置关系；其二，重要建筑的放大，城门、牌楼、塔、亭等标志建筑的比例远大于其他建筑；其三，山水的表现方法，以Ⅰ-8“首善全图”为例，景山则带有山水画中皴法的些许痕迹，三海[3]使用山水画中常用于描绘湖泊水面的鱼鳞纹，以凸显其弥漫广远之感（图6）。

[3] 三海在此指代北京的北海、中海、南海。

图6 Ⅰ-8“首善全图”中山、水元素的表现方法（图片来源：中国国家图书馆藏）

Ⅰ-6至Ⅰ-10在绘制脉络上有密切的联系，存在“京城全图系列”地图（图7）。首先，《唐土名胜图会》的Ⅰ-7“京师总图”是以《宸垣识略》中的Ⅰ-6“城池全图”为基础细化而成的，其中城垣、道路结构几乎没有区别，而建筑、苑囿等城市景物描绘的更加精细、美观；之后，Ⅰ-8“首善全图”参照Ⅰ-6、Ⅰ-7城池图扩绘而成；通过对Ⅰ-8“首善全图”的不断改绘，完成了Ⅰ-9“北京地图”与Ⅰ-10“京城内外首善全图”。Ⅰ-6至Ⅰ-10图面上的一些绘制原型一直得以保留，如Ⅰ-6至Ⅰ-10的先农坛、天坛平面轮廓（图8），以及Ⅰ-7至Ⅰ-10中前三门的城楼、瓮城的样式（图9），均比较近似。

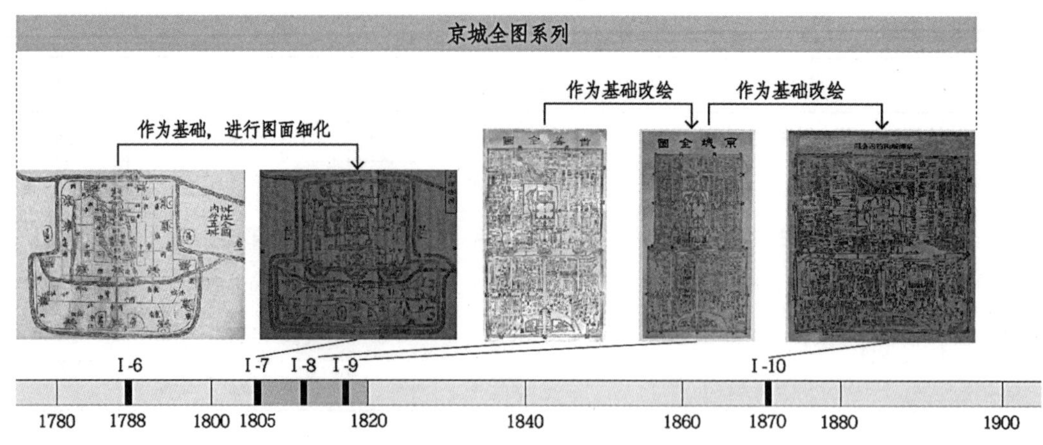

图7 Ⅰ-6至Ⅰ-10北京城市历史地图中的脉络联系❶（图片来源：作者自绘）

❶本图中Ⅰ-8与Ⅰ-9的具体绘制时间不详，仅考证为清嘉庆时期，笔者根据地图色彩变化以及内容判断Ⅰ-8早于Ⅰ-9，因此在时间轴上以深灰色标注1805—1820年为两图绘制时间区间。

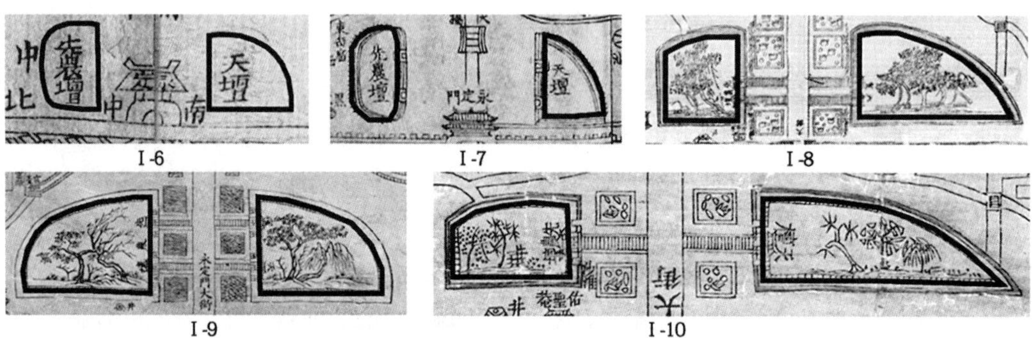

图8 Ⅰ-6至Ⅰ-10北京城市历史地图中的先农坛、天坛平面形状比较（图片来源：作者根据Ⅰ-6至Ⅰ-10地图改绘）

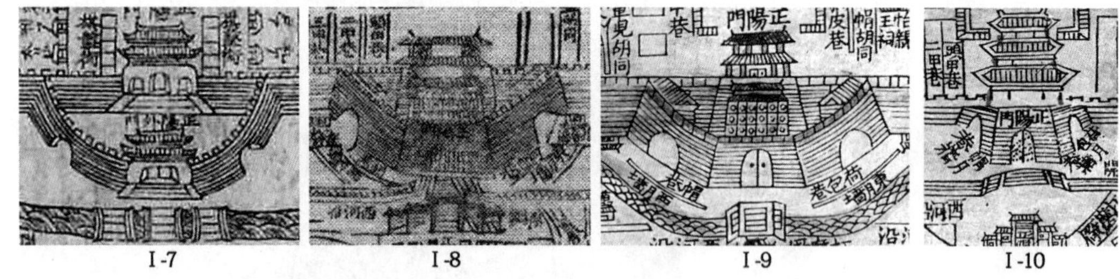

图9 Ⅰ-7至Ⅰ-10北京城市历史地图中的正阳门及其瓮城的样式比较（中国国家图书馆藏）

3. 类型Ⅱ地图分类依据与脉络梳理

类型Ⅱ是使用“计里画方”绘制的北京城市历史地图，共计3张，数量较少，地图编号为Ⅱ-1至Ⅱ-3，3张地图所绘时间均为清光绪年间❷。

Ⅱ-1是使用“计里画方”绘制的，Ⅱ-2、Ⅱ-3是由Ⅱ-1改绘而成的，三者为同一种类的城市地图，形成“京城内外首善全图系列”地图（图10）。分类依据有以下2点：其一，3张地图的城垣轮廓与内部道路肌理几乎没有变化，仅Ⅱ-2在东西方向上被轻微拉伸；其二，Ⅱ-1“京城内外首善全图（赵宏）”上绘有“计里画方”的红色方格网，横方17，竖方20，共计340方❸。而其余的Ⅱ-2“京城内外首善全图（谈梅庆）”、Ⅱ-3“京城内外首善全图（佚名）”却未有象征“计里画方”的方格网，这又是为何呢？成一农在《对“计里画方”在中国地图绘制史中地位的重新评价》中的一段话可以解释该种情况：“绘图者将数据按照比例尺折算之后，最终绘图或者复制地图时也可以将网格略去……如《广舆图》是计里画方，参照《广舆图》绘制的《大明舆地图》除其中的‘舆地总图’之外，各分幅图都没有画方……”❹。即Ⅱ-2、Ⅱ-3在改绘Ⅱ-1

❷Ⅱ-3中千步廊东侧已建成东交民巷已使馆区，可推绘制地图在光绪二十六年（1900年）后，晚于Ⅱ-1、Ⅱ-2。

❸Ⅱ-1“京城内外首善全图”与上文中的“光绪桐乡县城图”相似，图名下未见常见的“每坊折地若干里”或“方阔若干里”的标注。

❹引自文献［17］：26.

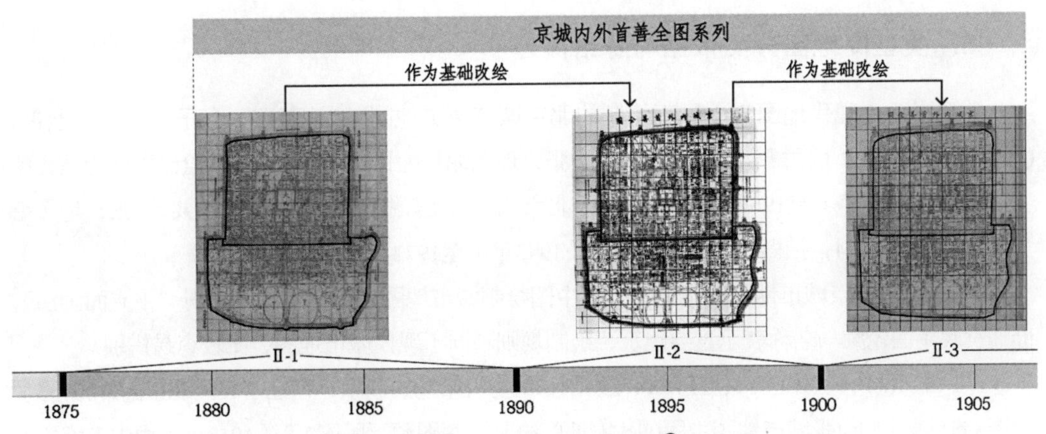

图10 Ⅱ-1至Ⅱ-3北京城市历史地图中的脉络联系[5]（图片来源：作者自绘）

[5] 图中Ⅱ-2、Ⅱ-3原图中无方格网，为笔者后期加绘；与图七相似，由于Ⅱ-1、Ⅱ-2、Ⅱ-3的具体绘制时间不可考，图中时间轴上的深灰色区域表示可能的绘制时间区间。

后，为使图面更加清晰明朗，将“计里画方”的方格网有意隐而未画，这种现象在中国古代地图绘制时较为常见。

4. 类型Ⅲ地图分类依据与脉络梳理

类型Ⅲ是受西方几何测量学改良的北京城市历史地图，共计7张，地图编号为Ⅲ-1至Ⅲ-7，绘制时间自清康熙十九年至清宣统三年（1680—1911年）。

Ⅲ-1至Ⅲ-7带有中国传统的“平立面画法”与西方几何测量学两方的绘制特点。一方面以“平立面画法”增加城市景物的立面信息，另配以尺规使精确性提高，另一方面以西方几何测量学测绘，更讲求真实、准确的作图比例，将此类型地图与现代北京Google Earth地图的街巷格局对比，它们的街衢肌理相差无二；另外，发展至Ⅲ-7“京城详细地图”，其已与类型Ⅳ地图非常相似，图中除皇城内的重要建筑仍使用立面表示，其余公共建筑均使用名称与占地范围表示。

类型Ⅲ中存在2套联系密切的系列地图。其一是“清内务府藏京城全图系列”地图，包括Ⅲ-1、Ⅲ-2，均由西方传教士指导绘制，比例准确，前者成为编绘后者重要的绘制蓝本与经验支撑，并将测绘范围由皇城扩大至北京内外城；其二是“北京城区图系列”地图，包括Ⅲ-3、Ⅲ-6、Ⅲ-7，其中Ⅲ-3“北京城区图”[6]由法、俄两国测绘，其中外城东侧区域测绘得并不准确，从这一特点可以分析出Ⅲ-6“京师全图”、Ⅲ-7“京师详细地图”是根据前者改绘的（图11）。

[6] Ⅲ-3“北京城区图”中街区以带有阴影的多变形表示，与同期西方城市地图的表现方式相近。

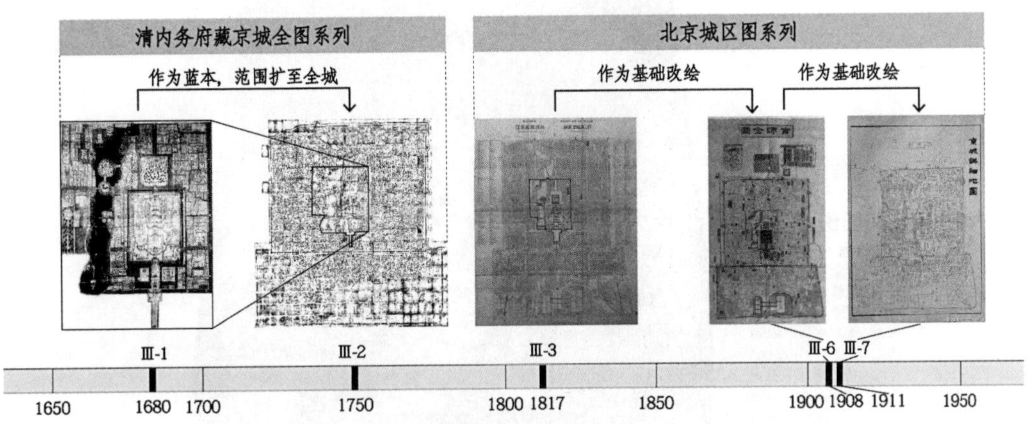

图11 Ⅲ-1至Ⅲ-7北京城市历史地图中的脉络联系（图片来源：作者自绘）

5. 类型Ⅳ地图分类依据与脉络梳理

类型Ⅳ为由现代地图学主导下绘制的北京城市历史地图，以下分为2个子类型：类型Ⅳ1（绘制）与类型Ⅳ2（拍摄）。其中Ⅳ1共计17张，地图编号为Ⅳ1-1至Ⅳ1-17，绘制时间自清光绪三十四年（1908年）至1950年；类型Ⅳ2为北京城市历史航拍照片、卫星图，共计4张，地图编号为Ⅳ2-1至Ⅳ2-4，拍摄时间自民国32年（1943年）至1972年。

类型Ⅳ1的北京城市地图完全摒弃一切中国绘制城市地图的旧习，不再出现“平立面画法”，而通过底平面轮廓与名称表示重要建筑，绘制规则趋同于现代城市地图，比较容易辨别。

Ⅳ1-5、Ⅳ1-9、Ⅳ1-10、Ⅳ1-14在绘制脉络上有密切的联系，存在“实测北京内外城系列”地图（图12）。以上4张城市地图由民国政府部门绘制，底图源于民国2年（1913年）由内务部职方司绘制处[1]绘制的Ⅳ1-5“实测北京内外城地图”，之后分别在民国5年（1916年）、民国17年（1928年）、民国26年（1937年）加绘为Ⅳ1-9“京都市内外城地图”、Ⅳ1-10“京师内外城详细地图”、Ⅳ1-14“实测北平市内外城地形图”。Ⅳ1-9与Ⅳ1-14在Ⅳ1-5的基础上加绘北京城垣内城内等高线分布情况，前者以1∶8000比例尺绘制，等高线间距为1米（图13），后者以1∶5000比例尺绘制，等高线间距为0.5米；Ⅳ1-10由京师警察厅[2]总务处制，以1∶6000比例尺绘制，其中加绘有警察厅、警察署、派出所、消防队等设施分布，以及炮台军营、军装库、火药局等军事单位位置。

[1] 1912年清朝灭亡，北洋政府于同年4月在北京成立“内务部”，其中下设“一厅六司”，其中职方司中第四科——测绘科专门负责土地图志事项。民国2年（1913年），在新任内务部总长朱启钤的主持下，测绘科测绘完成了“实测北京内外成地图”，其在今北大医院院内设置大地原点。

[2] 京师警察厅是北洋政府时期北京城的官方治安管理机构。

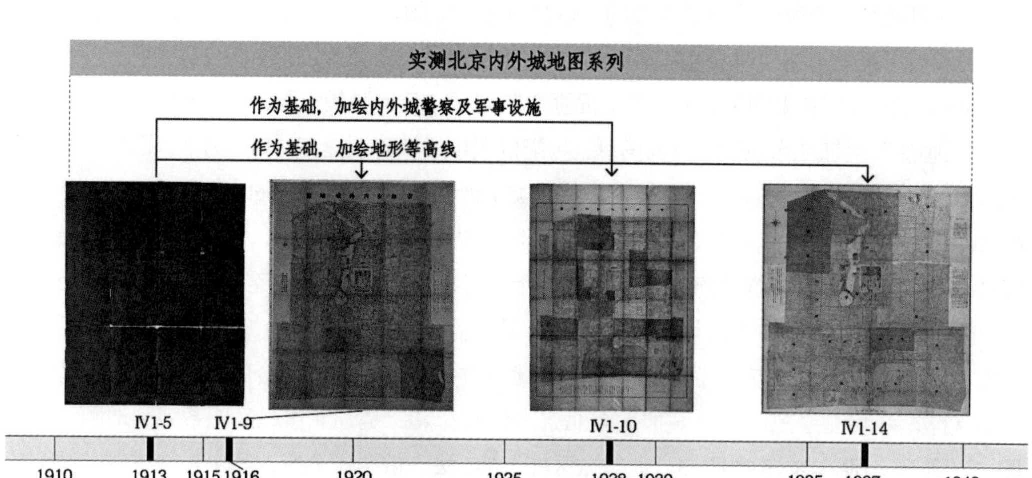

图12 Ⅳ1-1至Ⅳ1-17北京城市历史地图中的脉络联系（图片来源：作者自绘）

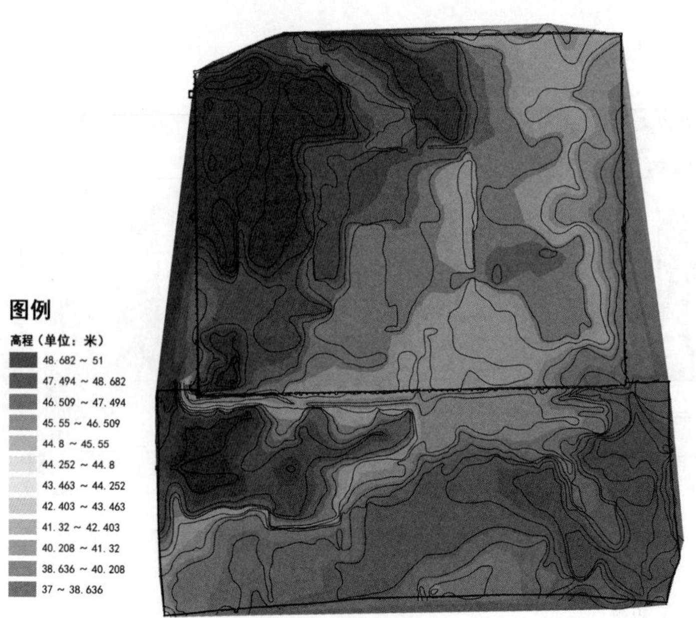

图13 使用ArcGIS绘制的1916年北京等高线分布（图片来源：作者根据Ⅳ1-9改绘）

6. 各类型北京城市地图呈现的“多系共存”特征

根据以上分析，笔者按照4种中国城市地图绘制方法，梳理出41张典型北京城市历史地图的发展脉络（图14），图中各颜色的点表示不同类型的单个北京城市历史地图，各颜色的线段则表示两张地图间在绘制上有所联系，各颜色的矩形色块表示各种类地图所存在的时间区间。

从图中可清晰地发现4类（含5个子类）北京城市历史地图间均有时间交叠的区间，如1738至1911年间，类型Ⅲ地图分别与类型Ⅰ、Ⅱ、Ⅳ地图共存，证明海野龙一所提出的“在同一时间段存在多类型地图”的理论假设。

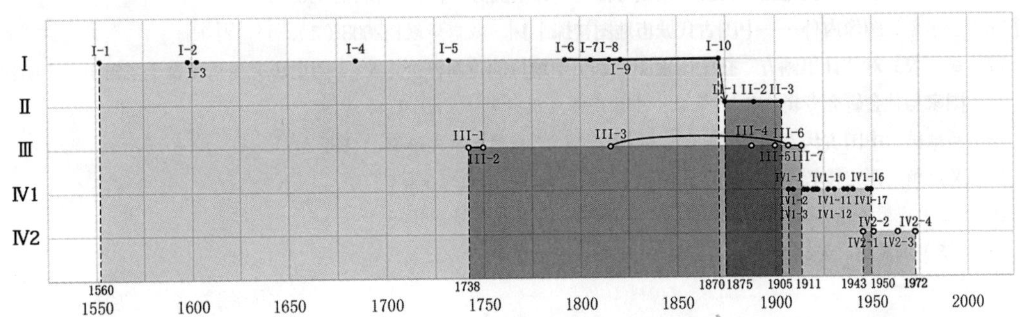

图14 北京城市历史地图的绘制脉络梳理（图片来源：作者自绘）

四 结论与不足

首先，通过分析中国地图史相关文献，本研究从一种新的视角对城市历史地图进行分类——不同城市地图绘制方法，划分为4种类型：受传统绘画艺术影响的城池图绘法、使用“计里画方”的城市地图绘法、受西方几何测量学影响的改良城市地图绘法、由现代地图学主导的城市地图绘法。

其次，基于以上分类，对遴选出的41张北京城市历史地图进行分类，类型Ⅰ共计10张，类型Ⅱ共计3张，类型Ⅲ共计7张，类型Ⅳ1与Ⅳ2共计21张；最后，通过图像对比以及分析特征等方法，厘清部分历史地图在绘制脉络上的相互联系，梳理出“京城全图系列”“京城内外首善全图系列”地图等5个系列地图，并证明了北京城市历史地图中存在的“多系共存”特征。

研究城市地图是一个费时耗力的工程，每一张地图中的每一个描绘的景物都有深入研究的价值。受篇幅所限，本研究的不足在于无法穷尽所有北京城市历史地图的分类研究，只能择其优者浅析，且研究对象仅囿于北京一处，而未推及其他城市。笔者仅是提供一种地图分类的新思路、一味抛砖引玉的“药引”，仍有待其他学者继续深入地整理与考察。

参考文献

[1] 吴良镛. **北京旧城保护研究（上篇）**[J]. 北京规划建设，2005（1）.
[2] 朱竞梅. **清代北京城市地图研究的总结与思考**[J]. 北京社会科学，2001（3）.
[3] 煮雨山房辑. **故宫藏书目录汇编**[M]. 北京：线装书局，2004.
[4] 杨乃济.《**乾隆京城全图**》**考略**[J]. 故宫博物院院刊，1996（4）.
[5] 钟翀. **中国近代城市地图的新旧交替与进化系谱**[J]. 人文杂志，2013（5）.
[6] 王均，孙东虎等. **近现代时期若干北京古旧地图研究与数字化处理**[J]. 地理科学进展，2000（3）.

[7] 成一农. **“非科学”的中国传统舆图：中国传统舆图绘制研究**［M］. 北京：中国社会科学出版社, 2016.
[8]（清）孙诒让. **周礼正义**［M］. 北京：中华书局，1987.
[9] 朱士嘉. **中国地方志的起源、特征及其史料价值**［J］. 史学史研究，1979（2）.
[10] 阴劼、徐杏华等. **方志城池图中的中国古代城市意象研究——以清代浙江省地方志为例**［J］. 史学史研究，2016（2）.
[11] 成一农. **浅析近代中国城市地图绘制的“科学化”转型**［J］. 陕西师范大学学报（哲学社会科学版），2017（4）.
[12] 张俊贤. **清代地方志中的地图与文字**［D］. 青岛：中国海洋大学，2009.
[13]（清）胡渭. **禹贡锥指**［M］. 上海：上海古籍出版社，2006.
[14] 王庸. **中国地图史纲**［M］. 上海：三联书店，1958.
[15] 胡邦波. **我国古代地图学传统的制图方法——计里画方**［J］. 地图，1990（1）.
[16] 杨宇振. **图像内外——中国古代城市地图初探**［J］. 城市规划，2008（2）.
[17] 成一农. **对“计里画方”在中国地图绘制史中地位的重新评价**［A］//**明史研究论丛（第十二辑）——明代国家与社会研究专辑**［C］. 北京：中国广播电视出版社，2014.
[18] 阙维民. **中国古代志书地图绘制准则初探**［J］. 自然科学史研究，1996（4）.
[19] 吴廷桢. **西方传教士与中国现代地图学**［J］. 社会科学，1990（1）.
[20]（日）海野一隆. **地图的文化史**［M］. 北京：新星出版社，2005.
[21]（清）严辰编. **光绪桐乡县志**［M］. 北京：中华书局, 2013.

附录：北京城市历史地图缩略图一览

Ⅰ-1京师五城之图	Ⅰ-2北京城图（金门图）	Ⅰ-3顺天京城图
Ⅰ-4京城图	Ⅰ-5京城图	Ⅰ-6城池全图
Ⅰ-7京师总图	Ⅰ-8首善全图	Ⅰ-9北京地图（京城全图）
Ⅰ-10京城内外首善全图		
Ⅱ-1京城内外首善全图	Ⅱ-2京城内外首善全图	Ⅱ-3京城内外首善全图

Ⅲ-1皇城宫殿衙署图	Ⅲ-2清内务府藏京城全图	Ⅲ-3北京城区图
Ⅲ-4京师城内河道沟渠图	Ⅲ-5京师九城全图	Ⅲ-6京师全图
Ⅲ-7京城详细地图	Ⅳ1-1最新北京精细全图	Ⅳ1-2详细帝京舆图

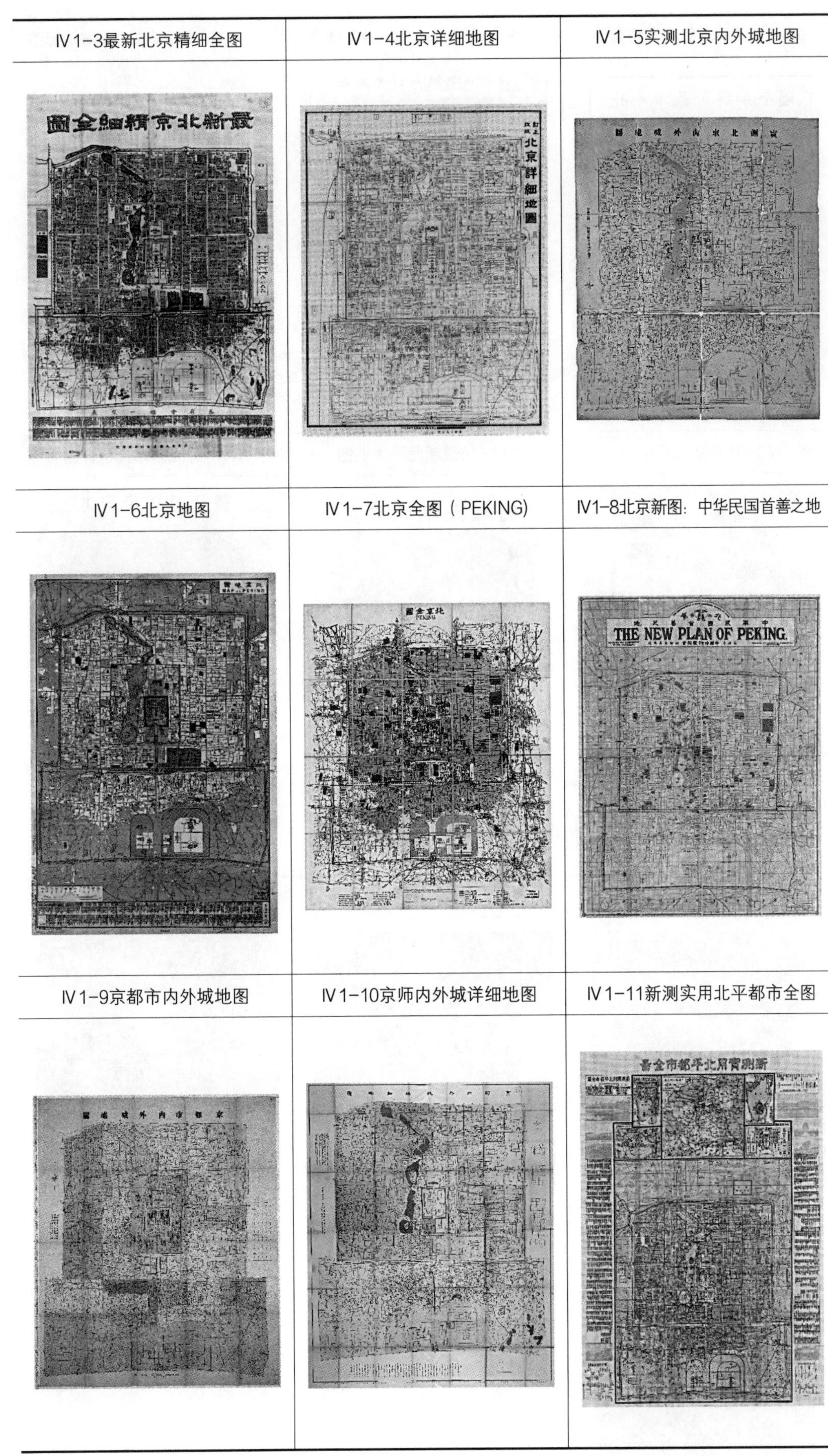

Ⅳ1-3最新北京精细全图	Ⅳ1-4北京详细地图	Ⅳ1-5实测北京内外城地图
Ⅳ1-6北京地图	Ⅳ1-7北京全图（PEKING)	Ⅳ1-8北京新图：中华民国首善之地
Ⅳ1-9京都市内外城地图	Ⅳ1-10京师内外城详细地图	Ⅳ1-11新测实用北平都市全图

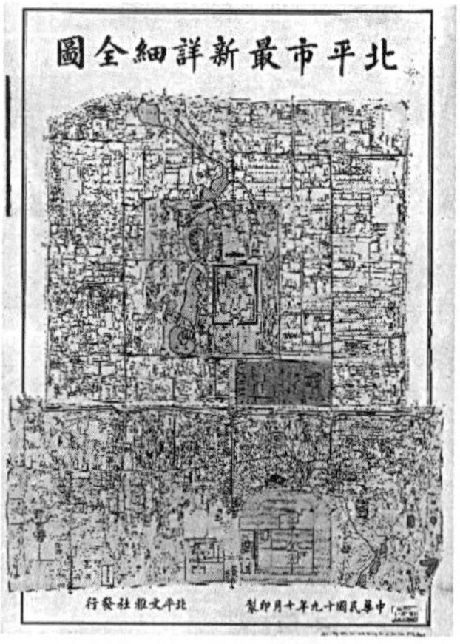

Ⅳ1-12北平市最新详细全图	Ⅳ1-13北平市内外城分区地图	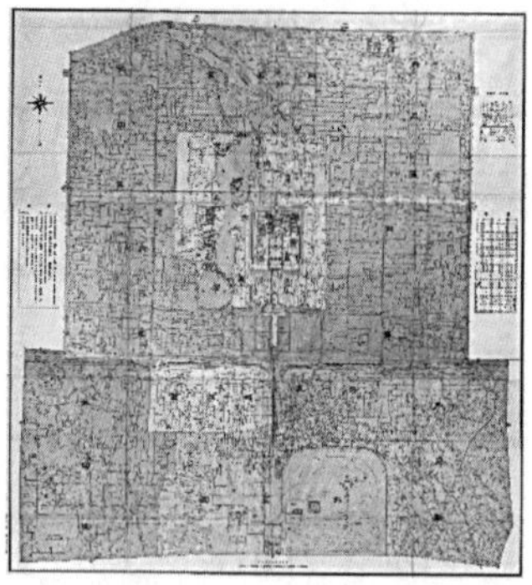 Ⅳ1-14实测北平市内外城地形图
Ⅳ1-15最新北京全图	Ⅳ1-16最新北平大地图	Ⅳ1-17北京市街道详图
 Ⅳ2-11943年航拍照片	 Ⅳ2-21951年航拍照片	 Ⅳ2-31966年卫星图
 Ⅳ2-4 1972年卫星图		

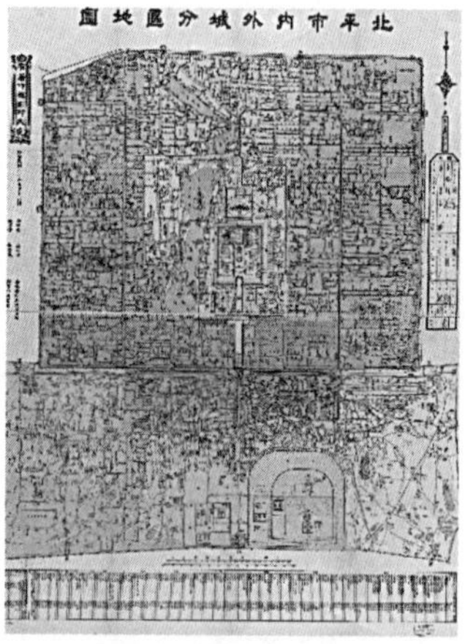

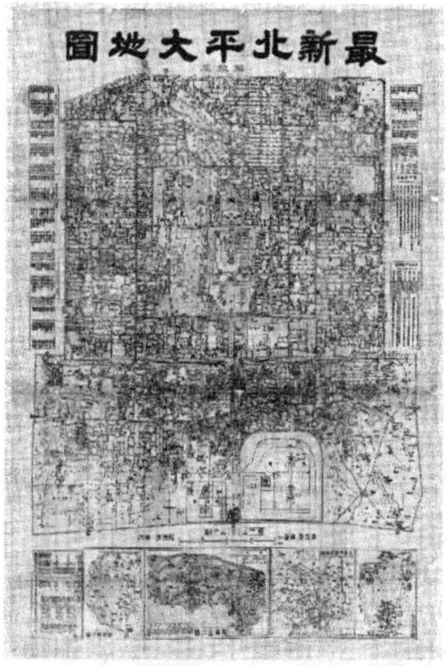

宁波范氏天一阁园林研究

何嘉丽　王欣[1]　李烨　张蕊
（浙江农林大学风景园林与建筑学院）

[1] 通信作者。

摘要： 浙江宁波天一阁藏书楼是我国至今现存最古老的私家藏书楼，堪称中国传统藏书楼之典范。天一阁藏书楼自建阁至今已逾450年，保留了明末清初藏书楼园林的基本面貌。其中，范氏家族的藏书事业与园居经营水乳交融。本文主要通过天一阁相关诗文记载的分析，结合测绘资料，试从营建背景、历史沿革、造园意匠、园居内涵等方面对范氏天一阁造园藏书的意图与经营作进一步的探讨。

关键词： 天一阁园，藏书楼，宁波，文人园

A Study on Tianyi Pavilion Garden of the Fan Family in Ningbo

HE Jiali,WANG Xin,LI Ye, ZHANG Rui

Abstract: Tianyi pavilion library in Ningbo, Zhejiang province, is the oldest private library in China, which can be regarded as a model of traditional Chinese library. It has been more than 450 years since Tianyi pavilion was built, retaining the basic features of the library garden in the time from the late Ming dynasty to the early Qing dynasty. The Fan family's book collections and garden management blended with each other. This paper mainly goes through the analysis of Tianyi pavilion in relation to poems and articles, and examines surveying and mapping data to make a further discussion on the topic to the garden's intention and management from four aspects — construction background, historical evolution, garden design, garden life connotation.

Key words: Tianyi Garden; Library; Ningbo; literati garden

一　引言

浙江宁波素以藏书文化著称于世，藏书之风自宋兴起，至明清鼎盛一时[2]。藏书活动承载着藏书家民族文化保护和自怡行为的共识[3]，藏书园林则是该文化意识的最佳映射。自古“*藏书之家颇多，而必以浙之范氏天一阁为巨擘*”[4]。范氏天一阁首创于嘉靖四十年至四十五年间（1561—1566年），“*阁之初建也，凿一池于其下，环植竹木*”[5]，园林与书楼同步建成，至今已逾450年。清高宗誉天一阁营造“*其法甚精*”[6]，诏仿之建七座《四库全书》藏书楼，将“天一阁”模式推向全国。以抱经楼主卢址为典型代表的甬上藏书家，“*爱其取之精而藏之久，楼阁内外均仿天一*”，“*不敢望其项背*”[7]。

时人常有“*海内藏书之家最久者，今惟宁波范氏天一阁岿然独存*”[8]之叹。古代典籍的保藏并非易事，藏书楼经营同典籍一道代传久远则更为难得。天一阁庭园虽小，却书、园、阁三者俱存。其阁藏明代科举录、地方志等大量典籍和孤本具有重要的流布价值。范氏子孙世守书业，园阁近四百年不曾易主，较好地保留了明末清初的基本面貌[9]，历史价值深厚堪比无锡寄畅园[10]。

以往的研究多集中于藏书楼建筑形制，关于作为园主的范氏家族及其造园思想则少有注意。本文主要通过对《天一阁集》等历史文献中相关诗文的分析，结合测绘资料，探索明清时期天一阁庭院面貌的转变，并对此园的造园意图、风格意匠、园居生活作进一步的讨论。

[2] 文献［1］：92-99.

[3] 来新夏．藏书家文化心态的共识与分野．见：文献［2］：2-5.

[4] 弘历．御制文源阁记．见：文献［3］：2722.

[5] 文献［4］：175.

[6]《弘历谕军机大臣传谕寅著亲往天一阁看其房间制造之法及寅著覆奏文》，录自王先谦《东华续录》乾隆卷七十九。见：文献［4］：2.

[7] 文献［5］：106.

[8] 阮元．宁波范氏天一阁书目序．见：文献［4］：41.

[9] 文献［6］：297-306.

[10] 文献［7］：107-125.

二 范氏园宅

图1 范钦像[8]

天一阁创始人范钦（1506—1585年），字尧卿，号东明，浙江鄞县（今宁波市鄞州区）人，生于鄞县望京门外后莫家漕范宅，为家中次子（图1）。《康熙宁波府志范钦传》载："范钦，字尧卿，嘉靖十一年进士。知随州，有惠政，升工部员外郎。时大工频兴，武定侯郭勋总督工务，势张甚，钦以事忤之，谮于上，受杖阙下，出知袁州府。大学士严嵩乃其郡人，其子世蕃欲取宣化公宇，钦不可，世蕃怒，嵩曰：'踣之只高其名。'乃得迁副使，备兵九江。""九江多盗，钦令卫所各率本伍分驻水陆，以资策应，盗尽骇散。升广西参政，分守桂平，转福建按察使，进云南右布政，徙陕西左使。丁内外艰，起补河南，升副都御史。巡抚南赣、汀漳诸郡，擒剧寇李文彪，平其寨，赐金绮。疏请筑城程乡之濠居村，添设通判一员，以消豫章、闽、粤三省之奸；立二参将于漳潮、惠、韶间，以备倭，从之。又擒大盗冯天爵，升兵部右侍郎。建祖祠，置祀产，恤亲族，训宗学，聚书天一阁，至数万卷，尤多秘本，为四明藏书家打底衣。年八十三卒。"（注：据范氏族谱所载，范钦卒年虚岁八十，各志所记八十三者，有误。）❶

袁慧《范钦评传》对范钦身平进行了梳理❷：范氏一族素为寒儒之家，自北宋末期徽宗年间范宗尹（1100—1136年）中进士，至范钦之父范璧共历十五世，中举不过三人。范钦从童年时代起就受到祖父范沂（字诚甫，曾任县学训导）的教导，致力于报效国家。其十一岁时（正德十一年，1516年），范沂离世，转从叔父范瑫（字伯良，号初庵，府学生员）习艺，嘉靖十一年（1532年）考取进士，时年27岁。从弟范镐、范钜随其后中举步入仕途，范氏氏族声望始振。范钦为官英勇爽利，关心民瘼，公正执法，不畏权贵。嘉靖三十九年（1560年），时值严嵩当权，朝政日废，范钦恐"有所波累，未上，遽乞归"❸，同年冬季辞官归里。

归里后，范钦"建祖祠，置祀产，恤亲族，训宗学"。嘉靖四十年（1561年），择月湖芙蓉洲（图2）建新宅，称"司马第"，宅东辟一院落建天一阁。彼时范钦与甬上张时彻（1500—1577年）、屠大山（1500—1579年）二人交好，称"东海三司马"，时有往来酬唱，"张腴而赡，屠介而简，先生修而泽"❹，其并组"东山诗社"，主一时文秉。张时彻归里后居家肆力著述，兼治农事，在甬上有多处山庄别业；与王世贞相熟，亦有其撰墓志铭收录于《弇州续稿》卷九十四。屠大山嫁女于钦长子，其子屠本畯亦与范氏交好。诗社中较为年轻的屠隆（1544—1605年）、沈明臣（1518—1596年）等人则在往后的时光里更多地拜访范钦宅邸品园观书赋诗。

天一阁建成前，范氏另有几处别业，虽无艳绝一时，亦各得其所妙。

"碧沚"别业位于月湖芳草洲，范钦经万卷楼丰氏❺而得。《四明谈助》载："当时出售据云'碧沚园，丰氏宅，售与范侍郎为业，南禺笔。'此券尤存天一阁（今佚）。"高宇泰《敬止录》载："碧沚亭皇明以来未考属谁，正德间为丰考公（坊）所有，后售之兵部侍郎范钦，塑已像其中。"❻嘉靖四十一年（1562年），改之为家祠（图3），奉其下十四世。

芳草洲为月湖十洲之一，因"北史"史守之藏书而名❼，彼时有"四面楼台相映发，一川烟水自弯环"❽之景，宋宁宗御书"碧沚"二字赐之，"碧沚"后亦成为芳草洲之代称。范钦曾多次游碧沚赋诗。《过碧沚》咏："草阁悬湖上，春来一漫游。露华浮小径，兰气袭芳洲。笑我便鱼鸟，从人呼马牛。渔郎亦何意，欸乃下中流。"❾可见，芳草洲有柳荫湖堤朴野生趣，隔绝尘世。范钦自比渔父，任心绪为此月湖烟波涤荡。

范钦《碧沚园屠张二司马燕集用韵三首》咏："结念在园居，今当对酒初。林光窥窈窕，池影人空虚。已枉仙人驾，宁同高士庐。行厨不厌薄，带雨剪诸蔬。草阁湖中央，依稀濠濮乡。千章夏木绕，一镜水云长。人意生虚寂，天光随渺茫。陶然忽已醉，不复问沧桑。长日坐沉冥，清时一草亭。波流兼雨白，杯影接天青。吾自欣披雾，人犹疑聚星。欲知清暑渴，悬绠汲中冷。"❿彼时的碧沚园有林池阁亭留存，天光云影、夏木诸蔬，具田园仙居、濠濮间想之境，不

❶文献［4］：274.

❷文献［8］：25-42.

❸光绪鄞县志范钦传．见：文献［4］：276.

❹沈一贯．天一阁集序．见：文献［4］：274.

❺丰坊（1492—1563年），字人叔，一字存礼，后更名道生，更字人翁，号南禺外史。范丰两人原为同邑，范钦尝往"丰氏万卷楼"抄借图书，二人由此熟识。丰坊曾为范钦作《藏书记》，后刻碑珍藏于天一阁中。

❻二则均见：文献［11］：149.

❼宁波月湖自古有"藏书之富，南楼北史"一说。"南楼"楼钥（1137—1213年），字大防，又字启伯，号攻媿主人，鄞县人，建"东楼"于月湖畔，藏书逾万卷。"北史"史守之（1166—1224年），字子仁，鄞县人，宰相史浩祖孙，学文于楼钥，后隐居月湖芳草洲，自立门户藏书。

❽楼钥《史子仁碧沚》。见：文献［16］：1485.

❾文献［10］：88.

❿文献［10］：102.

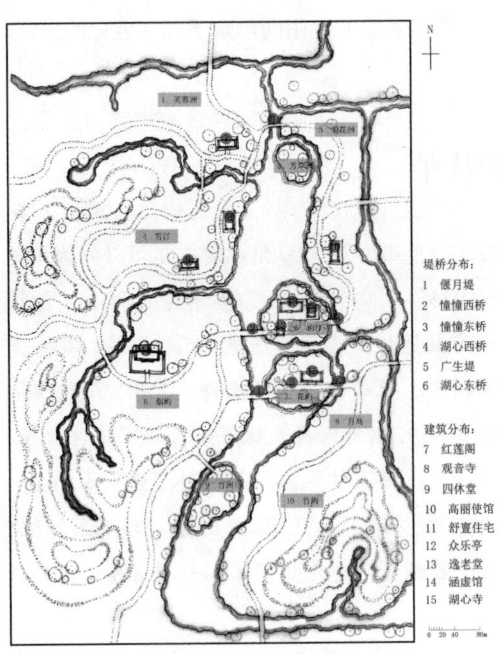

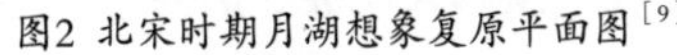
图2 北宋时期月湖想象复原平面图[9]

图3 清道光十四年（1834年）木刻芳草洲范祠图[8]

可避免地成为后来天一阁园林意象的主要构成元素。

“十洲阁”⑪在月湖，具体位置未见记载。沈明臣《陪宋初阳、胡安父集范司马别墅十洲阁》：“十洲高阁紫烟中，城郊山川宛委东。九曲朱栏花外雨，千章绿树晚来风。歌闻欸乃渔舟聚，望入蒹葭水驿道。荡浆百壶能取酒，罚诗金谷未教同。”⑫范钦《夏日集十洲阁》：“坐里芳湖社，差池易隔年。凉飔催送酒，落日故停船。树影摇虚阁，渔歌杂采莲。时平捐物累，早已得真筌。”⑬又《秋日集十洲阁泛湖次池南韵二首》：“仙侣相将孤岛中，恰逢秋色上帘栊。城开树影千峰出，天落湖波一镜空。洗爵故当龙女窟，乘槎疑触广寒宫。清谈细酌何辞晚，华月应开此夜蒙。天青湖白总堪披，不藉冰轮一举卮。户外笙歌三岛路，水边鱼鸟隔年思。香生庭桂花齐发，暖入江云雁独知。莫讶幽襟持不得，满林风露夜阑滋。”⑭按沈明臣诗题所述“十洲阁”乃范司马别墅，并在范钦雅集诗文中多次出现。诗文中“十洲阁”建于开阔的湖面上，有天长水碧、岛孤船渺、虚阁树影、夏莲秋雁等孤旷迷离之境，与宅园之天一阁大相径庭；“高阁紫烟”、“九曲朱栏”等精致的造型又与“草阁漫游”的碧沚有所不同，由此推测“十洲阁”为又一别墅。

范钦在城西望春山麓有溪隐庄，又名“望春庄”，系利用旧时坟庄，因陋就简稍加修葺，既是坟庄，兼作别墅。隐溪庄地处城郊，山村生活清闲质朴，风景粗拙却富生趣，范钦每过赋诗。《初夏望春庄漫兴四首》曰：“白鹤山前村迳，青槐树里人家。过客但寻旧社，忽而旋煮新茶。草阁风生天上，桃源水到人间。避地心同北郭，卷帘卧对南山。久结烟霞为侣，渐呼鸡犬成群。花径几番红雨，麦丘一片黄云。雨过垅头梅熟，冰来海上鱼鲜。浊酒止堪半爵，高歌不费一钱。”⑮《溪隐山庄》曰：“山居异人境，忽漫杖藜来。林鸟随时换，庭花作意开。流年双短鬓，清世一凡材。月出舒长啸，幽心亦畅哉。”⑯《夏日同诸彦游隐溪庄分得重字》：“苍山开别业，长日对从容。门倚烟霄近，城窥海雾重。鸣禽移独树，凉月上高峰。已自成招隐，无劳访赤松。”⑰诗文中的望春山居有花径麦丘、林鸟青槐，质朴又不乏温馨和多彩；煮茶温酒，梅子鱼鲜，颇具田园农家之乐。

可见，自归里（1560年）至其卒年万历十三年（1585年）此二十五年中，范钦在宁波地区进行了相对集中的园宅建设，且具有较为丰富的园居生活，从侧面反映出明中叶甬上文人的营

⑪历史上的“十洲阁”又称“寿圣阁”，（咸丰）《鄞县志》载：“元祐八年（1093年），郡守刘理浚西湖，因其积土广为十洲，而敞寿圣之阁，以名十洲阁”。西湖即月湖。全祖望《西湖十洲志》载：“寿圣院为十洲首，即花屿也。”与范钦“十洲阁”间的关系暂无考证。见：文献[11]：6.

⑫沈明臣．丰对楼诗集．见：文献[8]：58.

⑬文献[10]：125.

⑭文献[10]：208.

⑮文献[10]：228.

⑯文献[10]：84.

⑰文献[10]：98.

园常态。天一阁园也是在这样的背景下建立的，又因其作为藏书之用而与众不同。但总的来说，仍旧是范钦晚年颐养寄情、雅集酬唱的主要场所。

三 历史沿革

天一阁初建于嘉靖末年，至清初重新修整形成庭园基本面貌，园阁发展主要可以分为可分为宅园书庭（1561—1655年）和书园别业（1655—1933年）两个阶段。关于初建时间，广泛认为在明嘉靖四十至四十五年间（1561—1566年），一方面其时正值范钦归里修园之高峰，另一方面则有后人关于建阁时间的记载，如“其阁建自嘉靖末，至今二百一十余年”[1]等。范钦身后（图4），钦长子范大冲（1540—1602年，字子受，号少明）“以恩例授光禄署正，居家抚任犹子，增置先代祀田”[2]，继承了父亲的藏书事业，完善了天一阁藏书体系。至其曾孙范光文（1600—1672年）、范光燮（1613—1698年）修整园池，天一阁园形成了现在的基本面貌。其中，范光文“增构池庭”[3]，“复购所未备增储之”[4]，发展了天一阁藏书。范光燮“葺天一阁诸屋，以安祖泽”[5]，建天一阁西园。

民国22年（1933年），范氏后人范鹿其等与鄞县政府组成“重修天一阁委员会”，对园池进行大规模修整，“更易腐败屋柱、楼板，重铺砖地，翻盖屋瓦，油漆全部”，“修理前后假山、石径、池塒等”，“假山恢复旧有九狮一象之状，补植花木多种”[6]，迁入尊经阁、明州碑林等（图5）。

[1] 弘历．御制文源阁记．见：文献［3］：2722.

[2] 雍正宁波府志范钦传．见：文献［4］：275.

[3] 文献［11］：11.

[4] 文献［4］：281.

[5] 范光燮．希圣先生范公小传．康熙刻本．见：文献［4］：284.

[6] 文献［4］：6-7.

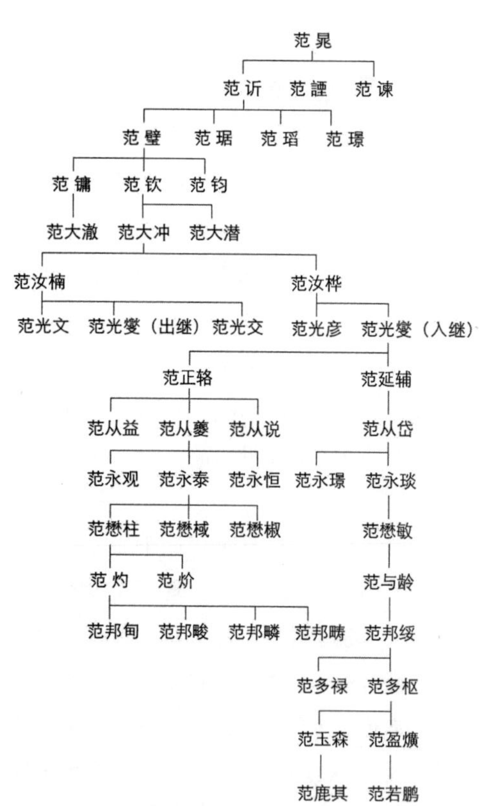

图4 鄞西范氏家谱（图片来源：作者据天一阁博物馆资料绘制）

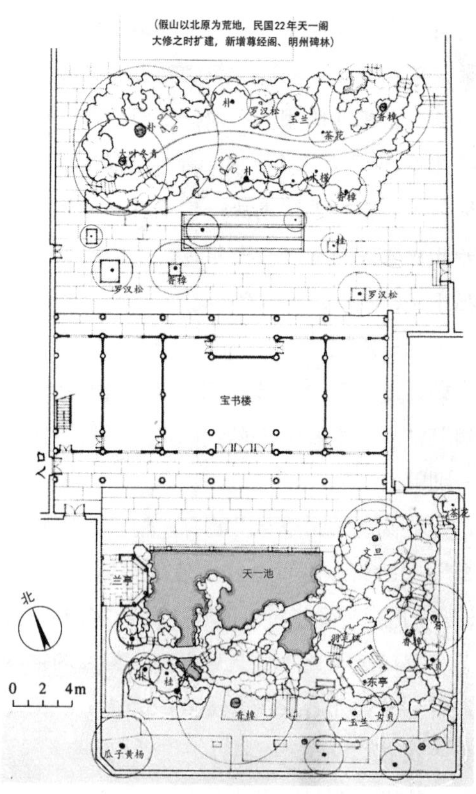

图5 天一阁平面图（图片来源：天一阁博物馆提供）

1. 宅园书庭（1561—1655年）

“阁之初建也，凿一池于其下，环植竹木”，早期的天一阁庭园作范钦宅园的一部分，以建筑、水池和竹木为主，景致朴素。然书楼建筑却颇引人注目。

张时彻《中秋后四日燕范东明宅月下泛舟二首》，诗云："已负中秋明月华，追欢赢得使君家。河桥画阁赪霞粲，鼓角清风碧汉斜。缱绻金尊歌子夜，逍遥星渚泛仙槎。相看尽是瀛洲伴，与尔沿洄兴未涯。秋城玉露静凝华，曲径雕阑郭外家。绿树拂天云上下，层楼映水月横斜。酣歌犹是乘佳节，游泳还同舣钓槎。却怪从前孤胜赏，何如长住碧溪涯。"[7]

[7] 文献［14］：5.

屠隆《范司马公园》："秀木扶疏众草齐，开残红药半香泥。乌窥青嶂平湖入，人倚朱楼落日低。曲窦暗通花径外，垂杨横过石阑西。坐来麋鹿深深见，不是桃源路已迷。"[8]

[8] 文献［14］：14.

张、屠二诗着墨范钦宅园的景致，均提到了一座精美雄伟的高阁，即天一阁。楼阁既为园中主景，又是苍茫湖山景面的视觉核心，"绿树拂天云上下，层楼映水月横斜"，具有美轮美奂的气派风光。月湖平远、湖岛旷然，其间绿木高秀，红莲绕绕，清朗俊逸的湖山格局与范宅园中"曲窦暗通花径"的精巧营建形成鲜明的对比。

《上元诸彦集天一阁即事》是范钦描写天一阁传世的唯一诗咏，诗云："阑城花月拥笙歌，仙客何当结轸过。吟倚鳌峰夸白雪，笑看星驾度银河。苑风应节舒梅柳，径雾含香散绮罗。接席呼卢堪一醉，向来心赏屡蹉跎。"[9]

[9] 文献［14］：7.

沈明臣《灯夕范司马安卿天一阁即事》，诗云："良时引客坐清辉，杰阁雕甍俯翠微。青岭露花欹野鬓，碧池春水媚游衣。灯悬高树星河近，帘卷中天海月飞。共喜太平歌既醉，六街尘静未育出。"[10]

[10] 文献［14］：8.

《雍正志》载张时彻、丰坊分别为天一阁作记，今未见。事实上，天一阁园作为范钦晚年最为重要的庭园营建，却少有诗文园记。笔者认为，此时的庭院作为"范司马公园"的一部分存在，没有单独的命名。一些学者认为，天一阁藏书楼本身的命名或晚于建阁时间：先人吟咏多以访范氏宅园为目的，过藏书楼观览，以"朱阁""层楼"等语汇代述其阁，有"天一"之名已在稍晚的时候。彼时范钦与其诸友年事渐高，互通诗文渐少，而晚辈的拜访则增多，诗文又以沈明臣较多。

范、沈两诗同写元宵雅集。由诗歌可知，天一阁在嘉靖初创时期已具有较为完整的庭院格局：建筑坐北朝南，前有水池立峰，即"鳌峰"，搭配植物造景营造清幽环境。"鳌峰"为天一池中的海礁石主峰，加之"青岭"、"碧池"等，可推测建阁早期，庭院已有一定的山池营建，且有"含香的小径"可供游赏。"梅柳"等植物的使用，使书园富有馨香高雅的体验，"露花"、"高树"的搭配则丰富了景物的类型与层次。由沈诗推测，此时月湖沿岸风景旷朗，少有楼宇，正因旷远而"星河近"、"海月飞"，具有相当的野致风情。此时的天一阁与范钦早年月湖碧沚的"草阁悬湖上，春来一漫游。露华浮小径，兰气袭芳洲"如出一辙。

2. 书园别业（1655—1933年）

清顺治十二年（1655年，乙未年），范光文《来青吟》诗序："西郊百武而遥，辄有平畴远山。扆献侄依山结亭，累石成巘，悉收旁景，不知何者是邻。予（家）亦有天一阁，为曾大父司马公藏书所，今增构池亭，与扆献互分竹林之兴。乙未灯宵，同林用圭妹丈卜征舣舟郭外，因在扆献园巾信宿为乐，赋诗纪事,以志良晤,并寄彦曰未青。"[11]

[11] 文献［11］：11.

顺治十四年（1657年），其友姚佺《潞公先生天一阁园，司马公藏书所，石自海山，松留雷印，地多不明之卉，池通酿酒之泉，望之真山也，漫赋尊贤二韵》[12]首称天一阁园，自诗序部分可知园中"石自海山"为礁石，"望之真山"；池通"酿酒之泉"即月湖；另有劲松和不名之卉点缀园中。

[12] 文献［14］：19.

以上两诗是对天一阁园假山见载的最早描述，且言明其假山为累石而成。范光文在天一阁园中"增构池亭"、累山植松，使其发展具有一般庭院的基本要素，相较初建时简单的书庭环境，则可称一座小型庭园。又因得"天一"之名，藏书楼建筑、天一水池等要素的意涵更为明确，强化了书园空间独立的场所精神，再以建筑命名成为“天一阁园”则较为合理了。

“西园”位于司马第之西，为范光燮所建，其《希圣堂同天乐月下观梅因怀西园别业》诗序云：“……因忆天一阁后辟西园，绕屋栽梅，方池引水，每花放时坐卧园中，风递清香，波澄明月，老子于此，兴复不浅。……”❶诗中回忆天一阁西园以方池引水，遍植梅花，景致清幽。可想彼时范司马宅园东侧有二园分晖，初具规模。民国21年（1932年）《西园法云庵请书》有“范府昌、盛房向有祖遗西园，系族之坤道年高者清静修养之处，即俗呼法云庵”❷，可证西园作范氏奉释者习静之所，后圮。

❶文献［11］：32.

❷文献［4］：25.

清代，范光文、范光燮等或增辟或修缮，是范氏营建活动的第二次高峰，均尊重了原有宅园的基本格局，往后志文亦未见改动。清乾隆三十九年（1774年），清高宗诏仿《四库》藏书楼均仿天一阁建，将天一阁文化推向了高峰，此后书园别业声名鹊起。最早的图像记载即乾隆年间鄞县志中的《天一阁图》（图6）。图上记云：“鄞范氏天一阁藏书之富甲于海内，阁之缔造尤有精意，宜其历劫巍然也。同治庚午（1870年），余来修鄞志，幸得登览，又十三年（1882年）获观此图，恍如重叩娜嬛矣。图为湖北颂平祝君所作，凡二帧。一为全图，一为阁南亭榭。祝君名永清，精勾股擅西学，故勾勒之工细入毫芒，盖名笔云。光绪壬午（1882年）四月廿九日会稽孙德祖彦清识。民国二十四年七月大暑节慈溪冯贞群孟颛录。”又“天一阁重修落成访得是图，工细难以奏刀，爰属袁建人寅橅（摹）写一本，复补作阁南亭榭图，并勒之石。乙亥年六月贞群题记。李良栋刻。”如记所述，图为孙德祖（1840—1905年，浙江德清人，字彦清）于光绪八年（1882年）得观而识之，天一阁全图为祝永清（同治九年（1870年）任台湾知府）所作，此人“擅勾股而精西学”，可见全图较为精确地反映了彼时天一阁的面貌，使孙德祖十三年后又见其图宛若故地重游。而后为冯贞群❸于民国24年（1935年）得之，又令袁寅❹补作阁南亭榭图（见后文，图10），并刻之。

❸冯贞群（1886—1962年），字孟颛，号伏跗居士，著名藏书家、目录学家。浙江慈溪孝中镇（今宁波江北区）人。清末秀才，辛亥革命后任宁波参议员，1932年，任鄞县文献委员会委员长，1947年任《鄞县通志》编纂。解放后，被选为宁波市人民代表、政协委员、浙江省文史馆馆员。编有《鄞县范氏天一阁书目内编》10卷，收孤本145种，13000余卷，后赠于“天一阁”收藏。

❹袁寅，字天祥，号种松老人，活跃于民国沪上画坛，擅画鬼戏野景，名重一时。1909年，与杨逸、陈石痴、徐竹贤、沈墨仙诸君发起成立上海宛米山房书画会。所绘图画，常钤印“如皋袁寅”，可知他是如皋人。笔者托人翻阅了如皋袁庄后人编修的《如皋袁氏宗谱》，未有袁寅生平史料的发现。他的画作传世不多，曾得到海派名家汪琨的推崇。

图6 乾隆鄞县志卷首的天一阁图[14]

运用图像学的方法❺可基本判定由此可知绘图事件应早于清光绪八年，而彼时天一阁其庭院假山、水池、书楼的基本格局已较为清晰，《四库》藏书楼的遗存与之亦高度相似（笔者于《“天一阁”园林及“一法多式”现象探究》一文对此进行了详细说明）。图中可见天一阁园园内林木

❺文献［12］：14-24.

翕然，园外云水蔚然，乃月湖水系，位于天一阁西南侧。清道光年间的《天一阁石刻图》（图7）展示了天一阁园南北院的格局，图不仅细化了原有庭院中水池、假山、置石等细节，还增加了对书阁北侧庭院的描绘。事实上，南北院的格局早在乾隆年间七阁写仿之时已反复出现，亦有仿建的假山花台等。由此推测道光年间园图所反映的格局与面貌，早在清初的建设中已经形成，且与现今遗存所见无二。

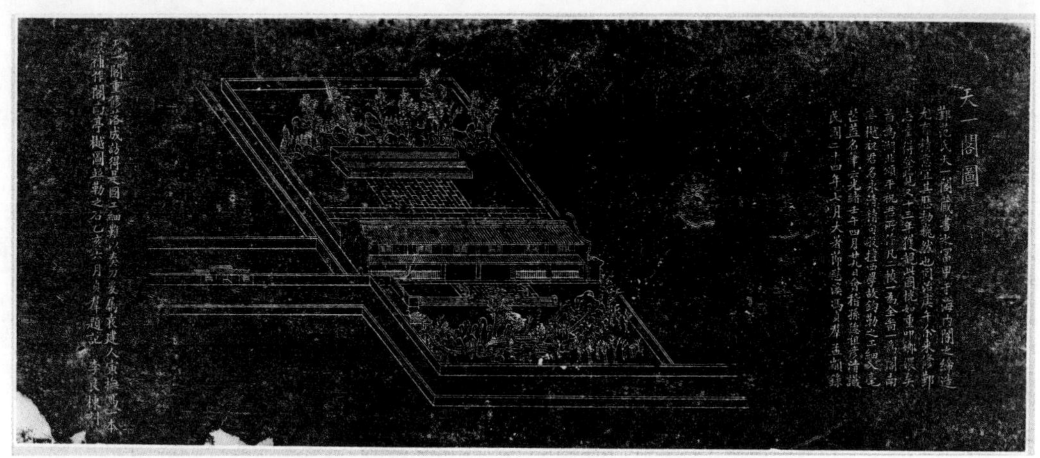

图7 清道光天一阁石刻图（图片来源：天一阁博物馆提供）

四　造园意匠

1. 选址

宁波月湖自宋代风景建设以来，十洲成胜，名士荟萃，书楼林立，藏书家辈出。“南楼北史”、“丰氏万卷楼”等便是其中千古留名者。明嘉靖时期，月湖水域通达，芙蓉洲与芳草洲均处月湖水域北部，船行往来。芳草洲四周无堤桥可达，恰似一丘浮玉，自宋代有“十步中间水四围，莫问愁人归不归”[6]等和唱。芙蓉洲，刘珵诗咏：“翠幄临流结绛囊，多情长伴菊花芳。谁怜冷落清秋后，能把柔姿独拒霜。”[7]两地均有远离尘嚣独守清谧之境。

范钦《湖上春兴》诗咏：“一解区中缚，频为物外娱。寻春宁出郭，选地故临湖。但觉凫欧近，何言岛屿孤。他年论出处，或控似潜夫。”[8]可见月湖虽位于府城之中，其山水野致却毫不逊色，兼具良好的自然和人文环境，是藏书隐居的不二之选。天一阁作为月湖西北岸的制高点，可观览整个湖域（图8），亦可俯瞰鄞城六街的都市风景，出处只在转身之间。

天一阁得月湖清逸之境，沈明臣元宵之诗“良时引客坐清辉，杰阁雕甍俯翠微”描述了登天一阁观览时“坐清辉、俯翠微”的高远意境。可想彼时精致隽逸的楼阁矗立于月湖水岸，融融月色星光，葱葱秀竹茂林，款款水波映衬，临高纵目，逍遥徜徉。

[6] 王亘. 和刘太守西湖十洲韵 芳草洲. 见：文献［13］: 56.

[7] 刘珵. 咏西湖十洲诗 芙蓉洲. 见：文献［13］: 51.

[8] 文献［10］: 124.

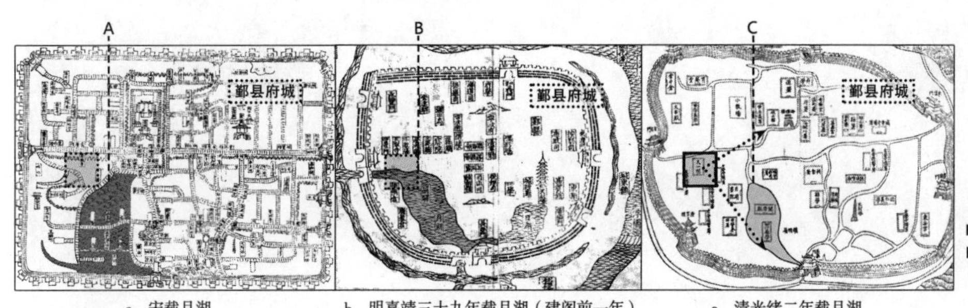

a. 宋载月湖　b. 明嘉靖三十九年载月湖（建阁前一年）　c. 清光绪二年载月湖

图8 各朝月湖与天一阁的相对位置（图片来源：改绘自文献［9］）

2. 布局

天一阁园初为范钦宅园东侧一进，与住区以高墙数米相隔，相对独立，自成院落。后辟为南北院格局，书楼以南为前院，以北为后院，有“假山—花台—阁—平台—水池—假山”的序列。南院以池山为主（图9），营造具有很强的方向性。月台临池，隔水看山。水池月牙形，名“天一池”，中立鳌峰（图10）。假山与水池相接，以海礁石叠“九狮一象”，假山后有平直小径，两侧栽香花草木。山巅立东亭，下有洞穴潜藏；池西立茅亭，就势匍匐，贴近水面。二亭对峙，并架东西二桥于二亭前。整个南院以阁前水池为中心形成环景（图11），景物布置近大远小，形成“近景、主景、远景”三个主要层次，并分别选取西亭、鳌峰、象石、东亭交替左右，作为单一层次的视觉中心，使画面主体明确而富有层次，具有很高的艺术价值。

北院景致较为简单，阁后筑石砌三级长条形花坛，可置盆景观赏，后世天一阁雅集中多有相关记述。花坛背靠“一”字形假山，其上植常绿乔木，作为盆景观赏的背景。山后东侧有一小曲池，除蓄水外也作清幽赏景之用。

彼时清高宗诏仿天一阁建《四库》七阁，首个建成的避暑山庄文津阁与天一阁最为相似，南北院格局如出一辙，假山、水池、楼阁、花台均相仿之，其御制诗《趣亭》咏：“天一阁前原有池，池南更列假山峙。文津之阁率仿为，故亦叠石成崑垒。”[1]然两阁营建思路有所差异。天一阁尺度以人之目力为准，主视点即楼阁之下，控制景物视高与视距，使山池环景如“横披画”般展开，利用置石的远近大小营造透视感，三远特征明显。文津阁假山体量与其建筑相称，较之天一阁更庞大许多，其中亭台亦然，游观路线也更为复杂。

❶文献［14］：33.

图9 天一阁南院全景图（图片来源：林清清摄）

图10 天一阁亭樾石刻图（图片来源：天一阁博物馆提供）

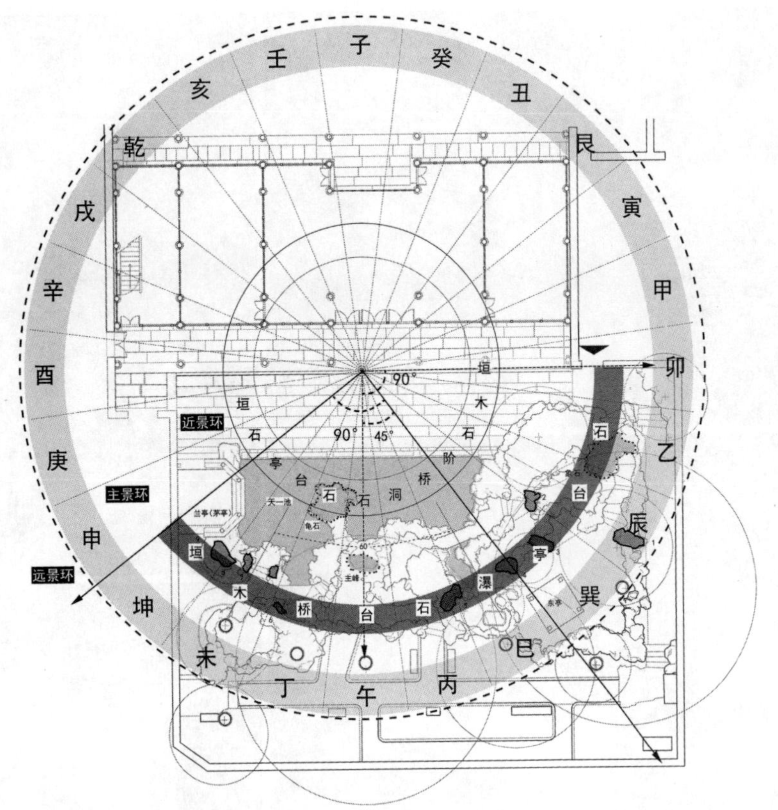

图11 天一阁南院向心布局分析图（图片来源：作者改绘自天一阁博物馆测绘图）

3. 山池

山池是天一阁庭院的主要景观。阁前天一池，池水暗通月湖，常年盈盈如镜。虽三面山石驳岸呈自然曲折之态，然面阁一侧呈平直之状，整体形态规整，半月半方，深得“半亩方塘一鉴开，天光云影共徘徊”之神韵（图12）。

嘉靖年间，“青岭露花”的景象更倾向于堆叠土坡以营造较好的植物生长环境，其上草木扶疏，朴素自然的趣味迎合了彼时较为野致的月湖环境。而池中“鳌峰”的置石欣赏也更具有神仙意味，暗合以术数构园的风气与意图。

至顺治年间，天一阁园的石假山则更为生动。《潞公先生天一阁园，司马公藏书所，石自海山，松留雷印，地多不明之卉，池通酿酒之泉，望之真山也，漫赋尊贤二韵》诗云：“洲岛闻斯异，今来一款门。居然衡霍势，顾见薜萝尊。实有岳灵助，方知丘壑存。修仁能好客，风月坐谈论。”[2]范光文《和答董甥天一阁句》诗云：“半丘为壑小亭偏，栽数□□且用天。卷石自多谁见少，不知何处是平泉。略可登临也号山，一弹三叠两松间。近来绿绮留予念，且任延清独放鹇。”[3]董德偁《次姚山期潞公先生天一阁园尊字韵》诗云：“……白水觞飞急，青莲海欲吞。醉来天地小，谁复辨黄昏。”[4]董守瑜《次姚山期潞公先生天一阁园尊字韵》诗云：“丘壑性灵拘，纷花辟洞门。如山将万转，若水萦孤村。解组汲古绠，拂衣开夕尊。辋川发高唱，□迪最能言。”[5]其《次姚山期潞公先生天一阁园贤字韵》诗云：“桢霞灿天一，藜火光载然。昔读悼前猛，今钞感暮年。陟奇履巉石，索隐征僻卷。中垒失其富，因之误形贤。”[6]

“池上理山，园中第一胜也。就水点其步石，从巅架以飞梁；洞穴潜藏，穿岩径水；峰峦缥缈，漏月招云。”[7]天一阁的池山有“衡霍”“岳灵”之势，范光文诗中“略可登临也号山，一弹三叠两松间”，山路蜿蜒，卷石嶙峋，可行可憩可赏玩，极富真山趣味。而“白水觞飞急，青莲

❷文献［14］：19.

❸文献［14］：20.

❹文献［14］：25.

❺文献［14］：24.

❻文献［14］：25.

❼文献［15］：203.

图12 天一池与池上二桥（图片来源：作者自摄）

海欲吞”等则凸显了水的动态与壮美，与真山之势相呼应。“醉眼青天小”，更觉身处大河山川之间而非囿于小小庭院之中。拳山勺水亦有大气魄，取决于观赏者的眼光。《园冶·掇山·书房山》一篇中便有“山石为池，俯于窗下，似得濠濮想”[1]之句。综上可见天一阁之池山为藏书楼园林的精华所在，审美趣味极高。

天一阁假山旧有藤萝穿石，瘦漏生奇，今则“九狮一象”之状，古拙而生动，具有象形叠山动势欣赏之趣；而凡山石、池、桥、亭等经营皆如旧，得传古韵。

4. 建筑

天一阁园中的建筑主要包括藏书楼本身和园中二亭（图13）。

天一阁藏书楼为二层木结构建筑，硬山顶重楼式，占地280平方米，通高8.5米，白墙黑瓦，有浙东民居的典型特征。《东华续录》载：“天一阁在范氏宅东，坐北朝南，左右砖甃为垣，前后檐上下俱设窗门。其梁柱俱用松杉等木。共六间。西偏一间，安设楼梯。东偏一间，以近墙壁恐受湿气，并不贮书。惟居中三间排列大橱十口，小橱二楼。又西一间，排列中橱十二口。”[2]通面阔六间，约23米，各间面阔不等，西起第四间为明间，面阔最大，约4.5米，二楼通间样式，仅以书橱分隔；通深六架椽，约11.2米，带前后廊，前廊深约2米，后廊深约1.4米，格局典雅别致。

二亭由范光文增设，据范邦□《天一阁七引》[3]，东亭原名“揽胜”（仅存台基，以石材重建），面阁石柱上刻“开径望三益，高谭玩四时”联句；西亭原名“湫润”（古又称茅亭，1930年重修），西壁嵌丰坊临《兰亭集序》，题额兰亭。东亭立山巅，体量较一般四方亭更小，且形式素朴，趁高大乔木之势仅作山上点景之用，亦供驻足眺望。

兰亭在西，临池而建，就势匍匐，贴近水面，在明净开放的池之上形成生动的倒影。坐栏

[1] 文献［15］：203.

[2] 文献［4］：2.

[3] 文献［11］：12.

图13 池侧兰亭与山巅东亭（图片来源：作者自摄）

临流，四檐草木，池岸石矶将亭基掩藏，更添野趣。二亭对峙，即各成空间之焦点，又作景物交融之纽带，提供了“仰观”、“俯察”和“远望”的体验。

5. 植栽

天一阁园的植栽种类丰富，一草一木皆成趣味。园内自嘉靖年间便常有佳木高举、繁花绕径，乔木多以梅柳为主，辅以香花植物，增加观赏层次。沈明臣曾赋诗记录范宅两次赏花活动，其中《范司马宅赏绿牡丹》诗云：“买来名品洛阳殊，倾尽江南十五都。罗袖薄将云髻捧，舞裙低借翠盘扶。宝阑绰约围青女，金谷繁华斗绿珠。从此风光传别种，定知姚魏两家无。”[4]可见彼时赏花趣味的多样性，人们乐于寻找不同品种的花卉，以艳、奇等特征咏之，作为探索万物之美的自然流露。

至顺治康熙年间，则更倾向于松竹菊等，广泛栽于园中，配合山石，着重人格化欣赏，凸显高洁的品格。范光文有“爱松听风雨，选石列卑尊”[5]“略可登临也号山，一弹三叠两松间”等；亦有“菊淡人相似，松闲手易扪”[6]，“高阁传先泽，名花尽在门。松从寒节劲，菊似晚香尊”[7]等。

假山石中“薜荔”、“萝”等常绿爬藤有“旧萝穿怪石，醉客品平泉”[8]的古朴趣味，辅以缤纷的草花，少用华美艳丽的莳花素材。

倪象占受邀画天一阁松图，赋《范莪亭寓书云，先世旁舍有七松，今存者一耳，昨得守山奴印于和尚画松，挂壁配之，烦吾子为写其五，完旧观也，因戏图之而赘以诗》云：“昔也范氏尝蓄龙，遗种皆化门前松。六松已复化龙去，一龙尚作松蒙茸。”[9]可见松是天一阁庭院最为重要的植栽品种之一。

[4] 文献［14］：8.

[5] 范光文．和用圭存字．见：文献［14］：23.

[6] 徐家麟．次姚山期潞公先生天一阁园尊字韵．见：文献［14］：26.

[7] 董德偁．次姚山期潞公先生天一阁园尊字韵．见：文献［14］：25.

[8] 范光文．前韵似觉伤怀因再赋之．见：文献［14］：23.

[9] 文献［14］：39.倪象占初名承天。字九三，号韭山，丹城人。乾隆三十年，南巡迎驾，拔优贡，分纂《大清一统志》，补授嘉善训导。擅画兰竹松石，几入逸品。

五　园居生活

1. 藏书与读书

范钦自青年时期便有志藏书，在其为官的三十年中，宦迹所至，均悉心搜集当地公私刻本，对无法购置的书就雇人抄录，经史百家之书，兼收并蓄，积藏达七万余卷。藏书处初名“东明草堂”，由于收藏的品种和数量有限，规模与保管条件均不理想，现已很难考证，其最早的藏书目录称为《范氏东明书目》。后经范大冲的整理，已有《天一阁书目》等。而后，藏书点校、金石刻印等活动持续进行，亦有文人墨客登楼抄借。

《书〈本事序〉后》载：“伏日偃仰天一阁中，池林过雨，凉飔荐爽，四望无人，蝉鸣高树，遂披襟散帙，漫书此篇。已而云影低昂，新月吐照，欣焉会于予心。据胡床，披鹤氅，停麈尾，抚无弦琴，歌白云之章、清商之曲，啜杯茗而寝，殊忘其为盛暑。顾城漏已下二鼓矣。晨起，即题其后。”[1]此为范钦彻夜诵读唐时官司勋郎中孟启所著《本事序》，“欣焉会于予心”而撰，记录了夏日雨后的天一阁中清静爽快的阅读体验。

范光文《次姚山期潞公先生天一阁园韵（三首）》诗云：“丁酉（1657年）秋杪，余自武林闻震邻风鹤，急携孥归，时兵马盈城，百雉如沸，困卧小园，独对松菊，且届冬矣。试曝摊书，忽来剥啄，乃山期姚子，……”[2]诗中提到天一阁冬日曝书的活动。

钱维乔《偕同人再登天一阁观藏书，并批阅金石文，仍用集禊帖诗原韵》曰：“一水尝随述作流，迹虽陈矣极清幽。室因山气人初静，坐有春风竹自修。朗抱可观当世事，暮怀为慨盛时游。群言管领于斯系，快取天和契昔由。与稽犹及仰诸贤，尽揽殊形足畅然。古趣咸知文在右，令人每感地将迁。引觞暂得无生咏，娱目相期未老年。又是闲亭毕长日，所欣俯视曲终弦。”[3]钱维乔曾多次登临天一阁观书，其诗所述天一阁因园中有山水且遍植竹木而清幽异常，批阅之余又有闲亭度日等，是超凡脱俗的阅读环境。

钱大昕《题范氏天一阁》诗云：“天一前朝阁，藏书二百年。丹黄经次道，花木陋平泉。”[4]丹黄，出自《周髀算经》，释义为赤黄色、圈点书册所用的颜料。“丹黄经次道”可见天一藏书之多。

2. 雅集

天一阁园雅集有诸多诗文记载，为藏书楼园林园居生活的景象提供了佐证。

早在天一阁建成之前，范钦便有碧沚园、溪隐庄、十洲阁等作为与甬上诸友雅集的重要场所。《天一阁集》中的半数诗文都为彼时酬唱所作，其中，范钦写给屠大山的诗文共二十六篇（首），写给张时彻的有三十七篇（首）之多。而其探访园宅所作诗文，如范钦《碧沚园屠张二司马燕集用韵三首》、《夏日同诸彦游隐溪庄分得重字》、《夏日集十洲阁》等亦不在少数。由诗题可知，雅集之地多为各盟友之园宅（其中亦有诸多藏书楼园林）及以月湖为代表的宁波地方名胜，雅集的时间则遍分于四季晨昏——清晰地构建出其时宁波地区山水形胜及园宅别业繁盛经营的人居图景。而天一阁园则为其中最具代表性而得以留存的典型。范钦《上元诸彦集天一阁即事》和沈明臣《灯夕范司马安卿天一阁即事》两诗均写于元宵雅集之夜，生动地再现了天一阁建阁之初的清雅景色，范钦晚年与诸友相聚，笑看尘世，佐之花月笙歌、星驾银河等天上世界的想象，仿佛同游仙境般的潇洒逸致。

顺治十四年（1657年），范光文与“次公、石客、天鉴、用圭诸社盟”等诸友相聚天一阁，“连晤把杯，遂忘其倥偬愁疾，惜夜禁不能秉烛而耳”[5]。由姚山期佺“以二律誉园”[6]，后各赋诗二三首以和之，以志良会。范光文又有“剥啄惊酒杯，林开集竹贤。旧萝穿怪石，醉客品平泉。话剧忘将夕，杯长亦小年。相看夸健足，争似贺丞船”[7]等。

❶文献［10］：387.

❷文献［14］：21.

❸文献［14］：50.

❹文献［14］：38.

❺文献［14］：21.

❻姚佺．次姚山期潞公先生天一阁园韵（三首）．见：文献［14］：22.

❼范光文．前韵似觉伤怀因再赋之．见：文献［14］：23.

钱维乔《范菊翁、李渭川、卢月船、范莪亭、卢东溟招饮天一阁，观藏书，即席索和》诗云："黑头强负读书名，杰阁初登愧百城。题处自天昭世守，翻时近水得家声。当窗介石苔俱古，触手灵芸蠹不生。几许燃藜眩朱紫，梦夸中秘眼难明。缥缃海国久知闻，折柬深烦礼意勤。二老追陪有今日，一尊酬酢藉斯文。门墙德旧容尘客，风雅谭多易夕曛。却忆先人敝庐在，青籍冷落锁江云。"[8]此诗记录了范菊翁从彻时年八十有六、范莪亭永祺等范氏后人与仁人志士相与登阁观书之状。

[8] 文献［14］：47.

3. 隐居

天一阁作为范钦晚年的颐养之所，同时也是其心灵净土的外化。"碧沚"是宋代名隐史守之隐居之处，芙蓉洲则以寂地荷香为特征，承载了"大隐于市"、悠游物外的希冀。藏书楼作为典籍保藏之地，蕴含着"用舍行藏、韬光养晦"的精神。范钦早年便有"但觉凫欧近，何言岛屿孤。他年论出处，或控似潜夫"，宁与花木鸥鹤作伴而不愿与世人同流合污。

到了后世，天一阁更因其清雅的意境和气氛，成为士大夫脱离纷繁俗世的向往。董德偁《次姚山期潞公先生天一阁园贤字韵》诗咏："市隐东墙窄，浮家欲泛船。闲心长对友，独醒问谁贤。小课当余日，勤书为纪年。阁中几曲水，酌取尽廉泉。"[9]范光文有"近来绿绮留予念，且任延清独放鹇。卷石自多谁见少，不知何处是平泉。"[10]《次姚山期潞公先生天一阁园尊字韵》曰："散步能寻友，寒香辨入门。何惭庄惠放，未许阮刘尊。"[11]姚佺誉天一阁诗云："徒羡积书富，那只述贤祖。满城皆斥卤，此地有甘泉。"[12]

[9] 文献［14］：26.

[10] 文献［14］：20.

[11] 文献［14］：26.

[12] 文献［14］：19.

对这种精神追求的体现在园林营建中则主要包括意象的选取和主体化的欣赏。其中，借鉴先贤造园的典故，通过对"曲水廉泉"、"花木平泉"等意象的追溯和再现，表达了造园者思慕名士寻求大道的复古思潮，亦体现在园林创作"与古为新"的理念中。主体化的欣赏则主要集中于造园者对劲石、松菊等自然景物的人格化崇拜。

值得注意的是，隐居本身并不是一种消极的态度。张时彻《闻东明侍郎归次韵有作》诗云："鸣玉还朝已后期，谁云投杼复生疑。从来和璧偏遭刖，岂识盐梅好济时。特达自应流俗忌，忠贞还有圣心知。山人久已惊谈虎，为尔长吟贝锦诗。"[13]可见园林作为士大夫反思自省、重塑忠贞之心的缓冲地带。汪坦《用韵奉酬司马东明范公》诗曰："楼台倒影月湖间，邺架图书未即闲。兴至踪吟惟有杖，退居家事百无关。十年草树裴公野，一诏经纶谢傅山。廊庙岂忘蓬累士，素缄应附海鸥还。"[14]可见隐居藏书的事业，不仅是治学修身之道，更是富有社会公益性的公共事业建设。

[13] 文献［14］：6.

[14] 文献［14］：10.

范仲淹有"居庙堂之高而忧其君，处江湖之远而忧其民"之句。范钦赋闲后仍对地方教育和农田水利等事业有所关注，亦关心各地民情、与民同乐。后世，天一阁藏书对外公开，成为浙东文化的重要支点，并通过进书这一举措将天一阁保存的珍贵文化流布于世，实为难得。

六　结语

天一阁园独具匠心，园林、楼阁、藏书俱名，建筑、叠山、理水、碑刻无一不备、无一不精，藏书活动与文人园林水乳交融，在天一阁园中被淋漓尽致地表达。作为私家藏书宅园，其屹立四百年，折射出甬上文人造园藏书、结社雅集、隐居颐养的普遍现象，又因范氏世代坚守而经久流传，其中更多了家族营建的文化积淀和时事轮回的历史厚重感。至其为乾隆写仿，民间的范式被采纳创立官制，在文人园林的发展史上留下了浓重的一笔。其园林保存至今，是人文精神与营建智慧的相辅相成。书因园而灵，园因书而名，可称一段佳话。

参考文献

[1] 周少川. **藏书与文化——中国古代私家藏书文化研究刍议** [J]. 安徽大学学报, 2003(02): 92-99.

[2] 徐良雄主编. **中国藏书文化研究** [M]. 宁波: 宁波出版社, 2003.

[3] 中国第一历史档案馆编. **清代档案史料　纂修四库全书档案(下册)** [M]. 上海: 上海古籍出版社, 1997.

[4] 骆兆平编纂. **天一阁藏书史志** [M]. 上海: 上海古籍出版社, 2005.

[5] 钱大昕. **抱经楼记　潜研堂文集卷二十** [M]. 上海: 商务印书馆, 1935.

[6] 顾凯. **江南私家园林** [M]. 北京: 清华大学出版社, 2013.

[7] 黄晓. **凤谷行窝考——锡山秦氏寄畅园早期沿革**//贾珺主编. **建筑史(第27辑)** [M]. 北京: 清华大学出版社, 2011: 107-125.

[8] 袁慧. **范钦评传** [M]. 宁波: 宁波出版社, 2003.

[9] 刘琪琪, 王欣. **宁波月湖古代城市公共园林流变研究** [J]. 风景园林, 2018, 25(01): 90-94.

[10] (明)范钦著; 袁慧整理. **天一阁集** [M]. 宁波: 宁波出版社, 2006.

[11] 骆兆平. **天一阁杂识** [M]. 上海: 上海古籍出版社, 2016.

[12] 黄晓, 刘珊珊. **园林绘画对于复原研究的价值和应用探析——以明代《寄畅园五十景图》为例** [J]. 风景园林, 2017(02): 14-24.

[13] 周律之主编; 政协宁波诗社编. **宁波地名诗** [M]. 宁波: 宁波出版社, 2007.

[14] 龚烈沸纂辑. **天一阁诗辑** [M]. 宁波: 宁波出版社, 2019.

[15] (明)计成著; 陈植注释. **园冶** [M]. 北京: 中国建筑工业出版社, 1981.

[16] (清)厉鹗辑撰. **宋诗纪事三** [M]. 上海: 上海古籍出版社, 2013.

清西苑金鳌玉蝀桥“桥景”分析[1]

严雨
（北京理工大学设计与艺术学院）

摘要：中国古典园林中的桥是园林景致的核心要素，又是园林格局的关键枢纽，还是传统文化的重要载体。清代皇家园林西苑中的桥景非常丰富，金鳌玉蝀桥是其中的重要代表。本文通过文献考证和实地调研，从观桥成景、立桥观景、过桥换景、因桥生境四个方面对金鳌玉蝀桥的桥景进行分析，并总结其景观设计模式。

关键词：桥景，清代，西苑，金鳌玉蝀桥，模式分析

"Bridge Landscapes": An Analysis of Jin'ao Yudong Bridge in Winter Palace (Xiyuan) in Qing Dynasty

YAN Yu

Abstract: The bridge in Chinese classical garden is not only the core element of garden, but also a key hub of garden pattern and the important carrier of traditional culture. In the Qing dynasty, the bridge landscapes in Winter Palace (Xiyuan) is abundant, and Jin'ao Yudong Bridge is an important example. Through literature research and field investigation, this paper analyzes the bridge landscapes of Jin'ao Yudong Bridge from four aspects: bridge as the scenery, scenery from the bridge, scenery conversion by the bridge, and bridge as the artistic conception. At the last, the author summarizes the patterns of bridge landscapes.

Key words: Bridge Landscapes; Qing dynasty; Winter Palace(Xiyuan); Jin'ao Yudong Bridge; pattern analysis

一 “桥景”概念

“桥景”是指以桥为核心要素所组织形成的景致。桥与其所在位置的时间环境和空间环境中的各种辅助要素密切配合，一起组织形成独特景致。中国古代各地风景名胜和园林景致中普遍存在桥景，如南宋“西湖十景”[2]之“断桥残雪”、金“燕京八景”[3]之“卢沟晓月”、明“拙政园三十一景”之“小飞虹”[4]、清“木渎十景”之“西津望月”[5]、清“圆明园四十景”[6]之“夹镜鸣琴”、清漪园“惠山园八景”之“知鱼桥”等桥景多不胜数。桥景是不可忽视的普遍现象，但相关研究非常欠缺。

桥景研究是将与桥发生“关联”的“景”，和桥作为一个整体来分析。“关联”一共包括三种：视线关联、路径关联、联想关联。视线关联，即视线连接的景，桥上观景，桥外观桥，两者是看与被看的关系；路径关联，即路径连接的景。桥作为路径重要节点，组织联系其前后或左右的景致空间；联想关联，即联想产生的境。桥作为象征符号，产生的丰富移情联想。视线关联是大家普遍关注的，但路径关联和联想关联容易被忽略。三种关联不一定全部具有，一般的桥至少具有三种关联中的前两种。

把“桥”放回到“景”的环境中，不单独论桥，不割裂桥与景或园的整体关系，这是桥景研究的核心原则[7]。“桥景”与“景桥”、“园桥”、“桥”等概念类似，但有根本差别。“景桥”、“园桥”和“桥”的重点还是针对“桥”本身的研究，更多的是就桥论桥。“桥景”研究试图避免陷入“盲人摸象”的局限性，而是要以局部的“桥”作为切入点，系统分析整体的“景”或“园”。

[1] 本论文为国家自然科学基金项目“基于古人栖居游憩行为的明清时期园林景观格局及其空间形态研究”（项目批准号51778317）的相关成果。

[2] “西湖十景”在南宋时期的古籍文献中广泛出现，仅以《苹洲渔笛谱疏证》为例，周密为“西湖十景”各作词一首。其文中记载“西湖十景”为：苏堤春晓、平湖秋月、断桥残雪、雷峰落照、曲院风荷、花港观鱼、南屏晚钟、柳浪闻莺、三潭印月、两峰插云。见文献[1]，卷一.

[3] 《春明梦余录》载：“燕京八景，一曰居庸迭翠、一曰玉泉垂虹、一曰太液秋风、一曰琼岛春阴、一曰蓟门飞雨、一曰西山积雪、一曰卢沟晓月、一曰金台夕照，其说起于金章宗明昌史……”见文献[2]，卷六十五.

[4] （清）汪砢玉．衡山书拙政园记并诗长卷//文献[3]，卷十五法书题跋.

[5] 文献[4]，卷三十三.

[6] （清）弘历．圆明园四十景诗//文献[5]，初集卷二十二.

[7] 文献[6]：78.

二 清西苑历史述略

清西苑历史悠久，最早可追溯到金中都时期的太宁宫。太宁宫是金中都东北郊的一处重要的行宫御苑，于大定十九年（1179年）建成。金世宗时期，皇家引高梁河水整治白莲潭，开凿大池——太液池，池中堆筑琼华岛和瑶光台两处岛屿，整体景致取名为太宁宫，《金史·地理上》"都路"篇载："京城北离宫有太宁宫，大定十九年建，后更为寿宁，又更为寿安。明昌二年更为万宁宫，琼林苑有横翠殿、宁德宫，西园有瑶光台，又有琼华岛，又有瑶光楼。"[1]"太液池+岛屿"的布局模式奠定了后世近八百年的基本格局。值得一提的是堆筑琼华岛的石头，大量来自于北宋汴梁的艮岳，此既反映了金朝对北宋财富的掠夺，也侧面反映了其对北宋造园艺术的吸收。金代始定"燕京八景"[2]，其中"太液秋波"和"琼岛春荫"两景皆出自太宁宫，由此可见太宁宫景致之美。

元大都继承并发展金太宁宫基址，营建大内御苑——太液池。元代学者陶宗仪《南村辍耕录》对苑中景致有详细记录[3]，相比金代，元代太液池水面往南扩展，原水中二岛又增加一岛，变成标准的"一池三山"理水模式，自北往南分别为万寿山、圆坻、犀山台三处岛屿。最大的岛——万寿山，原为太宁宫的琼华岛，山上殿宇遍布，最核心的是居中位置、也是最高处的广寒殿，延续金代名称未变，整体景致依然是象征仙山宫阙。

明代迁都北京后，在元代太液池的基础上建成大内御苑——西苑。太液池的"一池三山"格局基本上直接继承沿用，但也有扩建和调整：其一，太液池水面南侧，又开凿出一处大水面，名为南海，与此对应，北侧原太液池水面的两部分分别又被命名为北海、中海。南海水中新筑一岛，名为南台；其二，原圆坻和犀山台皆由水中岛屿变为半岛；其三，原万寿山又改回琼华岛之名，圆坻改名为团城，犀山台区域改名为蕉园。

清代西苑直接继承了明代西苑的整体山水布局，"一池三山"的"海上仙山"主题基本得到延续，并在此基础上进行大规模的改建和扩建。顺治八年（1651年），皇家在琼华岛最高处的明代广寒殿遗址处，新建一座巨大的喇嘛塔，名为白塔，并在塔脚下依山势建成一座大型汉式寺院，名为白塔寺。康熙年间和雍正年间喇嘛塔和白塔寺皆有重建工程。乾隆年间，西苑迎来建设高潮，琼华岛北侧区域仿照镇江金山寺的"屋包山"模式，环绕塔山兴建大量建筑景物；北海北岸、东岸兴建了大量寺院、园中园等内容；中海西岸、南海瀛台等处皆有大量建设工程。清西苑的建设工程最终在乾隆中期达到全盛状态，清朝此后一百多年的时间中，虽有持续的修缮，但园中布局和景致未有大的变化，也基本延续到今天，成为宝贵的文化遗产。

清西苑虽历经金中都、元大都、明北京、清北京一共四个时期的不断建设，但"一池三山"的理水模式基本贯穿始终，应该是现存古典园林中历史最悠久的"海上仙山"主题园林。园中除了北海、中海和南海三处集中型大水面之外；还有多处小水池，分布在多座园中园中；园中也有局部带状水系贯穿。水体形态丰富多样，与理水、理路关系密切的园中水上之桥数量颇丰，现存约23处（组），总计35座，这些桥与其周围环境要素一起组织形成园中不可或缺的桥景，是西苑景致的重要构成。金鳌玉蝀桥是众多精彩桥景中的重要代表，本文对其桥景进行分析，以期从一个特殊的角度挖掘清西苑等皇家园林造园艺术的设计规律。

三 金鳌玉蝀桥概况

金鳌玉蝀桥，位于清西苑太液池内，桥位于集中型大水面之上，东西向布置，将太液池水面划分为南北两部分，桥北为北海、桥南为中海。金鳌玉蝀桥是苑中交通和景致的重要组成部分（图1）。

[1] 文献［7］，卷二十四志第五.

[2] 文献［2］，卷六十五.

[3]《南村辍耕录》载："万寿山在大内西北，太液池之阳，金人名琼华岛，中统三年修缮之，至元八年赐今名。其山皆迭玲珑石，为之峯峦，隐映松桧隆鬱秀若天成，引金水河至其后，转机运斗，汲水至山顶出石龙口注方池，伏流至仁智殿后，有石刻蟠龙，昂首喷水仰出，然后由东西流入于太液池……太液池在大内西，周回若千里，植夫容。仪天殿在池中圆坻上，当万寿山，十一楹，高三十五尺，围七十尺，重檐圆盖顶，圆台址甃以文石，藉以花茵中……犀山台在仪天殿前水中，上植木芍药……"见文献［8］，卷之二十一.

清西苑中的金鳌玉蝀桥历史非常悠久，与西苑一起经历了四个朝代的变迁。金中都时期太液池中设琼华岛和瑶光台（清代的团城）两处岛屿，奠定了“一池三山”的基本雏形，瑶光台岛东西两侧是否有桥来联系交通，虽不可考，但非常值得想象。元朝时期瑶光台岛改名为圆坻，设仪天殿，圆坻居于太液池中，有木桥连接东西两岸，其中西侧有长木吊桥。《南村辍耕录》载：“仪天殿在池中圆坻上，当万寿山……东为木桥，长一百廿尺，阔廿二尺，通大内之夹垣；西为木吊桥，长四百七十尺，阔如东桥，中阙之立柱，架梁于二舟，以当其空，至车驾行幸上都，留守宫，则移舟断桥，以禁往来，是桥通兴圣宫前之夹垣……”❹“木吊桥”即后世金鳌玉蝀桥的前身。明代圆坻上的倚天殿改为乾光殿，西侧木吊桥改为石桥，名为玉河桥。《明宫史》载：“……乾明门之西也，其石梁如虹，直跨金海，通东西之往来者，曰玉河桥，有坊二，曰金鳌、玉蝀……桥之中，空约丈余，以木枋代石，亦用木栏杆。”❺玉河桥的两端设有牌坊，分别为“金鳌”、“玉蝀”，因此也被称为金鳌玉蝀桥。石砌桥面中间有部分断开，改铺木板，构成桥面，并设有木栏杆。明代监察御史姚之骃对金鳌玉蝀桥有明确记载：“……太液池上，跨石梁，修二百步，栏楯皆白石，镌镂如玉，东西峙华表，东曰玉蝀，西曰金鳌。”❻

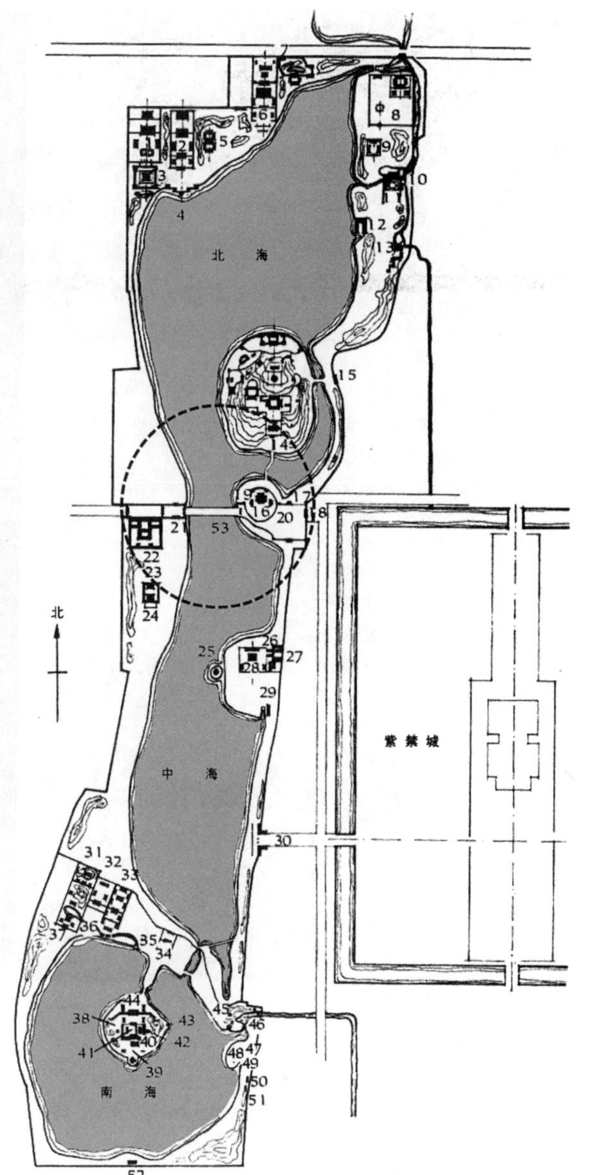

图1 乾隆时期清西苑平面图（底图来源：周维权. 中国古典园林史（第三版）[M]. 北京：清华大学出版社，2008：470.）

金鳌玉蝀桥在清代基本得到继承和延续。康熙年间官员高士奇《金鳌退食笔记》载：“太液池旧名西海子，在西安里门，周凡数里。上跨石梁，约广二寻，修数百步。两崖穹出水中，鲸兽栏，皆白石镌镂如玉。中流架木，贯铁纤丹槛，掣之可通巨舟。东西峙华表，东曰玉蝀，西曰金鳌。”❼由此可知此时期金鳌玉蝀桥宽约5.1米，长数百步，即至少有一百多米，桥身有精美栏杆，中间桥洞上铺设木板，设铁丝制作的红色栏杆，彻板可通大船。康熙五十六年（1717年），宫廷画家王原祁等绘制的《万寿盛典初集》❽西苑部分，可看到金鳌玉蝀桥全貌（图2），整体为一座九孔拱桥，中间一洞为方洞，可彻板通舟，与高士奇所言“掣之可通巨舟”相一致，桥身不高耸，但有一定的弧度，较为平缓，可骑马通行。桥横亘太液池，连接团城和太液池西

❹文献［8］，卷之二十一.

❺文献［9］，卷一.

❻文献［10］，卷二十九.

❼文献［11］，卷上.

❽文献［12］，卷四十.

❾文献［18］：18.

图2《万寿盛典初集》西苑部分❾

岸区域。

乾隆十六年（1751年），乾隆皇帝在《燕京八景·太液秋风》序中云：“太液池在西苑，中亘长桥，列二华表，曰金鳌、玉蝀，北为北海，南则瀛台，《西京赋》所称沧池漭沆，列瀛洲，夹蓬莱者，方斯蔑矣。”[1]文中并未描述桥头两岸是何景物，而是强调桥两侧有北海琼华岛和瀛台，并且与西汉太液池做比较，由文可知，金鳌玉蝀桥与蓬莱瀛洲仙境有视线关联，应该也有路径通往的暗示性。乾隆年间官员于敏中著《日下旧闻考》记载了金鳌玉蝀桥东西两端的基本情况：“金鳌玉蝀桥，跨太液池以通行人往来，桥西红墙夹道，两门相对，南即福华门；北为阳泽门，达阐福寺；桥东即承光殿。”[2]桥横跨太液池，连接东西两岸，方便行人交通，桥东端是“承光殿”，即团城的核心建筑，代指团城；西端是“红墙夹道”，即金鳌玉蝀街，街上南北两面主要有福华门和阳泽门区域。

图3 沈源绘《太液池冰嬉图》局部（图片来源：台北故宫博物院藏）

乾隆时期有多位宫廷画家绘制了冬日太液池冰面上滑冰的场面，正好记录了金鳌玉蝀桥的形象，沈源绘制的《太液池冰嬉图》（图3），冰嬉活动发生在金鳌玉蝀桥北侧的北海冰面上，图中正下方的金鳌玉蝀桥及周围环境与康熙五十六年（1717年）的情况基本保持一致；金昆、程志道、福隆安合绘《冰嬉图》（图4）以及张为邦、姚文瀚合绘《太液池冰嬉图》（图5），冰嬉活动皆发生在金鳌玉蝀桥南的中海冰面上，两图中正上方为金鳌玉蝀桥，九孔桥（八圆孔一方孔）的形式也基本延续[3]。

此后金鳌玉蝀桥又有修改，乾隆年间《国朝宫史》记载乾隆皇帝在桥身正中的最大桥洞的南北两侧分别题写了匾额与对联[4]，由此可推断桥中间原方洞改为了石砌拱洞，原方洞顶部由木板铺设，应该改为石砌桥面，与其两侧保持一致了。现存的清末老照片上的金鳌玉蝀桥确实是一座九孔石拱长桥[5]，桥中间桥洞处不是木板铺设，已经和两侧拱洞保持一致了（图6，图7，图8）。

此后到中华人民共和国成立初期，金鳌玉蝀桥未有较大变化[6]。中华人民共和国成立初期，北京城面临改造建设，在不懂中国文化遗产的苏联专家指导下，金鳌玉蝀桥及桥头牌坊遭拆除，梁思成先生非常痛心，原位置区域处新建一座宽约34.3米，长约156.8米[7]的马路桥，改名为北海大桥（图9），成为一座重要的交通桥梁，使用至今，曾经的金鳌玉蝀桥逐渐被人遗忘，甚为可惜。

图4 金昆、程志道、福隆安合绘《冰嬉图》局部（图片来源：故宫博物院藏）

[1] 文献［5］，二集卷二十九.

[2] 文献［13］，卷二十五.

[3] 张为邦、姚文瀚合绘《冰嬉图》以及金昆、程志道、福隆安合绘《冰嬉图》中的金鳌玉蝀桥，与此前的拱桥形式相比，似乎变为了一座平桥，但桥身七个桥洞的结构并未变化，本文推断因桥身本较平缓，而画家站在中海南岸取景，视线太远，桥身更是趋于平缓，近似平桥之故。图6“1900年左右的金鳌玉蝀桥及周围环境照片”可为证。

[4]《国朝宫史》载：“水云榭之北，有白石长桥，如虹偃水面，以通行人来往……桥下洞七，中洞南向石刻扁曰银潢作界，联曰玉宇琼楼天上下，方壶圆峤水中央；北向石刻扁曰紫海回澜，联曰绣縠纹开环月珥，锦澜漪皱焕霞标，皆皇上御书。”水云榭是西苑中海水上的一处水榭，其正北即为金鳌玉蝀桥。见文献［14］，卷十五.

[5] 任明杰先生考证金鳌玉蝀桥的桥洞外观有九个，桥身最边缘的两个桥洞是装饰，不通水，实际通水的只有七个，《国朝宫史》中记载七个桥洞与其他文献和老照片中的九个桥洞不矛盾。见文献［15］：61.

[6] 文献［16］：23.

[7] 文献［16］：24.

图5 张为邦、姚文瀚合绘《冰嬉图》局部（图片来源：故宫博物院藏）

图6 1900 年左右的金鳌玉蝀桥及周围环境照片（图片来源：Burton Holmes摄）

图7 1901 年金鳌玉蝀桥和琼华岛照片（图片来源：小川一真摄）

图8 八国联军入侵北京时金鳌玉蝀桥照片（图片来源：Alfons von Mumm摄）

图9 北海大桥现状图（图片来源：作者自摄）

四 观桥成景

金鳌玉蝀桥形式华丽，由修长桥身与桥两头的三间精美牌坊所共同组成。

根据上文清宫廷画家的《冰嬉图》，可知金鳌玉蝀桥的形象。桥身由浅色石块砌筑，桥身正中为方形桥洞，桥洞的桥面空间铺设木板，与桥身其他部分皆为石砌相区别，可“彻板通舟”。方形桥洞两侧各分散布置四座拱洞，九个桥洞的宽度皆小于桥墩的宽度，桥立面厚实如堤坝。桥身平缓，中间段微有隆起，两头与岸边自然过渡相接。桥上栏杆皆有精美石雕、望柱柱头雕刻莲苞，装饰十分精美。桥头各有一座三间牌坊，牌坊整体形式为三间四柱三楼式牌坊[1]，牌坊的具体尺寸不详，可大概参考琼华岛南侧永安桥头的堆云积翠牌坊的尺寸[2]，西侧牌坊有额为“金鳌”，东侧牌坊为“玉蝀”；两组牌坊作用重大，对桥面空间形成围合与界定，犹如门户。进入牌坊，即进入金鳌玉蝀桥；出牌坊，即出金鳌玉蝀桥。牌坊桥身中间段宽约9.5米，桥身主体长达117.6米，加上两端的桥堍空间以及牌坊空间，桥空间总长达156.8米[3]，是清代皇家园林中最长的桥，也是清代北京城内最长的桥。

❶文献［16］：23.

❷文献［17］：70.

❸文献［16］：22.

金鳌玉蝀桥位于太液池水面上，以桥为中心景物，从周围环境观桥，皆有不同景致。从桥南北两侧的水面观桥，近景皆为水面，金鳌玉蝀桥桥身长向立面完整展现，桥身是画面景致的中心，桥后水面不可见，周围环境是陪衬的背景，犹如一幅“海岸长桥卧波图”，白天顺光时，除了水上之桥，还有水下之桥，呈现上下双桥之景，即乾隆皇帝御制诗《燕山八景诗叠旧作韵·太液秋风》所说的“镜澜玉蝀影中横”[4]之景。

❹文献［5］，二集卷二十九.

从东西两端观桥，桥连接此岸和彼岸，桥身平缓，是画面的次要角色；而彼岸陆上景致是重点，桥头牌坊形式丰富，也是重要景致；站在桥头能观桥内侧的上坡地面，视线沿着桥身向对岸延伸，整体有引人过桥到达彼岸的空间暗示性。从桥西端观桥，画面主景是金鳌牌坊，团城、景山和紫禁城一带是背景，则犹如一幅“登桥入仙山楼阁图”；从桥东端观桥，画面主景是玉蝀牌坊，牌坊后面的街道环境组成背景，整体犹如一幅“登桥入街肆图”。

若站在琼华岛上较高视点位置俯瞰桥，桥南北两侧水面皆可观之，金鳌玉蝀桥横跨于面状水之中，“海上长虹”之景更加清晰（图6）。修长华丽的白色“巨桥”被深色水面所环绕，尤为突出。桥东西有坊，形成“坊+桥+枋”组合，极大地丰富了水面景致和陆上景致。

五 立桥观景

金鳌玉蝀桥作为观景之所，位置非常关键，可统揽西苑全局。站在金鳌玉蝀桥上，周围方向景致皆收入眼中。光绪年间官员陈作霖在其《春明旧游记》中记载其和友人一起游览西苑时，在金鳌玉蝀桥处观景的情况。《春明旧游记》载："出（团城）门即金鳌玉蝀桥，凭阑四望，西苑胜概尽在目中，楼阁参差，夕阳返照，一幅小李将军金碧山水图也。"[5]文中表明，在金鳌玉蝀桥上凭栏观景，西苑景致尽收眼底。山水之间，楼阁鳞次栉比，又有夕阳返照，犹如李昭道绘制的一幅金碧辉煌的山水楼阁图，非常壮美。

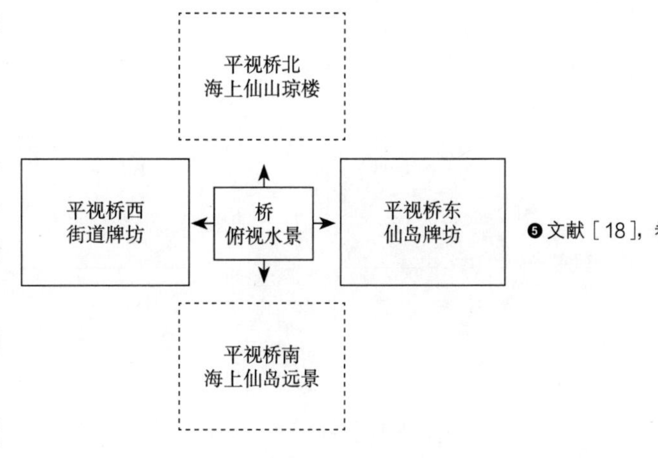

图10 "立桥观景" 示意图（图片来源：作者自绘）

❺文献［18］，卷九.

站在156.8米长的金鳌玉蝀桥上的不同位置来观景，景致是有渐变差异的，无法一一阐述，但桥面中心位置是最重要的驻足观景点，位置最高，视野最开阔，观景最具有代表性，以此处为例，朝东看犹如一幅"仙岛牌坊图"，前景是金鳌牌坊，坊后是半岛上的团城，树林茂盛；往西看犹如一幅"街道牌坊图"，前景是玉蝀牌坊，坊后是金鳌玉蝀街。朝北看犹如一幅"海上仙山琼楼图"，北海水面开阔，水中有仙山——琼华岛，远望北岸阐福寺一带；往南看犹如一幅"海上仙岛远景图"，中海水面也较为开阔，水中有水云榭区域半岛，远望南海和瀛台岛。桥在水中，桥长而近水，可俯观水中倒影涟漪。

周围方向的景致，南北两侧皆是海上仙山，但各不相同，一高一低，一近一远；东西两端陆景一幽致、一喧闹，四者在桥左右前后，形成对比（图10）。

六 过桥换景

以金鳌玉蝀为枢纽，过桥换景，分别体现于陆上路径和水上路径。

陆上路径：金鳌玉蝀桥串联了三处景致空间，自西往东游览，依次为西岸的金鳌玉蝀街空间、中间的桥所在的太液池空间、东岸的承光殿所在的团城空间。若自东往西游览，景致则反向出现（图11）。

路径从西岸金鳌玉蝀街开始，乾隆时期《国朝宫史》载："时应宫之东，向北有门，曰福华门，其外即金鳌玉蝀街也。"[6]《日下旧闻考》记载了金鳌玉蝀桥西端的基本情况："金鳌玉蝀桥，跨太液池以通行人往来，桥西红墙夹道，两门相对，南即福华门，北为阳泽门。"[7]由文可知，金鳌玉蝀街由南侧的时应宫院墙与北侧的阳泽门内建筑的院墙相夹而成，即"红墙夹道"，街两头分别有门，西为西安门，东为金鳌坊，街的宽度和长度大概与金鳌玉蝀桥相同，整体大致为一个宽约9米，长约150米，高约6米的街巷空间[8]，呈线状空间分布，空间狭长，围合感较强。

从金鳌玉蝀街出来，过金鳌坊，进入金鳌玉蝀桥所在的太液池水景空间，空间由线状街巷变为巨大的面状湖面，桥自身虽可形成一定的领域感，但与广阔的太液池相比，已不足挂齿；站在桥上往南北看，强烈感受到浩瀚明亮、开放而外向的太液池水景空间。《日下旧闻考》中记载乾隆皇帝骑马走在桥上观景之诗："迤逦蝀桥过玉马，涟漪春水漾银湾。"[9]以桥为中心，水景空间向周围辐射，尤其是往南北两侧扩展开来，往南可达1.3公里远处的瀛台，往北可达0.9公里处的阐福寺[10]，如此巨大的水景空间与金鳌玉蝀街的狭窄街巷空间形成强烈反差。

下桥穿过玉蝀坊，进入东侧的团城空间，空间又变小。团城平面大致呈圆形，周长约275米，总面积约6.75亩，约占北海、中海总面积1100亩的千分之六[11]。团城砌筑高台，高台之上形成大庭院，整体呈面状空间，庭院居中为十字形承光殿，以承光殿为中心，周围环绕布置配殿、亭、堂等建筑；园中树木茂盛，乾隆称赞为"庭前桧匝阴千步"[12]，且有金代遗传下来的古木[13]，平

❻文献［14］，卷十五.

❼文献［13］，卷二十五.

❽根据周维权先生的《乾隆时期西苑平面图》，可知金鳌玉蝀街长度与金鳌玉蝀桥长度相当。长度和宽度参考金鳌玉蝀桥，高度是按照时应宫北侧一层临街建筑高度估计。

❾（清）弘历. 过玉蝀桥诗//文献［13］，卷二十五.

❿根据百度卫星地图测量得出数据。

⓫根据百度卫星地图测量得出数据。

⓬（清）弘历. 承光殿//文献［5］，二集卷三十一.

⓭御诗制《咏承光殿古栝》注释："承光殿东有堂曰古籁，殿前松栝杈枒皆传是金时遗植。"见文献［5］，四集卷九十五.

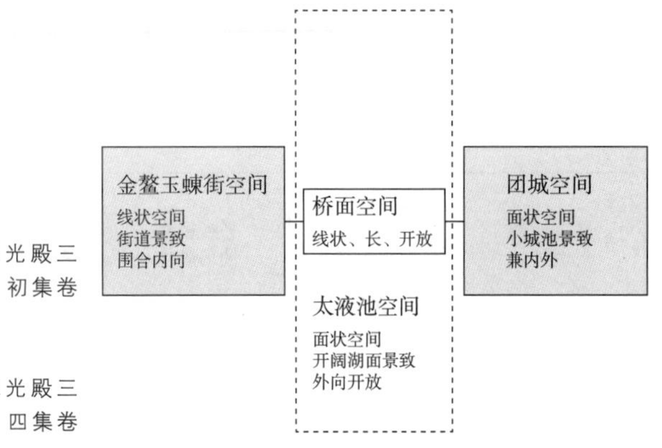

图11 陆上路径“过桥换景”示意图（图片来源：作者自绘）

台最外环以城堞垛口，俨然一座小城池，是内向幽致的院落之景。乾隆皇帝对团城建筑和树木之景，多次吟咏，诗云：“三峤飞来秀所钟，崇基朵殿抗虬龙；虬枝天矫扶珠缀，郁作当时翠影浓。”[1]再如：“雉堞郁岧嶢，承光旧迹标；金元事已往，松柏古增遥。”[2]除此之外，团城还有仙岛之寓意，乾隆皇帝诗云“广殿春明最古迹，团城太液即仙瀛。”[3]虽然已经变为半岛，因其所处太液池的特殊位置以及曾经名为“瀛洲”的历史，乾隆皇帝常常抒怀。站在团城上视点较高，可观太液池水景和琼华岛，景致又有外向性，兼得内外之景。

综上，金鳌玉蝀桥与太液池所形成的水景空间，串联组织其两端的街巷空间、团城空间，形成一条充满对比差异的景致序列。三处景致游赏体验从线状空间到巨大的面状空间，再到小面状空间转换；从街巷景致到广阔湖面景致，再到小城池景致三者转换；从围合内向空间到外向开放空间，再到围合空间三者转换；三处景致在空间形态、空间内容以及空间开蔽上皆形成差异化，共同形成陆上路径中丰富变化的景致体验。

水上路径：金鳌玉蝀桥串联了三处景致，自南往北游览，依次为中海水景空间、中间的桥洞空间、北海水景空间。若自北往南游览，景致则反向出现（图12）。

乘船自南往北，先从桥南的中海水面空间开始，中海水面南北长约1.1公里，东西宽约0.3公里[4]，水面开阔，明亮清澈；东岸大概居中位置有半岛伸入水中，岛上建有万善殿等建筑群，万善殿再往西，水中有水云榭岛。整个中海空间大概呈长方形，开放而外向，北望金鳌玉蝀桥，南望瀛台岛。

徹板通舟，进入金鳌玉蝀桥的桥洞时，空间顿时变窄，变小，空间产生围合感，相对而言，桥洞空间呈点状，围合而内向。桥洞处有精彩框景，朝南是水云榭，朝北是琼华岛。

出桥洞又豁然明亮，进入桥北的北海水面空间。乾隆皇帝御制诗《仲夏瀛台即景杂咏六首》云：“横从玉蝀桥边过，白塔凌云更举头。”[5]由文可知，乘船出桥洞，白塔仙山映入眼帘，此时应有神圣感油然而生。北海水面南北长约1.1公里，东西宽约0.6公里[6]，水面开阔，明亮清澈，水面东侧有琼华岛，是北海空间的中心。整个北海空间大概也呈长方形，但比中海宽一倍，水景向周围开放，北望五龙亭阐福寺一带，南望金鳌玉蝀桥。

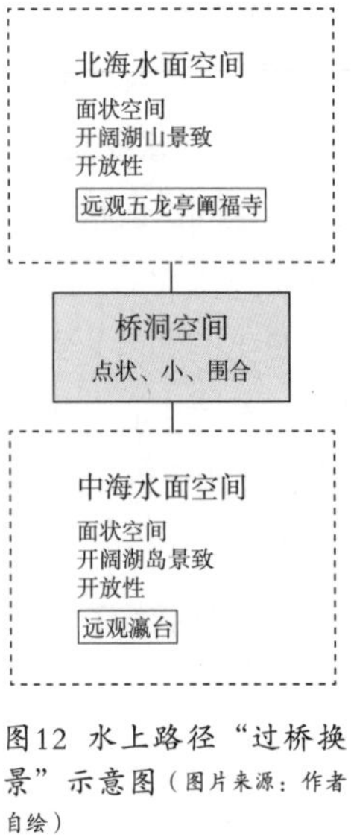

北海水面空间
面状空间
开阔湖山景致
开放性
远观五龙亭阐福寺

桥洞空间
点状、小、围合

中海水面空间
面状空间
开阔湖岛景致
开放性
远观瀛台

图12 水上路径“过桥换景”示意图（图片来源：作者自绘）

综上，金鳌玉蝀桥的桥洞空间，串联组织其两端的水面空间，也形成一条充满变化的多层次景致序列。三处景致游赏体验先从巨大的面状空间，到点状空间，再到巨大的面状空间转换；从湖中小岛景致到人工“桥洞”景致，再到湖中大山景致三者转换；从室外开放空间到“室内”围合空间，再到室外开放空间三者转换；三处景致在空间形态、空间内容以及空间开蔽上皆形成差异化，共同形成水上路径中丰富变化的景致体验。

综合陆上路径和水上路径，金鳌玉蝀桥位于两条路径的交汇点处，位置关键。桥的存在改变了湖面景致的内容，将大湖面一分为二，即将“大海景”划分为两个“小海景”，同时又将分隔的东西两岸联系起来，以桥为枢纽，通过桥来进行组织与转换周围之景，形成一个多景致、多层次、充满对比差异的景致序列，桥就如其中的“换景器”，过桥即换景。

[1]（清）弘历．承光殿三首//文献［5］，初集卷三十二．

[2]（清）弘历．承光殿三首//文献［5］，四集卷七十九．

[3]（清）弘历．承光殿三首//文献［5］，初集卷三十二．

[4] 根据百度卫星地图测量得出数据。

[5] 文献［5］，二集卷四十一．

[6] 根据百度卫星地图测量得出数据。

七 因桥生境

金鳌玉蝀桥位置特殊，处在“海上仙山”主题氛围之中，富有仙意。桥东西两端的牌坊“金鳌”和“玉蝀”皆有丰富的含义，正好点题，表达其桥外之境。

鳌是传说中形如海龟的神兽，与蓬莱仙境关系密切。屈原《离骚·天问》云：“鳌戴山抃，何以安之。”[7]西汉王逸引《列仙传》注释“鳌”是海中的巨大的神龟，背上托着蓬莱仙山，鼓掌舞戏于大海之中。清代周拱辰也有类似注释，但有区别，他认为是十五头鳌共同用头部把蓬莱山给顶起来，他解释这句话的意思是鳌再大，也大不过蓬莱仙山，其头上怎么能顶着蓬莱山而抃舞呢？[8]自此往后，“鳌载蓬莱”成为后世文学创作以及园林文化的重要主题。

唐代诗人王建《宫词》云：“蓬莱正殿压金鳌，红日初生碧海涛。”[9]《宫词》是以唐朝的宫苑为对象所进行的文学创作，文中将唐宫苑中的水中宫殿象征为蓬莱正殿，神兽金鳌将其驮在背上，充满仙境神话色彩。宋代文学家范成大《望金陵行阙》云：“圣代规模跨六朝，行宫台殿压金鳌；三山落日青鸾近，双阙清风紫凤高。”[10]文中描写宋代行宫内的宫阙，位于海上三座仙山之上，也是压在金鳌的背上，天上还有凤凰在飞翔。宋代诗人郭祥正《独游药洲怀颍叔修撰》云：“蓬莱自兹往,稳踏金鳌头。”[11]诗人欲游蓬莱仙岛，金鳌如同通往蓬莱仙境的使者，不可或缺。元代诗人顾瑛《顾瑛得高字》云：“朱楼隔水度飞桥，玩月张筵快酒豪；同向镜中看玉兔，恰如海上踏金鳌。”[12]文中已经将“飞桥”比喻为“金鳌”了，走在桥上，如同踏在海上的金鳌背上。明朝时期金鳌玉蝀桥以桥和牌坊的组合形式出现在西苑中了，明代内阁首辅夏言诗云：“金鳌玉蝀星河上，万岁长留圣主娱。”[13]并且在清代一直得到延续。除了皇家园林外，私家园林中有以金鳌来命名桥梁的，明代贝琼《小蓬台志》中记载了一处以蓬莱仙岛为主题的私家园林，园内有三处石桥，其中一座就叫作金鳌[14]。时至清朝，金鳌与蓬莱仙境依然是一对密不可分的组合，清代乾隆、嘉庆年间官员百龄在《寄叶琴柯学使》云：“蓬莱别后波深浅，欲问金鳌背上人。”[15]

蝀，最早出现在《诗经·蝃蝀》，诗云“蝃蝀在东”[16]，明代学者曹学佺注释云：“蝃蝀，虹也。阳迫阴而成，夕阳照之则在东，朝阳照之则在西；然夕虹多而朝虹少，故从东，盖言蝃蝀在东。”[17]蝀，即彩虹。玉蝀，顾名思义是指用如玉或者用玉做成的彩虹，常常做桥名，也与仙境有关。如明代冯维讷《天目山歌》云：“南山近作赤城标，蓬海斜瞻玉蝀桥；时有仙人停白鹿，芙蓉顶上坐吹箫。”[18]金鳌与玉蝀经常同时出现，金代文人王寂描写一座寺院云：“跨岸飞桥横玉蝀，倚空层阁压金鳌。”[19]元代赵镇远为一座新桥建成题诗云：“十载成功在一朝，浮梁重见作新

---

❼ 西汉王逸注释云：“鳌大龟也，击手曰抃。列仙传曰，有巨灵之龟背，负蓬莱之山，而抃舞戏沧海之中，独何以安之乎，戴一作载，抃释文作拚，补曰，鳌音敖，抃音卞；列子云，五山之根无所连箸，帝命禺强使巨鳌十五，举首而戴之，迭为三番六万歳一交焉，五山始峙而不动；张衡赋云，登蓬莱而容与兮，鳌虽抃而不倾；玄中记云，即巨龟也，一云海中大鳖。”见文献［19］，卷三天问章句第三离骚.

❽ 周拱辰注释云：“周拱辰曰，列子渤海之东有大壑焉，实惟无底之谷，其中有五山焉，一岱舆、二员峤、三方壶、四瀛洲、五蓬莱，其山高下周旋三万里，其顶平处九千里，山之中间相去七万里，以为邻居，其上台观皆金玉禽兽，纯缟琅玕，琪树丛生，华实食之，皆不老不死；所居之人，皆仙圣之种，一日一夕，飞相往来者，不可数焉；五山之根，无所连着，随潮上下不得暂峙，帝命禺强使巨鳌十五，举首而戴之，迭为三番，六万岁一交焉；五山始峙，又史记云，方丈、瀛洲、蓬莱三神山在渤海中，盖常有至者仙人，及不死之药皆在焉，鳌戴山抃何以安之，言鳌虽大，不大于蓬瀛之山也，何以首戴之而抃舞，且安置之直至六万岁一交也。”见文献［20］，卷三.

❾ 文献［21］，卷八.

❿ 文献［22］，卷二.

⓫ 文献［23］，卷第十六.

⓬ 文献［24］，卷七.

⓭（明）夏言. 恭和圣制朝泛舟于金海五首之四//文献［25］，卷五.

⓮《小蓬台志》载：“按东方朔三岛记，蓬莱在东海东北，周五千里，禹乘蹻车曾抵其所，秦皇遣徐福往求不死药，至辄有风引帆而返，俗疑其妄，会稽为东南大郡，旧称小蓬莱，则以其地儗之也，铁崖杨先生族出会稽而老扵淞上，即七者寮之东偏葺楼一所，颜曰小蓬台，示不忘越也，台俯大川，川别二支，其一南流，其一北折而东，中汇为百花潭，有三石梁跨川上，南曰金鳌，北曰铁龙，东曰玉虹，是淞之胜……”见文献［26］，卷之五.

⓯ 文献［27］，卷二十一癸亥.

⓰ 文献［28］，卷三.

⓱ 文献［29］，卷五.

⓲ 文献［30］，卷三.

⓳（金）王寂. 留题紫岩寺//文献［31］，卷二.

桥；山连海上金鳌背，天挂云间玉蝀腰。”[1]

时至明代，以金鳌玉蝀来命名或者描述桥梁的现象更加普遍，最典型的就是皇家在太液池上建金鳌玉蝀桥。明代官员崔世召和友人一起游西苑太液池，诗云：“人间何意到天河，玉蝀桥边问路过；仙阙半空槎是渡，周家全盛海无波。”[2]文徵明《遊西苑》云：“宛转瀛洲带幔坡，连蜷玉蝀压银河；广寒遥见空中树，太液微生雨后波。”[3]两文中将太液池比作天河，玉蝀桥跨于天河之上，通往仙阙，充满神话色彩。民间的“金鳌玉蝀桥”也非常普遍，明代文人方逢时《汀师桥》云：“山势金鳌涌，溪流玉蝀飞；华表丁令鹤，千年此地归。”[4]明代官员敖文祯和张惟寅俯瞰锦江景致，诗云：“宛宛青龙日夜浮，横波砥柱镇千秋；金鳌那得人间有，玉蝀疑从天上游。”[5]

清代基本延续“金鳌玉蝀”作为通往仙境之桥的传统，清代乾隆、嘉庆年间官员陈文述在《题王春波金鳌玉蝀画卷》之一中描述了画中的西苑里的金鳌玉蝀桥，诗云：“新涨金鳌活，晴云玉蝀眠；峰峦屏上影，台榭镜中天；水气金堤湿，松阴碧殿圆；偶然骑马过，也抵小游仙。”[6]文中生动地将金鳌玉蝀桥拟人化，烘托西苑的仙境氛围，还提到偶然骑马经过，也算是一次游览仙境的经历了。

综上，金鳌玉蝀桥是象征通往仙境的仙桥，从明代一直传到清代，已经成为重要的桥文化主题。在乾隆时期改造后，乾隆皇帝为桥身最大孔洞题有匾额和对联，《日下旧闻考》引《国朝宫史》载：“玉蝀桥亘太液池中，桥有九门，中门南额曰银潢作界，联曰玉宇琼楼天上下，方壶员峤水中央；北额曰紫海回澜，联曰绣縠纹开环月珥，锦澜漪皱焕霞标；皆皇上御书。”[7]乾隆皇帝非常有想象力，对金鳌玉蝀桥有两个比喻，产生了新的寓意：其一把金鳌玉蝀桥比喻为天上的“银潢”，即天上的银河，是天上的分界线；其二把金鳌玉蝀桥比喻为紫海的“回澜”，即仙海上的大波浪；乾隆皇帝将太液池比喻为“紫海”，紫海也是仙海，相传海水和海中物种皆是紫色[8]，后人也泛指其为蓬莱仙境[9]。海上有“方壶”、“员峤”和“玉宇琼楼”。处在仙境主题的园林环境中的桥富有仙意，桥的意义由桥的位置所决定。由此也反映了不可单独论桥，否则其丰富的文化寓意将因割裂桥与环境的关系而丧失。

八 结语

金鳌玉蝀桥是清代皇家园林中历史最悠久的桥梁，也是清代皇家园林中最长的石拱桥，形式修长、宽敞而优美，桥位于面状水上，划分水面，桥东端是面状陆景，西端是线状陆景，整体形成“面状水+长石拱桥”的组合模式（图13）。

金鳌玉蝀桥既是西苑景致的核心要素，观桥可成景、立桥可观景；又是园林格局的重要组织者，桥处在水陆两套交通脉络的枢纽点上，兼顾水陆两套景致空间，过桥可换景；还是传统文化的重要载体，象征通往仙境的坐骑神兽和彩虹之桥等。以一座桥来为切入点，竟然可以组织创造出如此丰富的景致和意境，可谓是牵一“桥”而动全“景”或全“园”[10]，这是中国古人的整体设计思维的具体体现。古人经营园林中的桥来造景，如同中医针灸人体的穴位来治病，桥和穴位皆是整体系统里的关键枢纽，皆不孤立而论。具体问题，整体分析，这种“整体性”思维是我们文化的固有特点，具有重要的理论与应用价值，非常值得今日学习和传承。中国古典园林中有无数的桥，还有众多精彩桥景有待挖掘。

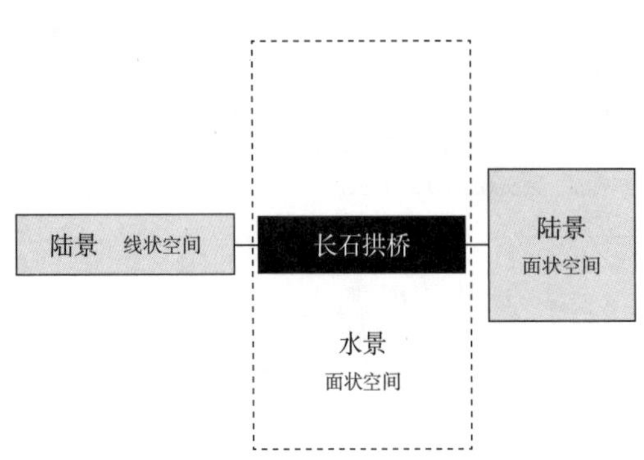

图13 金鳌玉蝀桥“桥景模式”示意图（图片来源：作者自绘）

[1]（元）赵镇远. 方玉父浮梁桥诗//文献［32］，卷二.

[2]（明）崔世召. 正月春前八日同叶机仲观西海榜人以絙系木板牵行冰上遍观虎城诸处心甚乐之赋得四首//文献［33］，卷下.

[3] 文献［34］，卷十.

[4] 文献［35］，卷八.

[5]（明）敖文祯. 祠部张惟寅奉使驻锦城楼居新构环眺诸胜俯瞰锦江爰制八咏用标奇观枉示山中各为絶句往荅恨弗遊目聊寄赏心//文献［36］，卷四.

[6]《题王春波金鳌玉蝀画卷》之二云：“栝柏森仙嶂，芭蕉隔禁园；遥瞻寿皇殿，近绕福华门；花近红双影，云堆翠一痕；何须问群玉，册府是西昆。”由以上两首诗的内容可确定画中金鳌玉蝀桥即西苑金鳌玉蝀桥。见文献［37］，诗选卷三古今体诗.

[7] 文献［13］，卷四十一.

[8]《杜阳杂编》载：“敬宗皇帝宝历元年，南昌国献玳瑁盆、浮光裘、夜明犀，其国有酒山紫海，盖山有泉，其味如酒，饮之甚美，醉则经月不醒；紫海水色如烂，椹可以染衣，其龙鱼龟鳖，砂石草木，无不紫焉。”见文献［38］，卷中.

[9] 明代刘绩《蓬莱小游仙》载：“仙子新从紫海归，酒香浮着五铢衣；卧看白鹿吃瑶草，满地琼云凝不飞。”见文献［39］，卷四百十一鹿类.

[10] 文献［6］：81.

参考文献

[1]（宋）周密. **苹洲渔笛谱疏证**［M］. 清乾隆刻本.
[2]（明）孙承泽. **春明梦余录**［M］. 清文渊阁四库全书本.
[3]（清）汪砢玉. **珊瑚网**［M］. 清文渊阁四库全书本.
[4]（清）冯桂芬.（**同治**）**苏州府志**［M］. 清光绪九年刊本.
[5]（清）弘历. **御制诗集**［M］. 文渊阁四库全书. 集部. 别集类.
[6] 严雨，贾珺. **清漪园绣漪桥"桥景"分析**［J］. 装饰，2019（08）：78-82.
[7]（元）脱脱. **金史**［M］. 百衲本景印元至正刊本.
[8]（元）陶宗仪. **南村辍耕录**［M］. 四部丛刊三编景元本.
[9]（明）吕毖. **明宫史**［M］. 文渊阁四库全书. 史部. 政书类.
[10]（清）纪昀等. **元明事类钞**［M］. 文渊阁四库全书. 子部. 杂家类.
[11]（清）高士奇. **金鳌退食笔记**［M］. 清文渊阁四库全书本.
[12]（清）王原祁等. **万寿盛典初集**［M］. 康熙五十五年武英殿刊本.
[13]（清）于敏中. **日下旧闻考**［M］. 清文渊阁四库全书本.
[14]（清）官修. **国朝宫史**［M］. 清文渊阁四库全书本.
[15] 任明杰. **金鳌玉蝀桥的历史变迁**［J］. 古建园林技术，2010（02）：61.
[16] 孔庆普. **金鳌玉蝀桥**［J］. 市政技术，1996（Z1）：22-24.
[17] 王其亨，王蔚. **北海**［M］. 北京：中国建筑工业出版社，2015.
[18]（清）陈作霖. **可园文存**［M］. 卷九. 清宣统元年刻增修本.
[19]（汉）王逸. **楚辞**［M］. 四部丛刊景明翻宋本.
[20]（汉）周拱辰. **离骚草木史**［M］. 清初圣雨斋刻嘉庆印本.
[21]（唐）王建. **王司马集**［M］. 清文渊阁四库全书本.
[22]（宋）范成大. **石湖居士诗集**［M］. 四部丛刊景清爱汝堂本.
[23]（宋）郭祥正. **青山集**［M］. 清文渊阁四库全书本.
[24]（元）顾瑛. **玉山名胜集**［M］. 清文渊阁四库全书本.
[25]（明）夏言. **夏桂洲文集**［M］. 明崇祯十一年吴一璘刻本.
[26]（明）贝琼. **清江文集**［M］. 四部丛刊景清赵氏亦有生斋本.
[27]（清）百龄. **守意龛诗集**［M］. 清道光读书乐室刻本.
[28]（汉）毛亨. **毛诗**［M］. 四部丛刊景宋本.
[29]（明）曹学佺. **诗经剖疑**［M］. 明末刻本.
[30]（明）徐嘉泰. **天目山志**［M］. 旧钞本.
[31]（金）王寂. **拙轩集**［M］. 清文渊阁四库全书本.
[32]（元）邓文原. **郭公敏行録**［M］. 元至顺刻本.
[33]（明）崔世召. **秋谷集**［M］. 明崇祯刻本.
[34]（明）文徵明. **甫田集**［M］. 清文渊阁四库全书本
[35]（明）方逢时. **大隐楼集**［M］. 清乾隆四十二年滋元堂刻本.
[36]（明）敖文祯. **薜荔山房藏稿**［M］. 明万历牛应元刻本.
[37]（清）陈文述. **颐道堂集**［M］. 清嘉庆十二年刻道光增修本.
[38]（唐）苏鹗. **杜阳杂编**［M］. 清文渊阁四库全书本.
[39]（清）汪霦. **佩文斋咏物诗选**［M］. 清文渊阁四库全书本.

乾隆时期北京万泉河上游皇家园林形成与发展述略

杨菁　高原
（天津大学建筑学院）

摘要：万泉河是北京西郊一条重要水系，泉眼众多，景色优美，自古便是京西游览胜地。清代第一座离宫御苑畅春园就建于此，从而开启了北京近郊的皇家园林营建历史。目前万泉河及其上游园林的研究多集中在康熙年间的畅春园，而对乾隆时期的转变及影响未及深入探讨，或较少联系自然地理条件将万泉河上游作为一个体系进而讨论。通过梳理史料文献和样式雷图档，力图从园林建设和水道治理两方面入手，探讨万泉河上游园林的景观特点及形成过程，再现乾隆时期万泉河上游的面貌和清帝在该区域的园林生活。

关键词：万泉河，乾隆，皇家园林，畅春园，泉宗庙，圣化寺

Outlining the Formation and Development of Royal Gardens in the Upper Reaches of the Wanquan River in Beijing during the Qianlong Period

YANG Jing, GAO Yuan

Abstract: Wanquan River is an important water system in the western suburbs of Beijing, with many spring eyes and beautiful scenery, and has been a tourist attraction. Changchun Garden, the first royal garden away from the Palace, was built here, starting the history of the construction of the royal garden in the suburbs of Beijing. At present, the research of Wanquan River and gardens with a focus on Changchun Garden during Kangxi years, while the transformation and influence during Qianlong years are not discussed in depth, or the upper reaches of Wanquan River are not discussed as a system. By examining the historical documents and Yangshi Lei Architectural Archives, we try to explore the landscape characteristics and formation process of the Wanquan River basin garden to reproduce the Qianlong period of the upper reaches of the Wanquan River and emperors' garden life in the regions, from the garden construction and waterway management.

Key words: Wanquan River;Qianlong; Royal Gardens; Changchun Garden; Quanzong Temple; Shenghua Temple

一　引言

海淀镇位于北京城西北约4.5公里处，平均海拔在50米以上，再向西，地势陡然下降，形成大片开阔的河谷地带，侯仁之先生称其为“巴沟低地”，称其东侧高地为“海淀台地”。这片低地正好位于古清河河道，地下潜流从南侧的河谷底部涌出地面，形成万泉河。万泉河以其独特的地形和丰沛的水资源，为海淀地区的园林营建活动及其他人文景观的形成奠定了基础。

通过对北京西郊地势和史料的综合分析，侯仁之先生推测：金代之前，海淀台地西南侧和今长河西南侧河岸一代是相连的，在西郊众水系和高梁河水之间形成一道小的分水岭[1]。玉泉水出瓮山泊后，沿地势直接流入巴沟低地，与万泉河汇流后，向北流入清河。此时，万泉河流域地势平缓，排水不畅，形成了大片沼泽和湖泊，并不适宜居住和农业活动。在金代修建太宁离宫时，为解决高梁河水源不足的问题，将今万寿寺前的一段小分水岭打通，引瓮山泊水接济高梁河上游，将西郊水系与闸河相连，以济漕运[2]（图1）。自此，长河河道初见雏形。如此一来，

❶ 文献［1］：112.

❷ 文献［1］：117.

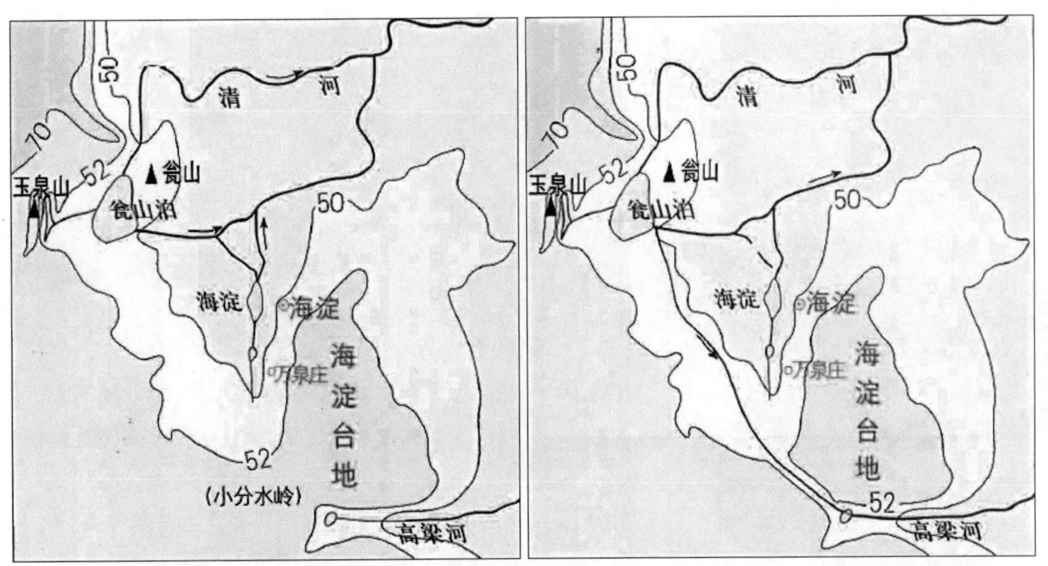

图1 海淀台地分水岭打通前(左),后(右)示意图[17]

巴沟低地水位有所下降，再加上当地人的垦殖经营，疏导沟渠，开辟了大片的荷塘、稻田和鱼池，将万泉河流域变成著名的京西稻田，在海淀台地西侧边缘俯瞰巴沟，只见河流纵横，町塍相接，宛如江南水乡。

金代在今北京城西南建金中都，而海淀正是出中都正北门北上路径中，可供过夜歇脚第一站。元人王恽所著《中堂记事》中，将其称为“海店”❸，这也是关于海淀的最早记载。元代在中都东北侧修建元大都之后，北上的道路也随之东移，海淀距都城的距离大为缩短，也不再作为北上路途中的驿站❹(图2)。此时，“丹棱沜”这一具有文学性的名称开始出现，说明这一带的秀丽风景和观赏价值得到认可，逐渐成为京郊休闲游览之地。到明代，城中来海淀游玩之人更是日益增多，“海淀”、“丹棱沜”也频频见于当时诗词和文人笔记。得天独厚的地理条件，使得海淀一带成为“**神皋之佳丽，郊居之胜选**”❺。明中叶之后，大量的私家园林在这一区域营建，其中又以武清侯李伟的清华园和米万钟的勺园最为人称道。有诗形容当时万泉河流域的园林建设状态为：“**丹棱沜边万泉出，贵家往往分清流。米园李园最森爽，其余琐琐营林丘。**”❻

明朝末期的万泉河流域已经是一派欣欣向荣的景象，田亩棋布，园林错落，镇市繁荣(图3)。在农业活动的基础上，万泉河流域的景观价值和文学价值也得到认可和开发，这些都为之后皇家园林的兴建提供了基础条件。

清初，康熙帝在明代李伟清华园旧址上营建第一座离宫御苑畅春园，开启了清帝居园理政的先河。畅春园基本继承了明代清华园的格局，利用万泉河水系“平地出泉”、“滮滮四去”的特点，建成大片水面为中心的平地水景园，建筑多邻水而建，营造环水而居的气氛。康熙帝在畅春园居住休憩，处理政务，侍奉东朝，使其成为紫禁城之外的另一处政治中心。随后，西花园在附近营建，作为畅春园功能的补充和延伸，并以万泉河为园林主要水源(图4)。

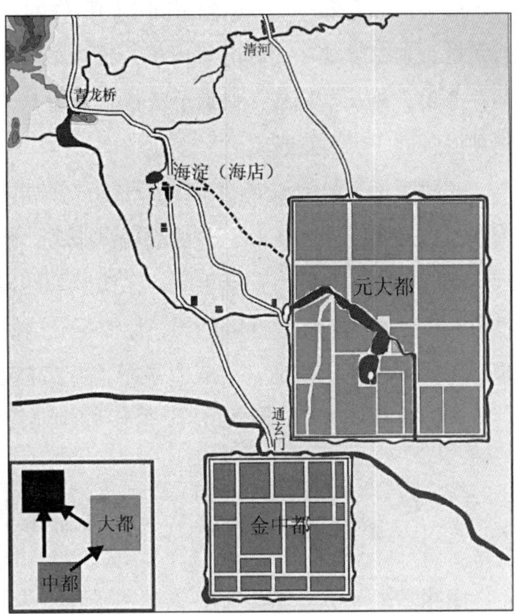

图2 海淀与金中都及元大都城之间的交通示意图[16]

西花园位于畅春园西墙外，是康熙帝未成年皇子在西郊的居所。每逢康熙帝来畅春园驻

❸文献[2]:“中统元年赴开平，三月五日发燕京，宿通玄北郭，六日早憩海店，距京二十里。”记载由金中都出发，自通玄门赴开平路过海淀之事。

❹文献[1]:328-330.

❺文献[14]:1266.

❻转引自文献[1]:123.

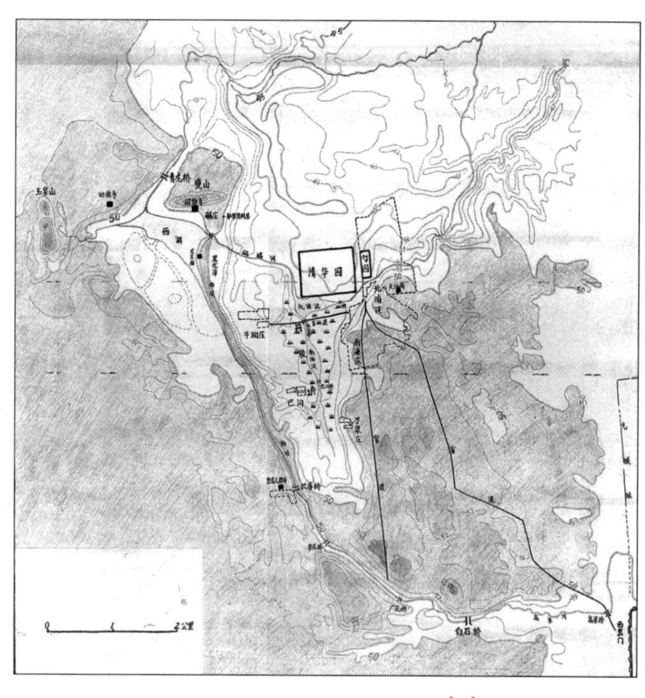

图3 明末海淀附近水道意想图[16]

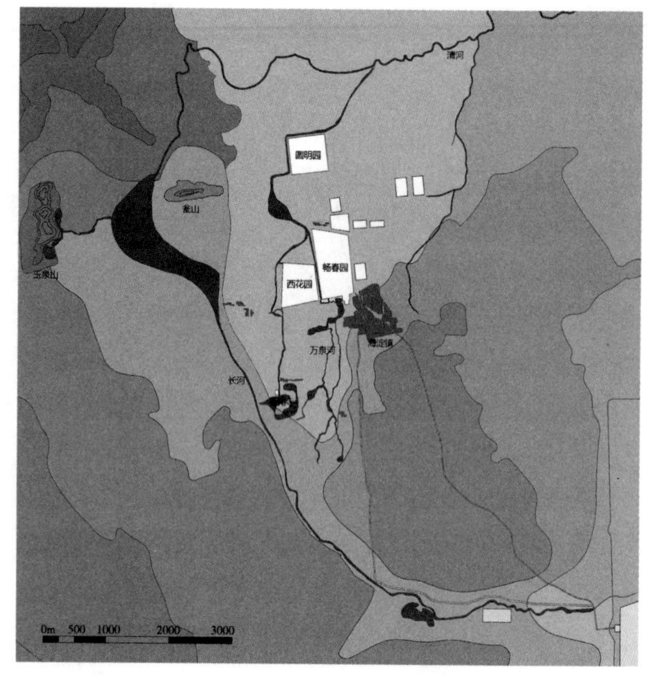

图4 康熙朝北京西郊主要园林水系分布示意图（图片来源：作者自绘）

跸，一众皇子便会随驾同行，住进其侧的西花园。康熙五十一年（1712年）三月，康熙帝携皇子在西花园赏花，写下诗句："春光尽季月，花信亦彷徨。细草沿阶绿，异葩扑户香。寸阴惜爨烛，尺影逐时长。心向诗书奥，精研莫可荒"❶，告诫后辈要精研诗书，万不可虚掷光阴。圣化寺位于万泉河西支的源头，为汉式藏庙，住喇嘛，其侧建别苑，是为虚静斋别墅，也称圣化寺别墅。康熙帝在政务之余，常来此小坐。乾隆八年（1743年）御制诗《虚静斋 皇祖旧题额也感而赋此》中就曾备注道："虚静斋别墅近圣化寺，皇祖常幸此。"❷

康熙帝格外关注畅春园内外农事，将其视为关乎国家农业生产之大计，并将万泉河一带的"稻田景观"应用于园林布局。自康熙二十三年（1684年）建设畅春园起，康熙帝便在园内开辟稻田，由庄头轮种❸。康熙二十六年（1687年）七月，康熙帝在畅春园观稻，写道："七月紫芒五里香，近园鏃种祝祯祥。炎方塞北皆称瑞，稼穑天工乐岁穰。"❹康熙三十二年（1693年）三月，康熙帝在近郊巡视，见到田间辛勤耕作的农户，又赋诗："省耕已届候，凤驾方来巡，前驱列式道，羽卫罗钩陈。时有田间子，荷耒披车尘，讥诃勿频数，疾苦当咨询。千耦幸终亩，二耜犹悬囷，糖蓑尔勤勤，恫恫予隐亲。"❺在康熙帝悯农重农治国思想指导下，万泉河上游稻田景观得以进一步的发展。

康熙时期万泉河流域的园林活动围绕畅春园展开：西花园是畅春园功能的补充，圣化寺作为皇室家庙为畅春园内的宗教活动提供服务。园林建设多为因地制宜，对原有自然地理环境的维护和改造程度有限。乾隆年间，在康熙朝建设的基础上，弘历多次疏浚万泉河水，并在水源地万泉庄建造泉宗庙，开辟稻田，添修圣化寺，进一步开发了万泉河上游的园林功能，并对万泉河上游环境积极改造，完成万泉河上游园林景观的复兴，在万泉河上游形成具备侍奉东朝、游赏、祈福祭祀功能的园林组群，和町塍相连的乡野景观。

❶文献［3］，四集，卷三十二.

❷文献［4］，初集，卷十五.

❸奏为畅春园耕种稻田停止轮派庄头庄事. 05-0075-008. 中国第一历史档案馆藏。"查康熙二十三年设立畅春园以来，园内并西厂二处所有应种稻地一顷六亩每年俱由头等庄头内一年轮流除派一名拨给石景山等处地十一顷三十四亩四分，每年租银三百八十余两。"

❹文献［3］，二集，卷五十.

❺文献［5］，卷三.

二 乾隆朝的转变

康熙六十一年（1722年），玄烨在畅春园清溪书屋驾崩。皇四子胤禛继位后，将日常驻跸之所由畅春园改在自己的皇子赐园圆明园。雍正元年（1723年），胤禛在畅春园东北部的清溪书屋东侧建恩佑寺，供奉圣祖仁皇帝御容，为其荐福。恩佑寺建成后，雍正帝基本每月都来此行礼，但未曾驻跸。畅春园经历了短暂的闲置，被用来练兵和驻军。至乾隆三年（1738年）正月，乾隆帝见西郊风景秀美、水源清洁、适宜颐养，便下旨：“朕孝养皇太后，应有温清适宜之所，是以奉皇太后驻跸于此，不忍重劳民力，另筑园囿。朕即在圆明园而敬葺皇祖所居畅春园，以为皇太后高年颐养之地，一切悉仍旧制，略为修缮，无所增加……。”[6]将畅春园修葺一番，重新启用，定为奉养东朝之地。

此后，弘历经常来畅春园向皇太后问安，在西花园的讨源书屋用膳。粗略统计，诗题中带有“诣畅春园问安”字样的御制诗就有七十余首。乾隆六年（1741年），弘历在《诣畅春园皇太后宫问安》一诗中写道：“窣地青丝两岸围，鸥波云影漾朝晖。轻舟喜近瑶池境，芳甸初开玉版扉。却忆含饴心切切（畅春园系皇祖临幸地也），每亲色笑乐依依。敬承孝治尊家法，长奉慈宁祎鞠辉。”[7]此时畅春园中湖光云影、百花齐放，景色宜人，想起当年圣祖在此居住，自己承欢膝下，今日自己在此奉养母后，也是一幅天伦之乐的图景。

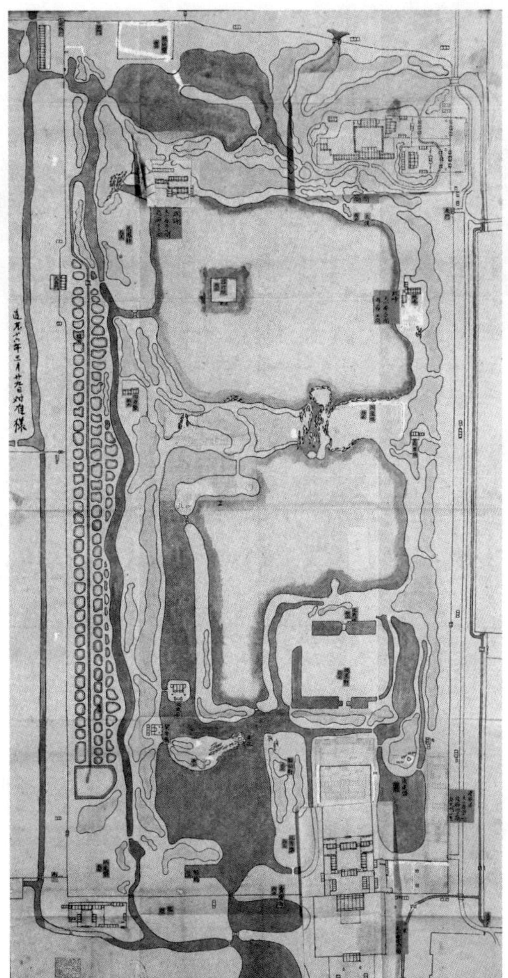

图5 畅春园地盘形势全图（图片来源：故宫博物院藏）

[6] 文献［8］: 246.

[7] 文献［4］，初集，卷五.

从康熙朝到乾隆朝，畅春园整体格局没有太大改变，仅对部分建筑进行了修缮和维护。正殿九经三事殿、澹宁居和康熙帝寝宫清溪书屋等旧有的清帝朝会、理政和就寝空间不再使用。贾珺曾在《清代离宫御苑中的太后寝宫区建筑初探》中，对清代离宫御园的太后寝宫空间进行对比分析。作为专供太后使用的独立御园，畅春园内皇太后宫位于中轴线上，如春晖堂、寿萱春永殿，等级较高，但仍次于主殿九经三事殿。畅春园功能的转变对万泉河流域的园林发展有着极为重要的影响，此后畅春园一带不再作为皇帝居园理政的场所，在皇家园林中地位有所降低，但保留了奉养东朝的功能，从而延续了清帝在万泉河一带的活动，并引发了乾隆帝后来对万泉河流域景观的开发（图5）。

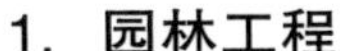

1. 园林工程

（1）兴建泉宗庙

乾隆帝十分关注万泉河的水源问题。乾隆二十九年（1764年），万泉河再度疏浚，乾隆帝去万泉庄视察疏浚成果，顺路去皇祖所建圣化寺小憩，写下《轻舆由万泉庄遂至圣化寺杂兴四首》：“西园犹忆放烟篷，岁久河湮舟不通。屈指阅年一十六（戊辰年有至圣化寺诗，至今凡十六年矣），未经行处忽应同。河西本藉昆明水，润罫方方待插秧。只有河东藉泉溉，为筹引导并潴藏。轻舆迤逦至祇园，古栢茏葱护法门。自是应忘一切处，不堪今昔个中论。”[8]乾隆帝此次驾临圣化寺距离上次已有十六年之久，圣化寺内外古朴雅致的氛围勾起他的回忆，万泉河流域的景色也给乾隆帝留下了深刻的印象，又因为万泉河时常壅塞，不利于那一带农业产生和园林供水，便萌生了整治万泉河的念头。乾隆三十一年（1766年），乾隆帝第四次南巡归来后不

[8] 文献［4］，三集，卷三十八.

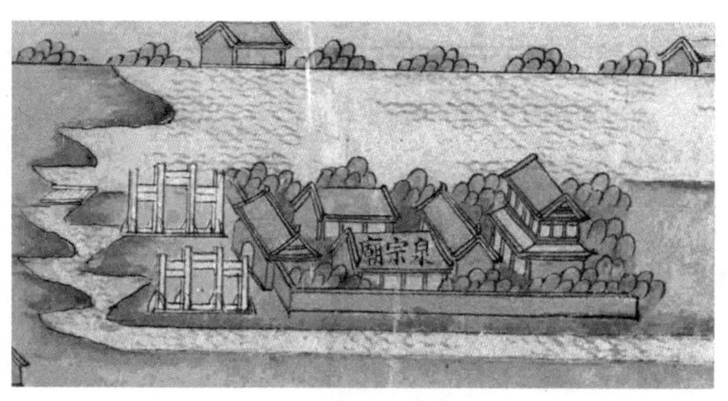

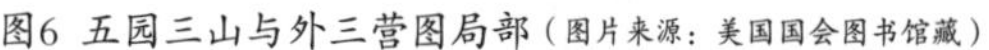
图6 五园三山与外三营图局部（图片来源：美国国会图书馆藏）

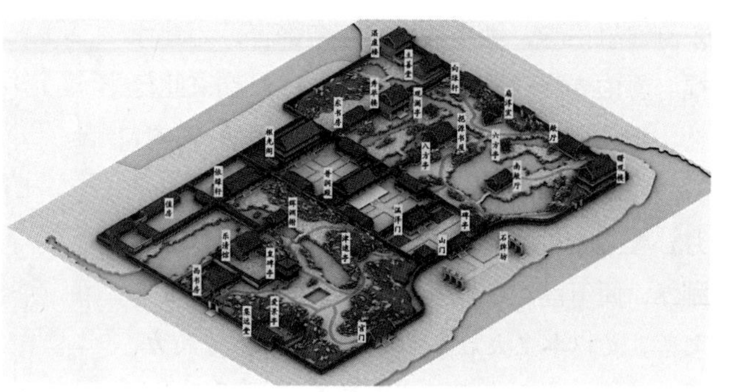
图7 泉宗庙复原模型

久，便着手在万泉河源头修建泉宗庙。次年六月四日，泉宗庙落成，乾隆帝奉皇太后到泉宗庙游览，并写下《六月四日诣泉宗庙瞻礼遂奉皇太后游览》：“祠建泉宗始昨春，落成此日礼泉神。为开稻町资输注，亦构松轩备豫巡，皓日宜旸辉彩栋，熏风递爽奉安轮。园楼拾级犹堪望，香在绿畴乐是真。”[1]乾隆帝修建泉宗庙，原因有两方面。其一为治水，万泉河因年久自然淤塞，乾隆帝疏通泉眼，并在周围开辟稻田，在水源地建设泉宗庙，意图保护万泉河水源；其二为游赏，万泉庄一代自然环境优越，景色秀美，又临近畅春园，乾隆帝在向皇太后问安之后驾临泉宗庙，或赞叹园中的美丽景色，或思考治国理政之道理，留下一百余篇御制诗篇。

泉宗庙“缭垣三百九十四丈”[2]，园内园外淙泉无数，被乾隆帝命名的就有三十二处（图8）。一幅国图所藏编号123-007的样式雷图不但清晰展现了泉宗庙建筑布局，也将庙内泉眼一一贴签标出。建筑分东、中、西三路。中路建筑为寺庙，三进院落，庙前左右立坊。正殿普润殿供奉龙神，其后为二层的枢光阁，奉北极以镇之，取元武主水之义，祈望神明保佑风调雨顺。东西两苑为庭苑，依自然条件理水叠山，缀以亭台楼阁，可供游览休憩。东苑造景以水为主体，水面蜿蜒曲折，以假山点缀其间。建筑与水的关系极为紧密，或邻水而立，或三面环水，或跨于河闸之上。建筑类型更多为敞厅亭台，整体视野较开阔，布局灵活。西苑造园则以山为主。园东侧和南侧均堆有大面积的沙山，占据了园区的大部分面积，仅在园偏北侧有一L形水面。建筑多成组群布置，且与山石关系更为紧密。依绿轩背山面水；乐清馆院落隐于假山之后；爱景亭院落坐落假山之上，而且不论人从哪个入口进入西苑，视线均先被沙山阻挡，营造一种峰回路转，豁然开朗的景观意象（图7）。

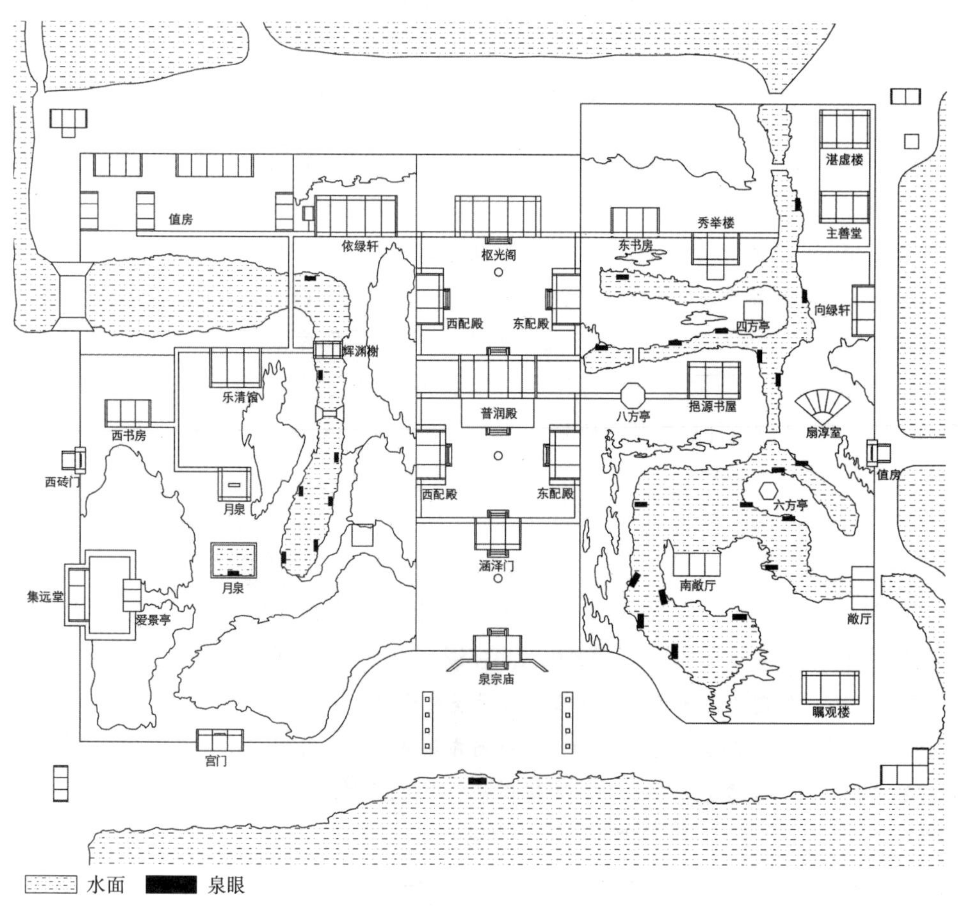

图8 泉宗庙泉眼分布图

[1] 文献［4］，三集，卷六十六.

[2] 文献［6］，卷七十九.

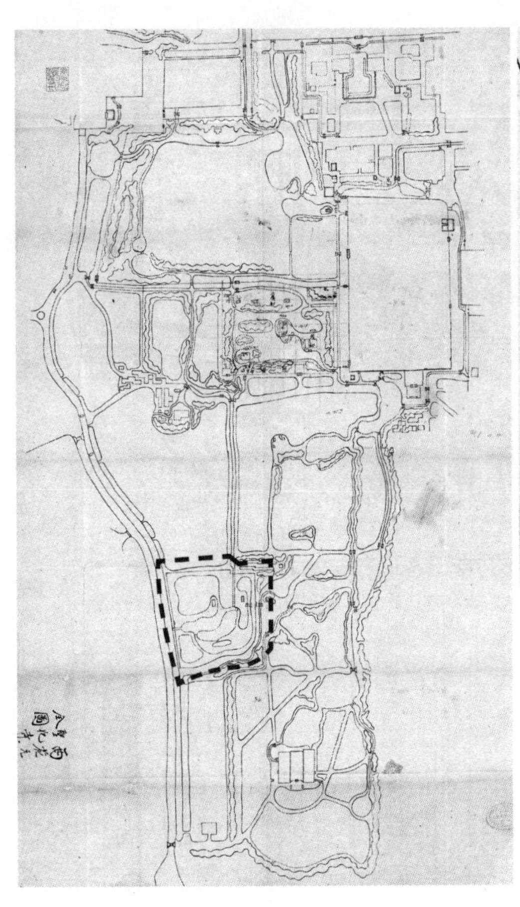
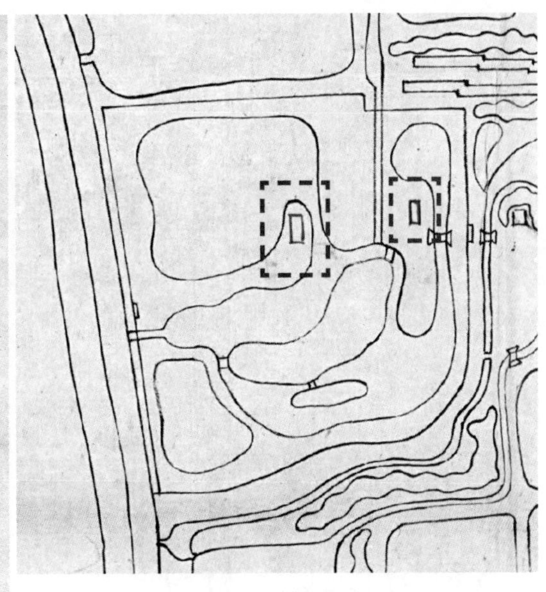

图9 西花园圣化寺全图（底图来源：故宫博物院藏）

（2）扩建圣化寺

圣化寺始建于康熙年间，位于万泉河西支源头，西临长堤，北邻巴沟村。圣化寺园林面积与西花园相当，包含寺庙区、北所和含淳堂景区三部分[3]。

故宫博物院所藏一幅题名为《西花园圣化寺全图》的样式雷图档完整展现了清中晚期万泉河流域的水系及园林布局情况（图9），所绘范围北至圆明园宫门，南至泉宗庙，西至长河东堤，东至海淀台地西侧边缘。图中绘出了圣化寺园林的围墙，并标出东门和西门的位置。彼时圣化寺仅余的两组建筑，寺庙区和永宁观见图9中标注[4]。虽然园林建筑已尽数拆去，未在图上绘出，但圣化寺内的水陆格局基本完整。

《钦定日下旧闻考》中对圣化寺北所位置描述较为模糊：**“圣化寺山门外左右建桥，由东闸桥度河迤西为北所”**[5]。因不确定东闸桥的位置，北所位置也无法确定。在国图藏样式雷图“圣化寺、宝真观地盘糙底”（204-023）一图中，不仅绘出了圣化寺寺庙部分和宝真观的建筑布局，在圣化寺前绘有一条向东延伸的路，路端头标记有疑似“北所”字样[6]（图10）。由此可以推断，北所位于寺庙区东侧，与寺庙区隔巴沟河并肩而立，而“东闸桥”也并非位于圣化寺山门东侧，而是位于整个圣化寺景区之东（图11）。

圣化寺寺庙区，山门三楹，后为天王殿，正殿五开间，额为香界连云，二门内为五楹三皇殿。西侧门内为观音阁，其后为御座房。东路为龙王殿，其后为星神殿（星君殿），再后为一组僧房（图12）。出山门后东行，过巴沟河，见宫门三楹，即为圣化寺北所北所再东行即为永宁观，再北为东门。北所西南侧，碧水环抱的小岛上，有一组建筑，重檐宫门内有正殿三楹，为含淳堂，即南所。北所建筑均系康熙年间营建，布局规整，风格朴素，与寺庙并置。南所建筑布局灵活，建筑形式多变，更具园林趣味。乾隆帝54首描写圣化寺景物的御制诗文中，描写南所建筑的有44首。圣化寺各个区域之间以水面相互分隔，通过河上石桥桥沟通联系。

[3] 文献［6］，卷九十九.“圣化寺建自康熙年间，近寺为北所，为含淳堂。”

[4] 文献［6］，卷七十八.“……圣化寺北门有行殿二所，东距行殿二里许为东门，门内为永宁观。（圣化寺册）”

[5] 文献［6］，卷七十八.

[6] 在现藏于国图的一份《钦定畅春园总管内务府现行则例》中有如下记载：“道光三年四月奉旨，永宁寺著改为慈佑寺，永宁观著改为宝真观……”由此可以确定，宝真观即为永宁观。

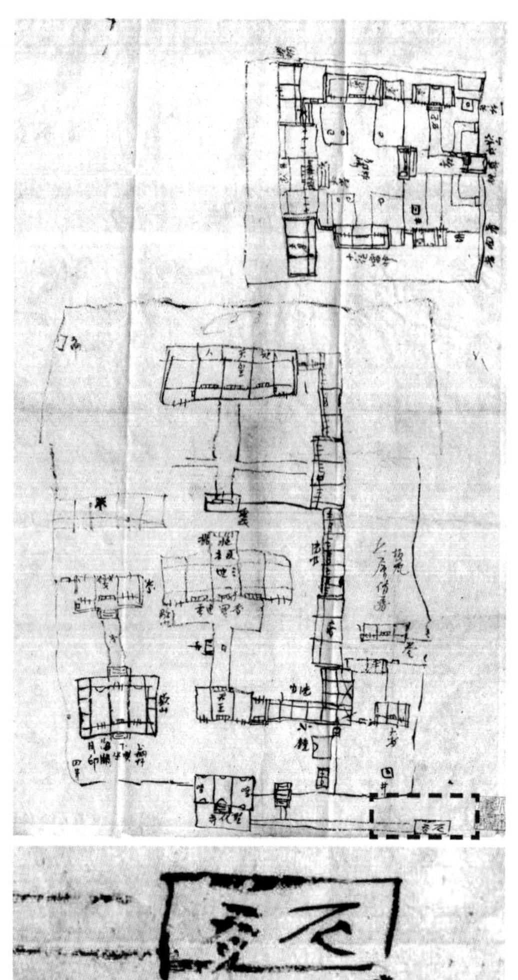

图10 圣化寺、宝真观地盘糙底（样式雷图档128-002）（图片来源：国家图书馆藏）

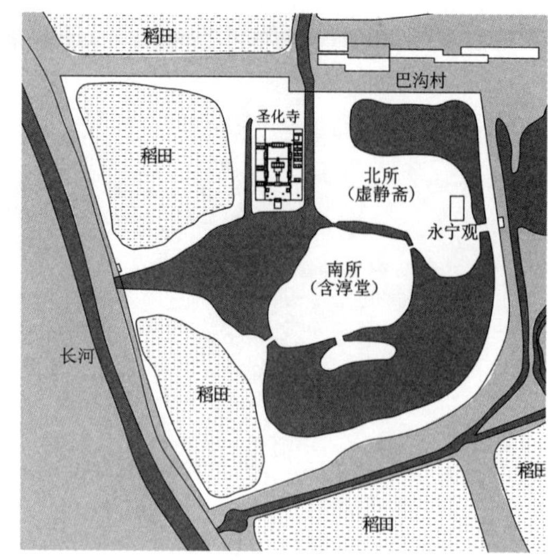

图11 圣化寺园林布局复原图（图片来源：作者自绘）

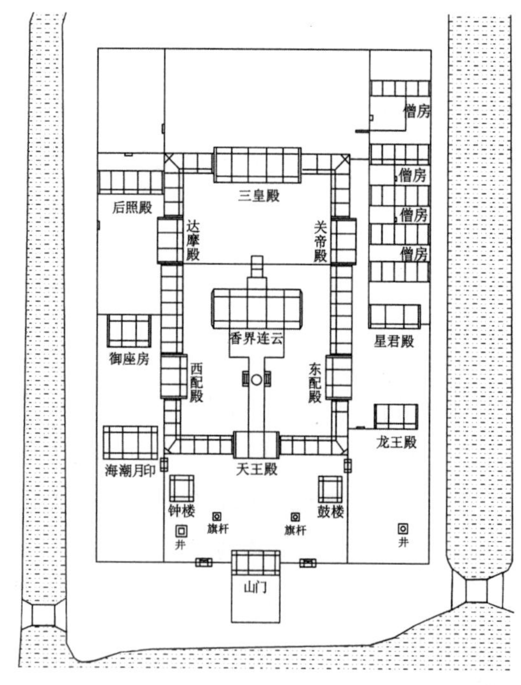

图12 圣化寺寺庙平面复原示意图（图片来源：作者摹自样式雷图档128-002，中国国家图书馆藏）

乾隆三十二年（1767年）七月十一日，内务府奏称："……新建泉宗庙、圣化寺殿宇俱经陈设，应设苑丞等官，请在于现有人员内品级职衔量为更易以期充应各差，至打扫地面，坐更值宿之园户园隶俱由畅春园等处拨派……"[1]由此可见，在泉宗庙工程进行的同时，乾隆帝也将圣化寺修葺、扩建并重新启用。在乾隆三十二年（1767年）一篇题名为"万泉庄等处御笔匾额成做安挂"的奏折中有如下记载：

"（七月）初六日……匾命计用：辉渊榭、曙观楼、津逮亭、爱景亭、湛虚楼、挹源书屋、依绿亭、主善堂、秀举楼、乐清馆、观润亭、扇和堂，万泉庄新工。

"集远堂、得真斋、敷嘉室、带岩亭、瞩岩楼，襟岚书屋、幕翠轩，圣化寺新工。"[2]

泉宗庙的名称是在建成之后才命名的，此时工程尚未竣工，故被称为"万泉庄新工"。这篇奏折也进一步说明，修建泉宗庙和扩建圣化寺的工程是同时进行的。这篇奏折中匾文名称与史料记载略有出入，依绿亭实为依绿轩，观润亭实为观澜亭，扇和堂实为扇淳室，而集远堂应在泉宗庙内而非圣化寺。此次工程圣化寺新增景点六处，为得真斋、敷嘉室、带岩亭、瞩岩楼，

[1] 文献［12］，26册，309.

[2] 文献［11］，30册，394.

襟岚书屋和幂翠轩，均在含淳堂景区（南所）内[3]。

与很多寺庙园林有寺无僧的情况不同，圣化寺寺庙区在东路设有僧房。乾隆帝就曾在由万泉庄来圣化寺的路上写道：“**梵宇百年多古树，黄衣列候喇嘛僧。金仙圣化谁能识，若论化民吾未能。**”[4]。圣化寺中所住为喇嘛，和畅春园西北侧的永宁寺一样（永宁寺建于康熙年间），是一座汉式藏庙。弘历在乾隆五十一年（1786年）的御制诗备注中如是写道：“**永宁寺额为皇祖御笔，当日振兴黄教，又安中外期于万祀永宁，圣意至为深远。**”[5]永宁寺和圣化寺为同一时期汉式藏庙，建设主要目的之一就是振兴黄教。两座汉式藏庙一方面承担着为畅春园办道场、做法事的功能，另一方面也是康熙帝“兴黄安蒙”治国思想在园林中的最早体现，其后在承德建设的避暑山庄及外八庙建筑群，正是对这一思想的发展和完善。

（3）乾隆帝游赏活动

泉宗庙和圣化寺的工程标志着万泉河流域的景观价值得到发掘，在此之后，乾隆帝来万泉河流域活动次数明显增多。泉宗庙和圣化寺不仅仅是帝王游乐休憩的庭园，乾隆帝在此处祭祀祈雨，澄怀散志，问农观稼，共写下了222首御制诗篇，足见乾隆帝对此区域园林和水系的重视。

乾隆帝的起居注中对这一区域的活动多记录为“**诣泉宗庙圣化寺拈香**”，不见更详细的记录，但是根据乾隆御制诗，我们可以大概梳理出乾隆帝在万泉河流域常用游赏的线路。以弘历在乾隆三十五年（1770年）早春的一次游览为例，乾隆帝先去畅春园向皇太后请安，随后到无逸斋传膳听政。午时之前，从无逸斋出畅春园南门，轻车简从，沿着长堤自在南行，去往泉宗庙。一路上春寒料峭，冰雪未消，但泉水仍奔流不止，遥见泉宗庙内亭台错落，心情舒畅。乾隆帝先到泉宗庙东苑游赏，在挹源书屋、扇淳室、曙观楼、向绿轩、主善堂、秀举楼几处提诗，而后又到泉宗庙西苑游赏，在乐清馆、辉渊榭、依绿轩、集远堂几处写诗，之后沿万泉堤至圣化寺小坐[6]，路上写下《自万泉堤至圣化寺》一诗，描述一路所见：“**万泉左右总溪田，田上长堤一缕连。不似防川资保障，也因观稼勤民天。地气方酥冻未消，鳞塍冰积代泉浇。便因回路仍寻胜，圣化都无五里遥。近观围苑柳丝黄，迤逦轻舆进苑墙。行漏泠泠未临午，弃闲耐可到溪堂。溪堂高下列亭台，各有名称各义赅。设问今游义何在，苔言乘兴觅题来。**”[7]接着，又到圣化寺南所含淳堂、得真斋、瞩岩楼、翠幕轩、襟岚书屋几处游览题诗（图13）。

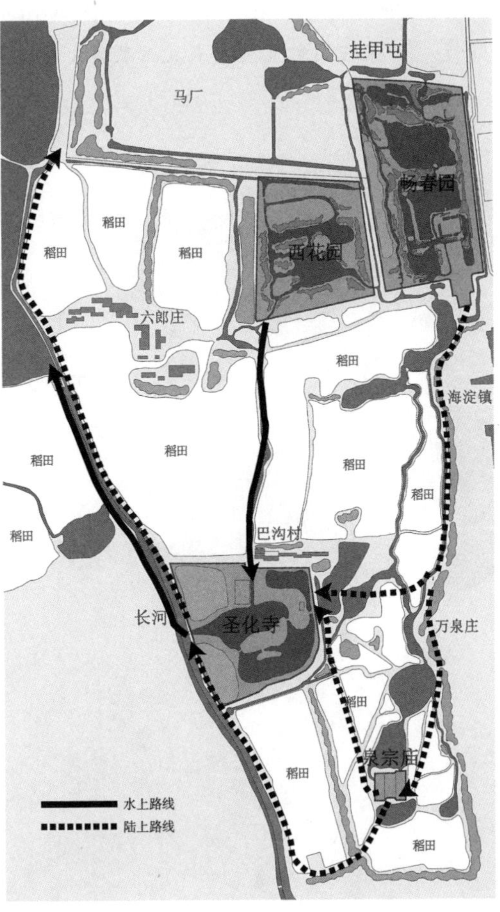

图13 万泉河上游园林间交通路线示意图（图片来源：作者自绘）

泉宗庙和圣化寺建设完成后，不仅是万泉河上游游览路径中的关键节点，也成为皇帝往来于西郊园林和宫殿途中歇脚的一站。泉宗庙位于畅春园之南，乾隆帝常在畅春园向皇太后请安后，先到泉宗庙拈香小憩，而后再起驾回宫。[8]圣化寺位于长河东岸，是长河水路交通上的重要景点。《钦定大清会典则例》写道：“如

[3] 文献[6]，卷七十八. “自北所东桥转西，重檐宫门内正殿三楹，为含淳堂，殿后重檐佛楼一楹，其右临池，正宇五楹，佛楼后正宇六楹，为得真斋，其西为带岿亭，东为羃翠轩，轩东为仙楹佛楼，东宇为湛凝斋，左为敷嘉室，仙楹之东为襟岚书屋，稍南循廊而西为瞩岩，又南敞宇曰泉石且娱心……含淳堂，湛凝斋，仙楹诸额圣祖御书，得真斋，带岿亭，羃翠轩，敷嘉室，襟岚书屋，瞩岩楼诸额皆皇上御书……”

[4] 文献［4］，三集，卷九十一.

[5] 文献［4］，五集，卷二十.

[6] 文献［4］，三集，目录十一：“无逸斋、出畅春园门自堤上至泉宗庙杂咏、题挹源书屋、扇淳室、曙观楼得句、向绿轩、主善堂、秀举楼、乐清馆有会、辉渊榭、题依绿轩、集远堂、自万泉堤至圣化寺、含淳堂、得真斋、瞩岩楼、题翠幕轩、襟岚书屋。”

[7] 文献［4］，三集，卷八十七.

[8] 文献［12］，28册，153. “三月二十八日辛亥，上诣春晖堂请皇太后安，幸泉宗庙拈香，驾还宫。”

圣驾由水路自畅春园西南门经圣化寺至长春桥，以营总三人护军恭领副护军恭领十有六人，护军校护军二百四十名，于长河两岸清跸。”[1]同时，圣化寺和泉宗庙也在皇帝出巡、谒陵、郊坛祭祀等活动路线中扮演重要角色。乾隆三十一年（1766年），乾隆帝恭谒泰陵时，先到圣化寺传膳休息，再启程谒陵。乾隆四十六年（1781年）二月，乾隆帝从圆明园起銮，巡幸五台，也是先到泉宗庙拈香小坐，再启程西巡。[2]

2. 万泉河水的利用和治理

万泉河景观的形成离不开在这一时期乾隆帝对万泉河水的利用和治理。通过梳理史料，发现乾隆在这一时期对万泉河主要采取了三方面人工干预。

其一为开辟稻田。万泉河流域水源丰沛，地势平缓，自然条件优越，故聚落和人民的垦殖活动由来已久。明嘉靖年间，牛栏庄（今六郎庄）一名就已见于记载[3]。明人描述万泉河流经之处的景象为“十亩潴为湖，二十亩沈洒种稻，厥田上上。”[4]入清之后，该区域在清初的圈地运动中被划为官地，由庄头负责耕种管理，直至清末，所种稻种就是由康熙帝在畅春园内选育的“京西稻”。乾隆帝在乾隆二十九年（1764年）疏浚河水，并在其后几年内修园林庙宇、广辟稻田，其中一个重要原因就是看中了此地得天独厚的农业生产条件。至清中叶，京西稻田多半分布在此（图14），万泉河流域成为御米最主要的产区，也由此形成了“水田千罫都芃绿[5]”的景象。万泉河流域也成为乾隆帝观稼、体察民情的首选之地。但与此同时，稻田种植活动也在一定程度上加剧了万泉河流域的用水紧张和河道壅塞的风险。至清后期，万泉河疏于管理，河道淤塞，水源枯竭，很多水田改为旱田。

其二为修建东堤并开泄水涵洞。乾隆年间，乾隆帝将瓮山泊水面扩大，修建东堤，并沿堤开泄水涵洞，以长河之水补给万泉河流域水源。乾隆帝在乾隆五十年（1785年）《挹源书屋》中写道：“万泉庄固称泉盛，未及玉泉实大源。借得长河一分水，（长河之源为玉泉汇昆明湖之水，南流其势甚大，万泉庄虽有泉不及此，也故长河东岸为涵洞，分流北注以灌稻田，而泉宗庙亦借其流为湖沼）益增曲沼势潺湲。地势右高左乃低，长堤为界隔东西。南流水自涵洞泄，翻向北流灌稻畦。”[6]万泉河虽然泉眼众多，但仍无法和玉泉水相比，也难以独力供给周围稻田和园林用水，乾隆帝利用长河两岸的自然地理高差，在东岸设泄水涵洞，以保证万泉河流域用水充足（图12）。

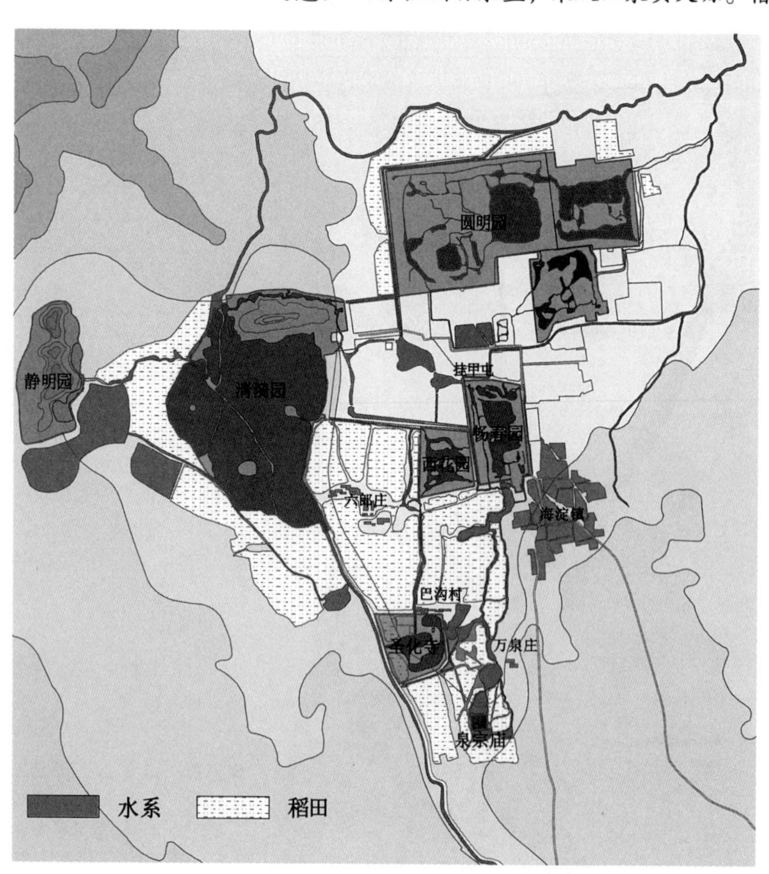

图14 乾隆时期北京西郊情形示意图（图片来源：作者根据参考文献［16］改绘）

其三为疏导河渠，对河道清淤，并在泉水汇流之处开挖养水池蓄水。万泉河流域地势低平，水流缓慢，极易壅塞。乾隆帝为了保证园林及农业供水，对万泉河流域进行过多次治理工作，以乾隆三年（1738年）的工程为例，总管内务府档案奏折称“……内开万泉庄水泉乃畅春园、圆明园等处河道之源，是以泉水流畅始足以供两园之用，今经年久，水泉壅滞，以致园内有时缺水，理宜挑挖修理，请交与奉宸苑详细踏看自万泉庄起至圆明园西南闸，量其宽窄深浅，如何疏浚之处，估计具奏，挑挖修

[1]《钦定大清会典则例》，卷一百八十，文渊阁《四库全书》内联网版.

[2] 文献［12］，31册，78.“二月二十二日乙丑上幸五台自圆明园起銮，诣泉宗庙拈香。”

[3] 文献［13］：14.“北河沿往北至西直关，至都城西北角外……牛栏庄。”

[4] 文献［14］：126.

[5] 文献［4］，三集，卷九十一.

[6] 文献［4］，五集，卷十六.

理仍照旧例交绿旗兵弁，不时巡查，勿使壅滞。”[7]本次工程中清挖万泉庄至圆明园西南闸河道二千五十丈，开挖万泉庄接流泉源水沟八道为引水河，疏浚万泉庄原有泉眼并另开展水源九处，新开养水池两处，所清淤泥用于堆培附近土山，修建翻新桥梁四座，基本保证了万泉河流域的园林供水和万泉河流域的功能。

在此期间，万泉河流域水利并没有专门的部门和军队进行管理。乾隆二十四年（1759年）七月初三日，和尔经额在疏浚万泉河水道之后，曾向皇上谏言道：“万泉庄之水地处源头，最为紧要，但沟浍之流非大河通渠可比，现在虽已疏浚，若至水落之时，蔓草丛生，落叶旋积，两边颓卸沙土，雪冻结于中，迨至春融，水泮必有淤塞之处，若再动项派员疏浚，年年总做，终非经久之计。奴才谨拟将万泉庄水源泉窍沟池至菱茭泡河渠闸座，仰恳圣恩，照昆明湖闸军之列，添设闸军二十名。”[8]

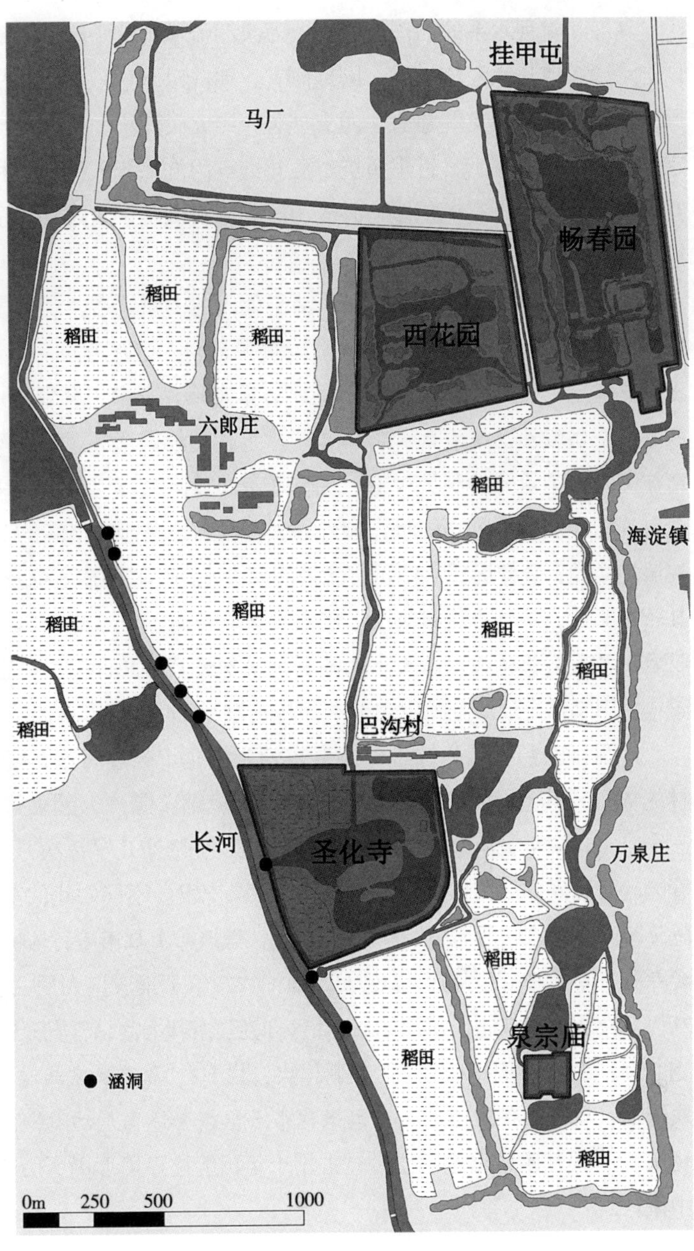

图15 乾隆时期万泉河流域园林寺庙聚落分布图（图片来源：作者自绘）

奏折中说明了万泉河淤塞的原因和现状，建议在万泉河从万泉庄水源一带至菱茭泡（畅春园之南）一段河道按照昆明湖闸军之例添设闸军二十人，专门管理这一带的水源，但是建议没有被乾隆帝采纳。[9]

万泉河时常壅塞的问题并没有得到根本性的解决，为万泉河流域的衰败留下了隐患，在日后一定历史时期内加速了万泉河流域的衰败，但导致其衰落的真正原因还是功能的丧失和清朝的衰落。

三 园林特点

乾隆时期，万泉河上游园林景观有四方面的特点。

其一，园林的形成与发展和京城与西郊之间的路径密切相关。万泉河流域刚好夹在长河与清代苏州街这两条从京城到西郊园林的重要水陆交通线之间，既可作为路径中停留修整的场所，也是途中景观的组成部分。泉宗庙和圣化寺建设完成后，就成为皇帝往来于西郊园林、出巡、谒陵、郊坛祭祀等活动路线中的重要节点。

[7] 奏为报销修理万泉庄等处河道桥梁所用银两数目相符事. 05-0022-027. 中国第一历史档案馆藏.

[8] 奏为圆明园万泉庄等处河渠奉旨养哲库讷管理事. 05-0173-066. 中国第一历史档案馆藏.

[9] 奏为圆明园万泉庄等处河渠奉旨养哲库讷管理事. 05-0173-066. 中国第一历史档案馆藏. 朱批“知道了，闸军不必添设，着交哲库讷管理，如有应清理之处即着伊清理。钦此。”

其二，重视水系的治理与涵养。万泉河流域地势平缓，水资源丰沛，在此流域的园林都选址于水源头或泉水汇流之处，因地制宜，建成以水景取胜的园林景观。圣化寺和泉宗庙分别位于万泉河西支和东支的源头。西支从圣化寺北门流出，经巴沟河流入西花园和马厂；东支在泉宗庙发源后一路北上，过黑鱼坑、菱角泡等河泡后流入畅春园和西花园。万泉河将几座园林相互串联，成为一个有机整体，并成为圆明园及周围宗室赐园的重要水源。乾隆帝修建园林，更有以此来保护万泉河水源的深意。

其三，稻畦千亩，扶农治田。清王朝入主中原之后，历代皇帝都将农业视为立国之本，观稼问农也成为清代皇家园林中的常见景观意向，这在万泉河上游的园林景观中表现最为突出。正如乾隆三十三年（1768年）所咏："万泉度地建泉宗（泉宗庙建于万泉庄），祈泽由来为利农。颇有轩亭供缀景，俯临春水正溶溶。"[1]大片的稻田形成了万泉河上游园林景观的底景，也是清帝往来路途中重要的观赏对象，在乾隆帝25首诗描写往来于园林之间的御制诗中，半数以上都含有观稼问农的内容。同时，园外的大片水田也是园内借景的对象。泉宗庙东苑建有几座高出院墙的楼阁，登楼远望，便可将园外的漠漠水田尽收眼底。弘历就在《曙观楼》中写道："首夏日轮东北升，层楼出墙拾级登。曙观之名真足副，沧凉旦气和而清。下视水田鳞叠好，今年秧较常年早。夏长秋收期尚长，此时敢即期万宝。"[2]总而言之，在清帝重农思想的影响下，稻田景色由田园风光延伸至民生之根本，并成为万泉河上游园林体系中不可分割的一部分。

其四，以畅春园为核心，侍奉东朝为主题。乾隆时期，畅春园仍然是万泉河流域皇家园林的核心，其他园林各项事务均归畅春园管辖，园户、园隶等也俱由畅春园统一拨派。乾隆三十二（1767年）年至四十二年（1777年），乾隆帝几乎每次万泉河流域的游赏活动都是在以畅春园向太后问安后，直接出南门或从西花园出发。不仅如此，孝养的主题也贯穿在游览路线中。乾隆帝就在泉宗庙西苑爱景亭中赋诗道："假山之上敞闲庭，远瞰近泉无遁形。北望畅春园咫尺，爱兹恒得奉慈宁。"[3]在乾隆四十二年（1777年）崇庆皇太后去世后，乾隆帝再未踏足畅春园，却仍多次驾临泉宗庙，每每触景生情，追忆往日时光。乾隆五十二年（1787年），乾隆帝由泉宗庙回宫，路过畅春园大西门，心潮起伏，写下："取路泉宗庙进京，大西门外必经行。不堪东望默增恨，倏已十年迅可惊。昔惧强称弗忍惧，今怦真是切心怦。卧碑射中承欢识，都作番番梦境呈。"[4]虽然距慈母过世已经过去了十年，但往日情形仍历历在目，今天故地重游，不禁悲从中来。

❶文献［4］，三集，卷七十一.

❷文献［4］，五集，卷十六.

❸文献［4］，三集，卷六十六.

❹文献［4］：五集，卷二十八.

❺畅春园旧址的范围南至北四环路，北至北京大学畅春园以北的蔚秀园路，西达万泉河路，东至恩佑寺恩慕寺山门所在的颐和园路。蔚秀园南墙外东端曾立有"畅春园东北界"的石碑，现已无存（图19）。西花园全址被划在海淀公园内，作为城市公园。泉宗庙和圣化寺的旧址被修为居住区。

四　余论

乾隆朝之后，畅春园陷入了长时间的闲置，随之而来的是管理松懈，房屋坍塌，物料拆抵，万泉河上游皇家园林颓势已不可挽回。清朝末年，万泉河上游的园林和寺庙都远离了皇家生活，随着圆明园的弃用，对万泉河水源也不再进行统一的维护和治理，致使河道逐渐壅塞，水源日渐枯竭，至民国时期，万泉河流域已成为农田或荒野，盛极一时的皇家园林也淡出人们的视野。

20世纪80年代，万泉河河道被裁弯取直，河上石桥被拆去，部分河道改为暗渠，彻底失去其生态景观功能。2000年修建北四环西路，以外发现畅春园大宫门和西花园石桥遗址，遂进行了考古发掘，畅春园在沉睡多年后又重回公众视野。现如今，北京大学西门外的恩佑寺、恩慕寺琉璃山门是该区域唯一历史遗存（图16～图18）。根据相关样式雷图档、现存地名、考古发现并综合比对历史舆图，我们可以大致了解曾经万泉河流域皇家园林的位置[5]（图20）。

图16 恩佑寺恩慕寺庙门老照片（图片来源：刘阳，翁艺著. 西洋镜下的三山五园［M］. 北京：中国摄影出版社，2017.）

图17 恩佑寺恩慕寺现状图（图片来源：作者自摄）

图18 燕京大学鸟瞰（局部），可见恩佑寺恩慕寺山门及影壁和畅春园内开垦情形（图片来源：秦风老照片馆编. 航拍中国1945 美国国家档案馆馆藏精选［M］. 福州：福建教育出版社，2014.）

图19 畅春园界碑（图片来源：张超. 畅春园恩佑寺与恩慕寺的前生今世. 海淀史志，2018（01）.）

图20 万泉河上游园林区位今昔对比图（图片来源：根据百度地图改绘）

五 小结

万泉河位于永定河故道的泉水溢出带上，地下水资源极其丰沛，水文特点为泉眼众多，河湖纵横，地势低平，水流缓慢，是从事农业生产的上佳之地，至迟于明代便出现了村镇和农田。清早期皇家园林如澄心园、香山行宫多依山而建，幽深静谧，颇具山林野趣，但离京城较远，难以日常驻跸。万泉河流域水资源丰沛，自然条件优越，近有万泉之水，远可借西山之景；位置适宜，交通便利，距京城距离合适；更有明代清华园的建设基础，清代第一座大型离宫御苑畅春园便选址于此，开启了清帝居园理政的先河，成为紫禁城之外的又一政治中心。依托自然条件，建造平地水景园，其后，供皇子居住的西花园在这一区域营建，皆以水为景观主体，万泉河流域园林功能进一步完备。康熙朝之后，畅春园功能被圆明园取代，成为皇太后园，不再作为核心。乾隆帝依托其地自然条件，在前人基础上建设园林、养护水源、开辟稻田，使万泉河上游园林景观得以复兴。

至此，万泉河流域河湖水系基本定型，园林建设完备并形成了连续的游览路径，最终形成了侍奉东朝、游赏、祭祀等功能为一体的园林景观。万泉河上游皇家园林依托万泉河上游丰沛的水源，建成以水为核心的平地水景园，并借景周边农田、聚落、河泡，从而形成别具一格的园林景观。另外，乾隆帝对万泉河上游的水系的整治和园林建设活动在养护水源、农业生产等方面都起到了积极的作用，使得河流免于淤塞，万泉河上游成为京西最大的稻米产地，是园林艺术与自然生态紧密结合的成功实例，更是清代皇家园林的重要组成部分。如今万泉河上游园林、水系破坏严重，遗址无存，对这段历史的发掘和研究是对北京西郊皇家园林研究的补充，对北京“三山五园”文化建设具有重要意义。

参考文献

[1] 侯仁之. **北京城的生命印记**[M]. 北京：生活·读书·新知三联书店，2009.
[2]（元）王恽. **中堂记事**[M]. 文渊阁《四库全书》内联网版.
[3]（清）玄烨. **圣祖仁皇帝御制诗文集**[M]. 文渊阁《四库全书》内联网版.
[4]（清）弘历. **御制诗集**[M]. 文渊阁《四库全书》内联网版.
[5]（清）**汪灏佩文斋广群芳谱**[M]. 文渊阁《四库全书》内联网版.
[6]（清）于敏中. **日下旧闻考**[M]. 文渊阁《四库全书》内联网版.
[7]（清）**钦定畅春园总管内务府现行则例**[O].
[8] 中国第一历史档案馆. **乾隆朝上谕档**[M]. 桂林：广西师范大学出版社，2008.
[9] 贾珺. **清代离宫御苑中的太后寝宫区建筑初探**[J]. 故宫博物院院刊，2002（05）：33-44.
[10] 杨菁，高原. **从样式雷图档看北京"三山五园"的水利工程**[J]. 紫禁城，2019（02）：128-141.
[11] 中国第一历史档案馆，香港中文大学文物馆合编. **清宫内务府造办处档案总汇**[G]. 北京：人民出版社，2005.
[12] 中国第一历史档案馆. **乾隆帝起居注**[G]. 桂林：广西师范大学出版社，2002.
[13]（明）张爵. **京师五城坊巷胡同集**[M]. 北京：北京古籍出版社，1982.
[14]（清）孙承泽. **春明梦余录**[M]. 北京：北京古籍出版社，1992.
[15] 杨剑利. **清代畅春园衰败述略**[J]. 故宫博物院院刊，2015（02）：115-125.
[16] 岳升阳. **侯仁之与北京地图**[M]. 北京：北京科学技术出版社，2011.
[17] 侯仁之. **北京历史地图集（文化生态卷）**[M]. 北京：文津出版社，2017.

高阁临湖迥且虚，庆典本缘学武昌

——清漪园望蟾阁探析[1]

贾珺
（清华大学建筑学院）

摘要： 清代乾隆年间，北京西北郊御苑清漪园南湖岛上营造了一座望蟾阁，全盘模仿当时武昌黄鹤楼的造型，同时在群体格局和山水环境方面也与黄鹤楼所在的江岸一带有所呼应，成为园中重要的景观标志和观景场所，深受乾隆帝喜爱，为之赋诗多首。本文通过历史文献和相关图像资料的梳理，对望蟾阁写仿黄鹤楼的经过进行考证，并对其景观特色和文化内涵作进一步的探析。

关键词： 清漪园，望蟾阁，黄鹤楼，写仿，文化内涵

[1] 本课题研究得到国家自然科学基金“基于古人栖居游憩行为的明清时期园林景观格局及其空间形态研究”（项目编号51778317）的资助。

A Study of Wangchange in Qingyiyuan

JIA Jun

Abstract: Wangchange (Moon Watching Tower) was constructed on South Lake Island in Qingyiyuan, the imperial garden located in the northwest suburb of Beijing during Qianlong period of Qing dynasty. The building imitated the Yellow Crane Tower in Wuchang, also echoed to the group layout and landscape environment of the prototype. As the important landscape sign and viewing place, Emperor Qianlong liked it very much and wrote many poems for it. Based on historical documents and related visual materials, the author tries to research the imitating construction process of Wangchange, and make further exploration to its landscape features and cultural connotation.

Key words: Qingyiyuan; Wangchange; Yellow Crane Tower; imitation; cultural connotation

一　引言

清代乾隆十四年（1749年）冬季，朝廷对北京西北郊的水系开展大规模的整治工程，重点是加挖西湖以形成容量更大的蓄水库。乾隆十五年（1750年），乾隆帝借“为皇太后祝寿”的名义，将瓮山改名为万寿山，西湖改名为昆明湖，兼做水军训练基地，同时在治水工程的基础上进一步改造山形水系，动工营建大型御苑，次年将这座新园定名为“清漪园”。乾隆二十九年（1764年）全园基本建造完成，与香山静宜园、玉泉山静明园合称为“三山行宫”。

清漪园的整体格局全盘摹拟杭州西湖，另有多处景致参照各地的名园胜景进行仿建，如惠山园仿无锡寄畅园、赅春园仿江宁永济寺、睇佳榭仿西湖丁家山蕉石鸣琴、凤凰墩仿无锡黄埠墩、须弥灵境仿西藏桑耶寺、报恩延寿寺塔仿杭州六和塔等，琳琅荟萃，卓然大观。此外，还在昆明湖南湖岛北侧仿武昌黄鹤楼修造了一座望蟾阁，成为清代皇家园林写仿景致中一个非常特殊的案例。

关于清漪园望蟾阁仿武昌黄鹤楼的史实，清华大学建筑学院编《颐和园》和张龙先生博士论文《颐和园样式雷图档综合研究》均有明确论述，刘潞先生主编的《十八世纪京华盛景图——清乾隆皇太后〈万寿图〉全览》一书作了更为详细的研究，条分缕析，见微知著。本文拟在已有研究的基础上，搜寻更多的历史文献和图像资料，对清代乾隆时期武昌黄鹤楼和清漪

园望蟾阁的建筑概况作更全面的考证和分析，并试图进一步探究望蟾阁的景观特色、写仿手法和文化内涵，以期更清晰地呈现这处已经消失的经典园林建筑的旧貌。

二　江畔崇楼

黄鹤楼旧址位于武昌长江东岸蛇山黄鹄矶（又名黄鹄山、黄鹤山、石城山），相传始建于三国东吴黄武二年（223年），历代屡建屡毁，却一直是驰誉天下的名楼。关于“黄鹤”之名的来历说法不一，大多与古书记载的各种仙人驾鹤故事有关。唐宋以降，文人墨客吟咏不绝，以崔颢《黄鹤楼》诗最为著名，被严羽《沧浪诗话》推为“唐人七言律诗第一”[1]。一千多年来，又有多位名家为之作画，分别展现了不同时期的建筑形象。其中元代夏永笔下的黄鹤楼建于高台之上，由多座楼阁组合而成，最高一楼采用重檐歇山屋顶（图1）。明代安正文笔下的黄鹤楼共有三重屋檐，歇山屋顶的两面分别垂直插入一个小歇山顶（图2）。

[1] 文献［4］: 40.

乾隆《江夏县志·古迹》详载了不同版本的黄鹤楼典故：“黄鹤楼在黄鹄山。《南齐书》：仙人王子安乘鹤过此。又世传费文伟登仙驾黄鹤憩此。《报恩录》载：鄂辛氏市酒，山头有道士数诣饮，辛不计酬。道士临别取橘皮画鹤于壁，曰：‘客至，拍手引之，鹤当飞舞以侑觞。’遂致富。踰十年，道士复至，取所佩铁笛吹数弄，白云自空飞来，鹤亦下舞，道士飘然乘鹤去。辛氏即其地建楼，曰辛氏楼。唐阎伯理作《郢记》，以文伟事为信。或又引梁任昉记，谓驾鹤者乃荀瓌，字叔祎，所遇虹裳羽衣客非文伟也。按《述异记》，叔祎憩楼上，西望有物飘然降自云端，乃驾鹤之宾也。宾主欢对，辞去，跨鹤腾空，渺然烟灭。后人误为文祎也。”又载明代嘉靖至清代乾隆年间此楼的历史沿革：“按宋陆游记，当时楼已废，故址亦不复存，问之老吏，云在石镜亭、南楼之间，未知何年复建。嘉靖末火，隆庆五年都御史刘悫重建，汪道昆为之记，崇祯癸未毁于贼。国朝顺治中，御史上官鉝重建。康熙三年毁于火，总督张长庚、巡抚刘兆麟重建，布政刘显贵监造。甲申，总督喻成龙、巡抚刘殿衡修。壬寅，总督满丕、巡抚张连登修，布政张圣弼督修。乾隆□年御书‘江汉仙踪’题额。”[2]

[2] 文献［7］，卷15.

乾隆六十年（1795年）前后，著名文士汪中应湖广总督毕沅之邀，作《黄鹤楼铭》详细描

图1　元代夏永绘《黄鹤楼图》（图片来源：云南省博物馆藏）

图2　明代安正文绘《黄鹤楼图》（图片来源：上海博物馆藏）

绘黄鹤楼周围环境及此楼概貌："江出峡，东至于巴邱，沅、湘二水入焉；又东至于夏口，汉水入焉。于是西自岷山，西南自牂牁，南自桂岭，西北自嶓冢，五水所经半天下，皆汇于是，以注于海。而江夏黄鹄山当其冲，江环其三面，再折而后东，故地形称险焉。县因山为城，山之西有矶，起于江中，石立如植，激水逆行，恒数里，于形为尤险。其上为楼，咸取于山，以为名。始自孙吴，郦氏著之；《齐》《梁》二书，并载其迹。于后，楼之兴废，史莫能纪。乾隆元年，大学士史文靖总督湖广，乃更其制。自山以上，直立十有八丈，其形正方，四望如一，高壮闳丽，称其山川。历年六十，坚密如新。"❸另一位文士陈本立《黄鹄山名胜记》载："黄鹄山名石城山，长竟里，高十寻有奇，东连高冠，绵亘郡城。先是圭土为城者置此山阛阓中，首瞰大江，头陀寺显蔽之，又黄鹤楼扼其吭。……更上即黄鹤楼，楼上高百尺，八窗洞达者三层，嵌空玲珑，胜甲三楚。"❹

❸（清）汪中. 黄鹤楼铭//文献［11］: 59.

❹（清）陈本立. 黄鹄山名胜记//文献［7］，卷12.

乾隆时期宫廷画家关槐曾经绘有一幅《黄鹤楼图》（图3），现藏于台北故宫博物院，图上表现了当时黄鹤楼的准确形象和周围的山水景致，可与同时期的文献相互印证。楼坐落于小山之麓，西临江岸，以一圈不规则的短垣环绕，前设拱门，后有殿堂亭轩，自成一院。楼高三层，主体部分平面呈正方形，四面各出三间抱厦，屋顶为攒尖式样，特异之处在于每面抱厦之上突

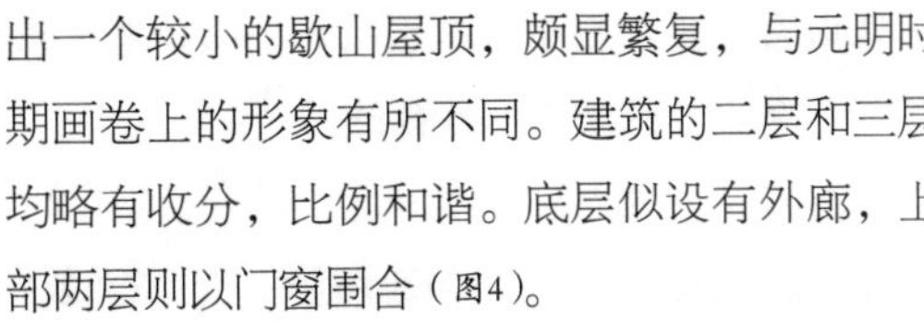

出一个较小的歇山屋顶，颇显繁复，与元明时期画卷上的形象有所不同。建筑的二层和三层均略有收分，比例和谐。底层似设有外廊，上部两层则以门窗围合（图4）。

此楼四个立面完全一致，被汪中概括为"四望如一"。有一处细节需要辨析：抱厦外凸的侧面并非垂直于主体部分，而是呈斜抹状态，使得平面轮廓更加复杂，相当于在四个正向之外又增加了四个斜向的观景视角，各个斜面与正面都设有槛窗，被陈本立称为"八窗洞达"。

关于乾隆时期黄鹤楼的高度，汪中称"十有八丈"，陈本立称"百尺"（即10丈）。清制1丈合今制3.20米，则18丈为57.6米，10丈为32米。现存中国古代最高的木构建筑为辽代所建的山西应县佛光寺释迦塔，高约67.31米；其次

图3 清代关槐绘《黄鹤楼图》（图片来源：台北故宫博物院藏）

图4 清代关槐绘《黄鹤楼图》局部（图片来源：台北故宫博物院藏）

为清代乾隆年间所建承德普宁寺大乘阁，高36.65米；第三为光绪年间重建的颐和园佛香阁，高36.44米。武昌黄鹤楼仅有三层，不可能达到57.6米之高，而32米左右则是相对合理的尺度。据张子安先生推算，同治时期基本按照原样重建的黄鹤楼总高约九丈七尺五寸[1]，合31.2米，也基本符合“百尺”的说法，可为旁证。

中国古代水景名胜区常常修建高大楼阁，成为标志性的中心建筑，同时又是登临观赏周边风景的最佳场所，如洞庭湖畔的岳阳楼、赣江东岸的滕王阁、黄河之滨的鹳雀楼，均为流传千古的名楼。黄鹤楼属于同样的情况，扼守长江、汉水两条大河的交汇口，巍峨雄壮，耸出山际，极为醒目。登楼一观，四面八方、远近高低的山水、林木、亭台全部历历在目，隔江西岸有龟山与蛇山相对，延伸至江面的禹功矶上建有晴川阁，江中有鹦鹉洲，而蛇山之南的洪山上有一座明初所建的宝通寺塔，北面有重峦叠嶂的大别山，武昌、汉阳、汉口三镇的街市闾巷也尽收眼底。

清代诗人延续前朝传统，经常登黄鹤楼赏景、宴饮，为此楼写下很多诗篇，不吝赞美之辞。如清初曾任湖广提学道佥事的王孙蔚《黄鹤楼》诗云：“独立飞楼尺五天，窗环平野入樽前。长江晚结千峰雨，大别晴开万树烟。紫雁北来迷楚浦，白云西去认秦川。凭栏愁看陶公柳，舞却春风又一年。”[2]祖籍安徽歙县、久居武昌的程封《喜黄鹤楼新成》诗云：“楼际重听汉水声，四窗依旧白云生。当年玉笛重吹彻，此日朱甍又落成。江上渺茫仙子路，山前荒废楚王城。登临不禁悲今古，犹见晴川树影横。”[3]

乾隆帝平生足迹未履湖北，没有亲眼见过黄鹤楼，但非常熟悉历代咏楼诗文，曾经通过画卷领略其风貌，并为此楼御笔题写“江汉仙踪”匾额，还先后作过三首御制诗，其中《黄鹤楼》诗云：“迥临雉堞瞰江流，崔颢题诗楼上头。太白顾而不复作，卓哉此意足千秋。”[4]另外两首分别为明代仇英和清代邹一桂各自所绘《黄鹤楼图》而作，前诗曰：“两个地仙谁跨鹤，千秋佳话空传楼。高楼江夏今好在，我欲寻之叹路悠。莫谓昔人传昔事，试看春水生春洲。依然别馆拈吟处，不知何事惹闲愁。”[5]后诗曰：“黄鹤楼高古名迹，一桂惨淡图成之。汉阳树影连空翠，鹦鹉芳草仍离披。自言奉使偶经过，追摹烟景曾无遗。我虽未登快骋望，楚江坐对奚然疑。即今一桂亦如我，向所俯仰徒存思。”[6]仰慕之意，跃然纸上。

武汉博物馆藏有一幅《江汉揽胜图》（图5），图上绘有黄鹤楼，且带有仇英落款，但未盖清宫印玺，应该不是当年乾隆帝所见的那幅仇英《黄鹤楼图》。另有学者考证此图为清代画家托名而绘，图上的黄鹤楼实为清代形象而非明代原貌[7]，与关槐图上的黄鹤楼较为相近。

嘉庆、道光年间文人张宝（字仙槎）曾将个人游历过的各地胜景画成一套《泛槎图》，其中一幅《黄鹤晚眺》描绘了黄鹤楼风光（图6），仅画了两层楼阁，但四出抱厦和组合式屋顶的形象还算准确。

图5（题）明代仇英绘《江汉揽胜图》（图片来源：武汉博物馆藏）

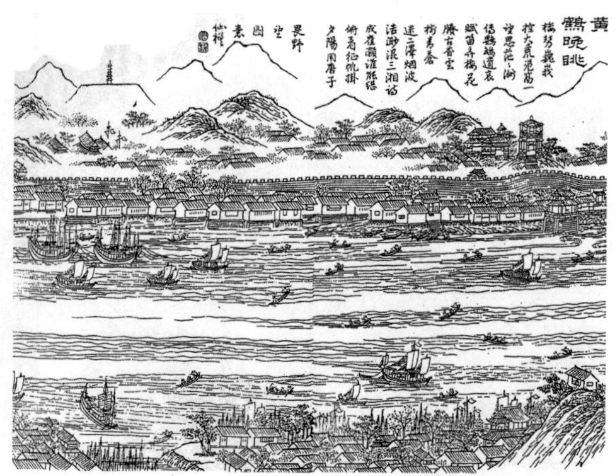
图6 清代张宝绘《泛槎图·黄鹤晚眺》[12]

1 文献［17］：40.

2（清）王孙蔚. 黄鹤楼//文献［7］，卷14.

3（清）程封. 喜黄鹤楼新成//文献［7］，卷14.

4（清）弘历. 高宗御制诗三集［M］. 清代光绪二年刊本，卷94，黄鹤楼.

5（清）弘历. 高宗御制诗初集［M］. 清代光绪二年刊本，卷30，南苑行宫题仇英《黄鹤楼图》用崔颢韵兼效其体.

6（清）弘历. 高宗御制诗二集［M］. 清代光绪二年刊本，卷10，黄鹤楼歌题邹一桂画.

7 文献［19］：13-16.

嘉庆十年（1805年）苏州文人沈复曾游黄鹤楼，在《浮生六记》中记载："武昌黄鹤楼在黄鹄矶上，俗呼为蛇山。楼有三层，画栋飞檐，倚城屹峙，面临汉江，与汉阳晴川阁相对。余与琢堂冒雪登焉，仰视长空，琼花飞舞，遥指银山玉树，恍如身在瑶台。"❽

据李华先生《清代黄鹤楼建筑考》考证，咸丰五年（1855年）太平天国起义军攻占武昌，放火焚毁黄鹤楼。同治四年（1865年）至六年（1867年）在湖广总督李瀚章、湖北巡抚郭西荫的主持下进行重建❾。同治、光绪年间有几幅黄鹤楼老照片留存至今（图7，图8），可以清晰辨别其造型仍为正方形平面的主体四面出抱厦，抱厦侧面斜抹45°，屋顶为攒尖式，每面另加歇山小顶，底层留有一圈通透的外廊。与乾隆时期相比，主要差异在于二、三层均无收分，外观保持直上直下。

光绪十年（1884年）黄鹤楼再次失火被毁，同年出版的《点石斋画报》上刊载吴友如（名嘉猷）所绘《古迹云亡》一图（图9），刻画了当时烈焰腾飞的场景，并附有简短文字记录❿。1957年建长江大桥武昌引桥时，占用了黄鹤楼的原址。1981年在距离旧址约1000米的蛇山峰岭上重建复古风格的新黄鹤楼，1985年落成，内部采用钢筋混凝土结构，五层总高51.4米，与历史上任何时期的原貌都不完全相同。

三 万寿盛典

乾隆十六年（1751年）正逢乾隆帝生母崇庆皇太后六十岁生日，在北京举行了盛大的庆典，王公重臣、蒙藏贵族、各地官员、外邦使节齐集，为此特意在紫禁城西华门至西郊清漪园东宫门沿途道路两侧张灯结彩，寺庙、店铺修饰一新，还搭建了大量的楼阁、亭轩、戏台、彩棚、牌楼、园林，其间唱戏奏乐，罗列仪仗，场面极为热闹。

仪典期间所搭楼台都属于临时的布景性质，分别由清宫内府、王公贵胄和地方官员负责起造，庆典过后即予拆除。其中各地供奉的彩楼往往竭力表现本地的特色，穷极工巧，其情形有些类似新中国国庆期间各省送京的彩车。

图7 英国约翰·汤姆逊（John Thomson）1871年摄武昌黄鹤楼旧照（图片来源：旧影志工作室提供）

图8 19世纪70年代佚名摄武昌黄鹤楼旧照（图片来源：旧影志工作室提供）

图9 清代吴友如绘《古迹云亡图》[9]

❽（清）沈复. 浮生六记［M］. 北京：人民文学出版社，2010：77-78.

❾ 文献［18］：387.

❿ 文献［9］，乙集，第48图.

乾隆年间著名学者赵翼在《檐曝杂记》中记录了当时亲眼所见的景象："皇太后寿辰在十一月二十五日。乾隆十六年，届六十慈寿，中外臣僚纷集京师，举行大庆。自西华门至西直门外之高梁桥，十余里中，各有分地，张设灯彩，结撰楼阁。天街本广阔，两旁遂不见市廛。锦绣山河，金银宫阙，剪彩为花，铺锦为屋，九华之灯，七宝之座，丹碧相映，不可名状。每数十步间一戏台，南腔北调，备四方之乐，侲童妙伎，歌扇舞衫，后部未歇，前部已迎，左顾方惊，右盼复眩。游者如入蓬莱仙岛，在琼楼玉宇中，听《霓裳曲》，观羽衣舞也。其景物之工，亦有巧于点缀而不甚费者。或以色绢为山岳形，锡箔为波涛纹，甚至一蟠桃大数间屋，此皆粗略不足道。至如广东所构翡翠亭，广二三丈，全以孔雀尾作屋瓦，一亭不啻万眼。楚省之黄鹤楼，重檐三层，墙壁皆用玻璃高七八尺者。浙省出湖镜，则为广榭，中以大圆镜嵌藻井之上，四旁则小镜数万，鳞砌成墙，人一入其中，即一身化千百亿身，如左慈之无处不在，真天下之奇观也。时街衢惟听妇女乘舆，士民则骑而过，否则步行。绣毂雕鞍，填溢终日。余凡两游焉。此等胜会，千百年不可一遇，而余得亲身见之，岂非厚幸哉！京师长至月已多风雪，寒侵肌骨，而是年自初十日至二十五日，无一阵风，无一丝雨，晴和暄暖，如春三月光景，谓非天心协应，助此庆会乎？二十四日，皇太后銮舆自郊园进城，上亲骑而导，金根所过，纤尘不兴。文武千官以至大臣命妇、京师士女，簪缨冠帔，跪伏满途。皇太后见景色巨丽，殊嫌繁费，甫入宫即命撤去。"❶

❶文献［5］：14-15.

文中特别提到"楚省"进贡了一座模仿黄鹤楼的楼阁。这座楼阁由曾任湖广总督的阿里衮进献，所谓"楚省"即湖北、湖南两省的代称。

据《清史稿》记载，阿里衮字松崖，钮祜禄氏，满洲正白旗人，为内大臣尹德第四子、大学士讷亲之弟，乾隆初年出任总管内务府大臣，乾隆十五年（1750年）任湖广总督，次年改任两广总督。后官至户部尚书、协办大学士。乾隆三十四年（1759年）十二月在征伐缅甸的军营中去世，谥号襄壮，入祀贤良祠❷。阿里衮与崇庆太后同为钮祜禄氏一族，深受乾隆帝宠信，此次为万寿盛典所献楼阁最为恢宏壮丽，冠绝各省。

❷文献［10］，卷313.

图10 清代宫廷画家绘《万寿图》中的黄鹤楼形象[14]

乾隆十六年至二十六年（1751—1761年），宫廷画家张廷彦等奉旨工笔绘制一套由四幅长卷组成的《万寿图》，全面展现了崇庆太后万寿盛典的绚丽场景。在第四卷《兰殿延禧》图上可见皇城西安门内大街上新建一座楼阁，造型酷似武昌黄鹤楼，正是阿里衮所进的贺寿贡品（图10）。

这座楼阁共有三层，体量硕大，在正方形平面的主体四面各出一间抱厦，抱厦侧面均呈45°斜向。各层分别设有一圈开敞的外廊，围以木质栏杆，地面铺设花毯。二层与三层均以斗栱架设平坐层。屋面采用攒尖顶，每面各置一座悬山小顶，二层抱厦完全开敞，同时则采用独立的歇山顶。各层檐均铺绿色琉璃瓦，屋脊及兽件、宝顶则为黄色琉璃所制。门窗花格采用宫廷最高规格的"三交六椀菱花"样式。各层外面一圈廊柱刷深绿色油漆，内柱刷红色油漆，柱头、额枋、斗栱、栏板均绘有彩画。三层檐下分别挂满花灯，玲珑剔透，充满喜庆色彩。按赵翼所记，其墙壁安装了高达七八尺的玻璃，十分昂贵。

此楼的平面与立面形式与关槐《黄鹤楼图》上的黄鹤楼如出一辙，均有"四望如一""八窗洞达"的特点，区别在于上部两层的收分更加明显，二层抱厦的歇山顶更为别致，此外檐角、门窗、兽件、斗栱、彩画等细部做法可能更近于北方官式建筑，但总体上明显就是武昌黄鹤楼的翻版。

四 湖上高阁

清漪园昆明湖中筑有南湖岛、藻鉴堂、治镜阁三座岛屿，象征神话中的东海三仙山。南湖岛靠近东岸，以一座十七孔桥连通，《日下旧闻考》对此岛格局有简略记载：“廓如亭西度长桥为广润祠，祠西为鉴远堂，东北为望蟾阁。”[3]岛上保留一座祭祀龙王的广润祠，共有三路建筑，中路为正殿所在，山门前建三座牌坊，竖立旗杆；东路为跨院；西路分为两进庭院，从南至北依次建鉴远堂、澹会轩和月波楼，其中月波楼为两层歇山顶建筑。岛北部堆叠土山，宏伟的望蟾阁高踞土山之上，北临湖面。

乾隆帝非常喜欢这座望蟾阁，以之为题写了16首诗，另有4首其他诗篇也提到此阁。其中乾隆三十九年（1774年）《题望蟾阁》诗云：“庆典本缘学武昌，构移湖上恰相当。倒看山景入纨影，远挹天光接镜光。”自注：“是阁式肖黄鹤楼为之，盖圣母六旬万寿，阿里衮为湖广总督，庆典所备，嫌其所费多，因赐以万金，而留材木构阁于此云。”[4]明确说明当年湖广总督阿里衮为崇庆太后六旬万寿庆典所献彩楼耗资巨大，皇帝赏赐他万两白银，将木料留下，移至此处建成这座楼阁，以仿武昌黄鹤楼。

乾隆帝于乾隆十九年（1754年）写了一组《湖上杂咏》诗，其中第二首首次提到望蟾阁：“望蟾阁外放烟舟，澄照欣看镜里游。绿柳红桥堤那畔，驾鹅鸥鹭满汀洲。”[5]次年（1755年）《昆明湖泛舟》诗再一次提及此阁[6]，同年稍晚时候又作《题望蟾阁》诗：“高阁湖心号望蟾，每来小坐未曾淹。”[7]另在乾隆五十一年（1786年）所作《登望蟾阁极顶作歌》诗注中声明：“乙亥年因圣母大庆阿里衮所备仿武昌黄鹤楼三层木料给值，筑于此。”[8]在嘉庆元年（1896年）《望蟾阁叠昨岁韵》诗注中则称：“是阁乾隆壬申年所建。”[9]所谓“壬申年”和“乙亥年”分别指乾隆十七年（1752年）和二十年（1755年）。由此推断，望蟾阁可能于乾隆十七年开始动工兴建，乾隆二十年建成，但在乾隆十九年已经大致成形，可以从湖上欣赏其高大的身影。

在《崇庆太后六旬万寿图》上清晰可见望蟾阁形象（图11），与西安门的彩楼几乎一模一样，主要差别在于二层抱厦只设外廊而非全部开敞，屋面除了铺设绿色琉璃瓦之外，还增加了黄色琉璃剪边，并且不再悬挂花灯。

乾隆帝本人在诗中反复强调此楼样式全盘模仿黄鹤楼，所言非虚。清代御苑写仿各地名园胜景，重点在于群体布局和山水环境，对于具体的建筑造型往往只略取其制，除了佛塔之外很少具象模仿，例如圆明园文源阁仿宁波天一阁、避暑山庄烟雨楼仿嘉兴南湖烟雨楼，都与原型存在明显的差异。黄鹤楼是一个罕见的例外，因为利用湖广地区进献的彩楼翻建而成，与原型相似程度很高。

[3] 文献［6］：1406.

[4]（清）弘历．高宗御制诗四集［M］．清代光绪二年刊本，卷21，题望蟾阁．

[5]（清）弘历．高宗御制诗二集［M］．清代光绪二年刊本，卷47，湖上杂咏．

[6]（清）弘历．高宗御制诗二集［M］．清代光绪二年刊本，卷54，昆明湖泛舟．

[7]（清）弘历．高宗御制诗二集［M］．清代光绪二年刊本，卷59，题望蟾阁．

[8]（清）弘历．高宗御制诗五集［M］．清代光绪二年刊本，卷24，登望蟾阁极顶作歌．

[9]（清）弘历．高宗御制诗余集［M］．清代光绪二年刊本，卷4，望蟾阁叠昨岁韵．

图11 清代宫廷画家绘《万寿图》中的望蟾阁与南湖岛[14]

望蟾阁的四面抱厦各带倾斜侧面，忠实再现了黄鹤楼独有的“四望如一”“八窗洞达”的特征，对此乾隆帝深有领悟，在诗中吟道：“九霄飒爽座间披，四面画图镜中斗。”❶“一径石桥通，崇台迥据中。四时延座景，八面纳窗风。”❷“却欣八面珠帘卷，水色山光取次拈。”❸

两座楼阁不但造型雷同，而且所在景区的建筑格局较为相近——黄鹤楼与一组亭台轩馆共同构成相对独立的庭院，望蟾阁同样与相邻的祠宇殿堂形成完整的组群，两座高楼均居于临水一侧，而望蟾阁南侧的月波楼与黄鹤楼东侧的南楼地位相当，都属于陪衬的附楼性质。

如果将视野放到昆明湖周边，会发现望蟾阁与黄鹤楼各自所在的山水环境有更多的相似之处，正如清华大学建筑学院《颐和园》一书所述：“南湖岛上的望蟾阁，弘历的《题望蟾阁》诗注已明白道出其‘盖仿式武昌黄鹤楼之制’，就其环境而言，望蟾阁前临辽阔的湖面隔水遥对万寿山的态势，与黄鹤楼前临长江隔水遥对龟山的态势却也颇有相似之处。”❹

具体而言，昆明湖的水面堪比辽阔的长江，南湖岛比拟黄鹄矶，北岸的万寿山对应龟山，临湖的三层文昌阁对应晴川阁，湖上的知春亭小岛对应江上的鹦鹉洲，而昆明湖西侧玉泉山上的玉峰塔对应洪山上的宝通寺塔，远处的西山群峰类似起伏的大别山。据此推断，望蟾阁的这次写仿兼顾更大尺度的园林风光，在一定程度上再现了楚天江山的形势与神韵。

望蟾阁下的假山磴道有百级之多，加上楼内陡峭的楼梯，要登到最上层，需要一定的体力。乾隆二十五年（1760年），年近五十的乾隆帝在诗中写道：“高阁临湖迥且虚，玲珑石洞负阶除。丹梯先陟百十级，历历白玉栏杆扶。升堂香扆略憩息，其上更有三层庐。却笑九年三到吾，三层跻乃一次无。”❺感慨自己九年来三次登阁，之前两次都没有上到第三层。二十六年后的乾隆五十一年（1786年），虚岁七十六的乾隆帝又在诗注中说：“历年以来虽四登，惟庚辰、甲申两登其最上层。”并自夸：“古稀有六步尚强，拾百十级消俄顷。”❻他退位为太上皇之后，于嘉庆元年（1896年）最后一次为望蟾阁题诗，总结自己四十多年来一共登阁12次。阁上风大，夏日尤为凉爽，乾隆帝的感受是：“朱明伏暑最炎朝，拾级乘凉正斯候。扶栏未出曲折幽，已觉白汗辞肤腠。”❼

乾隆帝在咏望蟾阁诗中多次提及与黄鹤楼相关的诗文典故，尤其对崔颢的诗句推崇备至，如“翠屿湖中紫阁翔，迴堪揽胜且维航。玉蟾最可望琼阙，黄鹤由来肖武昌。山色茏葱带云色，波光浩渺接烟光。何须古迹追江夏，文祎荒唐太白狂。”❽“兴寄白榆宇，制规黄鹤楼（是阁制如武昌黄鹤楼）。设云武昌是，崔句孰能俦。”❾“因之即景思崔咏，祗合于斯笔砚藏。”❿

乾隆年间宗室弘旿所绘《京畿水利图》以相对写意的笔法展现了望蟾阁及其周边的景致（图12），可见此阁位处昆明湖东部的中心位置，不但是湖上最醒目的景观建筑，同时也宜于眺赏四周景物。

图12 清代弘旿绘《京畿水利图》局部[15]

望蟾阁北侧临湖处设有码头，乾隆帝经常由此乘船往来于南湖岛和北岸乐寿堂之间，其《乐寿堂得句》诗曾咏：“望蟾阁下放烟航，径渡山阳乐寿堂。”⓫《昆明湖泛舟》诗描写了从湖上乘船观赏望蟾阁的景象：“凤池春水碧溶溶，雁已回翔鱼未喁。却见湖心望蟾阁，晶盘擎出玉芙蓉。”⓬更多御制诗描写自己登阁赏景的感受，如“岧嶤杰构俯昆明，金粟银潢映座清。”⓭“高阁临昆湖，眺远不计顷。峰态及林姿，四时供日骋。”⓮《登望蟾阁极顶放歌》诗还将楼阁四面风光一一点明：“畅春东望神仙区，西山真是西竺如。北屏万寿南明湖，就中最胜

❶（清）弘历. 高宗御制诗三集［M］. 清代光绪二年刊本，卷40，登望蟾阁作歌.

❷（清）弘历. 高宗御制诗三集［M］. 清代光绪二年刊本，卷82，题望蟾阁.

❸（清）弘历. 高宗御制诗二集［M］. 清代光绪二年刊本，卷59，题望蟾阁.

❹文献［13］: 108.

❺（清）弘历. 高宗御制诗三集［M］. 清代光绪二年刊本，卷6，登望蟾阁极顶放歌.

❻（清）弘历. 高宗御制诗五集［M］. 清代光绪二年刊本，卷24，登望蟾阁极顶作歌.

❼（清）弘历. 高宗御制诗三集［M］. 清代光绪二年刊本，卷40，登望蟾阁作歌.

❽（清）弘历. 高宗御制诗三集［M］. 清代光绪二年刊本，卷82，题望蟾阁.

❾（清）弘历. 高宗御制诗三集［M］. 清代光绪二年刊本，卷90，望蟾阁.

❿（清）弘历. 高宗御制诗四集［M］. 清代光绪二年刊本，卷21，题望蟾阁.

⓫（清）弘历. 高宗御制诗三集［M］. 清代光绪二年刊本，卷13，乐寿堂得句.

⓬（清）弘历. 高宗御制诗二集［M］. 清代光绪二年刊本，卷54，昆明湖泛舟.

⓭（清）弘历. 高宗御制诗二集［M］. 清代光绪二年刊本，卷64，望蟾阁.

⓮（清）弘历. 高宗御制诗五集［M］. 清代光绪二年刊本，卷86，望蟾阁有会.

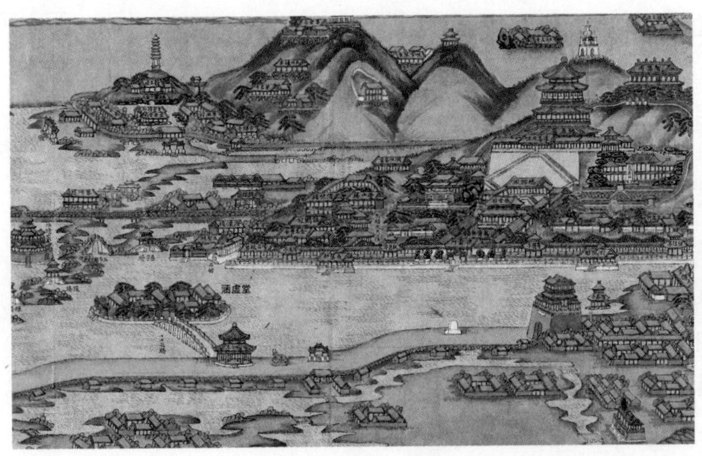

图13 清代光绪年间《北京颐和园八旗兵营图》中的涵虚堂形象（图片来源：美国国会图书馆藏）

图14 颐和园涵虚堂南立面今景（图片来源：作者自摄）

耕织图。”[15]东南西北各有妙景，可谓绝胜。

张龙先生《颐和园样式雷图档综合研究》指出望蟾阁“位于南湖岛北侧，直接面对西北红山口，春冬两季此处风大，三层的望蟾阁更是首当其冲，翼角极易被吹坏。在现存档案材料中，该阁的维修次数最多，相关工程人员也受此牵连。”[16]并考证嘉庆十五年至十七年间（1810—1812年），此阁被改建为单层的涵虚堂，在中国第一历史档案馆藏《鉴远堂等处陈设清册》中留下印记。嘉庆帝在位期间很少临幸清漪园，也没有为望蟾阁写过诗。

咸丰十年（1860年）英法联军入侵北京，焚掠三山五园，清漪园同遭劫难，南湖岛上的建筑均被焚毁。光绪时期重建颐和园，在原址上按照嘉庆年间的涵虚堂样式复建五间殿堂，北出三间抱厦，景观效果远逊当年的望蟾阁（图13）。堂南悬有“晴川藻景”匾额，能让人联想起崔颢《黄鹤楼》诗中的名句“晴川历历汉阳树”，似乎与昔日的写仿历史依然有微妙的呼应关系（图14）。

附带值得一说的是湖南岳阳楼历来与黄鹤楼齐名，在清漪园中也有所体现。乾隆十七年（1752年）园中建成一座景明楼，典出北宋范仲淹名文《岳阳楼记》：“至若春和景明，波澜不惊，上下天光，一碧万顷。”[17]但乾隆时期的岳阳楼坐落于洞庭湖岸边的岳州城墙上，是一座三层楼阁，而景明楼位于西堤之上，高二层，两侧各设一座附楼，二者造型迥异，周围环境也有很大差别，与望蟾阁亦步亦趋写仿黄鹤楼的情况完全不可同日而语。

[15]（清）弘历. 高宗御制诗三集［M］. 清代光绪二年刊本，卷6，登望蟾阁极顶放歌.

[16]文献［16］: 50.

[17]文献［2］: 19.

五　仙境望月

除了写仿黄鹤楼和点景、观景功能之外，望蟾阁还蕴含着双重文化主题，意境深远。

首先，南湖岛本身是蓬莱仙境的化身，望蟾阁是其重要的组成元素。乾隆帝在香山静宜园静室一带远眺此阁，作诗云：“昆明湖上望蟾阁，疑是蓬莱驾海涛。”[18]武昌黄鹤楼有许多关于神仙的传说，望蟾阁仿其形制，也间接强化了自身的仙境主题。

阁名源自东汉时期的志怪小说《洞冥记》。这部书记载汉武帝在虚无缥缈的钓影山上建望蟾阁，阁上悬挂特殊的金镜：“钓影山去昭河三万里，有云气望之如山影，丹藿生于影中，叶浮水上。有紫河万里，深十丈，中有寒荷，霜下方香盛。有降灵坛，养灵池，分光殿五间，奔雷室七间，望蟾阁十二丈，上有金镜，广四尺。元封中，有祇国献此镜，照见魑魅，不获隐形。”[19]清漪园望蟾阁上没有悬挂类似的宝镜，但楼前湖平如镜，可以产生类似的联想，乾隆帝咏阁诗也不止一次提到“镜光”，如“倒看山景入纨影，远挹天光接镜光。”[20]

乾隆帝从湖对面看望蟾阁，作诗云：“隔湖飞睇者，望此作蟾宫。”[21]所谓“蟾宫”指的是

[18]（清）弘历. 高宗御制诗三集［M］. 清代光绪二年刊本，卷13，静室口号.

[19]文献［1］: 2.

[20]（清）弘历. 高宗御制诗四集［M］. 清代光绪二年刊本，卷21，题望蟾阁.

[21]（清）弘历. 高宗御制诗三集［M］. 清代光绪二年刊本，卷82，题望蟾阁.

月亮上的广寒宫。南湖岛平面轮廓近于圆形，本身就是月亮的象征，岛中有月波楼，岛东侧的十七孔桥上刻有“偃月”二字，加上望蟾阁，构成一个完整的月中仙境模式。

中国素有“近水楼台先得月”的谚语，以临水楼阁为赏月的最佳场所，看天上之月与水中倒影相互映衬，方为称心乐事。黄鹤楼同样是赏月的胜地，宋代范成大《水调歌头》词曾咏：“今年新梦，忽到黄鹤旧山头。……想见姮娥冷眼，应笑归来霜鬓，空敝黑貂裘。酾酒问蟾兔，肯去伴沧洲。”❶清代王守正《黄鹤楼玩月歌》云：“黄鹤山头高硉矹，黄鹤楼头尤崷崒。楼头秋夜寂不喧，碧空高挂一轮月。乘兴来游静领之，皎如水镜悬贝阙。旁无浮云三五点，中有桂花影突兀。月白晴烟横大江，月明山壁森见骨。江月白兮渔火青，山月明兮鹳声发。倚栏惟有清风生，当年长笛吹已歇。兴酣摇笔饮且歌，凌虚一啸神仙窟。”❷与此类似，赏月也是望蟾阁的另一重主题，其名兼取“远望蟾月”之意。

乾隆九年（1744年）乾隆帝曾经写过一篇《圆明园后记》，告诫后世子孙“必不舍此而重费民力以创建苑囿”❸，但不久却自食其言，大建清漪园，故而作《万寿山清漪园记》辩白，似有检讨之意，并声称：“园虽成，过辰而往，逮午而返，未尝度宵，犹初志也，或亦有以谅予矣。”❹终乾隆帝一生，确实从未在清漪园过夜，算是践行诺言，但由此带来一个很大的遗憾：没有机会在夜晚登望蟾阁欣赏月色。

清晨时分太阳东升，西边垂落的月亮还没有完全消失，但此刻皇帝一般都正在处理早朝政务，也难得亲临观赏，只能偶尔一到，如乾隆帝《望蟾阁》诗所云：“望蟾最宜夕，而我曾未到。偶来每值晨，汉边尚堪眺。我闻太阴光，实藉太阳照。金乌已腾辉，玉兔奚能耀。游目适斯闲，因心观厥徼。”❺“不负佳名是今度，尚看晓魄挂西楹。”❻他在另一首诗中吟道：“望蟾宿所名，而却未一试。晓蟾值寅卯，正为理政际。晚蟾当酉戌，游罢早归跸。设如期副名，耽玩非美事。责实纵孤其，无逸恒勉自。”❼一方面对辜负美景表示遗憾，一方面又标榜自己勤政无逸。

乾隆帝内心对于登阁赏夜月一事始终念念不忘，多次在御制诗及诗注中表达向往之情，如“何尝座里披金镜，为忆阶前响玉籤（率在圆明园驻跸，尚未登此望月也）。”❽“徘徊有所思，孤负是良宵（是阁虽云‘望蟾’，而从未于此赏月，故戏及之云）。”❾“所谓‘望蟾’，亦虚有其名耳。”❿

在《望蟾阁有会》诗中，乾隆帝总结道：“高阁临昆湖，眺远不计顷。峰态及林姿，四时供日骋。而吾额望蟾，会意别有领。峰林具实质，蟾魄标虚景。筹其虚实间，斯应托怀永。”⓫坦承“望蟾”二字题额表现的主要是虚景，但能够让自己体会相关的意境，寄托情怀，就算达到目的。

望蟾阁南侧是供奉龙王的广润祠，乾隆六十年（1795年）乾隆帝来祠中祈雨，顺便最后一次登上望蟾阁，作诗云：“迩来望捷并望雨，逸兴都无懒作诗。兹因请雨灵祠叩，祠侧高阁聊临之。”⓬次年作《望蟾阁叠昨岁韵》诗，又一次提到祈雨，将望蟾阁视为广润祠的外围扩展，赋予其景观之外的特殊寓意，也使得这座楼阁的内涵更加丰富。

六　结语

颐和园已经被联合国教科文组织列入世界文化遗产名录，被誉为“中国皇家园林的传世绝响”，其前身清漪园的艺术成就更胜一筹，特别在写仿创作上极有巧思。望蟾阁利用太后万寿盛典的木料修造而成，忠实模仿武昌黄鹤楼，兼顾群体格局和山水环境，景致独胜，视野广阔，同时蕴含深刻的文化内涵，堪称古代造园的优秀范例，虽然原构早已不存，却不应被今人忘记，其历史价值和设计手法有待于进一步的挖掘和分析。

（感谢徐家宁先生和杨中一先生提供的宝贵图像资料）

❶文献［3］：467.

❷（清）王守正.黄鹤楼玩月歌//文献［7］，卷14.

❸（清）弘历.高宗御制文初集［M］.清代光绪二年刊本，卷4，圆明园后记.

❹（清）弘历.高宗御制文二集［M］.清代光绪二年刊本，卷10，万寿山清漪园记.

❺（清）弘历.高宗御制诗三集［M］.清代光绪二年刊本，卷5，望蟾阁.

❻（清）弘历.高宗御制诗二集［M］.清代光绪二年刊本，卷64，望蟾阁.

❼（清）弘历.高宗御制诗五集［M］.清代光绪二年刊本，卷44，望蟾阁.

❽（清）弘历.高宗御制诗二集［M］.清代光绪二年刊本，卷59，题望蟾阁.

❾（清）弘历.高宗御制诗三集［M］.清代光绪二年刊本，卷99，登望蟾阁.

❿（清）弘历.高宗御制诗五集［M］.清代光绪二年刊本，卷97，望蟾阁作歌.

⓫（清）弘历.高宗御制诗五集［M］.清代光绪二年刊本，卷86，望蟾阁有会.

⓬（清）弘历.高宗御制诗五集［M］.清代光绪二年刊本，卷97，望蟾阁作歌.

参考文献

[1]（汉）郭宪. **汉武帝别国洞冥记**[M]. 北京：中华书局，1991.

[2]（宋）范仲淹. **范文正公文集**[M]. 北京：中华书局，1985.

[3]（宋）范成大. **范石湖集**[M]. 上海：上海古籍出版社，1981.

[4]（宋）严羽. **沧浪诗话**[M]. 北京：中华书局，1985.

[5]（清）赵翼. **檐曝杂记**[M]. 上海：上海古籍出版社，2012.

[6]（清）于敏中等编撰. **日下旧闻考**[M]. 北京：北京古籍出版社，1981.

[7]（清）陈元京纂修. **江夏县志**[M]. 清代乾隆五十九年刊本.

[8]（清）奕訢等编. **清六朝御制诗文集**[M]. 清代光绪二年刊本.

[9]（清）吴友如. **点石斋画报大全**[M]. 上海集成图书公司宣统二年刊本，乙集.

[10] 赵尔巽等编. **清史稿**[M]. 上海：上海古籍出版社，1986.

[11] 纪宝成主编. **清代诗文集汇编**[M]. 第410册. 上海：上海古籍出版社，2010.

[12] 孟白，刘托，周奕扬主编. **中国古典风景园林图汇**[M]. 第5册. 北京：学苑出版社，2000.

[13] 清华大学建筑学院. **颐和园**[M]. 北京：中国建筑工业出版社，2000.

[14] 刘潞主编. **十八世纪京华盛景图——清乾隆皇太后《万寿图》全览**[M]. 北京：故宫出版社，2019.

[15] 故宫博物院编. **清史图典**[M]. 北京：紫禁城出版社，2001.

[16] 张龙. **颐和园样式雷图档综合研究**[D]. 天津：天津大学，2009.

[17] 张子安，张声著. **清·同治黄鹤楼的构思与形制**[J]. 华中建筑，1985（2）：39-43.

[18] 李华. **清代黄鹤楼建筑考**[J]. 武汉理工大学学报（社会科学版），2004（3）：386-389.

[19] 徐望生. **黄鹤楼建筑形式漫议**[J]. 档案记忆，2018（10）：13-16.

基于《南巡盛典》与《御制龙井八咏图》的龙井八景景观研究[1]

陆嘉娴　陈汪丹　鲍沁星[2]

（陆嘉娴，鲍沁星　浙江农林大学风景园林与建筑学院；陈汪丹　北京林业大学园林学院）

[1] 本文由国家自然科学基金“杭州西湖山林文化景观遗产综合研究——以灵隐飞来峰为例”（编号31770754）和浙江省科协育才工程课题（编号2017YCGC009）共同资助。

[2] 通信作者。

摘要： 龙井属杭州西湖西部山林景观，在明清时期具有重要历史地位，但对其研究尚不全面，尤其是龙井八景景观缺少深入研究。笔者在梳理龙井八景历史沿革后，通过史料和园林绘画的综合对比，对其进行考证。最后从林泉高致、曲径通禅、因山构室和五感交错角度对其营造意匠进行初步探析，以期推进对龙井八景的认识。

关键词：《南巡盛典》，《御制龙井八咏图》，龙井八景，风景园林，营造意匠

Research on Eight Sights of Longjing Based on “Southern Touring Ceremony” and “Imperial Eight Sights of Longjing”

LU Jiaxian，CHEN Wangdan，BAO Qinxing

Abstract: As a part of Hangzhou West Lake forest landscape which has major historical significance in Ming and Qing dynasty, Longjing history still has a lack of studies especially on Longjing Eight Sights(LJES). In this paper, the history of LJES has been combined, then historic materials and landscape paintings are closely compared and analyzed. At last, the construction technique of LJES, such as linquangaozhi, tour path, architecture adaption with circumstance and senses are discussed tentatively. In this way, LJES can be further understood with a new solid foundation.

Key words: “Southern Touring Ceremony”; “Yuzhi Longjing Eight Sights”; Longjing Eight Sights; landscape architecture; construction technique

一　研究背景

1. 意义

就龙井而言，其在明清时期的杭州山林景观中有着重要的历史地位。

一方面，龙井景观本身极佳，广为称赞，游人络绎不绝。如明代林右《龙井志序》云：“钱塘虽多胜刹，至语清迹，必曰龙井。凡东西游者，不之龙井，必以为恨。”[1]而能享有如此美称，一是其本身位于山谷地形之中，邻近西湖，相地佳，可作为明确的游览目的，景观基础好；二是作为古迹，其本身具备深厚的历史内涵，开山僧辩才法师为龙井寺开庭辟院，与苏轼、秦观等众多文人交好，留下众多诗文碑刻，具有重要的人文价值，以使得“龙井风清”，异于别处；三是龙井茶在明清时被封为贡茶，享有盛誉，《西湖游览志》载：“其地产茶，为两山绝品”，冯梦桢《龙井寺复先朝赐田记》云“山顶产茶特佳。相传盛时，曾居千众”，可见龙井茶大大带动了龙井的发展，亦是其山林景观的茶文化特色。

另一方面，龙井属于西湖山林景观，是西湖非物质文化遗产重要组成部分。西湖的历史变迁与发展[2-5]构成了其重要的遗产价值[6-7]和精神内涵[8]。在西湖山林中享有盛誉的有飞来峰、龙井、孤山、云栖、虎跑等，其中飞来峰更是有“西湖第一山林”的美称，对此已有大量

景名用典、叠山写仿、文化遗产等方面的研究[9-12]，对本文研究有很大启发。与此同时，龙井却缺少深入研究，龙井八景作为龙井重要的组成部分，对其进行历史考证和景观研究对丰富和发展西湖文化景观有巨大价值。

就龙井八景而言，一方面明清中期八景之风盛行，地方官吏也多命名“八景”，此时题名多以实名为主，龙井八景景名均为三字主景名称，正符合这一特点，代表着此现象的普遍性。另一方面，皇家园林有较多写仿自江南园林，这与乾隆南巡密不可分，晚清王闿运称之为“谁道江南风景佳，移天缩地在君怀”❸。而避暑山庄如意洲上置石“一片云”，正是仿自龙井八景之“一片云”，亦可见其经典和乾隆的喜爱。

❸文献［13］：173.

2. 研究材料

（1）《南巡盛典名胜图录》之“龙井”图

《南巡盛典》绘有宫廷殿版画，还原性高，其中的龙井图（图1）是笔者目前查阅文献的全景图中最为详尽且客观的❹。鉴于史料原版较难获得，本文龙井图来自《南巡盛典名胜图录》。

❹笔者查阅图料文献之龙井图分别来自《南巡盛典》龙井图、《历代西湖书画集》之佚名禹航胜迹图（之七）（即龙井寺）、《龙井见闻录》之龙井图以及翻阅《西湖游览志》《咸淳临安志》《杭州府志》等地方志中西湖图。

《南巡盛典》为清代高晋所编纂，共计一百二十卷，记载了乾隆四下江南巡视所闻。其中河防、阅武、名胜三部分各附图版，均由宫廷画师上官周所绘。而《南巡盛典名胜图录》选编自《南巡盛典》中《名胜篇》，共计三百一十幅图版，记载了乾隆南巡（乾隆十六年至三十年）一百五十多处的景致[14]。《名胜》篇主要分为直隶、山东、江苏、浙江四大部分，“龙井图”在“浙江”之列。

“龙井图”是带有鸟瞰属性的园景一览图，相对客观准确地展现了龙井的总体布局，尤其是龙井八景的空间位置。相较于游记和诗文碑刻，它更能直观的体现各景致的整体特点。

由图可见，龙井八景空间整体依托风篁岭（现龙井路）呈东西走向横向展开，形成“过溪亭—龙井泉—翠峰阁”主体轴线序列。其所在空间为山谷“凹”形空间，两侧景点依山势展开次轴，此间“草木深郁”❺，却有“白道行时尽，青山到处逢”[15]的山林野趣体验。

❺文献［15］：252.

（2）《御制龙井八咏诗图册》与乾隆《龙井八咏》诗

清高宗于乾隆二十七年（1762年）游历龙井，烹茶品茶，取龙井八处景观名为“龙井八景”，题下《龙井八咏诗》，并命钱维城作下《御制龙井八咏诗图册》。该画册现藏于台北故宫博物院中，是目前唯一的描绘龙井八景的详景图。此图册共八张，分别由乾隆赋诗和景画组成，

图1《南巡盛典》之龙井图（底图来源：《南巡盛典名胜图录》）

详细描绘了龙井八景各景的园林景致。作为园林绘画，该图册具备作为视觉记录和美学再创造的功能❶，这对还原龙井八景历史景观有着重要作用[16]。

此外，乾隆四下龙井并先后4次作诗，共计32首。《御制龙井八咏诗图册》上题有的《龙井八咏》诗为乾隆二十七年（1762年）三下江南，首次游览龙井时所作。故本文着重选择此八首诗与图册进行对比考证。

二 龙井八景历史沿革

杭州西湖龙井属“西湖诸山之南山，且“宗天目”❷，龙井“去城十五里❸”（7.5公里）地。北宋元丰二年（1079年），元净❹退休于龙井，开山辟路，建“栋宇”与“游览之所”❺。龙井寺自五代创始至今已修缮变革数次（表1），并以《龙井记》著❻。而龙井八景的形成与龙井寺密不可分。

表1 龙井寺❼变迁史一览图（表格来源：作者整理）

朝代	时间	变迁事宜	文献依据	备注
五代（后汉）	乾祐二年（949年）	吴越王钱俶创为“报国看经院”	杨杰《延恩衍庆院记》：“……龙井山得寿圣院蔽屋数楹……其院即吴越王所创……”	《咸淳临安志》言：“乾祐二年，居民凌霄募缘建造”，存考
北宋	熙宁中期（1068—1077年）	苏东坡为寺提匾额“寿圣院”	《咸淳临安志》：“……旧额报国看经院，熙宁中改寿圣院……”	
北宋	元丰二年（1079年）	辩才法师归隐至龙井，于寺内外建讷斋、潮音堂、寂室、照阁、闲堂、方圆庵等建筑	《咸淳临安志》：“……元丰二年，辩才大师元净自天竺退休兹山，始鼎新栋宇及游览之所……”	
南宋/金	绍兴三十一年（1161年）	改名“广福院”	《咸淳临安志》：“……绍兴三十一年，改广福院。”	
南宋	淳祐六年（1246年）	改名“延恩衍庆院”	《咸淳临安志》：“龙井延恩衍庆院，在风篁岭。……淳祐六年，改今额，有龙井。”	俗称“龙井寺”
元		龙井寺毁于兵火	林右《龙井志序》：“……元末时毁于兵，所存着为数楹而已。……”	
明	万历二十三年（1595年）	龙井寺得以重葺	《武林梵志》：“万历二十三年，司礼孙隆命僧真果重修。”	现今“龙井茶室”所在地
明	弘历年间（1711—1799年）	龙井寺毁于洪水	魏𡸣《钱塘县志》：“龙井寺，明弘治中洪水泛滥，遂废。”	
清	康熙年间（1661—1722年）	僧一泓重新修葺龙井寺	《浙江通志》：“康熙间，僧一泓重葺。”	
清	乾隆二十六年（1761年）	重修	《冷庐杂识》：“西湖龙井寺重修于乾隆二十六年……”	
清	咸丰元年（1851年）	荒废	《冷庐杂识》：“余于咸丰元年重九日往游，寺宇全圮，残碑断碣，偃仆荒草间，仅存秦淮海祠庑三楹……”	可能比咸丰元年稍早些

❶文献［16］：6；171；191.

❷文献［17］：758-759.

❸文献［18］：55.

❹元净，号“辩才法师”，曾于天竺修行，老于龙井，为龙井寺住山僧。

❺文献［19］：1.

❻文献［20］：381-383.

❼龙井寺乃俗称，文献中尚未明确记载是否将“龙井寺”一名正式提名于此寺。夏时《湖山胜概》中记录寺位于山的南面，而荒废之后明代的寺经重建位于岭前，这时候已称龙井寺。此外，由宋郑清之的《到龙井寺》可知当时已有龙井寺的称呼，而至明代《游龙井寺》、《龙井寺》等诗词明显增多，结合《西湖游览志》，笔者推测正式使用“龙井寺”一名约在明代初到中期之间。林正秋先生曾对龙井寺历史有所研究，笔者通过搜集史料在此基础上丰富了龙井寺演变历程。

北宋辩才法师以“此泉之德至矣……虽古有道之士，又何以加于此”⑧赞美龙井泉，后于此“始鼎新栋宇及游览之所”[19]，方有龙井亭、方圆庵等景致。其“心具定慧，学具禅律”⑨的品质愈显得“龙井风清”⑩。此外，因宋代佛寺园林日渐文人化，文人士大夫之间盛行禅悦之风⑪，僧侣亦才华横溢，广交好友。故而有辩才法师以书邀请秦观入山书之；辩才与苏轼“二老”佳话以及众士大夫文人留下的《龙井十题》、《龙井题名》、《方圆庵记》、《游龙井记》、《四照阁奉陪辩才师夜坐怀少浒学士》和《寄龙井辩才法师三绝 有叙》等与辩才僧共赏龙井、酌泉交谈的诗文。

⑧ 文献［19］: 47.

⑨ 文献［21］: 40.

⑩ 文献［22］: 21.

⑪ 文献［23］: 172.

元代时龙井因兵乱荒芜，明清时期曾多次重葺。明万历二十三年（1595年），司礼孙隆“构亭轩，筑桥，揪浴龙池，创霖林阁”⑫翻新宋时景致，此时龙井八景已基本存在，只是尚未有“八景”之说，仅“翠峰阁”在清之前尚未有明文记载。

⑫ 文献［24］: 74.

清高宗于乾隆二十七年（1762年）游历龙井，取龙井八处景观名为“龙井八景”。依入山序列分别为风篁岭、龙泓涧、过溪亭、涤心沼、方圆庵、一片云、神运石和翠峰阁，并与图一一对应。

三 龙井八景考证

1. 风篁岭

风篁岭为龙井主山，是“岭巅最高峻者”[25]，“幽”与“冷”是其最直观的景观特征。其因“修篁怪石，风韵萧爽”，“修竹森然，苍翠夹道”而名曰“风篁”[17]。纵观两图，皆为松竹遍布山林之景，此亦与史料记载的修竹繁茂景象吻合（表2）。故有“岩壑林樾皆老苍，而西湖已蔽掩不可见”[17]的景象与“翠沥高萝结昼阴，骄阳无地迫吾身”的游览体验，两者皆描述了风篁岭古木参天蔽日之“幽”。释道潜“畏炎”，称“长夏投踪此最宜”，以享受“碧梧翠竹聒凉飔”之意；秦观见“草木深郁，流水激激悲鸣”而感叹“殆非人间之境”，此亦无不体现着“冷”。

⑬ 本图摘自《历代西湖书画集》，原图藏于台北故宫博物院。

表2 图文互证一览表（表格来源：笔者整理）

景名	《御制龙井八咏诗图》⑬	史料	乾隆《龙井八咏》
风篁岭	延寿山西翠岭岑阴能篠荡寥萧秪今疑似风吹动仍是春迷耳里音	潜说友《咸淳临安志》: “修篁怪石，风韵萧爽”; “修竹森然，苍翠夹道”; 田汝成《西湖游览志》: “地多苍篔篆荡，风韵凄清” 李流芳《风篁岭》: “林壑深沉处，苍篔篆簜迷”	《风篁岭》 灵石峰西翠岭岑， 苍篔万个戛风森。 世间宫徵安能谱， 此是云山韵护音。
龙泓涧	天池贮水为龙井引作飞泉声泻流远想高僧迎太守就图款客正相投	聂心汤《钱塘县志》: “在风篁岭下。” “……今新增插剑、匹炼二瀑布，即在涧下流……” 田汝成《西湖游览志》: “疏涧流淙，怜伶然不舍昼夜，闲花寂草，延缘其傍……”	《龙泓涧》 风篁岭上龙泓涧， 喷沫成池贮碧流。 飞作瀑泉灵作雨， 攻祈那待法师投。

景名	《御制龙井八咏诗图》[13]	史料	乾隆《龙井八咏》
过溪亭		朱彝尊《南山杂咏》之过溪亭 “一亭四无邻，栋坏柱已折。” 潜说友《咸淳临安志》: “遂作亭岭上，名曰过溪，亦曰二老。”	《过溪亭》 行云流水视迁留， 奚问虎溪过与不。 一笑诗吟杜子美， 墨名儒行足风流。
涤心沼	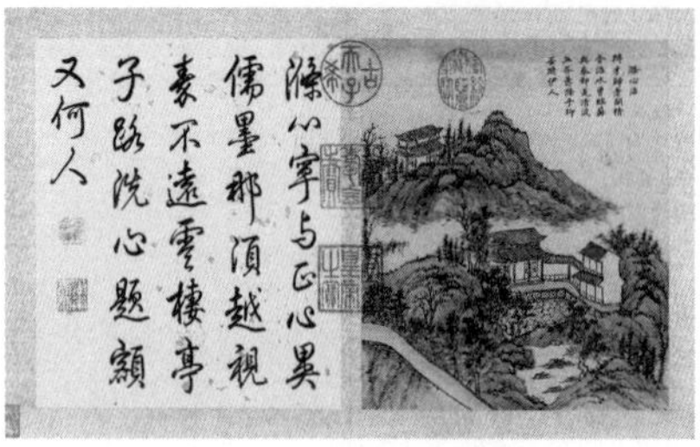	（宋）杨杰《咏南山诸胜 涤心沼》 “纵有狂风生，未尝险浪起。何当招世人，来此鉴清泚。”	《涤心沼》 辨才归老开精舍， 沼水曾临苏与秦。 却是清波无齐蒂， 涤乎抑否听伊人。
方圆庵	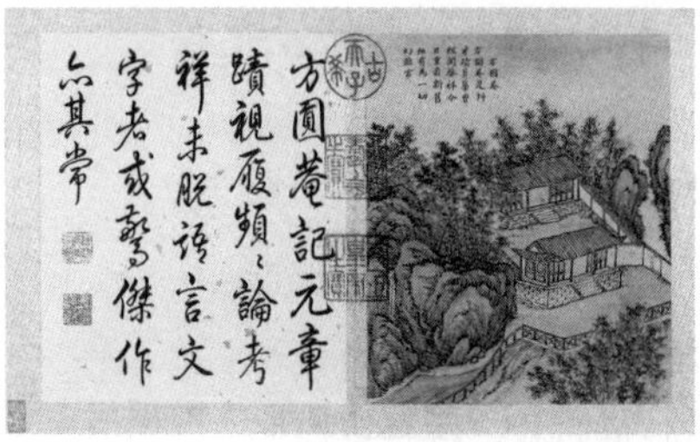	（清）张缙彦《方圆庵》 “方圆庵下草初长，丈室相传莽棘场。短拂空留寒篆绿，遗碑犹带紫茸香。” 潜说友《咸淳临安志》: 杨杰诗：“地方不中矩，天圆不中规。方圆庵里叟，高趣有谁知？” 《龙井见闻录》: “方圆庵在浣花池西侧山凹。”	《方圆庵》 方圆庵是辨才迹， 茸筑曾经闻启祥。 今日重看新旧址， 有为一切幻谁常。
一片云	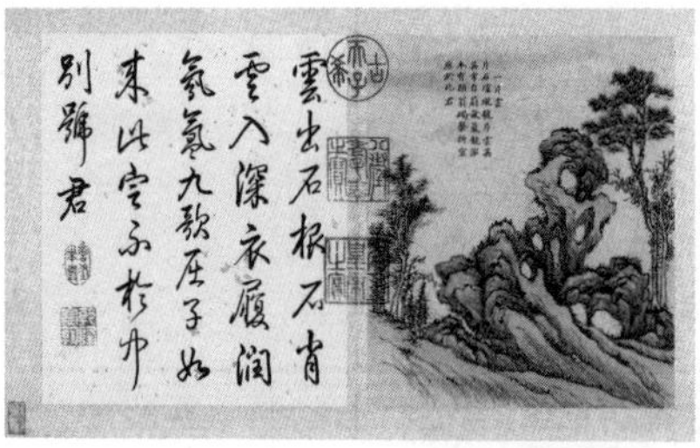	田汝成《西湖游览志》: “在风篁岭上，高可丈许，青润玲珑，巧若镂刻，松澄盘屈。草莽间有石洞，堆砌工致，巉岩可赏。” 李卫《西湖志》张丹诗《片云石》: “荒涂趋沙坞，断崖得石壁。鸟足不口栖，猿臂岂相惜。冰核实夏冻，露珠信昼滴。兰草倒丛生，藤根互盘越。仰视巧玲珑，眉宇皆翠色。侧闻薜萝人，驻此曾洗涤。我题聊与赏，早闷白云迹。”	《一片云》 片石玲珑号片云， 英英常自蔚氤氲。 龙泓本有颠翁碣， 磬折宜应于此君。
神运石	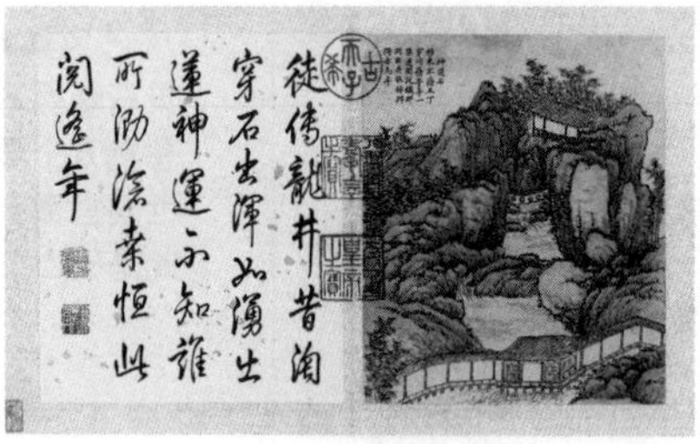	田汝成《西湖游览志》: “龙井神运石，高可六丈许，奇怪突兀，特立檐下。有木香一架，穿绕窍窦，宛若蛇蟠。” 《龙井见闻录》神运石题字： “在石上有‘巀嵲神运石下有玉泓池’十字，且云‘运池’二宁独大，几尺馀，绝类米书，其说不可合。……石前一面真书‘永镇大安’四大字，另又真书‘巀嵲神运石’五大字，而略带隶法。”	《神运石》 移来不藉五丁穿， 峭蒨亭亭一朵莲。 闻说铁牌同出井， 依稀辨得赤乌年。
翠峰阁	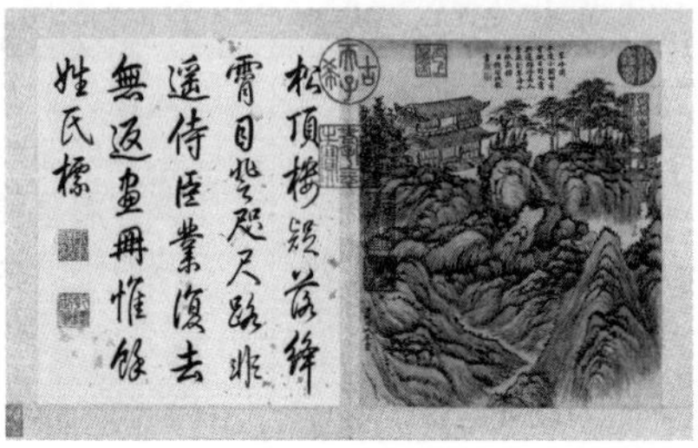	乾隆《翠峰阁》 “层甍自据最高峰，十五年重此迹踪。 依旧青山绿水里，去来今者觅何从。”	《翠峰阁》 平陵小阁切青霄， 纵目因之意与遥。 颇怪吴人费疏剔， 翠峰今古衹高标。

2. 龙泓涧

龙泓涧位于风篁岭中，穿梭流淌，“过溪桥，经饮马桥，迤东北，循茅家埠出通利桥以入湖”[26]。由《南巡盛典名胜图录》之龙井图可见有一溪涧经过溪亭一路向东，笔者推测此便是龙泓涧。《御制龙井八咏诗图》之龙泓涧图的视觉中心为喷涌飞溅的瀑布溪涧，周围松竹葱葱，缘溪花草芃芃，与乾隆诗所述和史料记载大体相同（表2）。

此外，龙泓涧景观也对凤凰岭的“幽”与“冷”起着至关重要的作用。善住游龙井时感叹“冷泉鸣远涧”和“阴井空犹在”；方九叙《衍庆院试茶》中言“春茗摹初秀，寒泉汲静深”；《西湖游览志》亦形容泉水“寒翠甘澄”，这其中“冷”“阴”“寒”三字可见凉意。

3. 过溪亭

过溪亭又名“二老亭”、德威亭、龙泓亭和龙井亭。

就其位置布局，正如《南巡盛典名胜图录》之龙井图所示：过溪亭上有匾额“龙井”二字，位于山脚的归隐桥之上，连接着龙井与外界，承担着地界的作用。而《御制龙井八咏诗图》之过溪亭图所绘过溪亭建于归隐桥之上，位于画面的右下方，左侧留白，重点突出山水之景，也间接暗示了过溪亭位于边界处之意，两者相符。此外，董嗣杲《龙井》“二老相分龙井岭，一时如过虎溪亭”，朱彝尊《过溪亭》中“山僧惯迎宾，不忍过溪别”也论证了这一点。后清代时新建过溪亭，将其名曰龙井亭（“旧在风篁岭头，今移于龙井祠下”[27]），因而出现南巡龙井图中过溪亭与龙井亭同框的现象。在此文中所述过溪亭均为风篁岭下的过溪亭旧址（文献泛指），而标号〈7〉（图1）下方龙井亭乃新亭。

就其建筑形式，两图所示过溪亭存在出入。南巡图中所示过溪亭为四角攒尖重檐顶，不同于八咏图所示的歇山顶单飞檐方亭。而过溪亭的史料记载中，也少有对其建筑形式的描绘，仍有待考证。

就其建筑功能，可谓酌泉赏月之佳处。朱彝尊《南山杂咏·过溪亭》以“一亭四无邻”形容它，可见其周遭空旷，赏月视野佳；《游龙井记》中记载秦观曾“憩于龙井亭，酌泉据石而饮之”，可见是休憩品泉的好去处；而亭联“游月频来过溪处”更是显现此地乃水中赏双月酌酒最佳。

就其历史典故追溯，过溪亭为二老佳话的发生地，故又名“二老亭”。辩才送别苏轼，破了送客不过虎溪的规矩。辩才[28]笑曰“杜子美不云乎，与子成二老，来往亦风流”❶❷苏轼回曰：“聊使此山人，永记二老游”。孟子曾称伯夷、吕尚两个有声望的老人为“二老”，后来“二老”常指齐名的两位老人，被文人用典表达得知音的欣喜。而“过虎溪”的说法，也用典于东晋时期庐山东林寺静远大师送客不过虎溪的故事[29]。“二老相送过虎溪”的声名远甚过溪亭景致本身，可见景点可溯源历史典故，这其中的文化内涵乃是其经久不衰的重要原因。

4. 涤心沼

对于涤心沼的位置布局，南巡龙井图中的标注略模糊，依稀可见“涤心沼”三字位于一片云旁建筑的空白处，但未见水池，故结合史料对位置进行考证。赵葵在《苇杭纪谈》[30]中提及：“寺门有归隐桥，下有涤心沼”❸，又杨杰在院记中言：“过归隐桥，鉴涤心沼，观狮子峰”，可得涤心沼位于归隐桥不远处；李卫《西湖志》中记载了张丹的《片云石》：“侧闻薜萝人，驻此曾洗涤”，可见涤心沼应在片云石旁，以上皆与图1相符。又结合《御制龙井八咏图》中涤心沼位于深邃山谷中，远处翠峰阁位于其右上方，即水平方位西北方，这与南巡图中两者布局相符，故笔者认为涤心沼位于图1所标〈4〉处。

❶杜甫《寄赞上人》：一昨陪锡杖，卜鄰南山幽。年侵腰脚衰，未便阴崖秋。重冈北面起，竟日阳光留。茅屋买兼土，斯焉心所求。近闻西枝西，有谷杉黍稠。亭午颇和暖，石田又足收。当期塞雨干，宿昔齿疾瘳。裴回虎穴上，面势龙泓头。柴荆具茶茗，径路通林丘。与子成二老，来往亦风流。

❷文献［28］：241-242.

❸文献［30］：146.

此外，禅宗主张通过对具象的感知，“悟”得精神上的超然境界[5]，涤心沼便是典型做法。具象上，涤心沼位于入山口必经之地，被山体包围，清澈平静，高耸的建筑与松林加深了池沼的纵深感。其上建有大体量双层楼阁，与翠峰阁互成对景。意象上，一如云栖竹径洗心亭，苏州寒山寺、华山寺前洗心泉等景致，涤心沼为禅家“明心见性”❶的体现。杨杰“纵有狂风生，未尝险浪起”❷正是心无外物而超脱的体现。乾隆游涤心沼时诗“沼水曾临苏与秦”，亦是对先辈精神的追思欣赏。

❶文献［31］：554.

❷文献［32］：552.

5. 方圆庵

有两图可见，方圆庵位于山坳，掩映于茂密松竹之中，乃“爽垲可栖”赏月之所。辩才在此修葺面积可观的前中庭以便林中赏月；元净、杨杰、秦观在此也常提及“月照”“夜月”“清泛月华来”等诗词，可见赏月行为频繁。

就其建筑形式，方圆庵为圆顶方址。辩才法师言“理圆”“言方”，故方圆庵“窥其制则圆盖而方址”[33]，实则也是天圆地方规律的物化体现。乾隆游方圆庵时感怀辩才“有为一切幻谁常”❸，亦是对以“方”（规矩）治世以“圆”（法性哲理）平天下的宗教神权的认可。而表2中所示方圆庵却为歇山顶，与史料描述不符。据史料《西湖志》中记载：“明孝廉闻启祥别业，是宋人方圆庵遗址”，故笔者认为图中建筑疑为明代经修缮后的龙井山斋，并且没有继承宋代记载的建筑形式。

❸文献［34］：549.

就其位置布局，南巡龙井图尚未明确标出，故结合史料对位置进行考证。方圆庵位于浣花池的西侧山坳之中。在画面中右侧可见大型水池“浣花池”，西侧山坳松竹茂密且建筑群落密集分散为两个。根据文献“在龙井寿圣院方圆庵东，即赵清献公闲堂”[30]，笔者认为南巡图1中（5）即方圆庵。以表2《方圆庵图》考之，两者皆为前后建筑结合院落的形式，增加了该建筑便为方圆庵的可能性。

6. 一片云

“一片云”位于中部东侧的山林间，集赏石之美与君子比德之美于一体。其又名片云石，“高可丈许”，得名于形似祥云，外表“青润玲珑，巧若镂刻，松澄盘屈”❹，尽显太湖石“瘦漏皱透”之美，乾隆曾题跋诗赞之“英英常自蔚氤氲”❺。此外，禅学中常以“云”来托喻高僧美德：文人士大夫以“有时风雨过，独立云中君”❻，“惟有片云飞不去，玲珑长嵌老龙湫”❼，田艺衡“凌虚一片石……玲珑直至今”❽等诗词赞美辩才法师不为世俗叨扰，洁身自好的高尚品德；乾隆亦是借此感怀“对此依然仰圣踪”[35]。

❹文献［19］：51.

❺文献［35］：60.

❻文献［36］：250.

❼张缙彦《题龙井寺》：“风篁夹道响飕飗，博得公馀一日游。秉笏何人呼石丈，藉茅我欲拜山侯。匡床留月僧初定，占柏藏龙树已秋。惟有片云飞不去，玲珑长嵌老龙湫。”

❽文献［37］：646.

7. 神运石

神运石位于翠峰阁东南侧山林间，乃李德驻龙井时所得。“奇怪突兀”，高“六丈许”（约20米），并刻有“巀嵲神运石下有玉泓池”[38]十字，其中“运”“池”二字有“几尺馀”（1～3米）。神运石“击石则云生”，“黑云四匝”[19]的求雨传说渲染着“有龙居之”的神话色彩。

8. 翠峰阁

翠峰阁是建于山巅的歇山顶双层楼阁，此处视野开阔，为俯瞰全景最佳处。其旁对植松木直立，郑清之以“一阁轩腾面势高”描述它；张翥《陪刘侍中游风篁岭》中亦言“层梯俯山巅，中豁见西湖”与“风篁岭矮空青缺，一片湖烟白上来”❾，三者皆描述了登翠峰阁便可一览湖山的景象。

❾文献［39］：26.

四　龙井八景意匠

1. 林泉高致——以山水之灵享其趣

龙井八景选址于西湖山林郊野，灵山秀水，构景资源丰富，具备林泉雅致，动静结合，野趣横生的特点。又风篁岭之“左右大率多泉”，山林“蟠幽而踞阻”，衬托宗教神秘色彩的同时也满足了文人归隐的向往。龙泓涧依山势飞溅而下，“疏涧流淙，泠泠然不舍昼夜”⑩，乃动景；李流芳《风篁岭》中“林壑深沉处，苍筤篆簜迷”的“苍筤篆簜”代指墨绿色青竹，形容深沉竹林之景，乃静景，幽林跃涧，动静相宜。而涤心沼为一深邃静池，“涤清澈也”[17]，在缘溪体验龙泓涧主导的线性动态空间后才驻足赏池，可谓张弛有度。故有“路绕清溪兴自增”与“虽善画而不能及”的美誉⑪。此外，芳草花木对山水灵动氛围的营造也起着点缀的作用。风篁岭特产八种竹品⑫，色泽不一，又“竹径随泉上”[17]，营造出雅致或活泼的多样景致。

⑩文献［19］：49.

⑪风篁岭自古以竹景而名，据记载主要有八种竹品：“玉间黄金竹，笙竹、淡竹、紫竹、斑竹、金竹、鹤膝竹、苦竹。”

2. 曲径通禅——以游赏之径参禅意

相较于魏晋时期散点式的山林寺庙园林景点设置，龙井八景保留其无边界的特性，但其中内外游赏路径更加系统化，游赏心境亦是主次分明。与外部的连接正如“古坛危磴千层嶂，细路遥通九曲溪”所述：龙泓涧一路向南，缘溪行可至九溪十八涧；向东过归隐桥，船行可入西湖，冯梦桢称此为入龙井路线最佳⑬。没有设墙体等明确的边界线是其“公共性”的体现。与内部的连接正如《南巡盛典名胜图册》之龙井图所示：建筑单体以庭院为单位分布，主次分明，完整又有序的层层递进。群体与单个景点之间则是较远之景以竹径和松径的形式连接，近景则以连廊相连，做到步移景异。这充分串联了自然景致与建筑，使游赏之路的节奏变得松弛有度。

⑫分别引自黄克缵李承勋倡和诗之《龙井》与郑清之《跋秦少游龙井题名》。

⑬文献［40］：177.

游赏心境以参禅境界的提升为主线，并穿插多样的戏剧化感受。参禅主线自入境第一景涤心沼始：以“涤心”使人静心游览，渐入参禅意境；随即以“一片云”比喻高僧脱俗美德，加强参禅氛围；又以“神运石”的求雨传说渲染神仙思想，最终在龙井泉得到升华，于翠峰阁一览山河，一气呵成。此外，山势的险峻与茂林修竹常形成先抑后扬的效果，带给人戏剧化的突变惊喜：《陪刘侍中游风篁岭》中记载“层梯俯山巅，中豁见西湖……炊烟忽生暝，落日栖啼乌”，其中“豁”“忽”二字正是意外之景，是突变的戏剧化效果，增添了在该空间游览感受的新意[41]。

3. 因山构室——以人为之美入天然

“室无高下不致情”，龙井八景之中的建筑沉于谷、贴于壁、建于峰，选址多样，形式俱佳，别具天人结合之美。其选址于空旷舒展之所，则设置大体量轩阁，狭小险峻之所，则设置小体量亭廊或配合庭院小中见大。周遭空旷的过溪亭为歇山顶单飞檐方亭；翠峰阁为歇山顶双层楼阁；涤心沼上方建筑是由连廊相接的硬山顶和歇山顶双层建筑组成。前者未选择小体量四角攒尖亭，后两者则建双层楼阁取视野更佳处远眺。而表2风篁岭图中双亭缘溪而建，空间狭小，竖向纵深感占主导空间感受，故在此安置进深较窄的连廊与歇山单檐屋顶的双亭。方圆庵则通过设置大庭院以缓解茂竹松林带来的密闭局促感。以上可见山林依空间大小选择建筑体量，依山势位置选择建筑形态，并可通过建筑庭院以小见大。

4. 五感交错——以表象之感悟其境

寺庙园林的创作强调人与自然的互动[42]，强调“悟”境，龙井八景通过多样的造景手法形成丰富的视觉层次，并结合听觉、嗅觉和知觉的全方位感受丰富游人的游览意境。在视觉上：由涤心沼图可见，在此可观“层甍自据最高峰”的翠峰阁，乃借景；神运石旁御书楼位于两侧山石之间，与此间溪上廊桥相互呼应，乃对景；风篁岭上“苍翠夹道”，张翥陪刘侍中于此“双亭俯涧谷，列座陈酒壶”，乃夹景；释元净言“亭蔽重岗头”，《龙井志序》亦记载“殿塔台宇，隐映于疏林古木间”，乃障景；此外又有爬山廊随地势而建，曲折回转，步移景异，亦是丰富的视觉体验。在听觉上，由“更有涧流朝暮落，此声不厌客来听”可见流水声泠泠可爱；“我来何所事，端为听松风”，“巧石玲珑云作谱，修篁排宕岭如弦”[43]亦分别形容林间松竹拍打的沙沙声；在嗅觉上，由“缘阶井溜通泉乳，绕殿花香挂薜萝”和“松风吹桂花，香韵世所无”可见花香亦使人流连忘返，唤起嗅觉层面的记忆。

五　小结

以上通过《南巡盛典》和《御制龙井八咏图》对龙井八景历史景观进行了考证，结合史料以园林绘画再现园景，对龙井八景景观营造意匠作出初步探析，以期推进这一具有重要历史价值园林的认识。但由于史料不足且两种绘画上存在一些出入，笔者对此龙井八景的研究存在一定疏漏，希望在日后能进一步探讨。以史料结合园林绘画的形式展开对龙井八景研究的分析，谬误之处，恳请专家指正。

参考文献

[1]（清）王孟鋗撰. **龙井见闻录**［M］. 扬州：江苏广陵古籍刻印社，1985.

[2] 李功成. **对杭州西湖园林变迁的思考**［J］. 中国园林，2009，25（01）：49-52.

[3] 傅舒兰. **建构活态文化遗产的认知框架——再谈杭州西湖的形成**［J］.中国园林，2018，34（11）：38-43.

[4] 张亚琼，周晨. **中国古代大地景观对现代风景园林建设的启示——以古代杭州西湖变迁与整治为例**［J］. 中国园林，2017，33（05）：64-67.

[5] 毛华松. **西湖文化的演进历程及其历史意义——《永乐大典·六模湖》中的西湖文献统计分析**［J］. 中国园林，2014，（11）：117-120.

[6] 陈同滨. **西湖景观的世界遗产价值初探**［C］//世界遗产保护·杭州论坛暨2008国际古迹遗址理事会亚太地区会议论文集. 中国建筑设计研究院，2008：1-9.

[7] 陈文锦著. **发现西湖：论西湖的世界遗产价值**［M］. 杭州：浙江古籍出版社，2007.

[8] 倪琪，许萍. **杭州西湖世界文化景观遗产的物质表象与精神内涵**［J］. 中国园林，2012，28（08）：86-88.

[9] 鲍沁星. **从杭州西湖第一山林“风景”欣赏到南宋临安皇家“园林”的叠山写仿——灵隐飞来峰风景园林文化遗产价值考**［J］. 中国园林，2012，28（08）：89-92.

[10] 鲍沁星，李雄. **南宋以来古典园林叠山中的“飞来峰”用典初探**［J］. 北京林业大学学报（社会科学版），2012，11（04）：66-70.

[11] 鲍沁星，张敏霞. **南宋以来杭州仿灵隐飞来峰造园传统及其重要影响研究**［J］. 浙江学刊，2013（01）：55-58.

[12] 宋恬恬，张敏霞，鲍沁星. **杭州西湖飞来峰基于“避暑”特征的山林地造园传统智慧研究**［J］. 中国园林，2018，34（07）：74-80.

[13] 吴士鉴等. **清宫词**［M］. 北京：北京古籍出版社，1986.

[14]（清）高晋等绘，张维明选编. **南巡盛典名胜图录**［M］. 苏州：古吴轩出版社，1999.

[15]（明）高濂等辑撰. **四时幽赏录 外十种**［M］. 上海：上海古籍出版社，1999.

[16] 高居翰，黄晓，刘珊珊. **不朽的林泉：中国古代园林绘画**［M］. 北京：生活·读书·新知三联书店，2012.

[17]（宋）潜说友纂. **咸淳临安志**［M］. 杭州：浙江古籍出版社，2012.

[18]（宋）祝穆编；（宋）祝洙补订. **宋本方舆胜览 附人名引书地名索引**［M］. 上海：上海古籍出版社，1991.

[19]（明）田汝成辑撰. **西湖游览志**［M］. 上海：上海古籍出版社，1958.

[20]（清）陆以湉撰；崔凡芝点校. **冷庐杂识**［M］. 北京：中华书局，1984.

[21] 王国平主编. **西湖文献集成 第14册 历代西湖文选专辑**［M］. 杭州：杭州出版社，2004.

[22]（宋）释元敬，（宋）释元复撰. **武林西湖高僧事略**［M］. 杭州：杭州出版社，2006.

[23] 周维权著. **中国古典园林史** [M]. 北京：清华大学出版社，1990.
[24]（明）张岱. **西湖梦寻 卷四** [M]. 上海：上海古籍出版社，2009.
[25] 姜青青著. **南宋及南宋都城临安研究系列丛书《咸淳临安志》宋版"京城四图"复原研究** [M]. 上海：上海古籍出版社，2015.
[26]（明）高濂等辑撰. **四时幽赏录 外十种** [M]. 上海：上海古籍出版社，1999.
[27]（宋）周密撰；裴效维选注. **武林旧事** [M]. 北京：学苑出版社，2001.
[28] 马重奇著. **杜甫古诗韵读** [M]. 北京：中国展望出版社，1985.
[29]（清）墨浪子辑. **西湖佳话古今遗迹** [M]. 清嘉庆二十二年刊本.
[30] 新兴书局编. **笔记小说大观丛刊索引 二十五编** [M]. 台北：新兴书局有限公司，1981.
[31] 赵晓峰. **中国古典园林的禅学基因——兼论清代皇家园林之禅境** [M]. 天津：天津大学出版社，2016.
[32]（宋）杨杰撰；曹小云校笺. **安徽古籍丛书 无为集校笺** [M]. 合肥：黄山书社，2014.
[33]（明）释广宾. **上天竺山志** [M]. 扬州：江苏广陵古籍刻印社，1996.
[34]（清）弘历. **清高宗御制诗文集** [M]. 北京：中国人民大学出版社，1993，御制诗三集，卷22.
[35]（清）弘历. **清高宗御制诗文全集** [M]. 北京：中国人民大学出版社，1993，御制诗三集，卷48.
[36] 朱彝尊著. **曝书亭集 上** [M]. 国学整理社，1937
[37] 陈从周主编. **中国园林鉴赏辞典** [M]. 上海：华东师范大学出版社，2001.
[38] 陈善等. **杭州府志一、二、三、四** [M]. 台北：成文出版社，1983.
[39] 施叔范著；胡遐点校. **溪上诗丛 施叔范诗钞** [M]. 杭州：浙江古籍出版社，2011.
[40]（明）冯梦祯撰. **快雪堂日记** [M]. 南京：凤凰出版社，2010.
[41] 顾凯. **拟入画中行——晚明江南造园对山水游观体验的空间经营与画意追求** [J]. 新建筑，2016（06）：44-47.
[42] 李冬梅，张建哲，陈允世. **浅论中国传统哲学与寺庙园林** [J]. 西北林学院学报，2009，24（6）：181-184.
[43]（清）魏㟲修，（清）裘琏等纂. **康熙钱塘县志** [M]. 上海：上海书店出版社，1993.

呼和浩特近代教会建筑研究❶

罗薇

（深圳大学建筑与城市规划学院）

摘要：呼和浩特为内蒙古自治区首府，历史上便是多种宗教文化交汇之处。1865年比利时圣母圣心会（C.I.C.M.）❷来到中国，主要在长城以北地区传教，在华活动时间长达90年（1865—1955年）。西式风格建筑伴随着西方传教士的足迹，于近代开始大量出现于内蒙古各处，尤以呼和浩特为最多，规模最大。本文将讨论该修会在呼和浩特建造的教会建筑，主要建筑位于呼和浩特市中心的伊斯兰街区，其自身独特的西式风格，与一街之隔的呼和浩特大清真寺形成特殊的城市空间。

关键词：圣母圣心会，近代建筑，中西文化交流，西式建筑，中式建筑

Research on Church Architecture in Modern Hohhot

LUO Wei

Abstract: Hohhot is the capital city of Inner Mongolia Autonomous region, where many religion and culture converged in the past. Together with the footprints of the missionaries, western architecture emerged on this plain, especially in the city of Hohhot, where they were more and much greater. Belgian Congregation of the Immaculate Heart of Mary (C.I.C.M.) entered China in 1865, and they were very active beyond the Great Wall, had stayed in China for ninety years (1865—1955). For the sake of missionary enterprises, they built a lot of churches, but only a few of them survived. This paper will focus on those western buildings in Hohhot, which have distinct feature in the Islam district downtown and show rich in cultural heritage, and composed special space.

Key words: C.I.C.M.; Modern Architecture; cultural exchange between the East and West; Western style architecture; Chinese style architecture

一　多宗教并存

呼和浩特，蒙语意为“青色的城”，西文文献中称“Blue City”，是中华人民共和国内蒙古自治区的首府，旧称归绥，由归化城与绥远城两座城市在1913年合并而成。中心城区位于蒙古高原南部边缘的土默特平原东北，背山面水。近代绥远地区是农牧文化交界地带，也是多种宗教汇集的地方，如基督教、藏传佛教、蒙古萨满教、道教和伊斯兰教，这些宗教相互之间产生了不少影响，表现在其首府呼和浩特城市空间形态上尤为明显，天主教的主教座堂（图1）和神学院（图2）被四周的伊斯兰教大小清真寺、住宅等建筑群所环绕，给人以大隐于市的印象（图3，图4）。

图1　呼和浩特主教座堂西南侧外观（图片来源：FVI❸，C.I.C.M. Archives，folder Heeroom in China）

1. 呼和浩特地区天主教会情况

呼和浩特近代西式建筑主要来自比利时的圣母圣心会（C.I.C.M.），由南怀义神父（Théophile Verbist）❹于1862年创

❶国家自然科学基金青年项目：基于营造技艺的在华近代欧洲传教士建筑师实践转型研究——以格里森为重点（项目编号：51808341）。

❷C.I.C.M.：Congregation of Immaculate Heart of Mary，圣母圣心会。

❸FVI：Ferdinand Verbiest Institute，南怀仁中心。

❹南怀义（Théophile Verbist）1823年6月出生于比利时的安特卫普，并在马林小神学院和大神学院学习神学。1847年9月18日，晋铎为神父。1853—1855年布鲁塞尔军校指导神师。同时，在布鲁塞尔的Soeurs de Notre Dame任告解神师和主任，并在这个修女会的小圣堂宣誓成为传教士。参考文献［11］：25.

图2 绥远神哲学院和修生（图片来源：KADOC❺，C.I.C.M. Archives，folder 22.44.1）

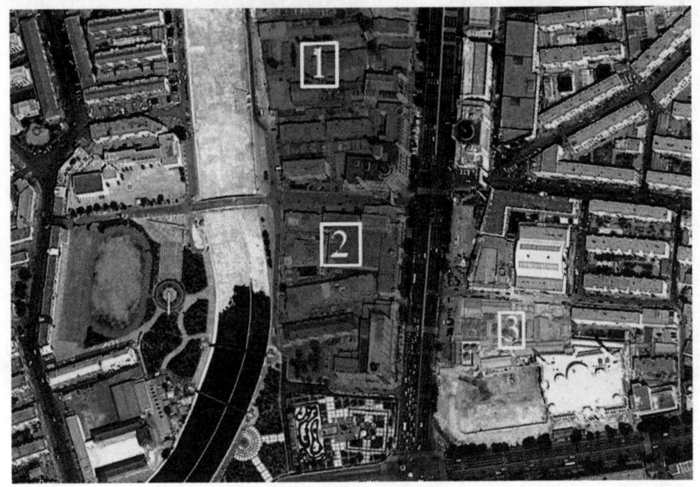

1—主教座堂；2—建控地带；3—清真大寺

图4 呼和浩特主教座堂周边地图（底图来源：Google earth）

图3 清真大寺（图片来源：Thomas Coomans摄）

立于比利时布鲁塞尔。圣母圣心会在华宣教区逐渐地发展为7个管辖区，分别是：热河、赤峰、西湾子、集宁、绥远、宁夏宗座代牧区和大同监牧区，绝大部分辖区归属于现在的内蒙古自治区，本文选择呼和浩特的近代教会建筑作为主要研究对象。圣母圣心会遗留下来的大量文字及图像档案主要保存在鲁汶大学的KADOC以及南怀仁中心，大量的资料整理和分析使得教会建筑的建造过程以及当时历史环境得以重现。

❺KADOC：Documentation and Research Centre for Religion，Culture and Society，宗教、文化及社会研究与档案中心。

2. 呼和浩特教会建筑总体情况

呼和浩特第一座西式建筑建于1874年，名为双爱堂，位于今天该市主教座堂的位置[12]。1900年义和团与反天主教的穆斯林团体在当地发动了冲突，教堂及其附属建筑被毁。1900—1922年的二十余年间，圣母圣心会未在原址建设教堂，只建了几间房子给神父们居住。义和团运动后，在呼和浩特近郊的三合村建了一座小礼拜堂（图5）。哥特式尖拱窗和砖砌的斜压顶是小教堂与周边建筑区别的显著标志。在主教座堂建成之前，这里作为主要的堂口，服务附近地区。1922—1924年，建造了主教座堂，是当地最宏伟的基督教建筑。20世纪30年代，三合村的这座小教堂扩大到8个开间，同年还建了一所女子学校和一个孤儿院，这些都是来自当地教友捐资和圣母圣心会的拨款。

图5 三合村教堂外观（图片来源：作者自摄）

图6　归绥公教医院（图片来源：FVI，Archives of Catholic Hospital）

图7　绥远神哲学院礼拜堂南立面（图片来源：KADOC，C.I.C.M. Archives，folder 20.3.5）

1920年，吕登岸[1]决定在呼和浩特市建立一座公教医院。医院位于归化城内的市场，绥远城西南3公里处。他对建设医院给出了明确的指示，要求建筑师设计建造医院时充分考虑当地的气候条件[2]。医院几乎与主教座堂同期建造，1924年秋完工（图6）。绥远神哲学院礼拜堂建设于1935年，1936年秋完成并投入使用，位于主教座堂北侧800米左右处，礼拜堂主立面的装饰精美，对比其他圣母圣心会建筑，绥远神哲学院混合了中西建筑元素，更契合中国天主教本地化政策的要求（图7）。大约在1947年，呼和浩特新城东街建了一座教堂和一所学校，现已不存。

圣母圣心会的传教士曾经有过继续向北方蒙古人传教的打算，于是在四子王旗的库伦图建了一座罗马风式的教堂，打算用作主教座堂。但是，四子王旗地广人稀，未能实现转变为教区中心的愿望。后来，由于铁路的修建，交通便利，绥远城市的发展使得呼和浩特成为理想的传教中心。故圣母圣心会决定将主教席位转移至呼和浩特新建成的主教座堂。1924年，葛崇德神父[3]被派往绥远任职，与省会会长贾名远[4]一起搬到归化城。

呼和浩特主教座堂，是1922年创立的绥远宗座代牧区主教席位所在地，是土默特平原圣母圣心会保存最好的纪念物。“文革”之后，天主教会收回主教座堂及院中的其他附属建筑，目前该圣堂是呼和浩特总教区的主教座堂[5]。主教座堂由修会的Leo Vendelmans（C.I.C.M.）神父[6]设计，他并未受过专业的建筑培训，曾在菲律宾开展过一些建筑相关工作。一支来自天津的工程

[1] 吕登岸（Joseph Rutten），1874年10月15日生于比利时Clermont-sur-Berwinne，1950年3月18日卒于法国Pau，1894年加入圣母圣心会，1898年晋铎神父，1901年9月15日派遣来华，1920—1930年圣母圣心会总会长（于比利时司各特），1930—1932年在Weigl博士的研究室（波兰）研究斑疹伤寒疫苗，1933—1942年在北京辅仁大学张汉民博士的研究室研究斑疹伤寒疫苗。参考文献［10］：429.

[2] Rutten，a man of vision，had a strategy for the hospital from the very beginning. His intention was threefold：1）the construction of a hospital in several pavilions and adapted to the climate，where a maternity ward would also be provided; 2）the construction of an adjacent catholic school for male and female nurses and 3）his dream：the establishment of a laboratory where one could prepare anti-typhus vaccines，distribute them and teach the missionaries how to inoculate themselves. 见Vanysacker Dries，“Body and Soul. Professional Health Care in the Catholic Missions in China between 1920 and 1940”。参考文献［7］：41.

[3] 葛崇德Louis Van Dyck，1862年1月21日生于比利时Loenhout，1937年12月4日卒于中国归化城，1886年加入圣母圣心会，1885年晋铎，1887年派遣来华，1898—1908年任东蒙古省会长，1922—1937年任西南蒙古代牧。参考文献［10］：547.

[4] 贾名远Ivo Stragier，1862年8月5日出生于比利时Izegem，1928年4月2日卒于中国归化城（归绥），1886年加入圣母圣心会，1887年晋铎，1888年派遣来华，1920—1928年任西南蒙古省会长。参考文献［10］：482.

[5] 1946年4月11日升级为呼和浩特总教区，100000平方公里。包括崇礼—西湾子教区、集宁教区和银川教区。

[6] Leo Vendelmans，1882年7月20日出生于比利时，1964年8月20日卒于比利时Saint-Pieters-Leeuw，1902年加入圣母圣心会，1908年晋铎神父，1908—1909年菲律宾碧瑶学语言，1909—1921年Bambang、Aritao、Nueva Vizcaya副本堂，在那里他是传教士建筑师，或许积累了一些施工经验。1922年派遣来华，他本人在中国仅停留3年（1922—1925年），曾在上海当会计，是归化城（绥远公教）医院的计划发展者，1926年回到比利时，1936—1964年间他在比利时Sint-Pieters-Leew做本堂神父，在那里他建造了Sint-Stafanus教堂（1938—1941年）。参考文献［10］：618.

图8 从呼和浩特主教座堂顶部鸟瞰近处的主教府和远处的绥远神哲学院（图片来源：FVI，C.I.C.M. Archives，folder Building and residence）

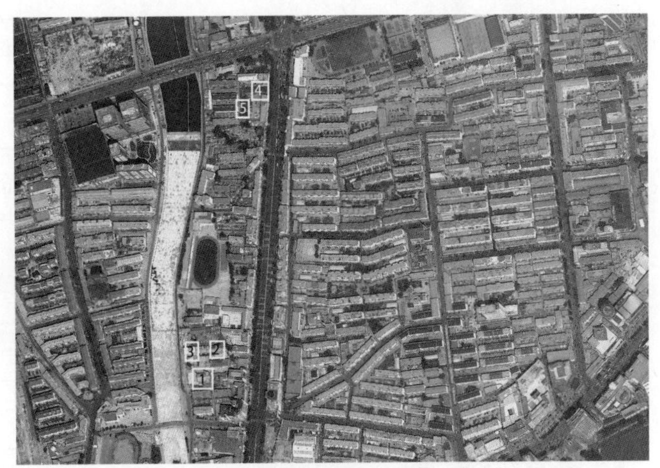

1—主教座堂；2—主教府；3—修女院；
4—神哲学院；5—神哲学院礼拜堂

图9 呼和浩特天主教建筑群（图片来源：罗薇绘）

队从1922—1924年花了近两年的时间修建了圣堂。Leo Vendelmans在中国的另外一个重要贡献是建造了呼市公教医院，当地第一座现代西医医院（图6）。

绥远[7]神哲学院礼拜堂建设于1935年，1936年秋完成并投入使用[8]。主体采用西式神学院的建筑功能和体量，在建筑细部混合了中西建筑元素，更契合当时的中国天主教本地化政策的要求。主教座堂的西式风格和高耸的塔楼在周围穆斯林建筑群中彰显了它的天主教特征，神学院位于主教座堂道路同侧以北800米，为该伊斯兰区的两处主要天主教建筑群（图8，图9）。本文将重点介绍两座教会建筑群的主体建筑情况——主教座堂与神哲学院。

二 呼和浩特主教座堂

1. 主教座堂的由来

主教座堂英文为Cathedral，原意是“有主教座椅的教堂”，主教座椅的英文为“Cathedra”，也就是说这里是主教所在的教堂，是主教辖区的中心。并不是所有的教会都有主教座堂，它只存在于罗马天主教、英国国教、东正教和某些路德、卫斯理教派的教堂中。然而，今天有许多新教使用的教堂仍旧沿用了主教座堂这个名字，也有一些现代的教堂建筑，因其宏伟也称之为主教座堂，虽然里面并没有主教席位，如美国加州的水晶大教堂（Crystal Cathedral）在1981年建成时，并没有主教。通常情况下，主教座堂是给主教及其属下的神职人员举行宗教仪式的地方，由于中世纪以后，主教的权势增加并且管辖的事务也越来越多，主教座堂往往都规模很大，通常建在城市的中心。现代建筑发展之前，主教座堂通常是城市中最高的建筑。主教座堂由于其尊贵的地位，其建筑的内外装饰都极其华丽，彩色玻璃、雕像、浮雕等都用来对基督的生平、教会的历史及重大事件作出声动的象征性描绘，有如一本图解的“圣经”。

2. 呼和浩特主教府建筑群

主教座堂建筑群目前占地约14000平方米（图10），院子北侧是一座长50米的二层小楼，与主教座堂同期建设，是主教府所在地。主教府旁边是一座1934年建成的二层小楼，为办公用房和神父的住所。在主教府与办公楼之间是一座供奉有圣女路德的假山石洞，大约“文革”时期拆除。一座女修道院和孤儿院位于院子的西北角，建成时间较晚。仓库位于院子的南侧。1985年后，主教府和办公楼用作神学院，西北侧的小院子从1992年起用作修女院[9]。主教座堂东侧是老

[7] 在西文参考文献中绥远常拼写为Soei-Yuan，Soei-Yuen和Sui-yüan。归化常拼写为Kwei-hwa和Kuei-sui。

[8] “1935年，根据需要绥远天主教又规划在旧城通道街牛东沿九号水磨街路北端修建修道院一所，它是由山西大同天主教修道大学院分出来的哲学系，命名为归绥市天主教哲学修道院。神哲学院于1936年秋建成开学。其占地近55亩，是一长方形院落，院南为一栋两层楼，院北楼房亦为两层，但规模较大，两楼建筑风格与呼和浩特天主教堂东西楼相同。此外，院内建平房数十间。1955年，内蒙古包头市二十四顷地小修道院合并于归绥市神哲学院，称为呼和浩特市天主教修道院。现保存仍较完整，分别由回民区公安分局，电视设备厂等占用。”见参考文献：［13］：32.

[9] 内蒙古博物馆科技处第七批全国重点文物保护单位申报登记表。

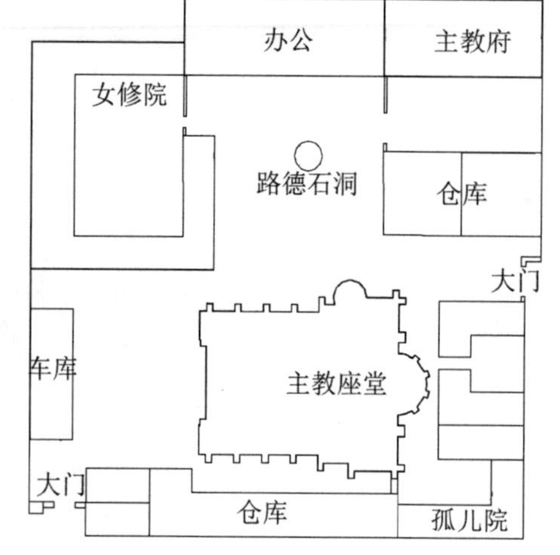

图10 呼和浩特主教座堂总平面图（图片来源：作者根据参考文献［13］：22图片改绘）

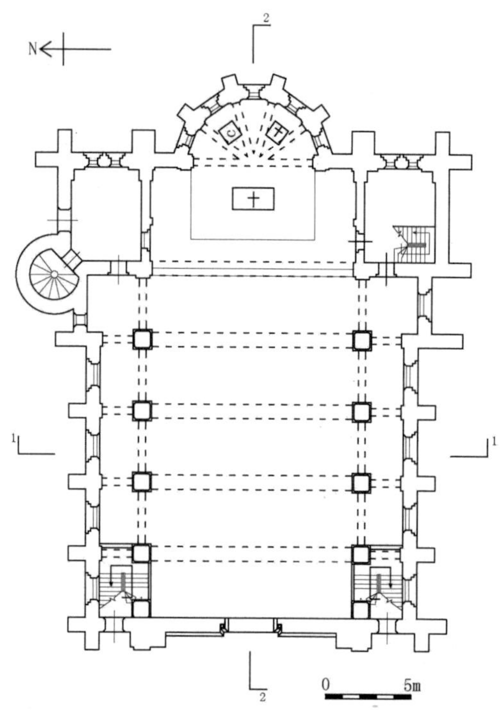

图11 呼和浩特主教座堂平面图（图片来源：罗薇、Thomas Coomans绘）

城区内繁花的通道南街，街的对面便是呼市著名的清真大寺，始建于1789年，1870年重建为现在的中式建筑风格[1]。这种强烈的对比使得主教座堂在这个区域里显得十分独特。

选择主教座堂来重点研究有以下几方面考虑：第一，它位于穆斯林聚居的回民区，需要彰显天主教建筑特征，从视觉上有别于周围其他建筑（图4在主教座堂的地图上，“1”表示主教座堂的文物保护范围，“2”表示其建控地带[2]，“3”表示清真大寺的范围）；第二，教堂建于20世纪20年代初，在“本色化”转型的历史背景下，天主教会开始改变传教策略，推行“本土化”艺术形式；第三，建筑风格与圣母圣心会推行的中世纪哥特式有很大的区别。

❶清真大寺为国家级重点文物保护单位。

❷建控地带范围是札达盖河西岸，通道南街东侧，伊利广场西侧，呼市回民中学南墙。

3. 呼和浩特主教座堂的建筑设计及历史变迁

主教座堂长轴东西向，建筑面积约600平方米。建筑高20米，宽26米。教堂平面由一个巨大的5开间中殿（带侧廊），带二层拱廊的耳堂，以及五边形平面的圣所后殿组成（图11）。外立面看来，耳堂有着高耸的山墙及精致的砖饰，然而教堂内部的十字交汇处却是圣所的位置，耳堂用作祭衣所等附属功能。换句话来说，从外立面看来，教堂有十字形的侧翼，然而从室内来看这个十字交汇并不明显，空间上没有中世纪主教座堂那样清晰“十”字的空间划分。中殿内高14米，加上屋顶21.8米，整个屋顶为钢筋混凝土结构，这在20世纪20年代的呼和浩特并不多见。

在北侧耳堂与中殿侧廊之间是一座钟楼，高30米，共四层，横截面从圆形逐渐演化成八边形。可通过教堂北侧耳堂的主入口到达钟楼，内部通过固定在石柱上的旋转木楼梯通往屋顶。钟塔的外侧装饰圆拱形盲窗，每层有条形的采光窗。八边形的顶层便是钟室了，墙上开拱形窗，并且安装了反声板。原来悬挂顶层的两口钟都来自欧洲，1924年制成，目前不知去向。八边形房间的顶部是一个小尖塔，金属板覆盖，上置十字架（图12）。

教堂北侧的入口门厅，地板以下是两位主教的墓室，上部二层是拱廊。南耳堂的一层是祭衣所，二层也是拱廊。一个巨大的圆拱形高坛拱券将圣所和十字交汇处分开。每排五棵正方形柱子，上方发圆拱形券，将中殿与侧廊分隔开，侧廊很窄，只供通行，圆拱高10.20米（图13）。圆拱之上的中殿侧墙通过精致的托臂和横向的肋骨支撑着三边折线形天花板，天花板之上是双坡屋顶。靠近西侧主入口立面的柱间距暗示着教堂原有平面设计应该有更多的开间向西延伸，或者建筑师计划将来可以将教堂向西侧扩建更多的开间，出现这种情况很可能与当时的

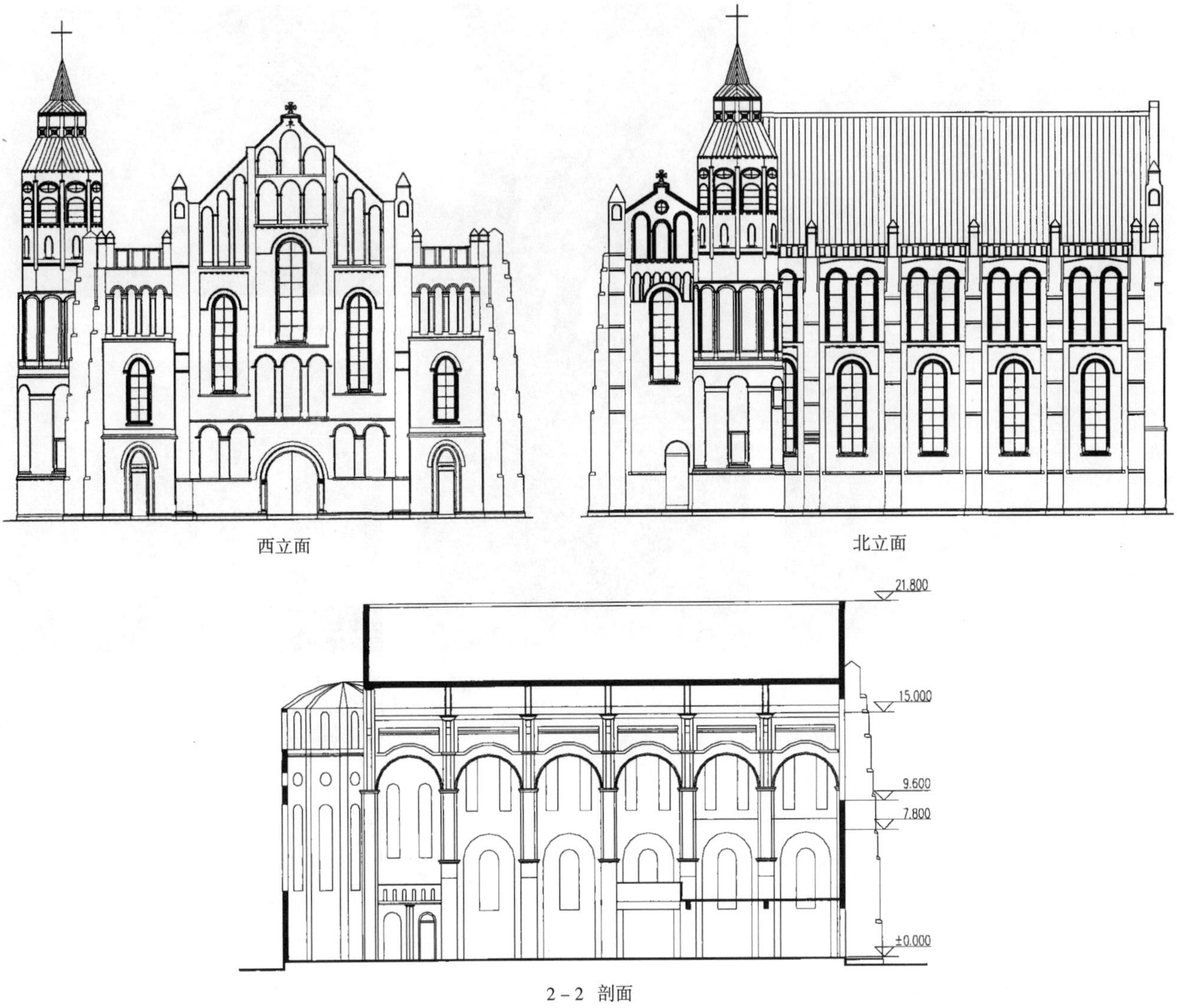

西立面

北立面

21.800
15.000
9.600
7.800
±0.000

2－2 剖面

图12 呼和浩特主教座堂立面图和剖面图（图片来源：作者根据参考文献［13］：22图片改绘）

资金有关。教堂侧廊的天花板由两层不同大小的圆拱券支撑，形成的券廊非常美观（图13），侧廊屋顶是简单的可供登临的平屋顶。柱廊拱券非常高，配合高大的侧窗，为室内提供了丰富的光线。柱廊除了将空间划分中殿与侧廊之外，更是形成了从西侧山墙至中殿，再到圣所后殿的连续的、通畅的、宽敞的、有纪念性的内部崇拜空间，给人视觉统一的感受（图14）。

图13 呼和浩特主教座堂室内，朝向西侧入口（图片来源：作者自摄）

“文革”期间教堂内的家具全部遗失，中殿和侧廊内加建了二层楼座，目的是将主教座堂改成一座电影院，但是这个计划失败了，因为回声过大，影响电影观看，后来教堂被改作仓库使用。教会收回圣堂后，重新布置了新家具，建筑本身经过修缮情况良好。主教座椅和圣体龛都摆放在圣所的后殿（图15）。从外立面来看教堂的壁柱非常粗大，设滴水石，并且从下至上不断内收，位置越高处的壁柱截面尺寸越小，顶部饰以小尖塔：圣所后殿的壁柱宽0.80米，厚0.60米；圣所的壁柱0.80米宽，厚1.30米；侧廊的壁柱0.80米宽，厚1米。壁柱本身自下而上不断减小厚度，一方面由于它的侧推力从下而上不断减小，另一方面也为减轻自重。

主教座堂最具特色的两个部分是西立面和东部的圣所后殿，都来自于对中世纪案例的模仿。

图14 呼和浩特主教座堂室内，朝向圣所（图片来源：作者自摄）

图15 比利时Villers-la-Ville修道院遗迹，教堂后殿（图片来源：作者自摄）

图16 呼和浩特主教座堂西立面（图片来源：罗薇摄）

图17 英国Salisbury主教座堂西立面（图片来源：http：//en.wikipedia.org/wiki/File：Salisbury_Cathedral_West_Front_niche_enum）

呼和浩特主教座堂的圣所后殿由3层窗构成：第一、三层都是圆拱形窗，中间层是圆形窗。这个立面组合与比利时瓦隆地区著名的世界遗产Abbey Church of Villers的圣殿有相似之处（图15），它的后殿中间层是两排圆窗，而圆窗上下都是哥特式尖拱窗[1]。Villers修道院的遗址是比利时建筑院校学生必须参观学习的建筑，同时也是许多修士和宗教组织必访之处。或许Leo Vendelmans参考了这座建筑，保持了后殿开窗的构图，仅将窗的做法统一为圆拱形。

[1] 参考文献［6］：154-155，181-189.

西立面主入口位于教堂的中轴线上，两旁各一个侧门，由壁柱隔开。墙面开5个圆拱形高窗，以及圆拱形盲窗。顶部的三角形山墙是等腰直角三角形的，上有3组圆拱形砖饰带，并且阶梯状布置，创造出非常有节奏感的立面构图。西立面并不是参照典型的法国哥特式主教座堂型制，没有两座高塔，中部也没有玫瑰窗。中央的三角形山墙两侧，也就是侧廊位置为平屋顶，比较低，装饰简化（图16）。呼和浩特主教座堂的装饰性西立面与建于13世纪下半叶的Salisbury主教座堂（英格兰，Wiltshire）西立面主要的特征和构图比例很相似（图17）。当然Salisbury主教座堂的装饰更加丰富，更加哥特，且石材建造。但是，对比它与呼和浩特主教座堂的基本构图、立面开窗的规律，二者之间有一定的相似性。Salisbury主教座堂是中世纪建筑的里程碑，并且是不同于法国教堂主立面的另外一种做法，或许这是Leo Vendelmans参考这座标志性建筑的原因。

主教座堂1980年5月4日重新开放，室内分别在1980年、1997年、2004年和2009年重新装修。内墙粉刷为白色，窗户的玻璃和吊灯皆为新近更换。主教座椅也是新的，放在圣所后殿。呼和浩特市文物局从1985年开始对主教座堂进行调查研究，1992年定为呼和浩特市文保单位，2006年成为内蒙古自治区级文保单位，西侧主立面前立有两块汉白玉石碑，用蒙、汉两种文字注明主教座堂为：自治区级文物保护单位。

三 绥远神哲学院

绥远神哲学院是由山西工匠姚正魁设计，姚正魁年轻时就来到中蒙古地区当木匠，之后受

图18 绥远神哲学施工过程照片（图片来源：KADOC，C.I.C.M. Archives，folder Kadoc China）

图19 绥远神哲学院，礼拜堂及教学楼、宿舍、院落（图片来源：KADOC，C.I.C.M. Archives，folder 22.44.1）

训于和羹柏神父[2]，配合和羹柏承担施工和监理，同时掌握了西洋建筑样式的设计和建造技术，他就是在圣母圣心会档案中常常被提到的姚师傅[12]。绥远神哲学院对本文的研究非常重要：第一，神学院和礼拜堂建筑至今仍然存在；第二，礼拜堂主立面的装饰工艺精美，也表现了新一代基督教建筑的风格（图18）；第三，整个建筑群目前非常杂乱，结构上存在隐患，状况堪忧，亟待整饬。

1. 建造背景及档案

1922年，西南蒙古代牧区拆分成宁夏和绥远两个代牧区。归绥正是现在的呼和浩特市，当年绥远代牧区的管理中心。尽管中国和比利时档案在其建设年代有些出入，但是由于大同总修院的哲学部拆分后于1936或1937年移至绥远，绥远神学院基本建设部分应在之前完工[3]。1946年大同总修院在内战中被炸毁，神学部的教授和修士们之后也移至绥远，直到1950年左右。这里成为神哲学院，为附近教区培养神职人员。The Congregation of the Immaculate Heart of Mary in the Late Qing Periods of Northwest of C.I.C.M. missionaries，past and present 1862–1987：History of the Congregation of the Immaculate Heart of Mary一书中提到，绥远修道院在1951年被改作军队医院，最后一批圣母圣心会士们，其中包括神哲学院院长廉启心（Léon Baudouin）在1952—1953年之间被驱逐出绥远[4]。中国官方要求，一位中国籍神父Josephus Jen Yu-ju[5]取代廉启心的院长职位。Josephus Jen Yu-ju在1952年被派去上海做财务管理的助手，标志着绥远神哲学院的彻底结束。在方旭艳的硕士论文中提到二十四顷地的小修院在1955年与绥远神哲学院合并。

绥远神哲学院在呼和浩特主教座堂以北800米左右处，通道南街西侧，靠近新华大街，扎达盖河以东（图9）。这座建筑尚未列入呼和浩特市级或内蒙古自治区级文物保护单位。神哲学院的西侧被部分拆除，年代不详，东侧部分和礼拜堂基本保留，西侧原神学院用地已经改建现代住宅。

有关绥远神哲学院的档案非常少，几张存放在KADOC和FVI的历史照片，向我们展示了礼拜堂的主入口立面和神学院的东侧。但是，神学院的设计图纸尚未发现，甚至学院的各部分功能构成也不十分确定。在圣母圣心会的杂志*Missions de Scheut*上未找到有关神哲学院建设的报道，只有两张外观照片刊登在杂志上，些许提到这个新成立的神哲学院[6]。根据这些老照片，原有的神哲学院应由两处院落组成，由礼拜堂西侧向南伸出的矮墙分隔，学院前是一片田地（图19）。尚不清楚修士们的宿舍、教室、图书馆、食堂以及教授们的宿舍等用房如何安置在这座建筑群中，也没有资料显示这个神哲学院可容纳多少学生。根据开间和窗户的宽度，东侧部分开窗更宽一些，很可能是神学院的教室，而西侧部分开窗狭长，则有可能是住宿部分。建筑的两翼都朝南，但是并不对齐，东侧的建筑略向北后退错开（图19）。

[2] 和羹柏1858年11月1日出生于根特市近郊的Gentbrugge的建筑世家，父亲是工程承包商，其亲属也多从事建筑行业。和羹柏在根特的圣路加学校学习了五年建筑。1881年，他加入圣母圣心会，1885年来华，在华生活44年，是圣母圣心会重要的教会士建筑师，设计建造了大量的教会建筑，其中有教堂、修道院、住宅等四十多座建筑，大量历史建筑照片保存在比利时KADOC档案中心和南怀仁中心。

[3] 参考文献［14］：112：“À partir de 1922，les séminaristes se rendent pour la Philosophie et la Théologie dans le séminaire central des *MS*. Établi à Tat'ong d'abord，cet institut a été dédoublé en 1936，les philosophes se rendant désormais à Soeiyuan”.也见参考文献［15］：7，“1922年以前，西湾子修道院内大小修士都有，那年已有第一批大修士升入新成立的大同修院。这座修道院于1936年改为专攻神学的大修院，哲学院另成立于归化城”。

[4] 参考文献［11］：62-263.

[5] Josephus Jen Yu-ju中文名不详。

[6] 参考文献［3］，1938：55（general view from the south）；参考文献［3］，1938：111（visit of Vicar Apostolic Zanin and bishop Otto C.I.C.M.）.

图20 绥远神哲学院教学楼（图片来源：KADOC，C.I.C.M. Archives，folder 20.3.4）

图21 绥远神哲学院教学楼现状（图片来源：作者自摄）

图22 绥远神哲学院礼拜堂东立面（图片来源：作者自摄）

2. 神哲学院：布鲁日窗构艺术（Bruges bay）[1]和图案式砌筑工艺

神哲学院礼拜堂成为学习场所和休息场所的一个分隔，分隔两个院落的墙在礼拜堂西墙的延长线上，并且有小门连通两个院落（图19）。神哲学院的主入口设在通道南街，和现在一样，但是20世纪30年代的道路比今天要窄很多。老照片显示，学院东侧翼有一部分矮的附加建筑，只有一层高（图20）。由于近年来呼和浩特市发展的需要，通道南街被拓宽，神哲学院东侧翼的部分建筑被拆除。整个建筑建在一个大平台上，比院内地坪高出1米左右。建筑为双坡顶，覆盖金属板（图21）。整座建筑并不对称，一层中间部分突出有一个小圣堂，圣堂右侧有九个开间，左侧12个开间。小圣堂突出墙面的部分呈三边形，与大平台边缘对齐（图22）。小圣堂非常引人注目，不仅是因为它的位置，还有形状和高窗都非常特殊。小圣堂面南的一边是一个三角形的山墙带两个通过起拱石突出的短墙，中间墙面内凹处一个半圆拱形，两边用来通风的圆窗对称布置，像木偶的面部。建筑的南立面每隔两个开间有一个布鲁日窗构系统的立面开间，顶部的老虎窗突出屋面，并且采用了砖砌的斜压顶和起拱石做法。所有的窗都是弧拱形券窗，比较简单，铁杆件与铁扒锔加强了木构梁架和木地板与墙面结合的牢固性。建筑的东西两片山墙在屋脊处用小巧的歇山顶来收头，现已不存，只有山墙端部的起拱石还在。

这座建筑另一个突出的特点是采用了不同颜色的砖砌筑，墙体呈现出多种几何图案。由于目前建筑本身比较脏，许多灰垢遮住了墙身上的几何图案，难以看出红白两色砖与灰砖组合出的图案（图22）。然而，在黑白的老照片上，这些颜色的对比却十分强烈（图19，图20）。神哲学院的宿舍楼同样采用这种图案式砌筑工艺。这种工艺在19世纪的欧洲工业建筑上并不少见，因为它既便宜又好看，能使单调的墙面看上去更活跃，多用在学校、工厂、仓库、工人住宅、小别墅、教堂及其他的公共建筑上。其中最著名的案例要数法国北部Noisiel-sur-Marne 地区的Menier巧克力工厂（图23），1851年由建筑师Jules Saulnier设计[2]。一本有关图案式砌筑工艺的图案手册La brique ordinaire au point de vue décoratif 发行于1883年[16]。其实几何图案的砖饰早在中世

[1] 布鲁日窗构系统开间（Bruges bay）是一种非常典型的弗拉芒中世纪晚期的砖构建筑的做法：立面装饰以每开间相同或相似的垂直方向的柱子加上几层窗户，末端以拱券收尾的砖饰体系，非常精致。

[2] http：//en.wikipedia.org/wiki/Jules_Saulnier

图23 法国北部Menier巧克力工厂（图片来源：http：//upload.wikimedia.org/wikipedia/commons/2/25/Chocolaterie_Menier_moulin_Saulnier_1.jpg）

图24 沈阳周恩来读书旧址纪念馆（图片来源：http：//dangshi.people.com.cn/GB/151935/206880/206918/）

纪传统建筑中就有应用，19世纪这种工艺的再次流行要感谢当时的工业发展，造砖厂能够生产出规格统一且颜色多样的砖来。19世纪初，英格兰最早有了工业造砖厂，但是直到19世纪下半叶才在欧洲大陆和北美普及，这种图案式砌筑也同样用在的哥特式复兴的建筑上[3]。在传教士的家乡比利时也是如此，彩色的材料受到推崇，还常常把不同颜色的砖和不同的石材混合在一起使用，丰富立面效果。

[3] 参考文献［17］：177，186，196-197.

这种应用在绥远神哲学院上的图案式砌筑做法在中国并不多见，近代建筑中比较多的情况是用不同颜色的砖砌筑出带状装饰，以及在窗框门框处砌出不同颜色的拱形，也有的将砖墙外表涂上不同颜色以表现几何形装饰。一些资料显示，这种做法在我国东北地区有一定范围的应用，比如沈阳市周恩来读书旧址纪念馆（图24）。然而，我们无法推测这些彩色的砖在哪里烧制，以及它是否非常昂贵。前文已述，20世纪30年代的呼和浩特火车已可通达，这支来自天津的施工队，外地砖厂购买建筑材料再运来呼和浩特也是很有可能的。

3. 礼拜堂和它引人注目的主入口立面

礼拜堂与神哲学院的主楼垂直相连，并且在北侧通过一个内廊连接到教学楼，修士和教授们可以从北侧的门进入礼拜堂。如今的院子里建了不少违章建筑，还有很多野生植物也将礼拜堂的东侧遮挡了起来，想拍摄到一张反映礼拜堂全景现状的照片很难（图25）。一张老照片显示，礼拜堂共有十二个开间，主入口面南（图2），单层建筑，所有的窗户都是圆拱形，45°边框抹角，屋顶上有四个通风的老虎窗。

通过分析和观察，这座礼拜堂分为三个部分：圣所、中殿和主入口门厅，但是由于其内部损毁严重，且有新的遮挡物，内部功能分区并不明确。中殿北部目前放置了很多机器，是一个手工加工车间（图26）。北侧的第一个开间，通过一个很窄的楼梯可登上二层走廊，目前被封堵。屋顶的天花板是五边折线形，有木制斜撑，并通过板条固定天花板，铁扒锔和铁拉杆用来加固屋顶的木结构。由于礼拜堂内墙和南入口已经封堵，未能进一步参观其他部位，故祭台的位置尚无法确定。

图25 绥远神哲学院礼拜堂东立面（图片来源：作者自摄）

礼拜堂的主入口非常奇特，值得我们注意，现有照片和档案中老照片可对比出昔日的辉煌（图18，图19）。三个白色的圆拱券标志了主入口的位置：主入口中间的拱券较高，在中央形成了一个壁龛，拱上饰以叶子和花；两侧较低的拱券标示出主入口两侧的开间，装饰象征圣餐图案，左侧的麦子象征祝圣的面，

图26 绥远神哲学院礼拜堂室内现状（图片来源：作者自摄）

图27 绥远神哲学院礼拜堂主入口现状（图片来源：作者自摄）

右侧的葡萄象征酒（图27）❶。拱券由白色粉饰灰泥制成，与灰砖形成了强烈对比，遗憾的是，拱券上的灰塑已经不全了。这三个拱券很像在宗教仪式道路上临时由植物搭建的凯旋门，它们构成了一个非常有象征意义的门，内与外的转变，世俗与神圣的转折。这些精致的灰塑含有自然主义和象征主义的暗示。

在主入口中轴线上有一个小的门廊，上面是三角形的山墙、砖砌的斜压顶和悬挑的墙面，门洞是圆拱形的且45°抹角，门廊如今已经被拆毁。中央拱券下的矩形壁龛上遮以中式屋顶，成为这个主入口最吸引人的部分。老照片显示，壁龛内供奉圣母手抱基督的雕像，壁龛比较深，与白色的雕像形成鲜明对比，使得雕像从远处便清晰可见。两个侧圆拱窗上边是两个六边形的通风口，是中国园林中常用的窗户形式（图7）。

主立面上部的山墙有三段粗大的短墙，两端各一，中央一个较大，山墙的两脊是斜砌的砖压顶。两端的墙体由悬挑出来的山墙向上砌筑形成，顶部是歇山形式，现已不全。中央的短柱支撑着一个木构亭子，内置铜钟，屋檐起翘，上置十字架。目前亭子的骨架尚在，但是十字架和屋顶早已不存。

4. 神哲学院的中式礼拜堂

绥远神哲学院的礼拜堂建于1935—1936年之间，属于第三代中国基督教建筑。与此同时，长城以南中华大地上的民族运动已经达到了高潮。神哲学院是中国籍修士受教育的地方，姚正魁为建筑设计了这个空间简单，但有着丰富的中式装饰外立面的礼拜堂。遗憾的是，未收集到礼拜堂的室内照片，但可以肯定的是，这个时候的礼拜堂一定是采用的中式祭台、壁画和家具。20世纪30年代中期，有关本地化的争论不再像十年前那样中西两极分化。

中国籍修士们站在向日葵田中的照片（图2），背景是神哲学院和中式钟楼，一幅非常诗意和有希望的画面。向日葵和修士们在有着圣洁的文化和教育的地方一起成长，皆有阳光和神普照，寓意深刻，学院是一个有秩序和平静的地方。

本地化中国文化的潮流是中西方建筑师对如何表达传统建筑文化，并满足宗教仪式和现代需要的探索。在他们的心目中，壁画、亭子、歇山顶这些元素能够描绘出中国传统建筑的氛围。在绥远神哲学院这个案例中，它应用了相对朴素的中式元素，而其他的神学院如宣化大修院和香港圣神修院则更为华丽，用混凝土模仿中式斗栱体系和中式的院落布局[19][20]。这两个修院已经不是由西方的宗座代牧来管理，而是中国籍主教管理。

四　共同文化遗产

呼和浩特的重要历史建筑保护往往集中在佛教寺院、清真寺等类宗教建筑上，然而，近代西式建筑在一百年前的归绥也曾占有非常重要的一席之地，后来由于城市建设而大量被拆除。尽管绥远神哲学院目前环境很差，但是它是圣母圣心会建筑中一个非常难得的案例，对于此类近代教会建筑应给予积极的保护，它们是两种文化甚至是多种文化交流和共享技术知识的产物。这些有限的具有代表性的案例，展示了比利时圣母圣心会传教士在中西文化碰撞过程中的贡献，

❶ 参考文献［18］：212.

以及他们与其祖国的紧密联系[5]。“一个历史对象的贡献——无论它有多高程度的独创性——对于形象化那段特殊地点的历史和它所属的文化都非常重要。”❷保护好这些近代建筑是正确评价此类遗产以及它们在世界和本土层面发展整合所必需的先决条件。“共同文化遗产”是个具有多重含义的术语，它有政策含义、文化含义、历史含义以及学术含义等等。虽然，这些教堂在其建成后的一百年间不断地变迁且被改造过，但是通过分析存留部分，仍然可以追溯到传教士的祖国——比利时的建筑原型。从某种角度来讲，这种遗产也承载着“他们的传统”。通过对呼和浩特近代建筑的梳理发现，这些建筑具有丰富性、多样性及复杂的文化内涵，人类思想文化的互渗、关联、共通性皆可从中体现。从跨越国界的角度来研究它的经历、衍变乃至争议，结合多元化观点，将带领我们正确认识近代建筑体现出的社会和文化的差异与认同。

❷ "The contribution that a historical object makes — regardless of its degree of originality— to the visualization of the history of the place at which it is situated and to the culture of which it is a part." 参考文献［8］: 8.

参考文献

［1］KADOC鲁汶，**宗教、文化及社会研究与档案中心［R］**.

［2］鲁汶大学，南怀仁中心：**圣母圣心会档案［R］**.

［3］Missions de Scheut：**revue mensuelle de la Congrégation du Cœur Immaculé de Marie［Missions of Scheut］［J］**. monthly，Brussels：C.I.C.M.，1914-1939.

［4］BRESSERS Adolphe & Van Assche Auguste. **De kerken der middeleeuwen en haer symbolismus［J］**. Bruges：Tremery，1865.

［5］COOMANS Thomas & Luo Wei. **"Mimesis，Nostalgia and Ideology：Scheut Fathers and home-country-based church design in China"**，in：**History of the Church in China，from its beginning to the Scheut Fathers and 20th Century（Leuven Chinese Studies）［C］**. Leuven：Leuven University Press，2015.

［6］COOMANS Thomas. L' abbaye de Villers-en-Brabant. **Construction，configuration et signification d'une abbaye cistercienne gothique**，Bruxelles：Racine，2000：154-155，181-189.

［7］DE RIDDER Koen（ed.）. Footsteps in Deserted Valleys：**Missionary Cases，Strategies and Practice in Qing China（Leuven Chinese Studies，8）［M］**，Leuven：Leuven University Press，2000.

［8］TEMMINCK GROLL C.L. **The Dutch Overseas Architectural Survey［M］**. Zwolle：Waanders，2002.

［9］TIEDEMANN R. Gary（ed.）. Handbook of Christianity in China Volume 2：1800 to the Present（Handbuch der Orientalistik. 4. Abt.：China 15/2）. Leiden：Brill，2010.

［10］VAN OVERMEIRE Dirk编. **在华圣母圣心会士名录［M］**. 台北：见证月刊杂志社，2008.

［11］VERHELST Daniël & PYCKE Nestor（eds.）. C.I.C.M. missionaries，past and present 1862-1987：**History of the Congregation of the Immaculate Heart of Mary（Verbistiana，4）［M］**. Leuven：Leuven University Press，1995.

［12］包慕萍，［日］村松申. **1727—1862年呼和浩特（归化城）的城市空间构造——民族史观的近代建筑史研究之一**//张复合主编. **中国近代建筑研究与保护（二）［C］**. 北京：清华大学出版社，2001：188-200.

［13］方旭艳. **呼和浩特基督教文化建筑考察与研究［D］**. 西安：西安建筑科技大学，2004.

［14］RONDELEZ Valère. **La chrétienté de Siwantze：Un centre d'activité en Mongolie［M］**. Xiwanzi，1938.

［15］古伟瀛. **塞外传教史［M］**. 南怀仁中心，光启文化事业，2002.

［16］LACROUX J. & DÉTAIN C. **La brique ordinaire au point de vue décoratif［M］**. Daly，1883.

［17］ALDRICH Megan. ***Gothic Revival*［M］**. London：Phaidon，1994.

［18］TAYLOR Richard. How to Read a Church. **A Guide to Images，Symbols and Meanings in Churches and Cathedrals［M］**. London：Ebury Press Random House，2003.

［19］MCLOUGHLIN Michael. **The Regional Seminary，Aberdeen（1931—1964）**，Theology Annual，4，1980：83-99.

［20］Jeffrey W. CODY.Striking a Harmonious Chord：**Foreign Missionaries and Chinese-style Buildings，1911-1949［J］**. Archtronic. The Electronic Journal of Architecture，V5n3，1996：30.

净土信仰下的念佛堂建筑研究

张奕　丁康

（武汉理工大学土木工程与建筑学院）

摘要：净土信仰犹如一条纽带将佛教各宗派联系在一起，使得禅、净、律各宗皆修念佛法门，同归净土。本文以地方志、寺志作为主要文献资料，在结合佛教传记、经论的基础上，对念佛堂建筑的发展脉络进行梳理，并对苏南和上海地区的部分念佛堂进行实地调研，在充分整理了调研资料的基础上，对念佛堂的平面布局、建筑形制等方面进行归纳，为念佛堂的建设提供设计依据。

关键词：净土信仰，念佛堂，居士林

A Study on the Architecture of Nianbuddha Hall under Pure Land Belief

ZHANG Yi，DING Kang

Abstract: Pure Land belief performs as a link linking all Buddhist sects together, which makes Zen, Pure Land and Law all practice Buddhist Dharma and return to Pure Land. Taking local chronicles and temple chronicles as the main documents and materials, this paper combs the development of Nianfotang architecture on the basis of Buddhist biography and Confucian classics. In addition, we carried out on-the-spot investigations on some of the Buddhist temple in South of Jiangsu and Shanghai. On the basis of fully collating the research materials, we summarized the plane layout and architectural form of the temple, providing the design basis for the construction of the memorial hall.

Key words: Pure Land Belief; Buddhist Church; Jushilin

一　前言

汉传佛教的净土信仰一般指弥陀净土信仰，根源于大乘佛教，以念佛往生西方极乐世界作为修行法门。考《开元释教录》，最早将弥陀净土信仰引入中原的是后汉安息三藏安世高所译的《无量寿经》二卷，不过现已无存。东晋时，慧远与刘遗民等人在庐山结社念佛，共期往生西方，这是中国兴行念佛的开始，所以慧远也被后人推举为净土宗初祖。至二祖善导时，正式创立了以净土信仰为立宗基础的净土宗。

自宋明以后除净土宗专修净土外，无论禅、律、台、华各宗皆兼修净土，推崇念佛。一声“阿弥陀佛”也逐渐演变成了佛教寺院中的日常交际用语，甚至在民间也出现了“家家念弥陀”的盛况。所以念佛之于佛教各宗都有着重要意义，念佛堂也就成为净土信仰下的特色建筑。笔者在此将念佛堂分为两类在下文进行概述：一是位于寺院的念佛堂；二是位于寺院之外专供居士使用的居士林念佛堂。

二　寺院念佛堂

寺院的念佛堂，主要是僧俗大众进行日常念佛修持和打佛七[1]的场所，都是由出家师父领众念佛，管理者也都为出家人。念佛堂是寺院建筑体系中“堂”的一种，在寺院中并不属于主体建筑，建筑形制也较为简单。

[1] 举行七天或以七为周期的，专门念佛的佛事活动。

1. 念佛堂历史

关于念佛堂的记载，在唐代以前几乎无从可考。其主要原因可能是，唐代以前净土宗还处在一个发展阶段，念佛堂并未作为单一的功能性建筑被分列出来，如《嵩岳寺碑》中记载："后有无量寿殿者，诸师礼忏诵念之场也，则天太后护送镇国金铜像置焉。"[2]说明在初唐时，大殿就可以满足礼拜、忏悔、诵经、念佛等多种活动。后来随着净土宗的日益壮大，信众数量增多，开始出现了专供念佛的场所。

[2] 文献［4］，卷二百六十三.

《宋高僧传》记载，晚唐时期的净土五祖释少康："于乌龙山建净土道场，筑坛三级，聚人午夜行道唱赞，二十四契称扬净邦。每遇斋日云集所化三千许人登座，令男女弟子望康面门，即高声唱阿弥陀佛。"[3]此处所描述的就是一个广聚僧俗、称念佛号的场所，与后世的念佛堂功能十分相近，可以认为是后世念佛堂之初型，但此时还未有念佛堂之称。

[3] 文献［5］，卷二十五.

北宋时似乎已经有念佛堂的出现了，在民间流传的《延寿宝卷》中有这样一段描述："……昔年仁宗皇皇登龙位，治理江山总太平……且说有一贤人出在西京河南府九里桥叙贤村，单表此人姓金名连，同缘赵氏……父母一商议，把家中房屋改成庙宇。前厅改作三宝殿，后厅改作念佛堂……"[4]通过"仁宗皇帝"、"西京河南府"、"同缘赵氏"等字眼的描述来看，这段故事应该出自北宋宋仁宗时期，但由于《延寿宝卷》是民间自古口口相传的神话故事传说，可信度存疑，笔者在此也不做深究。

[4] 文献［6］，第七部分.

真正出现念佛堂的记载是在南宋嘉定年间的《咸淳临安志》中："福全禅院……西方念佛堂作于十六年，主其设者无碍。"[5]此处不仅正式出现了念佛堂的描述，而且已经出现在了禅宗寺院中。其实早在慈愍三藏慧日时就倡导"禅、净、律"三者共修，慧日于唐嗣圣十九年（702年）入西域求学，开元七年（719年）回长安城弘传净土，并受到国主推崇。唐末五代的高僧，净土六祖永明延寿大师也曾大力倡导禅净双修，因此禅宗寺院中出现禅净兼修的现象在南宋是极有可能发生的。

[5] 文献［7］，卷八十二.

晚明的《徐霞客游记》中记载："盖狮林中脊，自念佛堂中垂而下，中为影空，下为兰宗两静室，而中突一岩间之，一踞岩端，一倚岩脚，两崖俱坠峡环之……"[6]此处所描述的位于山林中的念佛堂，乃一出家人隐居之所，与后世念佛堂的功能有所出入，说明此时念佛堂还未有明确功能上的界定。

[6] 文献［8］，卷十二上.

到了清代，念佛堂就屡见于文献资料中了，如《修西闻见录》中记载："宗道，海陵人，出家普福庵，苦行坚节，常念佛恩之重，誓欲舍身以报。隆冬，敲冻投水以清心，闭关禁语三年。后于塔寺建念佛堂，力修净业……体成，字妙果，东台人，幼出家，方直有戒行，能开化愚蒙，拔邪归正，屠宰感化。偕同志数人，设念佛堂，力修净业者四年……"[7]此处提到的两所念佛堂都是供僧众修持净业的场所。

[7] 文献［9］，卷一.

晚近时期的念佛堂各方面制度都已得到完善，功能也更加明确，如清末民国时《印光法师文钞续编》中记载："念佛堂中，每日或住持，或班首，说净土，及戒律，开示一次，俾诸师发起增上胜心。有信士慕此间道风，祈打念佛七……"[8]至此时不仅已经形成一套念佛堂班首制度，还制定了严格的戒律来清净道场，使念佛堂成为一个供僧众修持念佛以及打佛七的场所。

[8] 文献［10］：100.

通过对以上资料的分析，可以认为念佛堂萌芽于唐宋，发展于明清，成熟于晚近。

2. 念佛堂建筑布局

（1）位于寺院主轴线西侧

念佛堂的供奉对象一般为西方极乐世界的总教主阿弥陀佛，或者是大势至菩萨（左）、阿弥陀佛（中）、观世音菩萨（右）这种一佛二菩萨的组合形式。最早将这一佛二菩萨联系在一起的是南朝宋畺良耶舍所译的《观无量寿经》：“**说是语时，无量寿佛，住立空中。观世音、大势至，是二大士，侍立左右。**”[1]故三者又被称为“西方三圣”。因此大多有净土信仰的寺院，会将念佛堂布置在象征西方极乐世界的主轴线西侧。例如南京灵谷寺、苏州铜观音寺、上海龙华寺。从三者平面布局来看，念佛堂虽然都位于寺院主轴线西侧，但在寺院中的地位却存在一定差异。

铜观音寺的念佛堂又名“西方殿”，属于寺院中的偏殿，虽然位于主轴线的一侧，但其建筑面积却并不亚于大雄宝殿，是寺院中比较重要的建筑。与铜观音寺相比，灵谷寺的建筑轴线关系更加明确。灵谷寺的主轴线是以天王殿、大雄宝殿、玄奘院、大通觉堂组成的三进院，而中心的大雄宝殿继续与两侧的念佛堂、藏经楼来构成寺院的横轴线，说明念佛堂在灵谷寺也是属于规格较高的建筑。再看龙华寺念佛堂，寺院有一条明显的纵轴线，念佛堂即位其西侧，建筑体量上也明显比轴线上的建筑要小，应该是寺院中较为次要的建筑。

总的来说，位于主轴线左侧的念佛堂一般会位于寺院偏中部。此种布置方式既可以方便来此念佛的信众不至于行进过长的路线，又可以在一定程度上减小外界干扰，提供一个较为清净的念佛场所（表1）。

（2）位于寺院主轴线

在某些净土宗为主的寺院中为突出念佛的重要性，念佛堂往往会布置在寺院主轴线大雄宝殿之后，形成前殿后堂的寺院格局。这种布局方式经常出现在禅寺或讲寺中，即在大雄宝殿之后布置法堂或者讲堂，目的是为了凸显其讲经、弘法、传教的重要性。在有着净土信仰的寺院

表1　寺院主轴线西侧念佛堂布局图（表格来源：作者自制）

寺院	铜观音寺	灵谷寺	龙华寺
布局	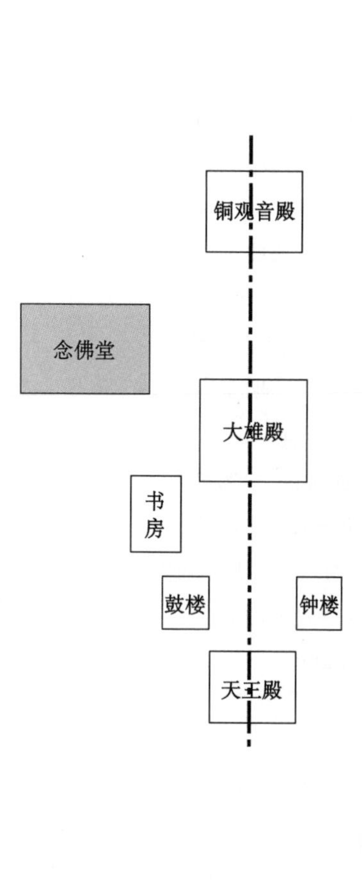 铜观音殿 念佛堂 大雄殿 书房 鼓楼 钟楼 天王殿	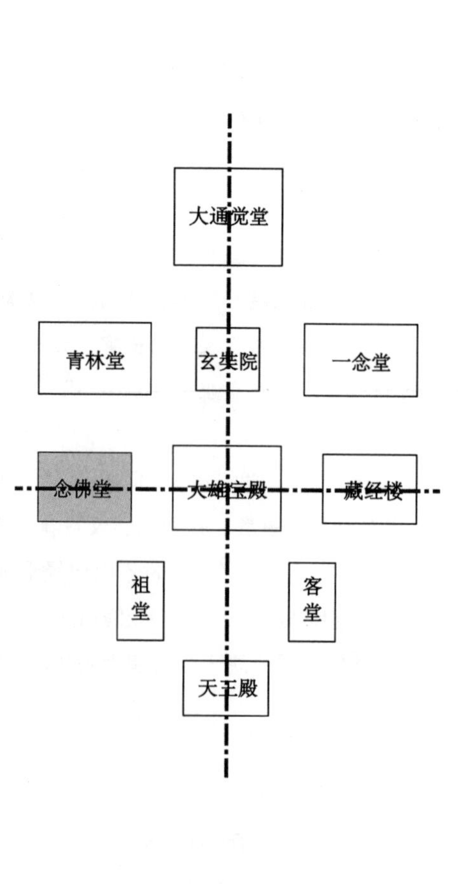 大通觉堂 青林堂 玄奘院 一念堂 念佛堂 大雄宝殿 藏经楼 祖堂 客堂 天王殿	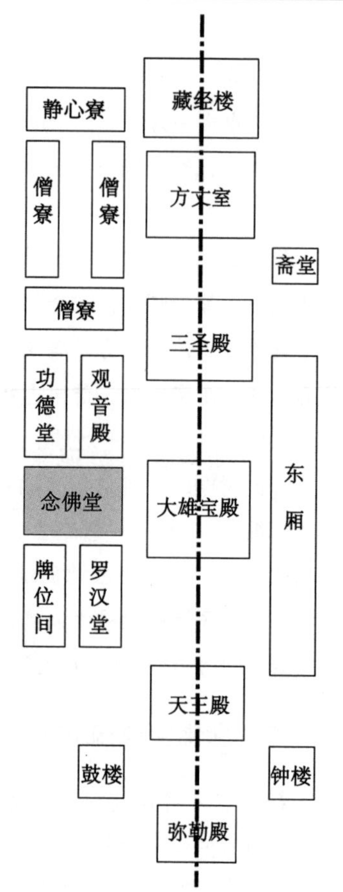 静心寮 藏经楼 僧寮 僧寮 方丈室 斋堂 僧寮 三圣殿 功德堂 观音殿 东厢 念佛堂 大雄宝殿 牌位间 罗汉堂 天王殿 鼓楼 钟楼 弥勒殿

[1] 文献［11］，卷十二.

中，除了念佛修持净土之外，也有弘传净土法门的义务，大殿之后的念佛堂就显得尤为重要。例如苏州灵岩山寺、上海法藏讲寺（表2）。

表2　寺院主轴线念佛堂布局图（表格来源：作者自制）

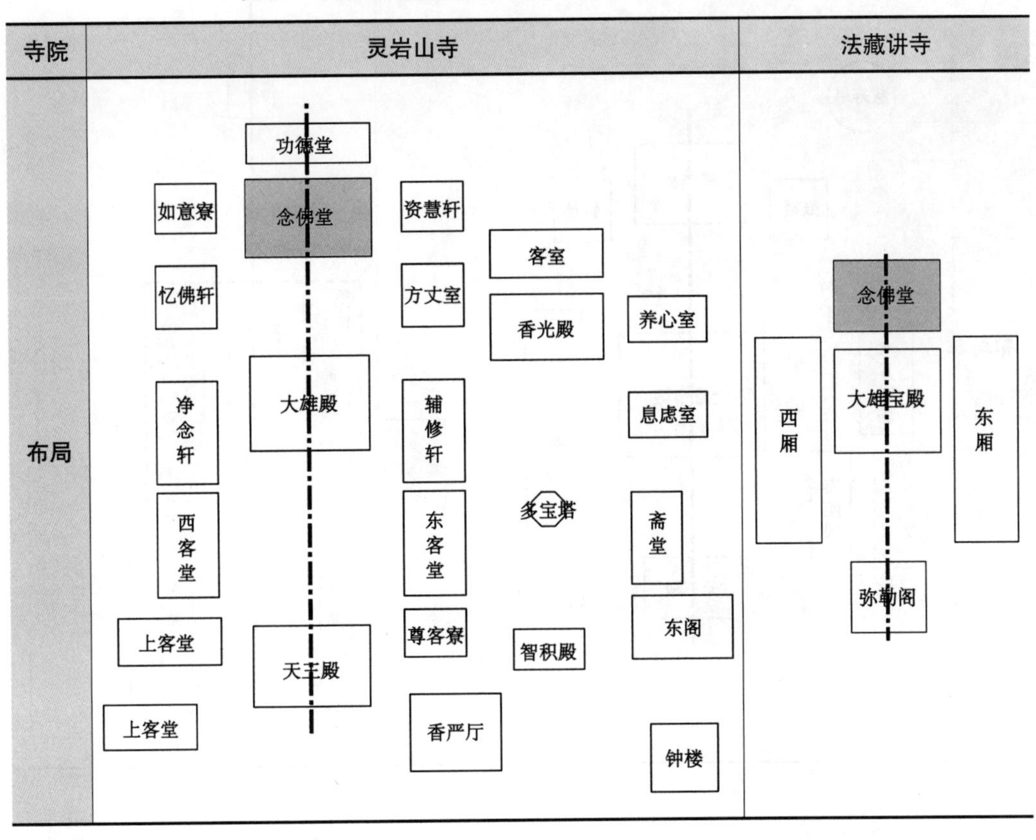

（3）位于寺院主轴线东侧

此外，在一些施行禅净双修的寺院中，禅堂与念佛堂通常被布置在主轴线两侧，禅堂居左，念佛堂在右。禅堂是寺僧静坐参禅、明心见性的场所，是禅寺的核心所在，也反映出念佛堂之于禅净双修寺院占有重要一席。例如江天禅寺中建于光绪三十一年（1905年）的念佛堂碑中记载："……故大彻堂之外复建念佛堂，以安耆宿。"❷大彻堂即为江天禅寺禅堂，相传宋代圆悟禅师主金山法席时，一夜之间有十八位僧人同时证悟世禅法，"大彻堂"一名即由此而来。

再如上海真如寺，禅堂与念佛堂的轴线关系更加明确，二者不仅分设于主轴线东西两侧，更是与轴线上的大殿和观音殿，组成了寺院最核心的部分（表3）。

3. 念佛堂建筑形制

寺院中的念佛堂屋顶一般为硬山式坡屋顶，屋脊式样大多为纹头脊或哺鸡脊等厅堂类用脊。一般情况下念佛堂不会单独设置，而是与静室、功德堂等建筑结合起来。另建筑为两层时，念佛堂上层通常为藏经楼。

例如建于民国22年（1933年）的苏州灵岩山寺念佛堂，为两层硬山楼阁式建筑，下层正中三间为念佛堂，面宽13.5米，进深13.8米，面积186.3平方米，最多时可同时容纳近两百人在此共修念佛。念佛堂左右两间为莲侣静室，后为功德堂，上层为藏经楼。建筑构架为抬梁式，砖木混合结构。建筑立面为典型的三段式，屋顶、屋身和台基划分清晰。

苏州铜观音寺坐落于光福镇龟山南麓，地理位置较为偏远，寺院规模并不甚大。念佛堂建于清道光年间（1821—1850年），面宽11.7米，进深9.4米，面积约110平方米，平时来此念佛的

❷笔者实地考察时所见。

表3　寺院主轴线东侧念佛堂布局图（表格来源：作者自制）

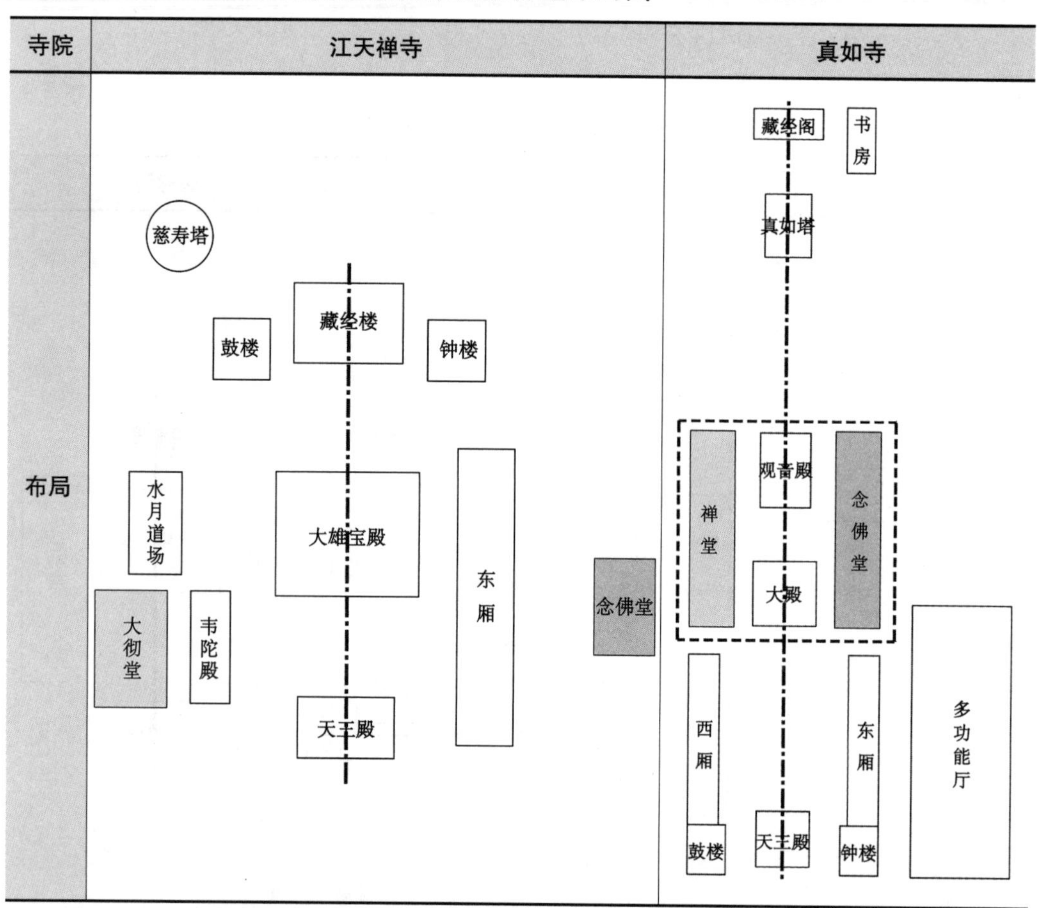

信众大多为光福镇上的村民。念佛堂为两层硬山楼阁式建筑，其左右两间为静室，上层原为藏经楼，后因寺院需要改为方丈住所。建筑构架为抬梁式，砖木混合结构。在建筑立面划分上与前者有所不同，铜观音寺的念佛堂并无明显的台基部分。

再如镇江定慧寺念佛堂，据定慧寺知客师父描述，此念佛堂在20世纪50年代就已经存在，茗山法师曾在此领僧念佛。由于是专供寺院僧人的念佛修持场所，此念佛堂与前两者相比念佛堂要小一些，面宽12.9米，进深6米，面积77.4平方米，除去佛台供桌等，实际使用面积约50平方米。念佛堂左右为僧侣静室，后为方丈院。建筑构架为抬梁式，砖木混合结构，屋顶为硬山式双坡顶，三段式立面（表4）。

4. 念佛堂内部建筑空间

念佛堂是供僧俗大众念佛修持的场所，其内部建筑空间与念佛方式是密切相关的。净土宗的念佛方式大致分为四种，即持名念佛、观像念佛、观想念佛和实相念佛，但后世尤以持名念佛为根本。自北魏昙鸾时首提持名念佛，即《佛说阿弥陀经》中的“执持名号”，唐代净土宗二祖善导更是建立以“持名念佛”为方式的净土宗宗义和行仪，自持名念佛的方法被确定后，后世祖师无一更改。至净土宗十三祖印光法师，持名念佛发展得更加成熟，在《印光法师文钞三编》中提到：“然念佛法门，亦有多途，求其妥当，惟有持名。即如观像、观想，亦有流弊。”❶持名念佛又细分为静念和绕念：“聚道友念，宜分三班，一班出声绕念，两班静坐密念。”❷此外，佛教讲究“身口意”三业，在念佛堂中口业即为称念阿弥陀佛名号，意业即一心观念阿弥陀佛庄严净土，而身业即礼拜阿弥陀佛像，所以在念佛堂念佛实为三业共修。

现存的念佛堂多建于清末民国之后，受印光法师影响颇深，念佛堂的建设与念佛堂规约的

❶ 文献［12］：203.

❷ 文献［12］：100.

表4　寺院建筑特征图表（表格来源：作者自制）

寺院	铜观音寺		灵岩山寺		定慧寺	
平面	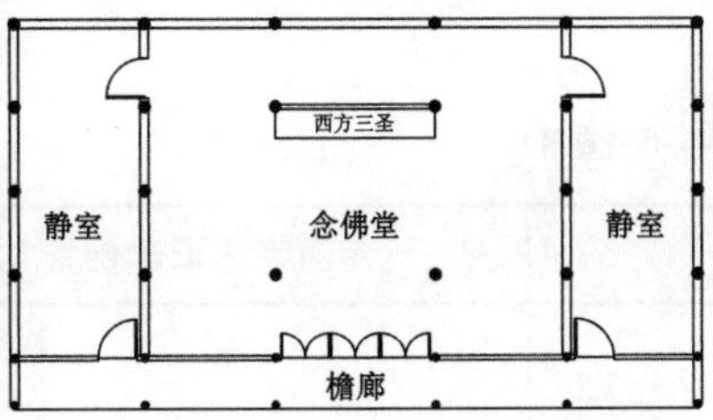 静室 西方三圣 念佛堂 静室 檐廊		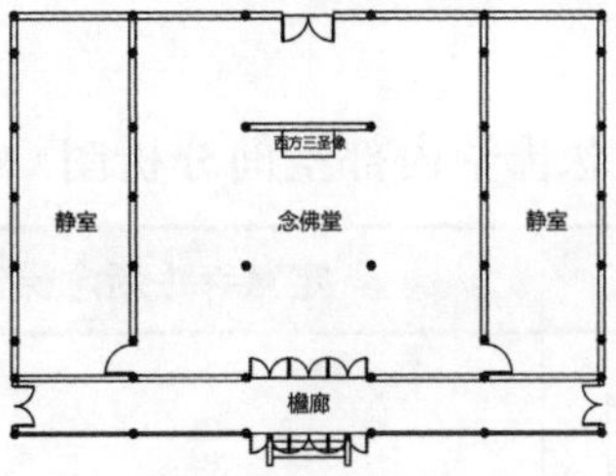 静室 西方三圣像 念佛堂 静室 檐廊		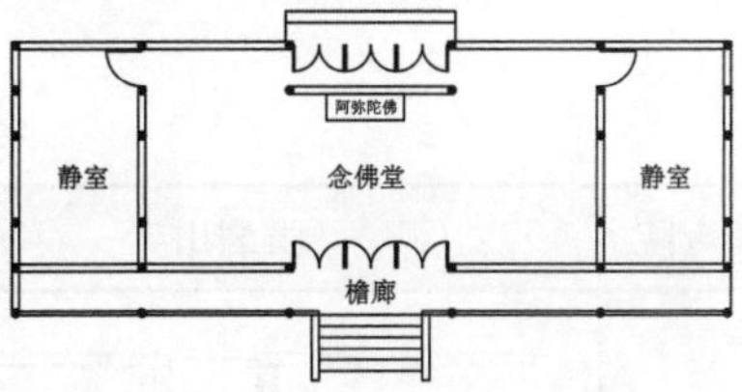 静室 阿弥陀佛 念佛堂 静室 檐廊	
立面	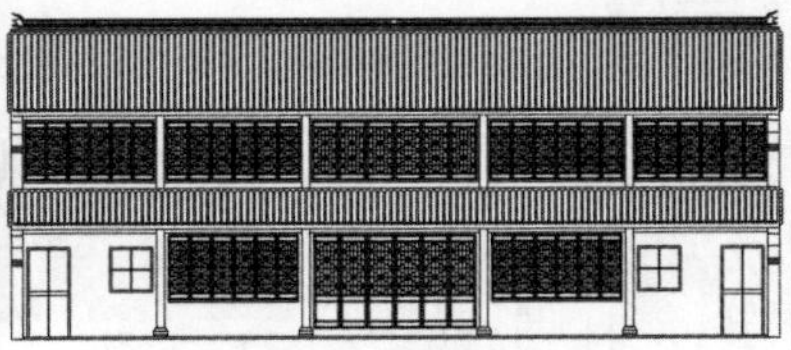		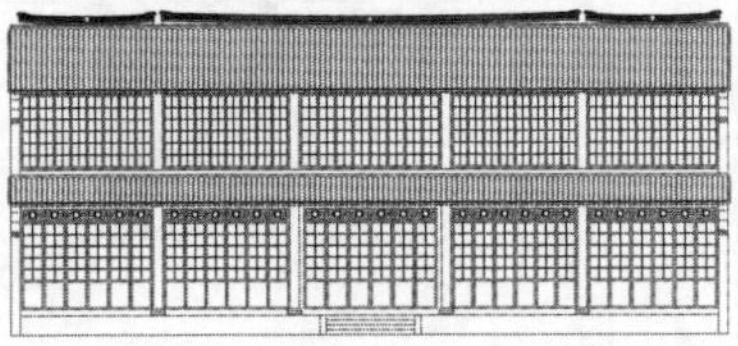		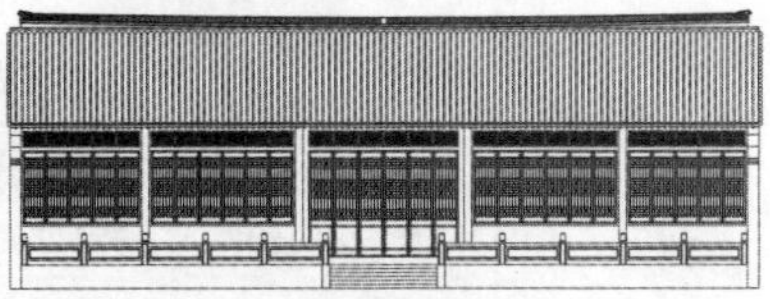	
剖面	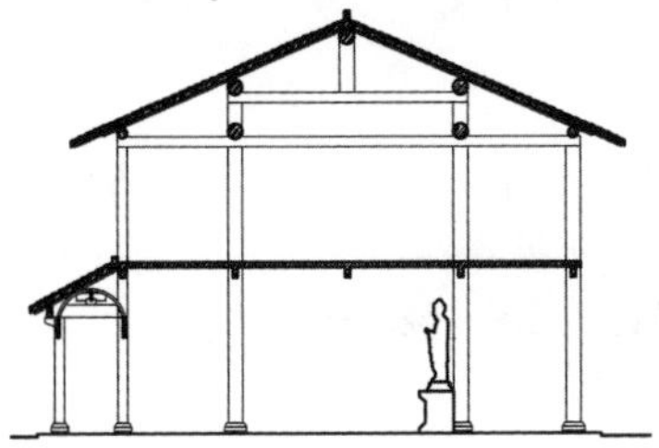		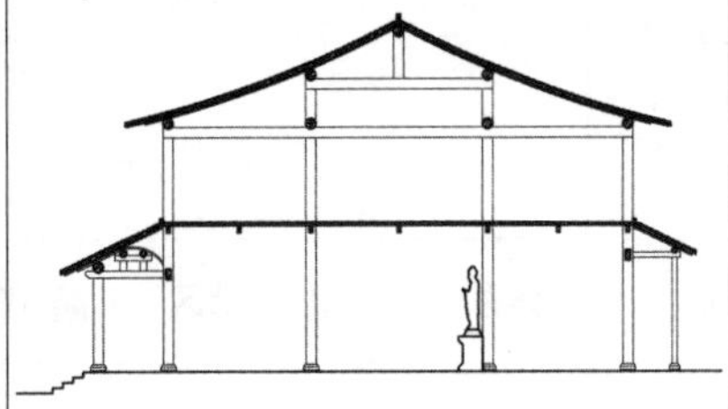		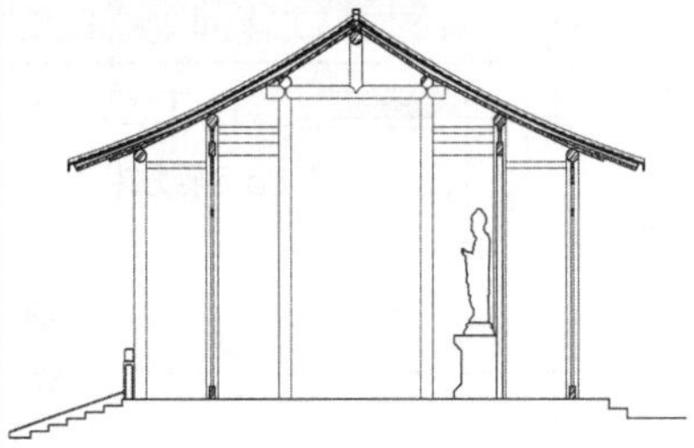	
建筑特征	屋顶（毫米）	2200	屋顶（毫米）	2200	屋顶（毫米）	2500
	比例	0.29	比例	0.23	比例	0.38
	屋身（毫米）	5450	屋身（毫米）	6900	屋身（毫米）	3500
	比例	0.70	比例	0.71	比例	0.53
	台基（毫米）	50	台基（毫米）	600	台基（毫米）	600
	比例	0.01	比例	0.06	比例	0.09
	屋脊	哺鸡脊 	屋脊	纹头脊 	屋脊	纹头脊 
照片						

制定也大都参考灵岩山寺念佛堂。再如镇江定慧寺，旧念佛堂建于20世纪50年代之前，专供寺院僧人念佛修持使用，新的念佛堂建于2005年，为四众弟子的念佛场所，定慧寺的新旧念佛堂在一定程度上也体现了念佛堂的发展进程（表5）。

表5　念佛堂内部空间分析图（表格来源：作者自制）

寺院	灵岩山寺	定慧寺（新念佛堂）	定慧寺（旧念佛堂）
内部平面	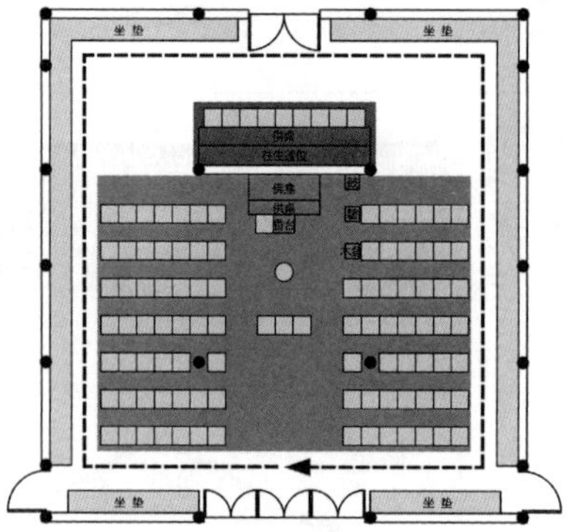 186.3平方米	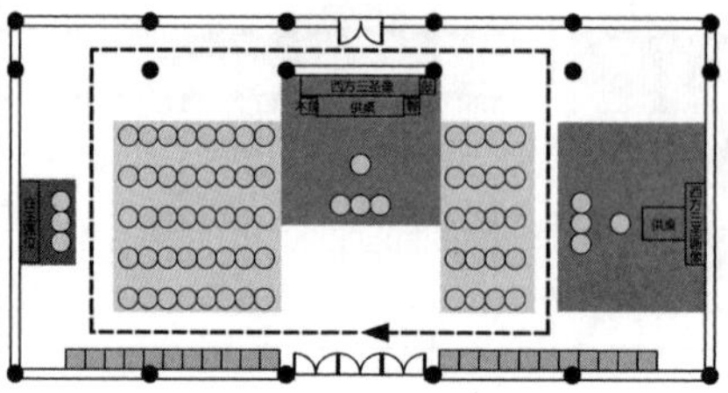 160.2平方米	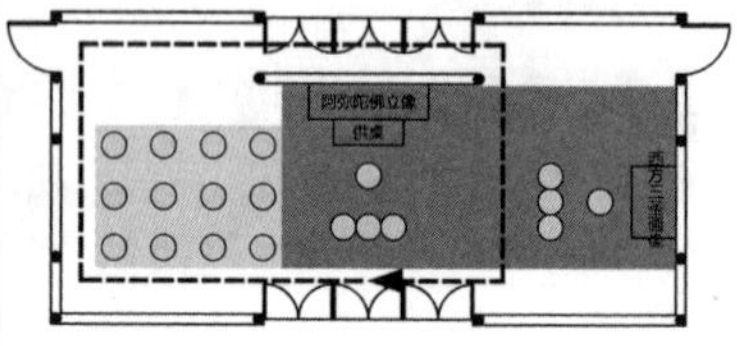 77.4平方米
	静念区　休息区　礼佛区　牌位区　◄··· 绕念路线		
空间行为	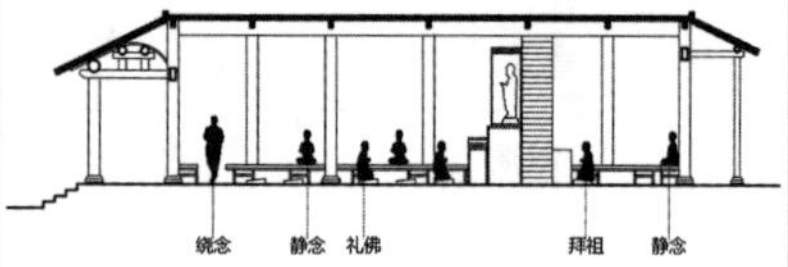 绕念　静念　礼佛　拜祖　静念	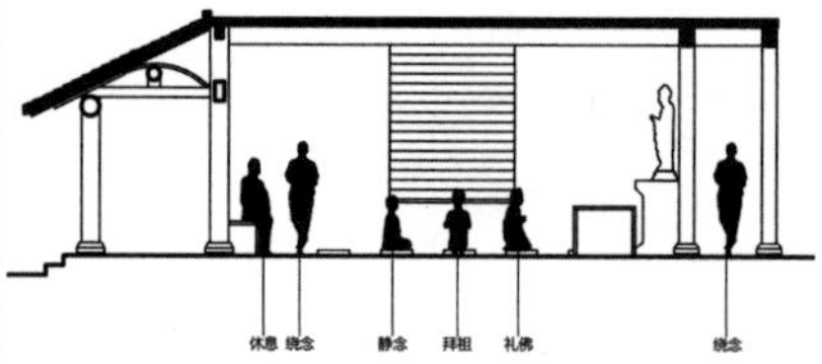 休息　绕念　静念　拜祖　礼佛　绕念	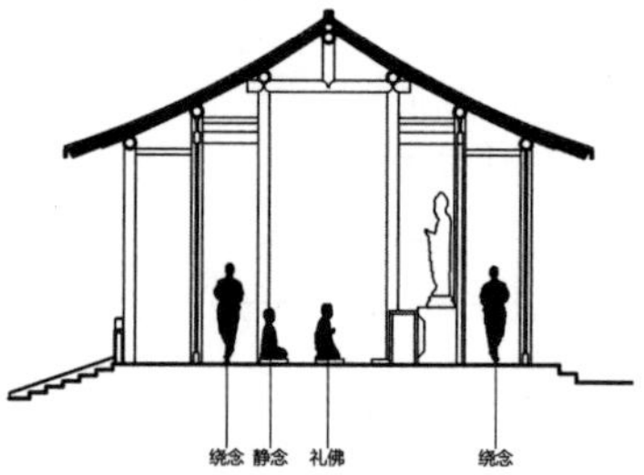 绕念　静念　礼佛　绕念

三　居士林念佛堂

居士林念佛堂往往脱离于寺院单设，是有着净土信仰的在家居士团体，为了共修念佛而发心建造的，其管理者也都为在家众，领众念佛的通常也都是在家居士。

1. 居士林念佛堂历史

在清代时就有类似建筑出现，但当时并未有居士林之称。如清初颜元的《四存编》中记载：“〈束鹿张鼎彝毁念佛堂议〉……见其志祠祀，锦北关有曰‘念佛堂’者……锦民者，竟群然以念佛为业，而又肆然鸠工庀材而树之堂，而又巍然峙于都会之衢，而又煌然登诸通志，以昭示夫天下后世……〈辟念佛堂说〉……念佛堂之设最为不经，盍为我辟之……今锦州府志有云‘念佛堂’者，世未前闻。官吏非徒不之禁，而且显登之记载，以长邪俗，污典册，奈何不知圣人生天下之教而忍于助死天下之教也……〈拟谕锦属吏念佛堂〉……”[1]从这段话可以看出，在此之前这种类型的念佛堂鲜有耳闻，到康熙年间念佛之风盛行，不仅出现了由民众自发建造的念佛堂，而且还位于都会繁华之处，更甚“煌然登诸通志”，可以被志书记载说明此类建筑在当时已经具备一定的影响力。虽然张鼎彝多次上奏撤废念佛堂，但从侧面也可以反映出当政者对民

❶文献［13］：192.

众发心建造念佛建筑还是默许的。《钦定盛京通志》也有记载："念佛堂在城北门，正殿五楹，左右庑六楹，耳房六楹，大门一楹。"[2]从时间与地理位置上讲，此处提及的念佛堂与上文《四存编》中的念佛堂应该是同一所建筑，而这种合院式的建筑形制有可能是在民众舍宅的基础上继续建造而成的，可以认为是后世居士林念佛堂之滥觞。

❷文献［14］，卷九十八.

但居士林从正式被定义，至今只有近百年的光阴。据《上海宗教志》记载，居士林在民国七年（1918年）创始于上海，名"上海佛教居士林"，曾组织莲社，发展"专修净土，普被三根，横超三界"和"愿生西方极乐世界阿弥陀佛国土"的念佛信徒，定期到林所念佛。至民国十一年（1922年）春，上海佛教居士林一分为二，成立了"上海佛教净业社"，并建念佛堂，该社的宗旨是："集合在家善信，皈依佛教，专修念佛法门，兼修教典，广行善举。"此可谓是最早的居士林念佛堂之证。

2. 居士林念佛堂布局

与寺院相比，居士林的平面布局并没有明显的轴线关系，通常情况下会将林中使用率比较高的建筑布置在主入口附近，在主修净土的居士林中念佛堂即设于此处，例如无锡佛教居士林、上海佛教居士林等。

据《无锡市志》介绍，无锡佛教宗派中净土宗流传最广，旧时有"处处弥陀佛，家家观世音"的说法，信徒也最多。现今的无锡佛教居士林前身为无锡县佛学会（又称"总莲社"），民国14年（1925年）由丁福保等人集资修建，至今已有近百年的历史，念佛堂也正是建于此时，是林中面积最大的建筑，位于居士林西门入口处，设有直接对外的出口，为来此念佛的信众提供更多的方便条件。

上海佛教居士林位于觉园（今南京西路），创于民国7年（1918年）。民国15年（1926年），上海佛教净业社迁社入觉园，并改组机构，设立念佛堂、讲经堂等，又在原有佛殿楼房外，建造二层楼房一幢（今念佛堂），奉祀西方三圣。上海佛教居士林的念佛堂同样位于西门入口处，有较大的开敞空间，便于人群的集散。（表6）

表6 念佛堂在居士林中位置关系图（表格来源：作者自制）

居士林	上海佛教居士林	无锡佛教居士林
布局	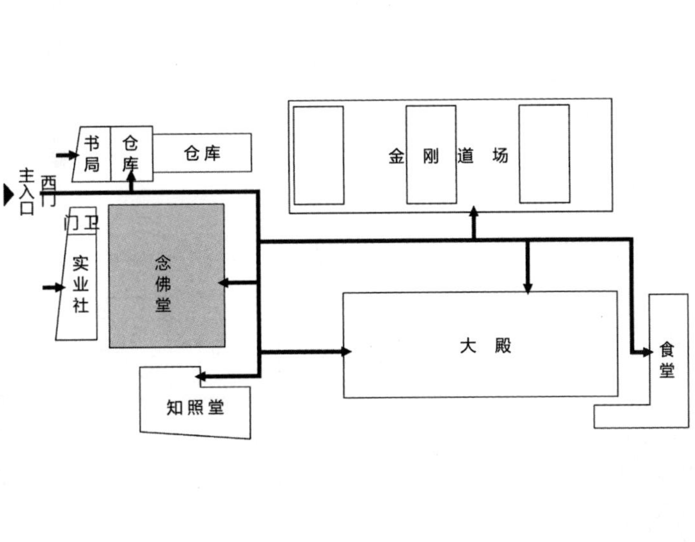 主入口 西门 书局 仓库 仓库 金刚道场 门卫 实业社 念佛堂 大殿 食堂 知照堂	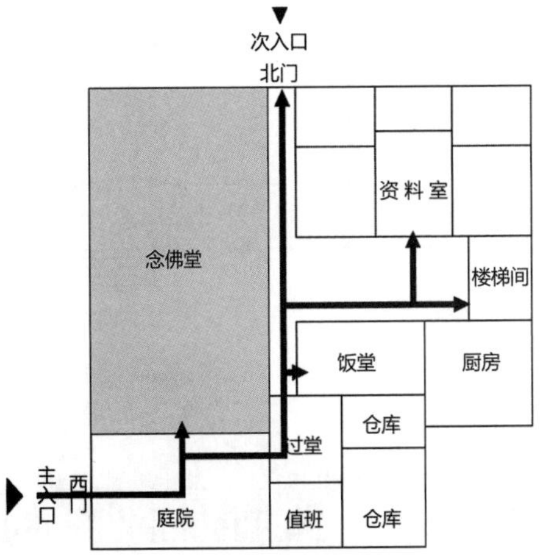 次入口 北门 念佛堂 资料室 楼梯间 饭堂 厨房 过堂 仓库 主入口 西门 庭院 值班 仓库

注：→ 入林流线

3. 居士林念佛堂形制

居士林兴起于民国时期，其建筑形态处在一个中外交融的阶段，既保留了中国传统的建筑元素又添加了西方的现代建筑元素。

建于民国15年（1926年）的上海佛教居士林念佛堂，为两层楼阁式建筑，面宽23.7米，进深19.7米，面积约467平方米。虽仍旧采用中国传统的坡屋顶形式，但对屋顶结构做了创新，采用了当时较为先进的桁架结构，此种做法适合跨度较大的屋面结构，以减少屋顶结构木料的使用，节约成本，缩短工期；同时建筑立面也做了简化，去掉了一层的挑檐，使建筑整体表现得干净利落。

无锡佛教居士林念佛堂建于民国14年（1925年），为钢筋混凝土结构，面宽16.2米，进深8.7米，面积141平方米，是典型的民国风建筑，既保留了中国传统的坡屋顶，又吸收了一些西洋建筑风格，例如柔和的曲线元素，拱门、尖窗、柱式等等，具有从传统走向现代的过渡特点，折中气息浓厚，醒目的万字符也在向世人宣告着此处乃佛教场所（表7）。

4. 居士林念佛堂内部建筑空间

与寺院不同的是，居士林的念佛堂一般只进行静坐念佛和礼佛活动，而且大多时候堂内念佛活动都是信众自发进行，较寺院少了许多烦琐的仪轨。再者由于此类念佛建筑位于寺院之外，属于俗家弟子的念佛道场，一般不会进行佛事活动，堂内也不会供奉檀信莲禄[1]，整个内部空间也较寺院更加开敞（表8）。

[1] 即黄色的往生莲位和红色的延寿禄位。

表7 居士林念佛堂建筑特征分析图（表格来源：作者自制）

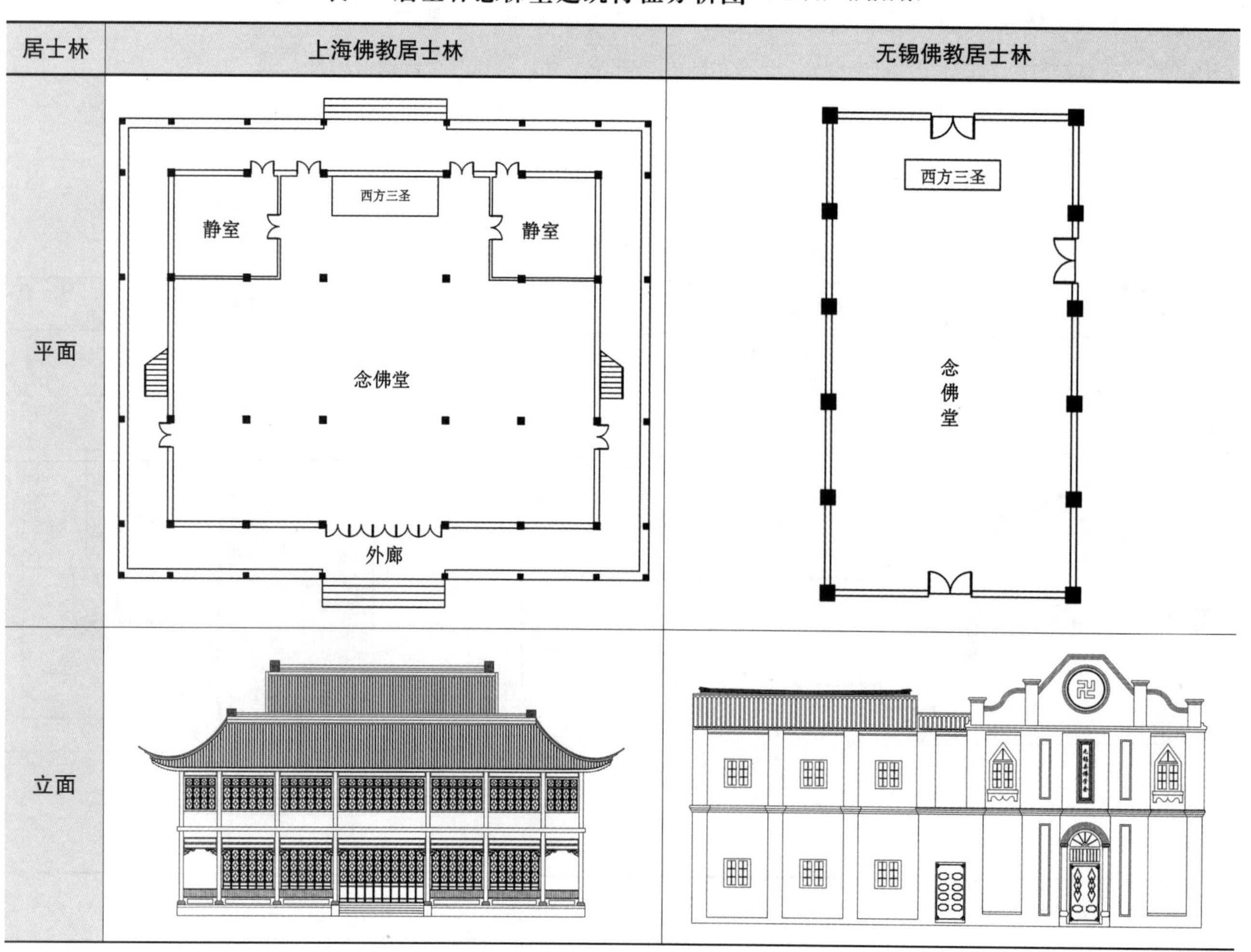

续表

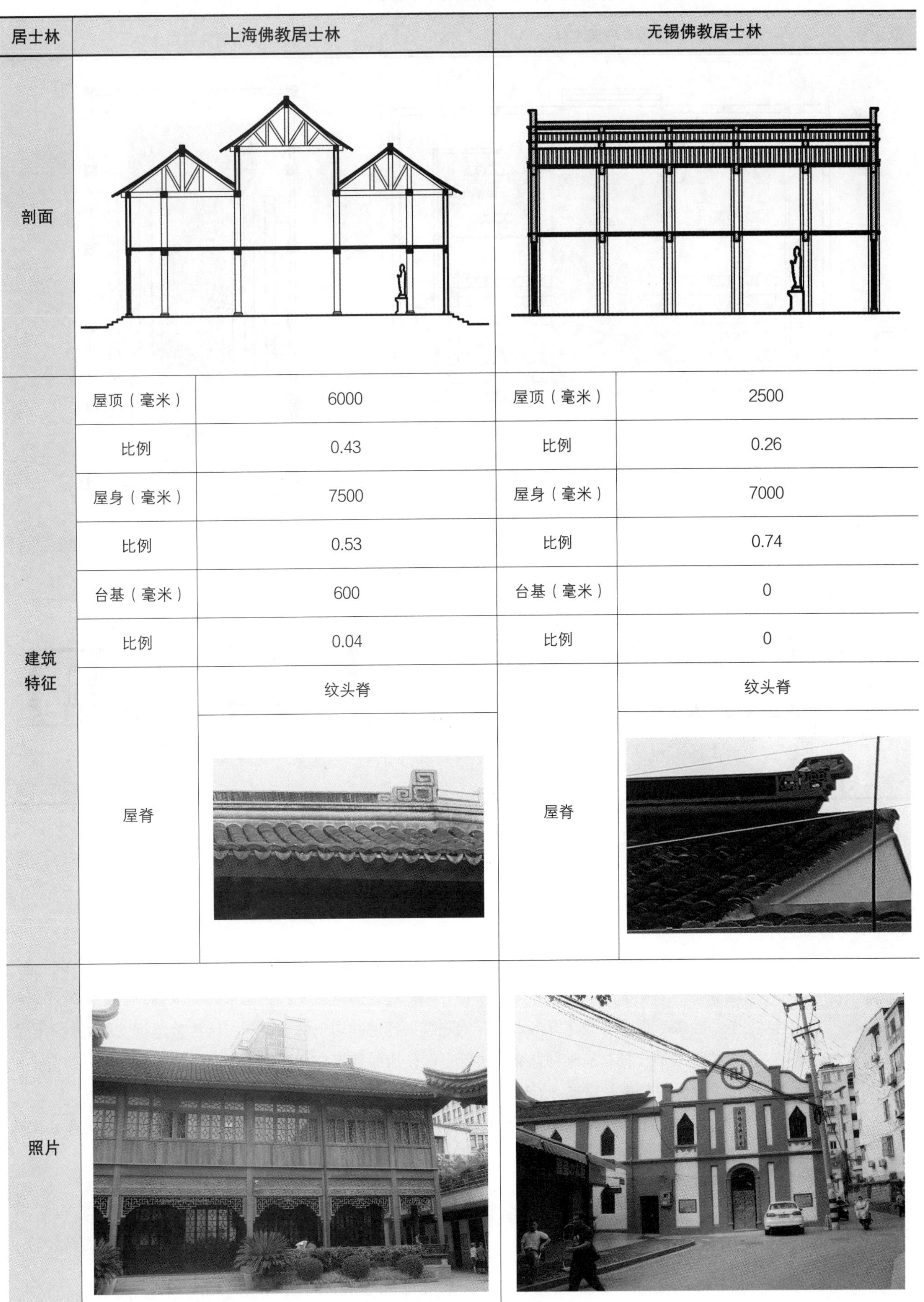

居士林	上海佛教居士林		无锡佛教居士林	
剖面				
建筑特征	屋顶（毫米）	6000	屋顶（毫米）	2500
	比例	0.43	比例	0.26
	屋身（毫米）	7500	屋身（毫米）	7000
	比例	0.53	比例	0.74
	台基（毫米）	600	台基（毫米）	0
	比例	0.04	比例	0
	屋脊	纹头脊	屋脊	纹头脊
照片				

表8 居士林念佛堂内部空间分析图（表格来源：作者自制）

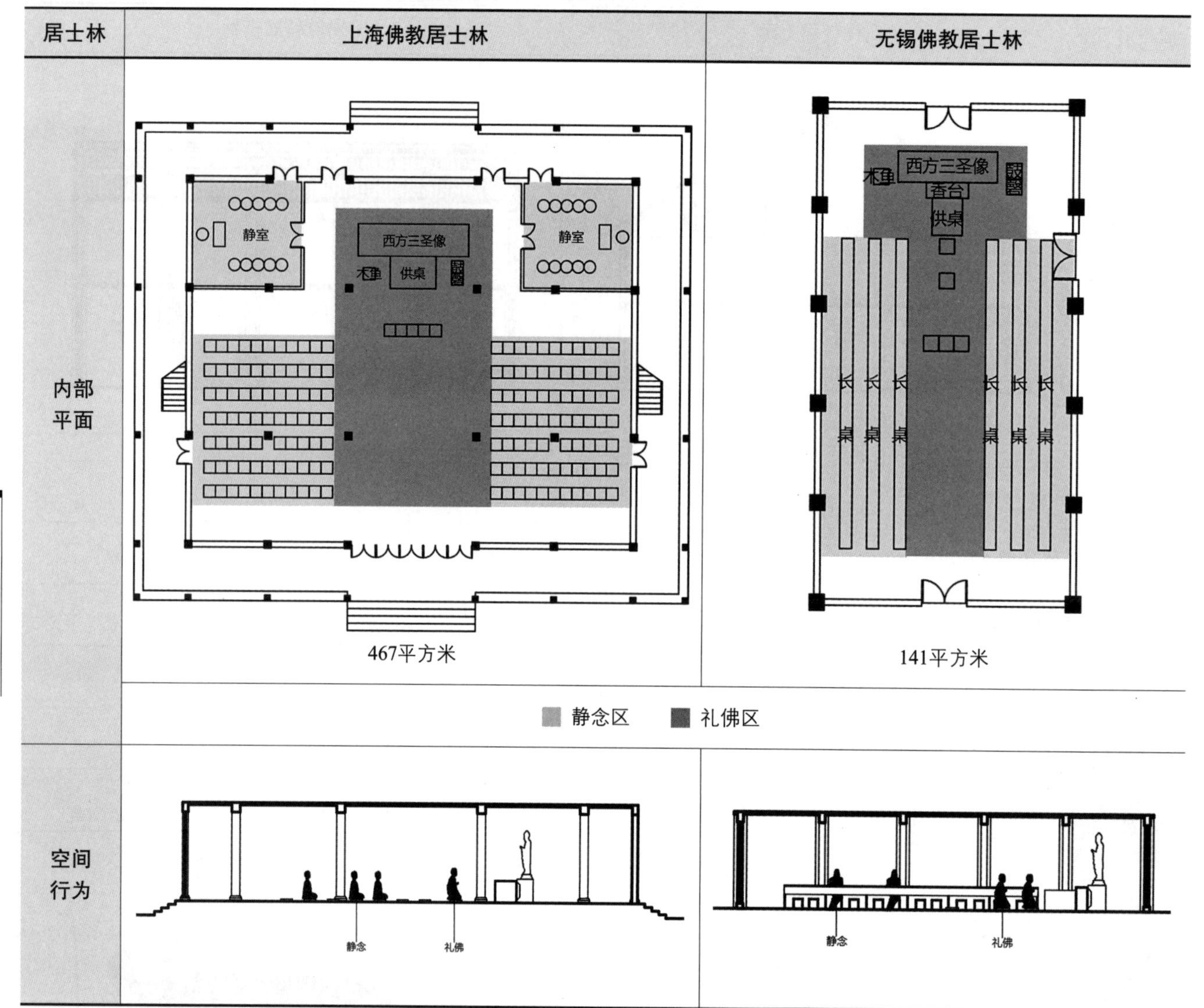

四 结语

佛教自两汉之际传入中国，随着各宗的发展完善，形成了“诸事不辍，兼修净土”的局面，念佛之风日渐深入人心，在寺院中也开始兴起念佛堂之设。至清末民国以后，居士佛教逐渐兴起，上海、北京、天津等各地都开始陆续兴建佛教居士林。纵观汉传佛教建筑发展史，不论念佛堂还是居士林，从某种意义上讲都是汉传佛教建筑在几千年中国化进程中的产物。研究念佛堂对认识汉传佛教建筑，了解汉传佛教文化都有着巨大价值。

（致谢湖北省佛教协会秘书长洪利民，以及在此次调研过程中提供帮助的各位法师和工作人员。）

参考文献

[1] 王贵祥. **中国汉传佛教建筑史**［M］. 北京：清华大学出版社，2016.
[2] 蒋维乔. **中国佛教史**［M］. 北京：中华书局，2016.

[3]（唐）释智升．**开元释教录**［M］．海口：南方出版社，2013.
[4]（清）董诰等．**全唐文**［M］．北京：中华书局，1983.
[5]（宋）赞宁．**宋高僧传**［M］．北京：中华书局，1983.
[6] 尤红等．**中国靖江宝卷**［M］．江苏：江苏文艺出版社，2007.
[7]（宋）潜说友．**咸淳临安志**［M］．浙江：浙江古籍出版社，2012.
[8]（明）徐宏祖．**徐霞客游记**［M］．上海：上海古籍出版社，1980.
[9]（清）咫观．**修西闻见录**［M］．上海：商务印书馆，1923复本.
[10]（民国）释印光．**印光法师文钞续编**［M］．安徽：庐山东林寺，2015.
[11]（南朝宋）畺良耶舍译．**观无量寿经．大正新修大藏经本**［M］．台北：新文丰出版有限公司，1983.
[12]（民国）释印光．**印光法师文钞三编**［M］．江苏：苏州灵岩山寺，1997.
[13]（清）颜元．**习斋四存编**［M］．上海：上海古籍出版社，2000.
[14]（清）阿桂等．**钦定盛京通志**［M］．台北：文海出版社，1965.
[15] 苏州市地方志编纂委员会．**苏州市志**［M］．江苏：江苏人民出版社；1995.
[16] 王允圆等．**苏州灵岩山志**［M］．江苏：苏州灵岩山寺，1994.
[17] 无锡市地方志编纂委员会．**无锡市志**［M］．江苏：江苏人民出版社，1995.
[18] 上海宗教志编纂委员会．**上海宗教志**［M］．上海：上海社会科学院出版社，1998.
[19] 刘托，马全宝，冯晓东．**苏州香山帮建筑营造技艺**［M］．安徽：安徽科学技术出版社，2013.

聊城光岳楼的营修史及其旧貌研究

张龙　李倩　张凤梧
（天津大学建筑学院）

摘要：本文全面收集了光岳楼相关史料，对现存构件及其修缮痕迹进行了调查记录和分类整理，利用三维激光扫描、碳十四测年、树种检测等技术，对光岳楼的营修史进行了深入研究，得出以下主要结论：（1）现存光岳楼为明洪武五年开始重建，创建者为平山卫指挥佥事陈镛。（2）明初时的光岳楼与现状有较大差别，如主楼为三重檐攒尖顶楼阁，二层外廊下有平座斗栱。（3）明初重建后至新中国成立前，光岳楼共经历了11次修缮，明中期将主楼改为四层楼阁，清代时亦对四层部分进行了改动。

关键词：建筑考古，修缮痕迹，明代楼阁，鼓楼，东昌府

Research on the Construction History and Original Form of Guangyue Tower in Liaocheng

ZHANG Long, LI Qian, ZHANG Fengwu

Abstract: In this article, the relevant historical data of Guangyue Tower have been collected, the detailed investigation records and classification of existing components and their repairing traces were conducted, and the in-depth study of the history of the Guangyue Tower was carried out through the interdisciplinary technical means such as 3D laser scanning method, carbon dating, tree species testing and other methods, in consequence two conclusions are drawn. First, the existing main structure of Guangyue Tower was created in Hongwu. The founder was Chen Yong, the commander of Pingshan garrison. Secondly, at the beginning of the Ming dynasty, the appearance of Guangyue Tower was different from its current situation, it used to be three-eaved with a single pyramid roof, also there exist supported Dougong under the veranda of second floor. Thirdly , before the founding of the People's Republic of China, it had experienced 11 repairs, in middle Ming dynasty, the main structure was changed to a four-story pavilion, and the fourth floor was also changed during the Qing dynasty.

Key words: Architectural archaeology; Repairing traces; Pavilion of Ming dynasty; Drum Tower; Dongchangfu County

一　光岳楼概况

光岳楼位于山东省聊城市老城十字街交汇中心（图1，图2），四层木构楼阁坐落于墩台之上，墩台东南角设蹬道可达城台，蹬道口设有敞厅。光岳楼现存主体结构为明洪武五年（1372年）创建，旧名东昌楼[1]，弘治九年（1496年）年间吏部考工员外郎李赞取其"近鲁有光于岱岳"[2]之意更名为"光岳楼"。

图1　光岳楼区位示意图（底图来源：聊城市政府）

光岳楼主楼是通柱与叠柱结合的混合式楼阁，主体由32根通柱，从一层直达三层斗栱下皮，斗栱上设抹角梁做结构转换支撑四层结构（图3，图4）。四层结构体系与三层以下截然不同，其面阔三间，总宽虽与三层中间的三间面宽保持一致，但其明间略大，次间略小。屋顶为歇山十字脊（图5）。

作为明代楼阁建筑的重要实例，光岳楼早在营造学社时期就受

[1] 明成化二十二年（1486年）有碑刻《重修东昌楼记》。

[2]（明）李赞. 题光岳楼诗序//文献［5］，卷44古迹二台诏.

到过关注，1936年营造学社至山东考察古建筑，梁、刘二公曾委派刘致平和莫宗江两位先生至聊城探查，后因抗战爆发，营造学社西迁，光岳楼深入的考察研究被搁置❸。1964年，刚刚留校工作不久接续师从陈从周先生攻读硕士研究生的路秉杰先生，借其老家在聊城之便，组织对光岳楼进行了测绘，因“文革”影响，直到1978年，相关研究成果才在《文物》期刊上正式发表❹，文章依据相关方志、碑刻和测绘调查，梳理了光岳楼的历代修缮情况，给出了“东昌卫守御指挥佥事陈镛”于洪武七年建楼的结论，重点介绍了光岳楼主楼的大木特征，关注到主楼四层形制与以下三层不同，推测“**大概是清帝南巡时仓促所建**”❺。2002年，乔迅翔在路先生的指导下完成了《聊城光岳楼研究——兼论中国木构楼阁的建筑构成》硕士学位论文，进一步完善光岳楼的修缮沿革历史；重点分析光岳楼的构成特点；对于光岳楼四层的建造年代，提出其有嘉靖后重建的可能，但文章未有定论[9]。相关核心成果《聊城光岳楼》于2003年在《建筑史》

图2 光岳楼与聊城十字大街（图片来源：聊城市山陕会馆林虎摄）

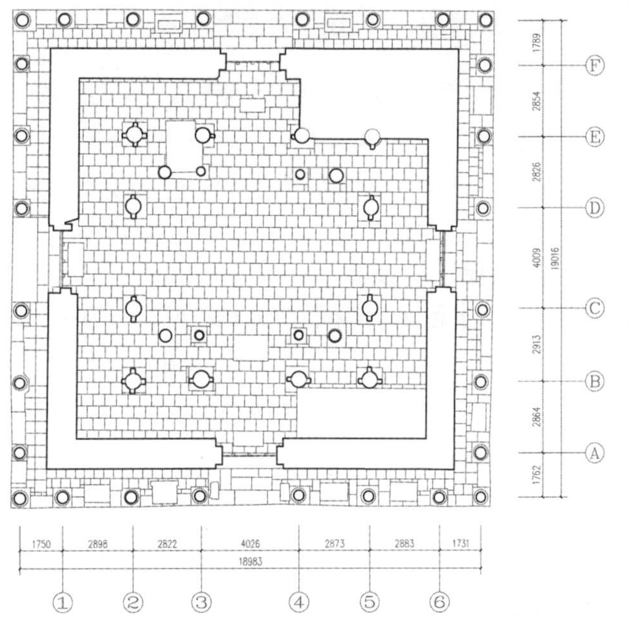

图3 光岳楼主楼一层平面图（图片来源：天津大学建筑学院聊城光岳楼项目组❻绘）

❸文献［12］：10-11.

❹文献［8］：202-208.

❺2015年，路秉杰先生为庆祝光岳楼建成六百四十周年写贺词时，以文字形式提供了更多当时调查研究的信息，文章指出“主楼四层的小楼阁，是搁置上去的，与主体结构并无任何内在的必然联系”。

❻作者为聊城光岳楼项目测绘工作的主要参与人。

图4 光岳楼主楼南立面图（图片来源：天津大学建筑学院聊城光岳楼项目组绘）

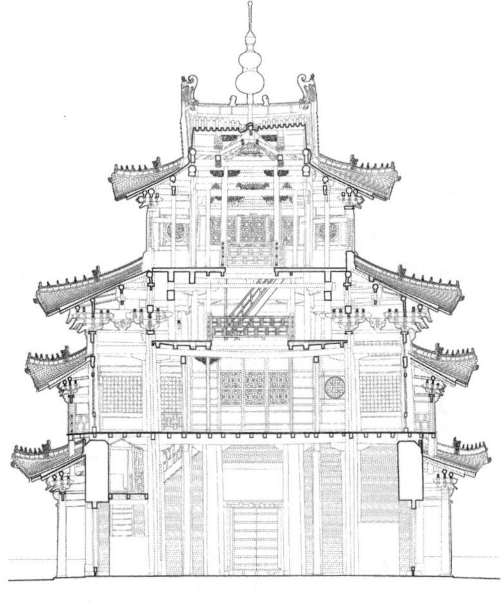

图5 光岳楼主楼明间剖面图（图片来源：天津大学建筑学院聊城光岳楼项目组绘）

上发表。此外，聊城当地文化部门也做了大量的保护修缮与研究工作，并出版题为《光岳楼》的一系列书籍。

2016年，课题组对光岳楼实施了精细化测绘，经调查发现光岳楼众多大木构件均有后期修缮遗留的痕迹，初步推断其大木部分并非全部为“原构”。同时，在文献搜集整理的过程中发现，有关光岳楼的创建年代、创建人陈镛的官职存在多种版本，存在诸多疑点。

因此，本文希望在前辈学者的基础上，通过更为翔实的测绘调查，更为全面的文献搜集，借助碳十四测年、树种检测等科技考古手段，对其创建年代、创始人的官职进行再探讨；进一步厘清光岳楼的历代营修史，明确光岳楼的历代修缮的改易，并推断其明初旧貌。

二 光岳楼的创建年代与创建人

1. 东昌府、平山卫与东昌卫

聊城市位于今山东省西部的平原地区，宋代时属博州管辖，淳化年间因黄河决口迁至今址，并“筑土为城”。明洪武元年（1364年）改为东昌府，为明初山东六府之一，具有重要的军事及政治地位。明初，朱元璋为加强城市防御，创立卫所制，并在全国大规模开展城墙包砖运动❶。东昌府城墙也于洪武五年由“守御指挥陈镛陶甓甃焉”❷。

有明一代，东昌地区共有平山与东昌两卫，万历年间《东昌府志》中对二者的创建有详细记载：“平山卫在府治东南，洪武年间建，守府城池，属山东都指挥使司”❸。另嘉靖年间《山东通志》载：“平山卫在东昌府治东，洪武五年建，其设官指挥使一人，指挥同知二人，指挥佥事四人……东昌卫在府治南，原系湖广武昌护卫，宣德六年调东昌府改名东昌卫……”❹

由上可知，明洪武元年（1364年）成立东昌府；洪武五年（1368年）在东昌府设立平山卫，以拱卫东昌府城，成立时间与东昌府城城墙修筑时间恰好一致。宣德六年（1431年），或许是为了加强东昌府的守卫力量，又将武昌护卫调至东昌府，成立东昌卫。

❶文献［7］，卷九十志第六十六 兵二 卫所 班军．文献［13］，［14］，［15］。

❷文献［2］，卷3建制志．

❸文献［2］，卷13兵戎志．

❹文献［1］，卷11兵防．

2. 明初东昌府城营建者——陈镛

现有碑刻、方志均言光岳楼为陈镛所创，但对其官职的描述则有多个版本如：守御指挥❺、东昌守御指挥佥事❻、东昌卫指挥佥事❼。就在《明实录·太祖实录》中对陈镛的官职也有不同记载：

> 洪武十五年癸巳，遣使敕谕平山卫指挥使司，曰：近东昌府奏言，平山卫遣军三百余人历郡县追逮军役……敕至其指挥陈镛亲率幕官至京具陈其由。❽

> 洪武十七年……调河南都指挥同知陆龄为浙江都指挥同知，升平山卫指挥佥事陈镛为浙江都指挥佥事。❾

第一条记载为“平山卫指挥”，第二条记载为“平山卫指挥佥事”。鉴于后者为官员调度记录，描述应最为准确。由此可知，陈镛在东昌地区任职时，属平山卫官员，正式官职是“平山卫指挥佥事”❿，第一条记载中的“指挥”应是其职位的简称。

结合顺治十八年（1661年）《东郡光岳楼壁记》中：“陈镛肇建平山卫治，凡军旅备御之事，多所更定。在镇十二年，军民安乐，有古良将风”，可知，陈镛在东昌地区任职平山卫指挥佥事的时间为洪武五年（1372年）至洪武十七年（1384年），期间负责了府城城墙的加固和光岳楼的建设工程。

❺文献［1］，卷12城池．

❻（清）顾瞻．东郡光岳楼壁记//文献［1］，卷26名宦中．

❼文献［4］，卷18古迹二．

❽文献［6］，卷147．

❾文献［6］，卷166．

❿在成熟的卫所制度中，“卫”的官员共分为三级，分别为：指挥使、指挥同知、指挥佥事，如嘉靖年间，山东都指挥使司下辖的几个卫（包括平山卫），均设“指挥使一人、指挥同知二人、指挥佥事四人，以迁叙至者无定额”。见文献［1］，卷11兵防。但在明洪武初年，卫所制尚不成熟，官员等级划分未必像嘉靖年间那样完善。

3. 有关光岳楼的“创始”的记载

目前，现有文献中对光岳楼始建年代的描述亦不尽相同（见附录表8），笔者经过整理发现共有5种记载。

（1）洪武初年“置楼”

成化二十二年（1486年）的《重修东昌楼记》有：明代开国以来“置楼于中”，至此次修缮已“百余年”。《康熙字典》中有解：置，立也。可知，光岳楼的建成时间大约为明洪武十九年（1386年）以前。

（2）创始莫考，洪武初陈镛修

嘉靖十二年（1533年）《山东通志》“宫室”中有载：“光岳楼在府城中，创始莫考。国朝洪武初，指挥陈镛修”[11]。这条记载透露在明之前光岳楼所在位置已有建筑，洪武初年陈镛曾组织了光岳楼的修缮。此后，清代康熙和乾隆年间的《山东通志》均沿用这一记载[12]。

[11] 文献［1］，卷21宫室.

[12] 转引自文献［12］：20–22.

（3）洪武初陈镛始建

嘉靖《山东通志》“名宦”一卷在记录陈镛的贡献时亦提到了光岳楼：“洪武初，陈镛为东昌守御指挥佥事，东昌旧系土城，镛始甃以砖石，树楼橹，作潜洞、水门、暗门之类，又作光岳楼……”[13]此处“作”应解为创建，清顺治年间顾瞻所作《东郡光岳楼壁记》一文，就引用了这一记载，认为“光岳楼之建之洪武初之陈镛也，明矣”[14]，忽略了“宫室”卷中对光岳楼“始创莫考”的记载。

[13] 文献［1］，卷26名宦中.

[14] 转引自文献［10］：72–73.

（4）创始莫考

万历二十八年（1600年）《东昌府志》：“光岳楼，在府城中央，创始莫考”[15]。未提及洪武时陈镛的修缮活动。万历四十二年（1614年）谢肇淛编著的《北河纪》附《纪余》、雍正四年（1726年）的《古今图书集成》与乾隆三十六年（1771年）的《南巡盛典》均沿用“创始莫考”的说法[16]。

[15] 文献［2］，卷3建制志.

[16] 文献［3］，卷3. 转引自文献［10］：7–8.

（5）洪武七年陈镛始建

乾隆四十二年（1777年）《东昌府志》：“楼在城中央，洪武七年东昌卫指挥佥事陈镛以修城余木建。”[17]这是最早给出光岳楼确切的创建年代的记载，此后的历史文献基本都沿用了这一记载。如文所述，洪武年间东昌府只有平山卫，东昌卫直至宣德六年（1431年）才成立，陈镛是不可能作为东昌卫指挥佥事主持修建工程，这是一明显错误。另外早期文献对始建年代都是模糊处理，近四百年后突然明确为洪武七年，这不能不让人产生怀疑，但也不排除因四库全书的编修，这轮修志的主持看到新的文献的可能。

综上，我们可以初步推测早在宋代创建土城之初，其十字街的布局应已形成[18]，中心有类似建筑，但其始建年代不详，建筑面貌亦不可考[19]。明初平山卫指挥佥事陈镛曾对其进行较大规模的改建，具体的创建年代是否是洪武七年呢?

[17] 文献［4］，卷18古迹二.

[18] 文献［16］：40–41. 四门十字街的规划为沿袭隋唐地方城址的传统做法，是一种较早的制度。同时文章根据对多个地方城市的考证，指出明代以前城市十字街口常建有四牌楼，“有迹象表明，十字街口建四牌楼是一种较古的制度”。

[19] 在古建筑研究中，常常将前后修建于同一位置的相似建筑用一个名称指代，后进行的建设活动可以称作“改建”或“重建”，而前后两建筑在形式上或多或少会有差别，但名称相同。此种情况在东昌府并非个例，明初对东昌府城墙进行包砖，并将城墙西北隅上的元代“绿云亭”改为“绿云楼”。

4. 明洪武五年重建的推定

由前文分析可知，平山卫指挥佥事陈镛在明代初年组织过一次对光岳楼的营建活动，而陈镛在东昌地区的任职时间为洪武五年（1372年）至洪武十七年（1384年），因此首先可以将这次营建活动的时间限定在这个范围内。

2010年，聊城在古城主干道开挖地下管沟，发现有两条地下构筑物，疑是排水道，为青砖垒砌的拱形结构，上缘据地表3.5米，底部基础据地表5米，高1.5米，宽约70厘米，东西平行走

图6 光岳楼附近地下构筑物（图片来源：光岳楼管理处魏聊主任提供）

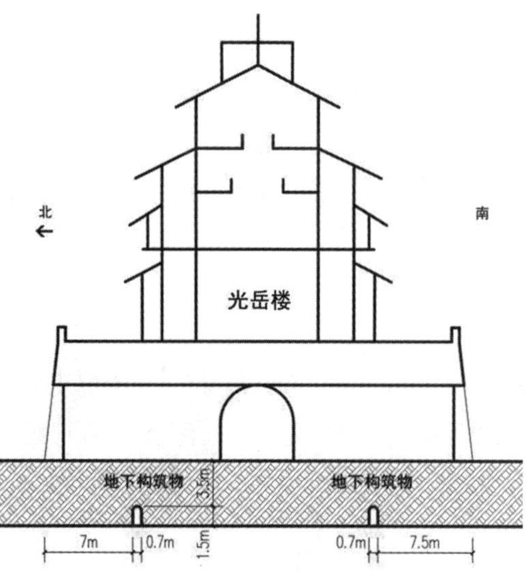

图7 光岳楼与其下两条地下构筑物的剖面关系（图片来源：作者根据文献［12］及魏聊主任提供的信息绘制）

图8 墩台北门上方“武定”匾额（图片来源：天津大学建筑学院聊城光岳楼项目组提供）

向，对称穿越光岳楼基础（图6，图7），此后在东城墙和西城墙附近也发现了同类构筑物的痕迹[1]。据嘉靖年间《重修东昌府城记略》载，陈镛组织修建城墙之时，“始甃以砖石，周七里有七奇，崇尺三十有五，阔杀尺三十有五。为门凡四……城上登望之楼，凡二十有七，前代所谓‘绿云’、‘望岳’二楼在焉。楼卒之所舍四十有八。每门有水门、有吊桥、有潜洞、有暗门”[2]。此构筑物应为当时修建的“潜洞”。据光岳楼管理处主任魏聊口述，1992年整修光岳楼墩台时，在北门上方“武定”匾额背后发现有洪武五年的题记（图8）。这也进一步说明洪武五年，陈镛在城墙包砖、修建城台的同时营修了光岳楼。

为进一步判断现存木构是否仍有宋元时期遗存，课题组对光岳楼主要木构进行了碳十四测年和树种测定[3]（图9）。测年结果显示，金通柱、三层挑尖梁、三层内檐斗栱大斗等6个主体结构构件（见附录表7中序号1–6号构件）所用木材采伐年代的置信区间最早（图9），在元至明初时期，其中5个为杨木构件[4]。据方志记载，杨木在东昌地区及整个山东境内分布广泛，极易获取[5]，备料时间较短，因此这些构件的应用年代应与木材采伐年代相近。而这六个主体结构构件68.2%置信区间的交集是元泰定三年（1326年）至明洪武十七年（1384年）（图9），由于测年未见更早年代，再结合史料与遗构，可以判断现存主体结构就是在洪武五年开始建设。乾隆四十二年《东昌府志》“洪武七年”的记载，有可能是光岳楼落成的年代。

❶文献［11］：2–3.

❷（明）李廷相．重修东昌府城记略//文献［20］第八十二册，宣统聊城县志，艺文志，卷10之三文诗.

❸此次年代测试实验由美国Beta实验室利用加速质谱（AMS）碳十四测试技术进行，共取得18个样品的测年结果。Beta实验室总部位于美国迈阿密，作为放射性碳测年服务的领头羊，获得由Perry Johnson实验室颁发的ISO/IEC17025：2005认证证书。该认证证书是公认的所有测试或校准实验室能够达到的最高质量水平。

❹构件木材种类为树种检测实验所得，由中国林业科学研究院木材所进行木材树种检测，共获得32个样品的检测结果。

❺笔者对明清时期山东地区各府、州志中记载的物产进行统计，发现各府州均有杨木生长（文献［2］：卷2地理志物产；文献［20］）。根据现代植物学研究，杨属适应能力强，高山地区与平原地区均有分布，且多生长于低山平原土层深厚的地区，易获取（文献［19］。寿命一般在30～40年，很少可过百年）。

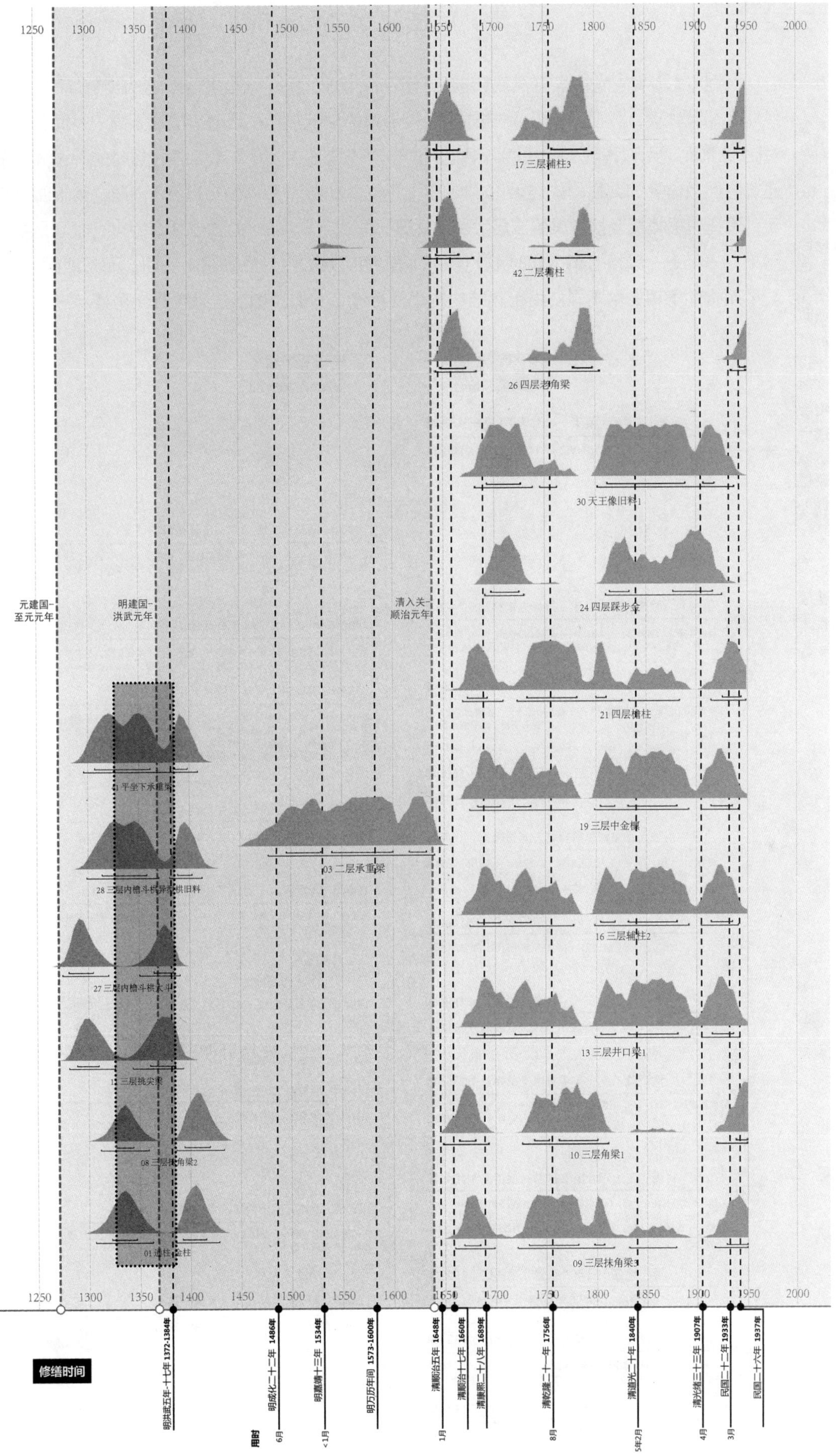

图9 18个构件的碳十四测年结果（图片来源：作者根据Beta实验室提供的碳十四测年结果绘制）

三　光岳楼营修历程

根据方志及碑刻记载，在洪武初创之后至新中国成立前，光岳楼共历经11次修缮❶，其中明代3次，清代7次，民国时1次。将描述光岳楼形象的文献与历次修缮情况置于同一时间轴上进行对比❷（图10），可以发现，光岳楼最早记载的一次修缮是在成化二十二年，当时的碑记并未描述建筑的层数信息，此后的描述始见“绝阁”、“四叠而竣”、“四叠而上”等。通过碳十四测年发现，承托三层楼板及楼梯梁的二层大跨承重梁，采伐年代68.2%的置信区间的起止时间是弘治八年（1495年）—崇祯七年（1634年）（图9，表7序号7构件），处于明中后期。而且该梁为杉木，与早期构件多用杨木不同。由于其结构作用的特殊，它的添加恰恰是判断光岳楼从三层改为四

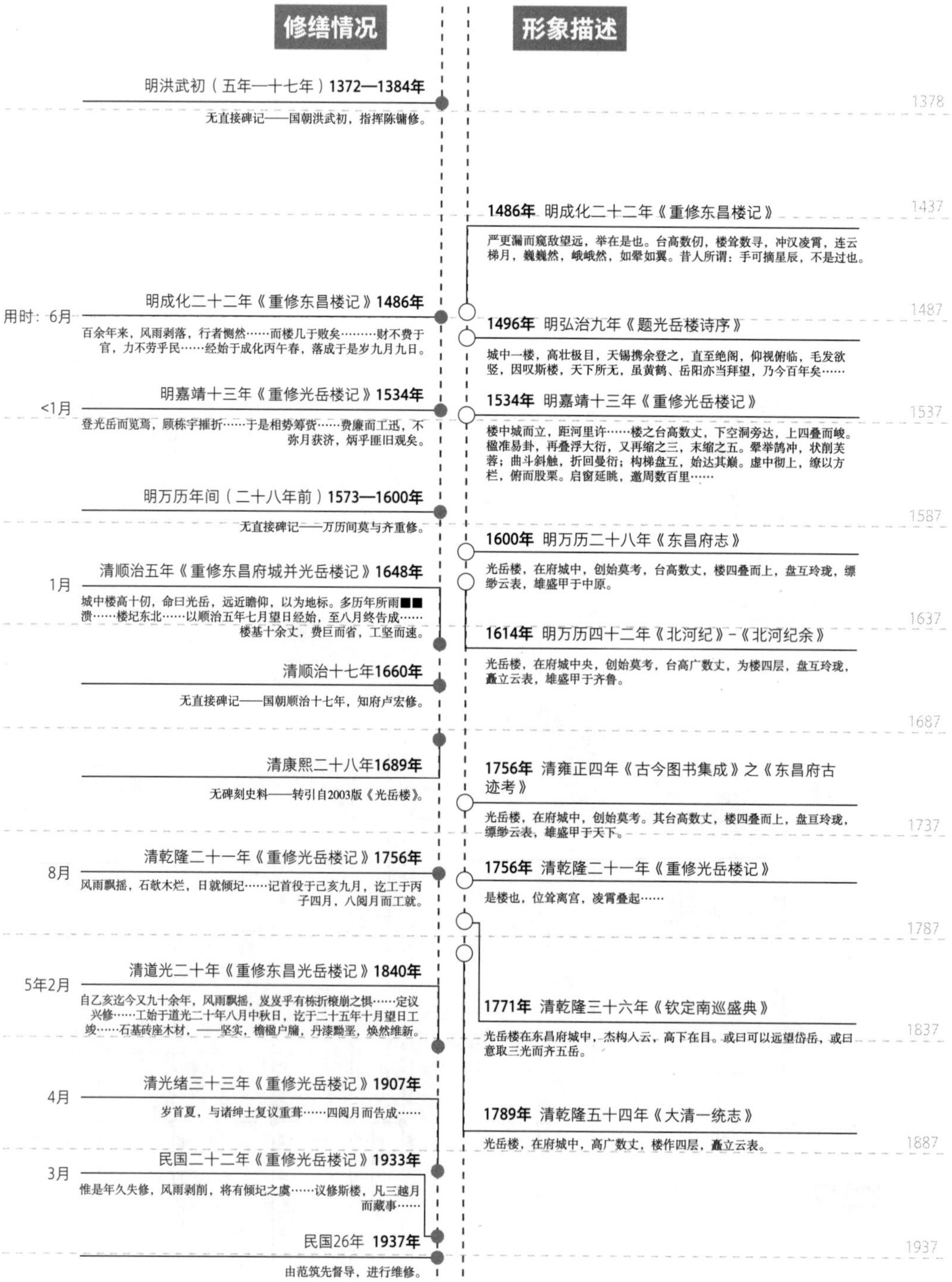

❶这11次修缮中的7次有当时修缮的直接碑刻记载，另3次修缮的时间从其他碑刻史料中可以获知，康熙二十八年（1689年）的修缮未见史料记载，转引自文献：文献［9］，［12］。根据《聊城地区志》记载：清康熙七年六月十七日（1668年7月25日），莒县、郯城间发生8.5级地震，东昌府辖州县震感强烈。东阿、茌平等县居民房屋多倒塌；朝城城堞倒塌70余处；冠县、堂邑民居毁十之四五；临清盆瓮之水倾出，人不能立；高唐梁村塔倒塌4层。光岳楼很可能在此次地震中有损毁，后集资修缮。

❷根据方志、现场碑刻整理而成，部分方志转引自文献［10］，［12］。

图10 历代修缮与形象描述时间对照（图片来源：作者根据方志、碑刻绘制）

层的重要依据（图11）。主要的营修历程详述如下。

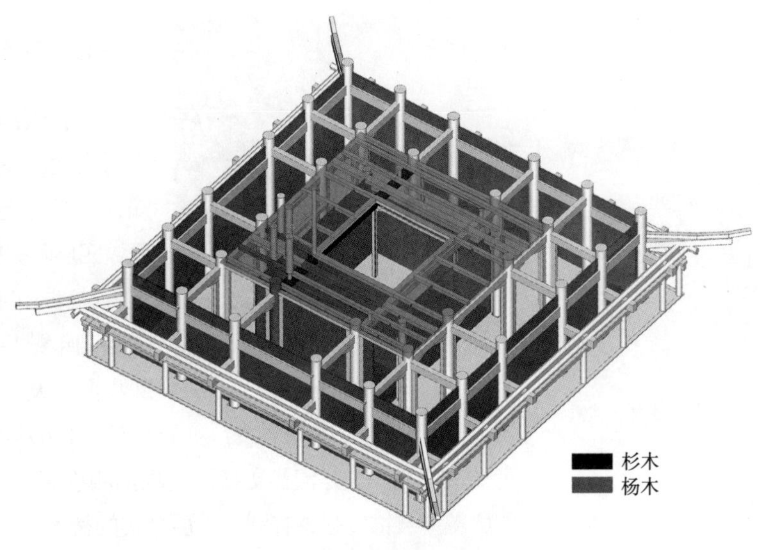

图11 主楼三层楼板下方大木结构示意图（图片来源：作者自绘）

1. 明中期改建

（1）成化年间修缮

关于光岳楼的形象，在明成化年间修缮之前无记载。成化二十二年（1486年）《重修东昌楼记》中有对此次修缮前光岳楼形象的描述——“台高数仞，楼耸数寻”，由此可知，此次修缮前，光岳楼下已有高大的台基，上为多层楼阁，且楼阁高大。此次修缮10年之后，即弘治九年（1496年），吏部考工员外郎李赞在《题光岳楼诗序》一文中描述了成化年间修缮后光岳楼的形象：“城中一楼，高壮极目，天锡携余登之，直至绝阁，仰视俯临，毛发欲竖，因叹斯楼，天下所无，虽黄鹤、岳阳亦当拜望，乃今百年矣……”其中“绝阁”所指可能就是如今的四层。

（2）嘉靖修缮

明嘉靖十三年（1534年），东昌知府陈儒组织了一次对光岳楼的修缮，此次修缮时间较短，“不弥月”即成，许成名《重修光岳楼记》对此次修缮之后光岳楼的形象有较为具体的描述：

“楼之台高数丈，下空洞旁达，上四叠而峻。楹准易卦，再叠浮大衍，又再缩之三，末缩之五。翚举鹤冲，状削芙蓉；曲閗斜触，折回曼衍；构梯盘互，始达其巅。虚中彻上，缘以方栏，俯而股栗。启窗延眺，邀周数百里……”❸

文中包含许多关于光岳楼当时面貌的信息：

“楼之台高数丈，下空洞旁达”：光岳楼下有高台，高数丈，四向辟门；

“上四叠而峻”：高台上为四重檐的楼阁；

“楹准易卦，再叠浮大衍，又再缩之三，末缩之五”：从外观看起来，上层像叠浮在下层上，后两句应为对三、四层收缩的比例大致描述，若描述准确，当时四层收分应比三层剧烈，与现状相似；

“虚中彻上”：主楼中间有空井，上下贯通；

“缘以方栏”：二层外有平坐围廊；

“构梯盘互”：楼梯盘旋而上；

“启窗延眺”：四层有窗而无门，无外廊。

这些文字说明当时的光岳楼在形象空间上与现状接近，综合测年结果可以推断，其四层阁楼应为明成化或嘉靖修缮时所加建，但四层屋顶是否为十字脊尚不可考。

至于此时为何加建四层，首先，由文献描述可知，光岳楼在修缮之前败坏严重，根据常识，顶楼尤易受风雨侵蚀；其次，由历代东昌府志对“名宦”的记载可知，对重要建筑的修缮往往可以作为评判地方官员政绩的标准之一，且明代中期各地重新掀起了城市建设的浪潮，山东地区的城市建设高潮始于成化年间❹，且光岳楼已由明初“严更漏而窥敌望远”的市政功能转变为“东昌之中镇，而且一郡观瞻所系”的城市标志。因此，在光岳楼败坏严重的情况下，东昌府知府组织修缮并加建四层，使得光岳楼更加高大，有益观瞻，此项举措也是彰显其政绩的一种手段。

❸转引自文献［10］：52-53.

❹文献［17］：83. 山东城墙修筑高潮始于成化年间。东昌府城墙亦于正德与嘉靖年间有两次修缮。而光岳楼作为重要的市政、防御设施，亦会受此潮流影响。

图12《南巡盛典·名胜图》中随行画师所作光岳楼写生图局部[12]

2. 清代修缮

《南巡盛典·名胜图》记录乾隆三十年（公元1765年）南巡时沿途风景名胜，其中聊城段绘有光岳楼（图12）。由图可知，当时的光岳楼主楼为重檐四滴水楼阁；屋顶为歇山十字脊，四层收分较为明显；墩台上已有敞轩，几与现状相同。

对碳十四测年结果进行分析，虽然四层几个构件的碳十四测年结果展开区间较大，但其中三个重要构件（檐柱、踩步金、天王像旧料）的68.2%置信区间的前端普遍在清康熙八年（1669年）之后（图9，见表7中9、13、17、18号构件），可知这些构件应是清代更换。且根据测绘调查发现，四层的建筑风格与下层有较大不同，如：四层雀替装饰较强，有别于下层朴实的替木。因此四层结构应在清前期之后进行过一次较大改动，更换了主要构件，现存的四层结构已多是清代之物。

民国时期当地政府组织过两次修缮，将二层围脊上部改为现状的高窗❶。中华人民共和国成立后虽有多次修缮，但建筑外观（色彩除外）改动较小，与清代时基本一致。

❶ 文献［13］：53-56.

四　光岳楼之改易痕迹的调查分析

根据历史文献记载、主要构件的碳十四测年与树种测定，已初步推断光岳楼在明中期的修缮中有过较大形象变化。在现场调查中，笔者发现光岳楼留有众多后期改动的痕迹，这些痕迹与其面貌改易有重要关联。

1. 三、四层主体结构相关的现状痕迹

（1）三层楼板加建

光岳楼主楼按室内楼板划分空间，共有四层（图13）。宋至清代的多数楼阁建筑每一个空间层里基本遵循“柱在下，斗栱/梁栿在上”的规律（图14，表1），结构暗层也不例外，但是光岳楼的三层结构却是斗栱位于该层的较下端（图13），楼板的位置设计与主体结构存在一定冲突，二者明显未经协同考虑，由此可以推断三层楼板应为后期加建，只能采取此种方式以满足夹层空间高度要求。

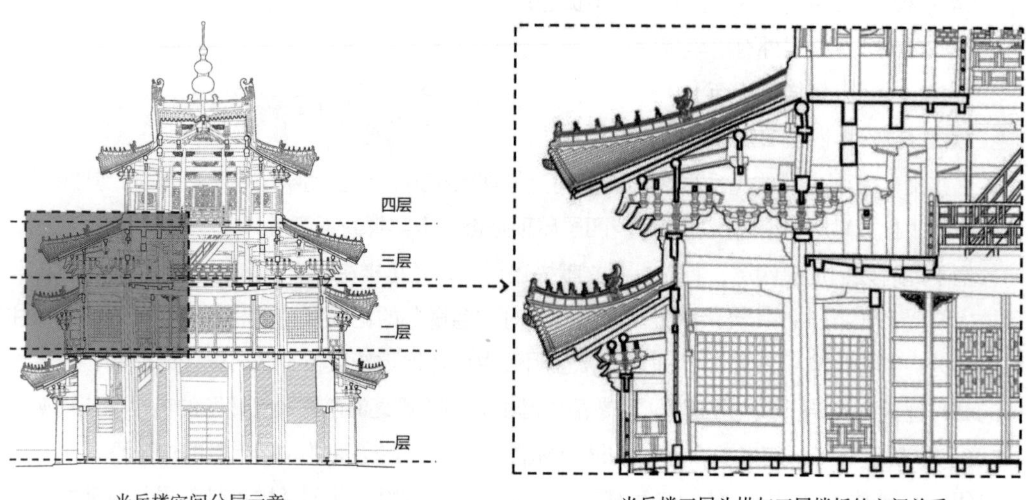

图13 光岳楼的空间与结构示意（图片来源：作者根据天津大学建筑学院聊城光岳楼项目组提供的测绘图改绘）

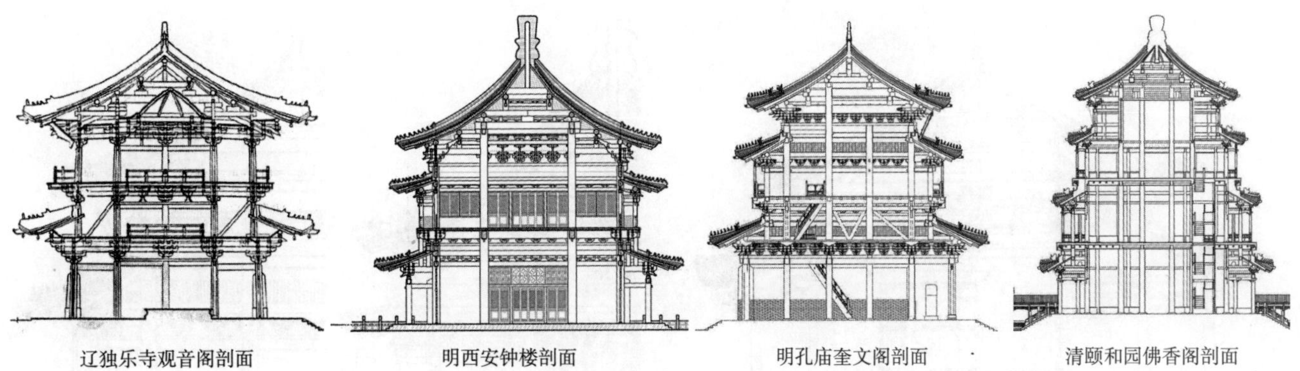

图14 宋至清代几座典型楼阁剖面（图片来源：（左起）1：潘谷西编著．中国建筑史［M］．北京：中国建筑工业出版社，2009；2：黄思达．西安钟楼营造做法研究［D］．西安：西安建筑科技大学，2016；3/4：天津大学建筑学院提供）

表1　几座楼阁竖向结构层次比较（表格来源：作者自制）

建筑		观音阁	西安钟楼	奎文阁	佛香阁	光岳楼
上下结构类型		叠柱式	通柱式	混合式	通柱式	混合式
竖向结构层次	一层	柱额—斗栱层	柱额—梁栿	柱额—斗栱层	柱额—梁栿	柱额—梁栿
	二层	柱额—斗栱层	柱额—梁栿	柱额—梁栿	柱额—梁栿	柱额—梁栿
	三层	柱额—斗栱层—梁栿	柱额—梁栿	柱额—梁栿	柱额—梁栿	额—斗栱层/柱额—梁栿
	四层	—	—	—	柱额—梁栿	柱额—梁栿

同时，调查中发现由二层通往三层的楼梯井口处的内檐斗栱被砍削（图15），此种处理方式表明这部楼梯应为后期添建。而它是二层通往三层的唯一通道❷，这亦间接证明了三层楼板为后期所加，因此四层楼板原本也不可能存在。

❷三层部分本就空间狭小，中部亦有空井，在现场调查中发现，如若要在二层至三层处搭设楼梯，楼梯位置只能位于此处（西侧），或其他东南北三个方位的同样位置处。

（2）二、三层外檐类似于顶层的重檐结构

副阶是中国传统木构建筑的一种重要形式，如宋代晋祠圣母殿（图16），副阶的运用使单层建筑在外观上有重檐效果。随着通柱式楼阁的出现，副阶逐渐运用于楼阁顶层重檐结构中，如西安钟楼、代县边靖楼、曲阜孔庙奎文阁等（图17）。这些建筑顶层屋檐由下层通柱延伸而上支撑，下层屋檐由副阶柱支撑，下层檐椽架于承椽枋上，承椽枋插入通柱柱身的位置靠近柱头，柱身

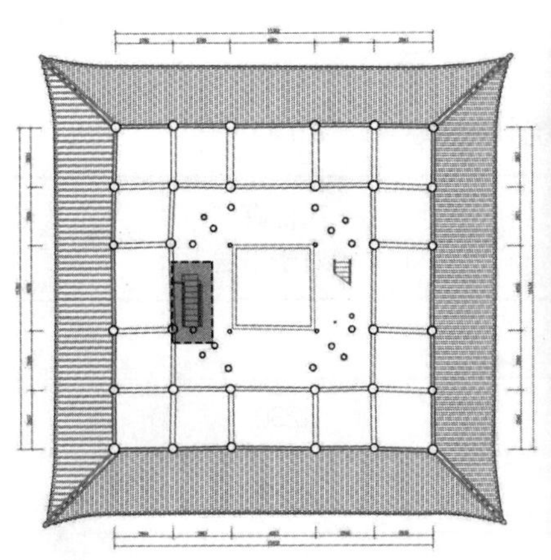

图15 光岳楼二至三层楼梯及被砍削的斗栱（图片来源：（左起）1：作者根据天津大学建筑学院聊城光岳楼项目组提供的测绘图改绘；2/3：作者自摄）

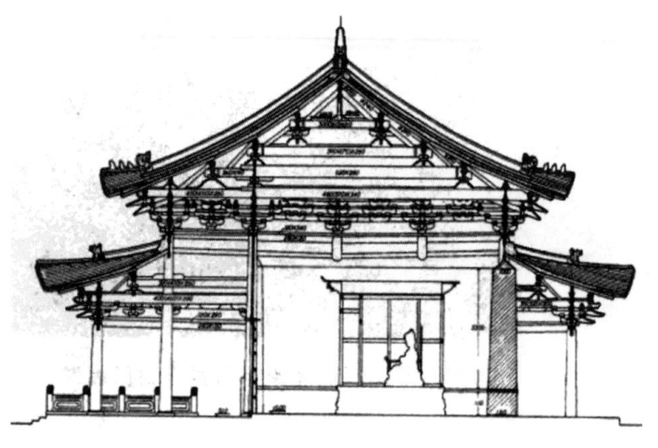

图16 晋祠圣母殿剖面（图片来源：马晓. 中国古代木楼阁［M］. 北京：中华书局，2007.）

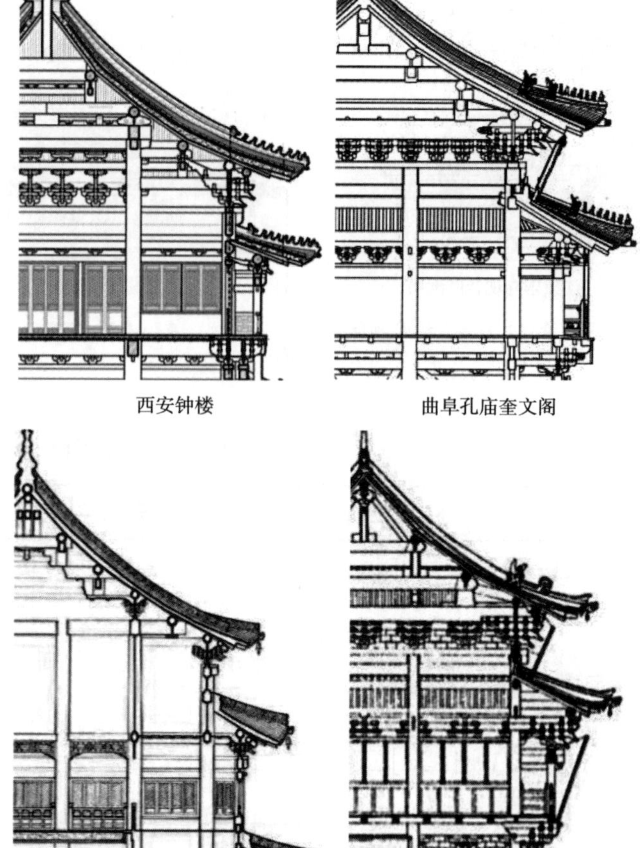

图17 顶层重檐结构的楼阁建筑局部剖面（图片来源：（左起）1：黄思达. 西安钟楼营造做法研究［D］. 西安：西安建筑科技大学，2016；2/3：天津大学建筑学院提供；4：滑辰龙，张福贵，李艳蓉. 边靖楼修缮设计（上）［J］.古建园林技术，1998（01）：20-27.）

露出部位很小，这两重屋檐从立面看为两层而空间上实为一层。这种重檐做法应出于楼阁收分及外观高大的需求，为楼阁顶层的一种处理手法，明清时此种类型的楼阁建筑大量存在。

观察光岳楼的外围结构剖面（图13）可以发现，二、三层外檐结构与这种重檐结构极为相似，似为顶层重檐做法；且三层中金檩上虽架设楼板、围脊等结构，依然保持圆形截面。因此光岳楼三层屋檐很可能原为顶层，四层结构可能为后期加建。

（3）四层收分剧烈

收分在楼阁建筑中普遍存在，各层收分通常较为均衡（图14），但光岳楼顶层结构较为特殊，顶层檐柱与下层金柱对位，内收达二椽。由下统计数据可知（表2），四层平面及檐部相较以下各层收分数值较大，且其收分与高度比值亦明显大于下层，正如许成名《重修光岳楼记》："再叠浮大衍，又再缩之三，末缩之五"的描述。从整体上看四层与三层以下并非一体设计。

表2 光岳楼各层平面与檐部收分统计（表格来源：作者自制）

层	面阔	收分值	层高	收分 / 下层层高	前后檐间距	收分值	飞椽高（相对于下层）	收分 / 高
一层	19052	—	6815		22004	—	—	—
二层	17885	684	4343	0.10	21233	386	4230	0.09
三层	15434	1226	3488	0.28	19944	645	3524	0.18
四层	9800	2817	—	0.812	13410	3267	5410	0.60

（4）三层抹角梁长度及出头形式

光岳楼中较多运用了抹角梁构件，其中三层有三组抹角梁，它们均架于井口梁上，出头长度与端头形式不一致，现将三层抹角梁尺寸与端头形式统计如图18、表3。

抹角梁1截面扁平，端头伸出较长，甚至达于旁侧挑尖梁上，端头无特殊处理。

三根抹角梁2端头部分切斜角。对斜向交叠的上层构件切斜角，应为木构件加工的一种方法，如：光岳楼四层井口梁的两端切斜角，为适应下层抹角梁外缘（图19，图20）；西安钟楼、景山万春亭及故宫交泰殿的抹角梁亦采取此种做法（图21）。经过切斜角之后，上层抹角梁斜角通常

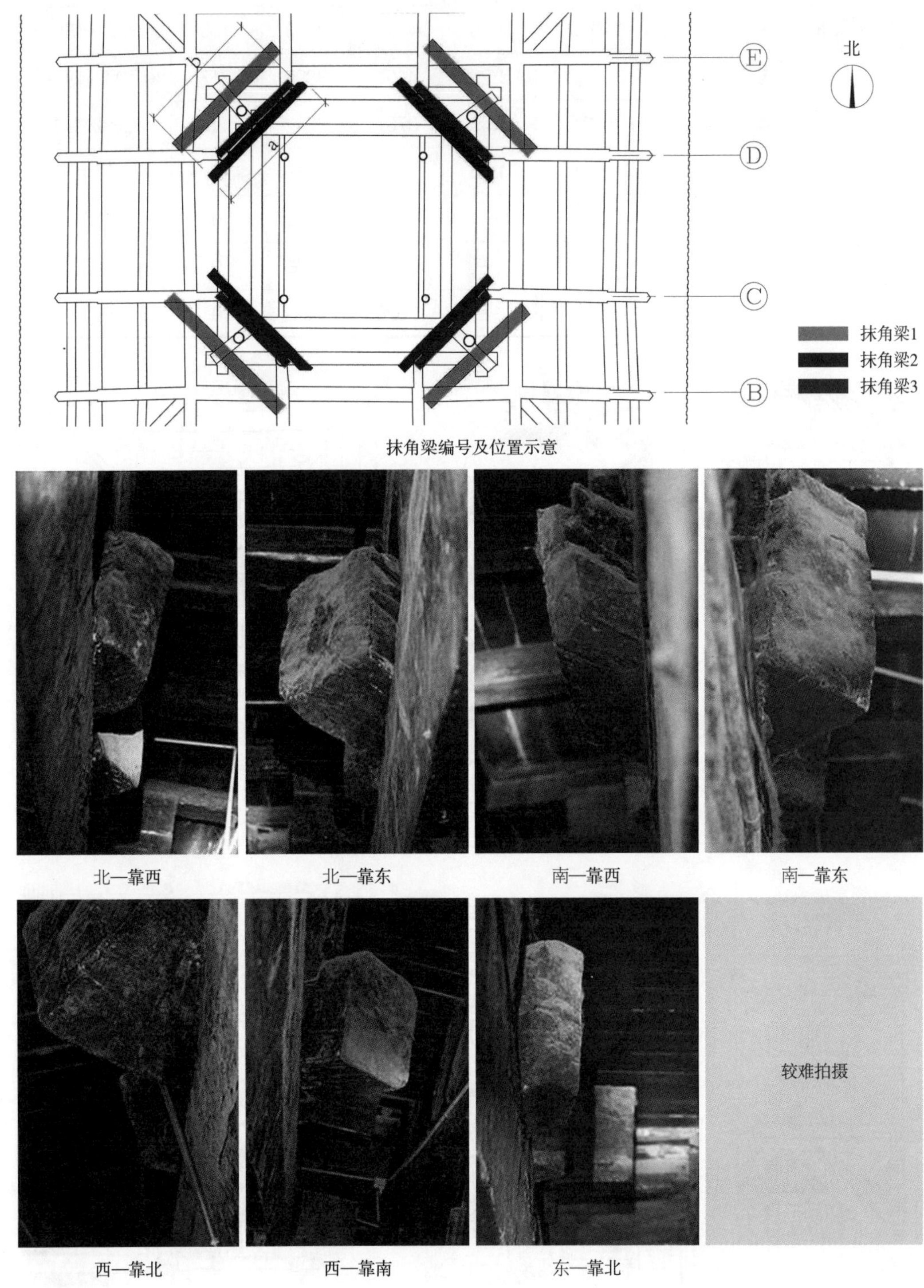

抹角梁编号及位置示意

北一靠西　北一靠东　南一靠西　南一靠东

西一靠北　西一靠南　东一靠北　较难拍摄

抹角梁2、3出头形式

图18 三层抹角梁示意（图片来源：上：作者根据天津大学建筑学院聊城光岳楼项目组提供的测绘图改绘；下：作者自摄）

表3 三层三组抹角梁尺寸及端头形式（表格来源：作者自制）

构件名称	位置	断面宽	断面高	高宽比	长度 a	长度 b	长度差	端头
抹角梁1	西北	390	315	0.81	4153	4171	−18	无特殊处理
	东北	400	322	0.81	4407	4435	−28	同上
	西南	402	324	0.81	4658	4687	−29	同上
	东南	400	285	0.71	4037	4005	32	同上
抹角梁2	西北	295	385	1.31	3939	3782	157	北侧端头切斜角
	东北	330	422	1.28	4028	3843	185	南侧端头切斜角
	西南	310	382	1.23	4107	3890	217	南侧端头切斜角
	东南	280	390	1.39	3767	3742	25	无特殊处理
抹角梁3	西北	260	325	1.25	3018	同左	0	同上
	东北	300	—	—	3097	同左	0	同上
	西南	270	—	—	2936	同左	0	同上
	东南	279	—	—	3020	同左	0	同上

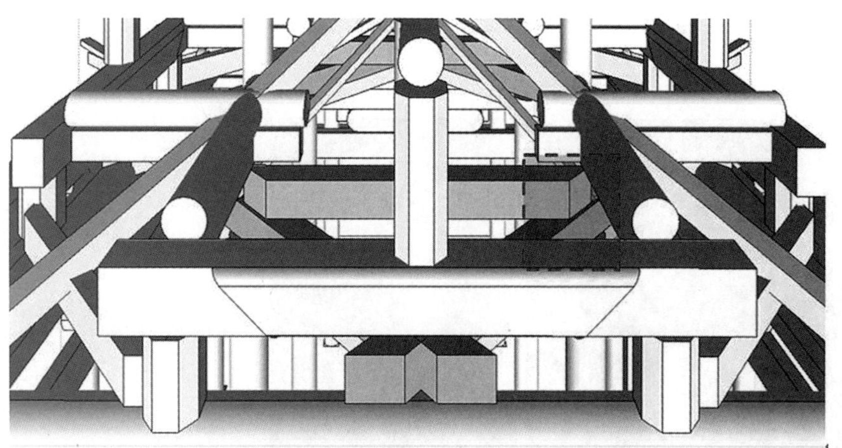

图19 光岳楼四层井口梁两端切斜角——模型示意（图片来源：作者自绘）

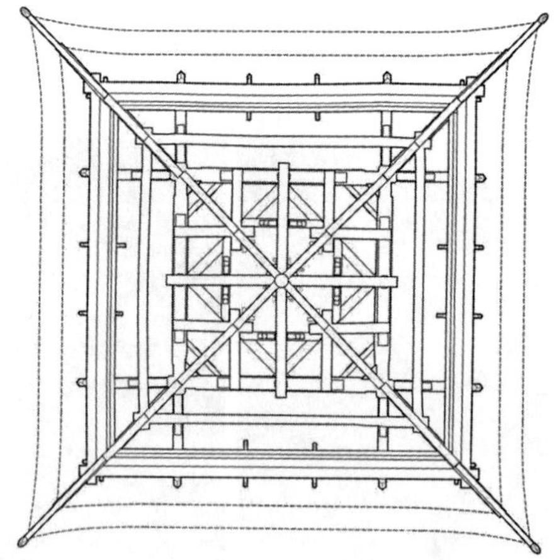

图20 光岳楼四层梁架俯视图（图片来源：作者自绘）

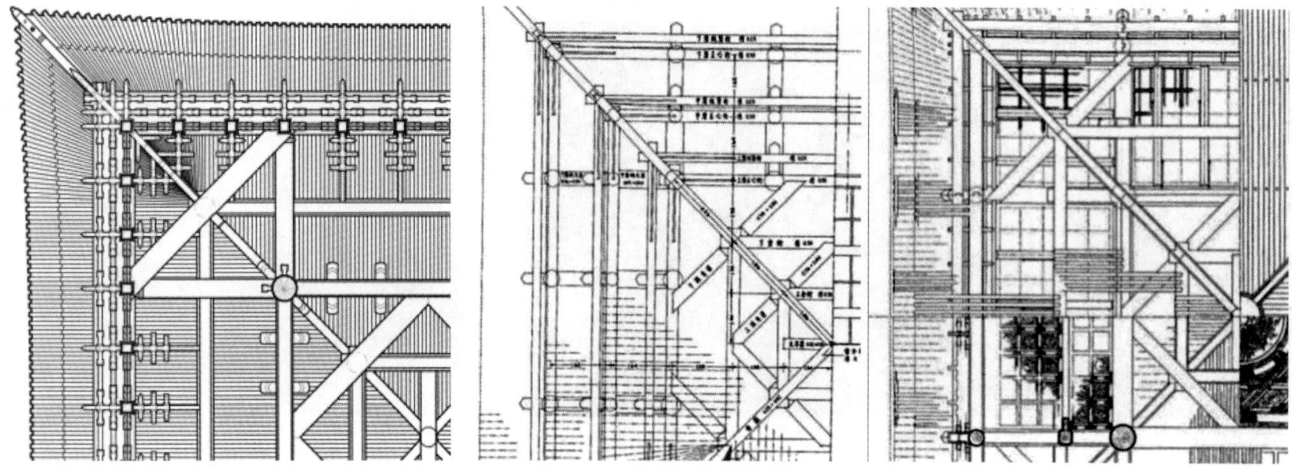

图21 几座楼阁的抹角梁处理（左：西安钟楼；中：景山万春亭；右：故宫交泰殿）（图片来源：左：黄思达. 西安钟楼营造做法研究［D］. 西安：西安建筑科技大学，2016.中/右：马国馨主编，孙任先总撰稿，北京市建筑设计研究院《建筑创作》杂志社主编. 北京中轴线建筑实测图典［M］. 北京：机械工业出版社，2005.）

与下层构件外缘齐平，或在下层构件外缘之内。但光岳楼三层抹角梁2在切斜角之后依然伸出下层井口梁外缘，若为草架做法，则不必有此斜角处理。因此抹角梁2原始位置可能与现状不同。

抹角梁3与抹角梁2并置，两构件下皮处于同一高度，共同承其上井口梁。抹角梁3截面尺寸小于抹角梁2，其两端伸出下层井口梁外缘长度较小，且无斜角处理。从结构逻辑看，两根抹角梁作用一致，且古建筑中较少见双抹角梁并置的做法。笔者猜测抹角梁3应为后期添加，为减小抹角梁2跨中弯矩而添加，测年结果亦可证明（图9，见表7中6、12号构件）。

2. 平坐下斗栱痕迹

现存楼阁建筑中，有明显平坐层的以辽代的应县木塔与独乐寺观音阁为典型代表，在明清时期许多建筑中，虽不存平坐层，依然保留平台栏杆下的平坐斗栱，如明初期西安钟楼、乐都瞿昙寺大鼓楼，明中期代县边靖楼，清代颐和园佛香阁等（图22）。

光岳楼现存平坐下无斗栱，主要由柱梁支撑。在一层挑尖梁上立童柱，童柱穿过一层屋面，充当二层廊柱，檐通柱上挑出一承重梁[1]，插入童柱柱身，梁上架有楞木，支撑平台栏杆（图23）。经观察，平坐梁上普遍存在卯口痕迹，且具有一定规律性，初步判断为斗栱与其交接留下的槽口（图24）。

[1] 暂称平坐梁。

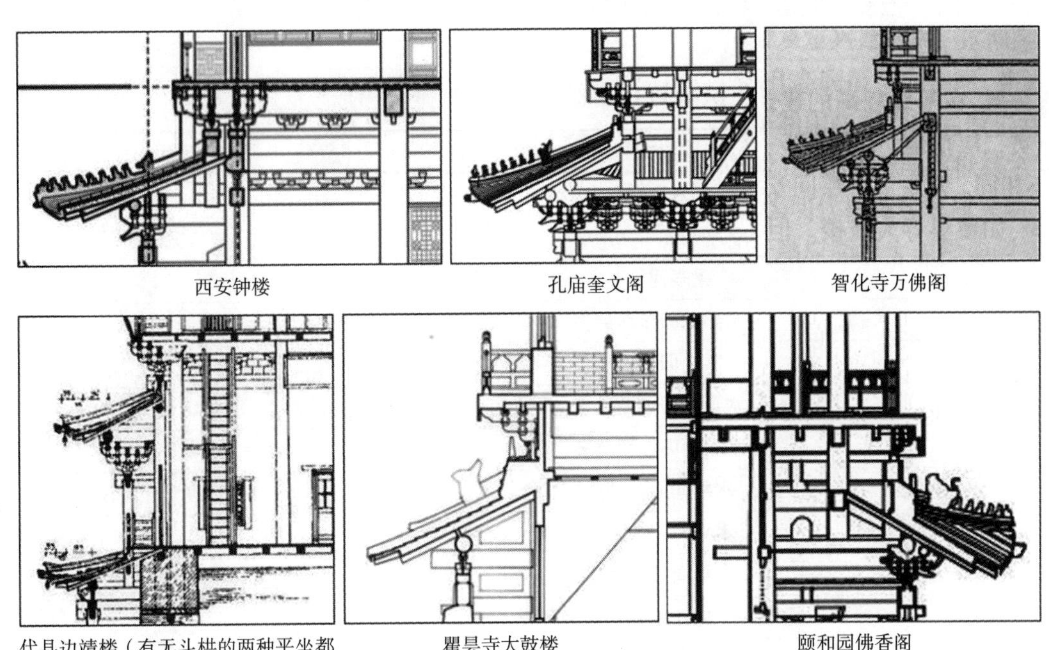

西安钟楼　孔庙奎文阁　智化寺万佛阁

代县边靖楼（有无斗栱的两种平坐都存在）　瞿昙寺大鼓楼　颐和园佛香阁

图22 明清建筑中平坐斗栱形式（图片来源：中上、中下、右下：天津大学建筑学院提供；左上：黄思达. 西安钟楼营造做法研究［D］. 西安：西安建筑科技大学，2016；右上：郭华瑜. 明代官式建筑大木作［M］. 南京：东南大学出版社，2005；左下：滑辰龙，张福贵，李艳蓉. 边靖楼修缮设计（上）［J］. 古建园林技术，1998（01）：20-27.）

图23 光岳楼平坐部分现状（图片来源：天津大学建筑学院聊城光岳楼项目组提供）

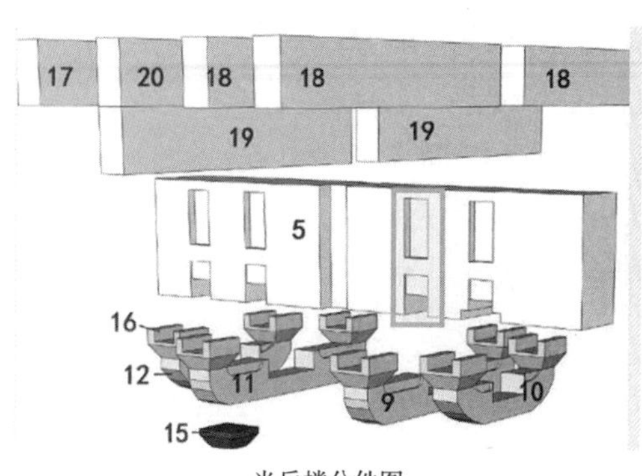

光岳楼分件图

平坐下疑似斗栱痕迹

图24 平坐梁上槽口痕迹与光岳楼三层外檐柱头科挑尖梁对比（图片来源：左：作者自绘，右：作者自摄、自绘）

其后，笔者对24根平坐梁进行详细调研，记录见表4，并进行分类归纳（图25），发现：①梁表面完全无痕迹、较为平整的3根；其余21根都存有槽口痕迹，其中14根槽口痕迹相似，较为典型，7根较为独特，应为构架糟朽及多个时代修缮痕迹叠加所致；②梁总高约360毫米，厚度在110～170毫米之间，缺口96毫米，小于三层斗口值，而与一二层斗口值较为接近；③目前梁上楞木与梁非穿插关系，而是搁置其上，且楞木厚度远大于梁上槽口，达156毫米，明显为后期所加；④围脊和平坐梁交接的位置在东西南北各向均不一致，且围脊在平坐梁下断开，梁保持完整；⑤围脊隐在童柱之后，童柱直接穿过一层屋檐瓦顶，二者交接处有水泥抹平痕迹。

由统计可知，平坐下承重梁上的斗栱卯口痕迹足以说明该位置本存在斗栱；且根据碳十四测年结果，平坐梁为明初之物；因此，明洪武营建时平坐部分应有斗栱。

表4　二层平坐梁斗栱痕迹信息统计（表格来源：作者自制）

方位	位置	有无卯口	其他信息	尺寸（毫米）
西	1F	无	梁表面平整	
	1E	有	水平向卯口两层多	缺口宽96
	1D	无	梁表面平整	
	1C	有	水平向卯口两层多	
	1B	有	水平向卯口两层多	梁高362，厚度170，缺口宽96
	1A	有	水平向卯口两层多	梁高345
南	A1	有	水平向卯口两层多	梁高362
	A2	有	水平向卯口两层	楞木厚度156/123
	A3	有	水平向卯口两层	
	A4	有	水平向卯口两层	
	A5	有，奇特	看似两个构件相叠，或者开裂	
	A6	有	水平向卯口两层	
东	6A	有	水平向卯口两层	
	6B	有，奇特	水平向卯口两层，第二个卯口下有不明小洞	
	6C	有，奇特	水平向卯口两层，第二个卯口下有不明小洞	
	6D	有，奇特	水平向卯口两层，第二个卯口下有不明小洞	
	6E	有，奇特	水平向卯口两层，第二个卯口下有不明小洞	
	6F	有	水平向卯口两层，梁端有小短柱支撑	
北	F6	有	水平向卯口一层多	
	F5	有	水平向卯口一层多	
	F4	有	水平向卯口三层	
	F3	无	梁表面较为平整	梁高410，厚度110，围脊高810
	F2	有，奇特	水平向卯口三层，竖直向都为两层	梁厚度125，缺口宽106
	F1	有，模糊	卯口模糊，水平向卯口两层多，梁高很小，似乎被砍掉一部分	

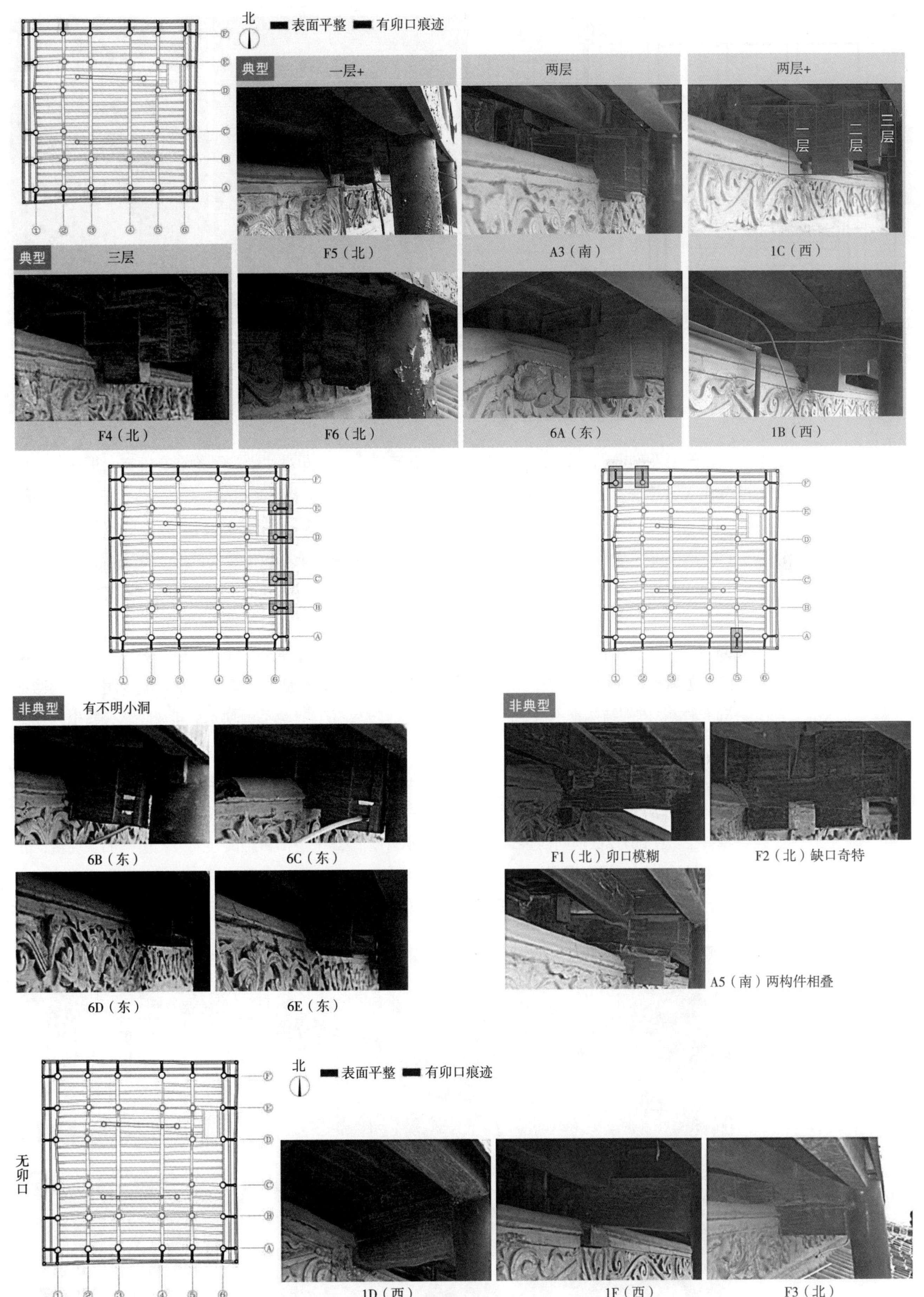

图25 光岳楼平坐梁槽口痕迹（图片来源：图纸为作者根据天津大学建筑学院聊城光岳楼项目组提供的测绘图改绘，照片为作者自摄）

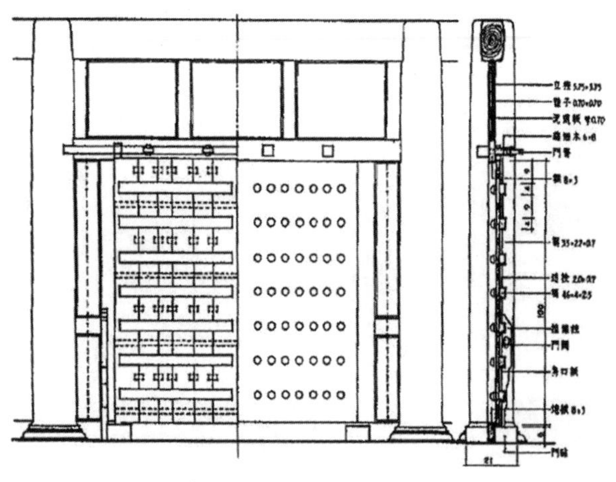

图26 宋代版门构造（图片来源：梁思成. 梁思成全集 第7卷［M］. 北京：中国建筑工业出版社，2001.）

图27 光岳楼一层版门室内外情况（图片来源：天津大学建筑学院聊城光岳楼项目组提供）

3. 版门上方窗格痕迹

一层四向辟门，版门高约3米。宋《营造法式》中即对“版门”构造有规定，根据梁思成先生《营造法式注释》中提供的图样：门扇上为额，额上为泥道版，被立旌分为三块（图26）。清代官式建筑中的“大门”构造亦与此相似。但光岳楼一层四向为砖墙，檐柱被包裹在砖墙内，版门额上另有一过梁，从室内看，过梁上为多块长条木板拼接而成的一块整板，其上亦有过梁。此过梁高度较版门过梁为宽，长度3580毫米。一层明间面阔4026毫米，檐柱柱径虽无法测量，但应与金柱柱径（柱底径627毫米，二层楼板处柱径571毫米）相近，一层檐柱间空当在3399～3426毫米间，略小于过梁长度，因此，墙内过梁应插入檐柱柱身中。室外经过油饰，现为红色涂料，只可见一块较周围颜色较深的矩形区域，材质纹理无法辨别，但与泥道版构造不同（图27），内部结构本不可见。北向版门上现有一鲁班龛，龛后一块木板年久脱落，露出内部结构（图28）。

其内部为窗格，窗格上为一排过梁，每一根过梁截面方形，支撑上部砖墙。窗格位于砖墙中部，在版门门扇正上方，上下各有一横钤，端头入砖墙，长度不可知，立旌11根，插入上下横钤中。中部有2根横向棂条，其相互间距较小，距离上下横钤距离较大。此窗格加工规整，非草架做法，过去应属露明构造（图28）。且在横钤上有一枋木，紧贴过梁下皮，但与横钤有一定空隙，可证明此部分结构非为支撑构件，确属小木构造，其做法类似清代格栅上的横批。

图28 光岳楼一层版门上方窗格痕迹示意（图片来源：左：作者自摄；右：作者自绘）

4. 一、二层各类柱添建痕迹

(1) 金柱、小柱与辅柱柱础痕迹

光岳楼一层柱众多（图29），柱础形式亦有不同，外廊柱为较为规整的覆盆式，但室内各类柱柱础形式与高度差别较大，且多有残缺，统计各类柱础/柱櫍信息见表5。

通过统计可以看出，7根金柱柱底地面以上已不可见露明部分[1]；3根金柱柱底有柱础露明部分，其中南侧明间两金柱（3B、4B）础石露出部分窄而低，而东北角金柱（5E）可较为完整地看到柱础部分，但无法判断为覆盆式或鼓镜形式；北侧明间两金柱（3E、4E）下部露

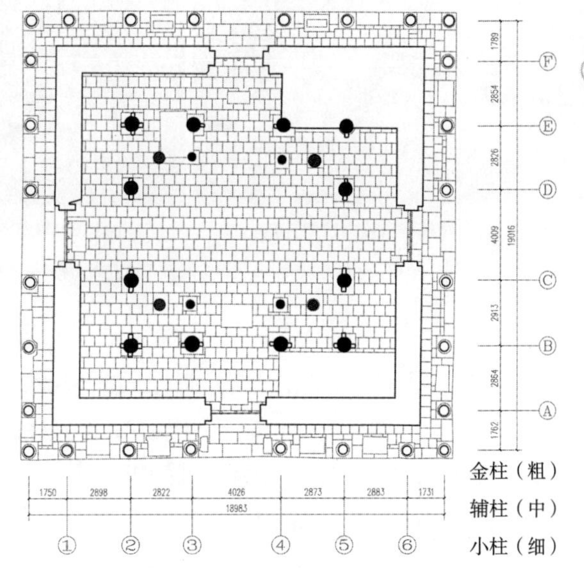

图29 一层各类柱（图片来源：作者根据天津大学建筑学院聊城光岳楼项目组提供的测绘图改绘）

❶柱础通常由两部分组成，其一为地面或台基以下部分，其二为露明部分，有鼓镜、覆盆等形式；因此这里用“露明部分”指称柱础地面以上部分。

表5 一层室内金柱、辅柱、小柱柱础/櫍情况统计（表格来源：作者自制）

类型	方位	位置	地面以上础石	其他信息	尺寸（毫米）
金柱	南	2B	无露明		
		3B	有础石	地面以上可见小部分柱础露出	高≤30
		4B	有础石	地面以上可见小部分柱础露出	高12，宽18
		5B	无露明		
	东	5C	无露明		
		5D	无露明		
	北	5E	有础石	圆台，应为覆盆痕迹	高13，上出62，下出79
		4E	有柱櫍	较规整矮的圆柱形	高84，宽0，铁箍高60
		3E	有柱櫍	矮圆柱形，部分被墙面遮挡	高85，宽14
		2E	无露明	表面被不规则水泥和油漆遮盖，无法看清柱础痕迹，有疑似柱础被铲去	痕迹高122
	西	2D	无露明	有圆台状宽出，此部分与柱身可能为两部分构件，表面被油漆包裹	圆台高178
		2C	无露明		
辅柱	西北	23-DE	有柱櫍	较规整矮的圆柱形，下无柱顶石	高123，宽26
	西南	23-BC	有柱櫍	较规整矮的圆柱形，不在其下石块正中	高80，宽≤40
	东北	45-DE	有柱櫍	不规则矮圆柱形，水平宽出不一致，不在其下石块正中	高95，宽≤14
	东南	45-BC	有柱櫍	较规整矮的圆柱形，不在其下石块正中	高87，宽40
小柱	西北	3-DE	有础石	圆台，部分被砖石台阶遮挡，有水泥抹平痕迹	高60，上出0，下出40
	西南	3-BC	有础石	圆台，应为覆盆形式	高50，上出26，下出54
	东北	4-DE	有础石	同上	高54，上出37，下出60
	东南	4-BC	有础石	同上	高36，上出30，下出49

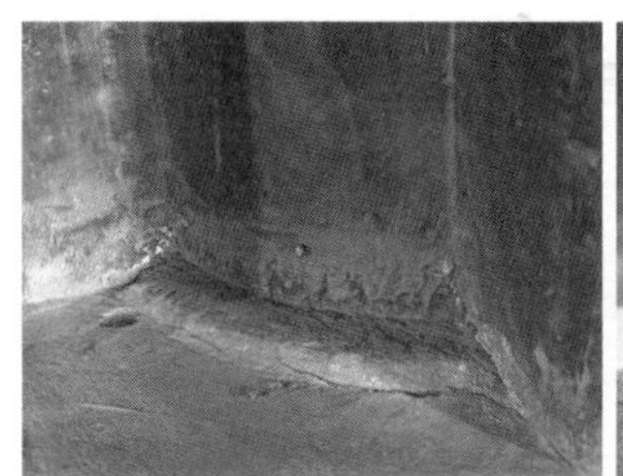
金柱——残存露明柱础
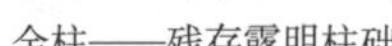

辅柱——矮圆柱形柱櫍
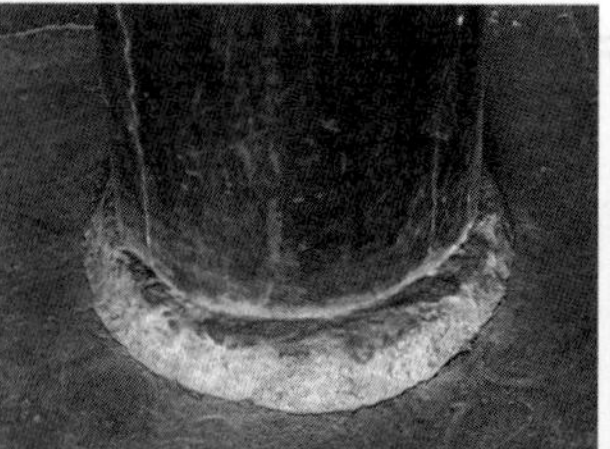
小柱——覆盆式柱础
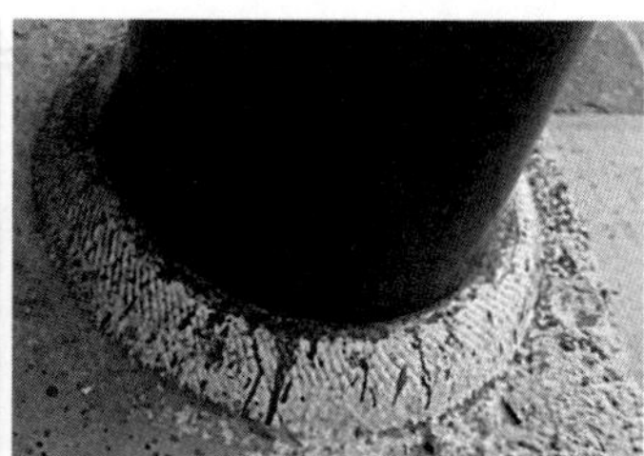
廊柱——覆盆式柱础

图30 一层各类柱础/柱櫍代表形式（图片来源：作者自摄）

出部分较高，达85毫米，形式为矮圆柱，础径基本与柱底径相等。笔者猜测原本的柱顶石表面低于现在地平，室内整体标高亦低于现状，金柱柱础露明部分形式不可知，而北侧明间两金柱下矮圆柱形的石质构件，可能为后期所加柱櫍[1]。

4根辅柱下石质构件高度基本一致，形式相似，为矮圆柱形，其下地面无柱顶石，或虽有一大于室内地砖的石块，但矮圆柱构件没有位于石块中心（图30），因此可以认为这几个矮圆柱形的石质构件均为独立构件——柱櫍。据此推测，4根辅柱亦为后期修缮所增设。

4根小柱础石高度与形式基本一致，与廊柱柱础相似，为覆盆式，其下可见埋入地下的柱础（图30）。露明部分高度较高，未被现有地面覆盖，因此其亦为后期所加。

由以上分析可知，金柱、辅柱、小柱的柱础/柱櫍的高度及形态均有差异（图30），它们应非同期之物。由前文对碳十四测年结果分析可知，金柱应为明初之物，二层辅柱为清以后加建。二层辅柱位于一层辅柱之上，两根构件作用相似，但二者构件并非墩接，其间有楞木相隔。若为初始设计之物，采用通柱应较为合理。由此可以推测，一层辅柱亦为后世添建，以减小一层明间承重梁跨度，小柱则较辅柱更晚。

[1] 由于室内地面较为平整，且根据结构逻辑所有金柱应为同期构件，因此原始柱础高度应基本一致。文献［18］中提及："在之上，于柱根处垫以木墩或石墩，尺寸与柱径一致……它是由于柱根很糟朽，在修理过程中用此法墩接根柱……此种办法在今天修理木构古建筑中，也是经常被采用的措施之一……木柱櫍的使用，最初可能是修理工作中的一种措施……"因此，光岳楼的这两个石质构件可能为修缮糟朽的柱根时所加的柱櫍。

（2）抱柱添建痕迹

为有效解决梁柱、枋柱交接处的受力缺陷，在设计之初或后期加固常采用添设抱柱的做法。经调查，光岳楼抱柱分布与形式如下：一层角金柱东西南北四向各有一抱柱，除东北角金柱因靠近楼梯砖墙，无东侧抱柱，南北两侧明间金柱有东西两抱柱，而东西两侧明间金柱有南北两抱柱（图3）。二层抱柱分布同一层。

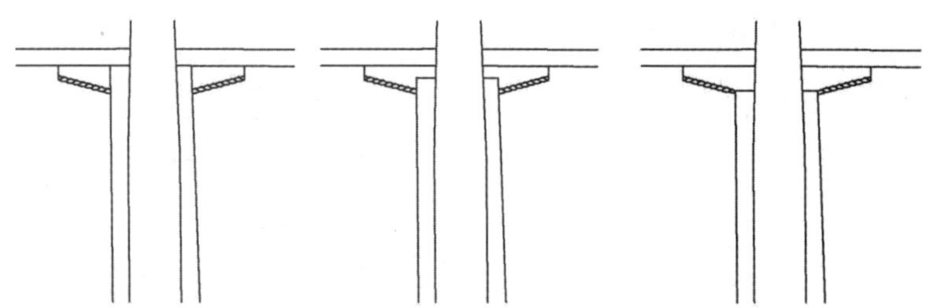
图31 抱柱与替木的三种交接方式（图片来源：作者自绘）

每根金柱柱头南北两侧有一替木，承托其上承重梁，如遇有抱柱，则替木与抱柱的交接方式有三种：其一，抱柱完全包裹替木，向上延伸至承重梁或楞木下皮；其二，抱柱包裹替木的一部分；其三，抱柱柱头位于替木下皮（图31）。据观察，抱柱若完全包裹替木，则替木露出部分较短，如无抱柱，则替木较长，更可证明替木在此处的出现较抱柱为早（图32）。由于金柱高宽比较大且年代久远，且其树种为杨木，杨木较软，抱柱应为一种加固方式。笔者认为洪武初营建时，一层只有檐柱、金柱及廊柱，二层亦同理。

图32 替木长短对比（图片来源：作者自摄）

5. 三层内檐斗栱改易痕迹

（1）三层内檐平身科

平身科记心造，五踩重翘品字斗栱，与外檐斗栱不同的是，正心枋只有一层，其上为井口梁。外拽厢栱为异型栱，端头形式为三幅云，上无三才升，与井口枋直接接触。多朵斗栱中双卷云和三幅云只存外轮廓，而无隐刻痕迹（图33）。

图33 外檐斗栱双卷麻叶云和三幅云（图片来源：作者自摄）

里拽部分较为复杂，各个部件形式不统一，且三才升多有缺失，甚有“张冠李戴”现象，应为多个时期修缮痕迹叠加所致。次间里拽结构同外拽；明间里拽瓜栱亦同外拽，但里拽万栱与厢栱形式四向不同，且根据构件转角圆滑程度和干缩裂缝情况，可以判断其新旧程度也不一致。明间里拽枋与井口枋不存，导致明间平身科与柱头科斗栱联系较弱，易造成斗栱后尾的横向晃动。西侧与南侧四朵斗栱，在里拽枋位置分别置一独立的异型栱构件（图34），观其形制，本不为此处之物。

图34 三层内檐平身科斗栱（左：南侧，右：西侧）（图片来源：作者自摄）

（2）三层内檐柱头科

柱头科用绞入栱身的挑尖梁代替耍头及撑头木（图35）。里拽瓜栱与万栱同外拽，且转角圆滑，隐刻痕迹较深，木材表面干缩裂缝清晰可见，较为古老，厢栱形式及新旧状况不一致。挑尖梁插入辅柱3，部分梁尾不出头，部分梁尾出头形式类似夔龙尾（图36）。梁身侧面遗存有槽口痕迹，分别位于万栱与厢栱正上方，多数槽口被木块填实，其高宽约合为一足材尺寸，北侧明间靠东一挑尖梁槽口外露，槽口尺寸119毫米×228毫米×40毫米。结合明间平身科斗栱情况，其应为枋木插入梁身所留。可见，明间里拽枋与井口枋原本是存在的，后期修缮时将其取消并代以异型栱。

图35 三层内檐柱头科外拽部分（图片来源：天津大学建筑学院聊城光岳楼项目组提供）

图36 挑尖梁后尾出头（图片来源：作者自摄）

五 洪武时期光岳楼的旧貌推测

1. 原始屋顶结构推测

通过前文对三、四层结构现状的分析，笔者推测光岳楼四层可能为后期添建，洪武初年营建时应为重檐三滴水楼阁。由于现存三层结构中无踩步金，只有圆形截面的中金檩，本文认为屋顶形象原为攒尖顶而非十字歇山顶，此形象与西安钟楼、永昌鼓楼等城市钟鼓楼形象一致。明清时期官式建筑攒尖屋顶最高处多为宝顶（图37），因此明初时，光岳楼屋顶上亦有可能为宝顶，而非葫芦与风向标的形象。

由碳十四测年结果分析可知，三层抹角梁2为最早的一批构件之一。根据前文分析及相关案例参照，抹角梁2原本应更加靠近建筑中心处（图38），后在某次修缮时将其移至如今位置（图18），属旧料利用，抹角梁1与此同理。笔者以西安钟楼等建筑为参考，考虑光岳楼自身结构逻辑，对二者进行移动，并增加关联构件，则三层梁架结构原始状态的平面布局推测见图39。

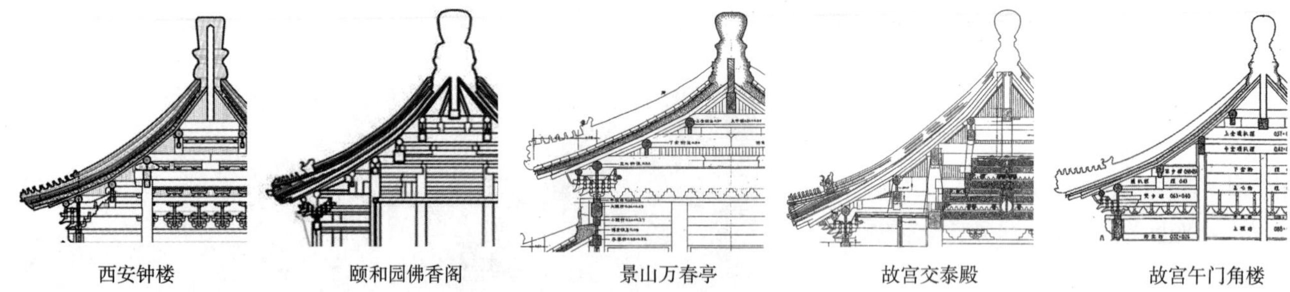

图37 明清几座官式建筑攒尖屋顶宝顶形象（图片来源：（左起）1：黄思达.西安钟楼营造做法研究［D］.西安：西安建筑科技大学，2016；2：天津大学建筑学院提供；3/4/5：马国馨主编，孙任先总撰稿，北京市建筑设计研究院《建筑创作》杂志社主编.北京中轴线建筑实测图典［M］.北京：机械工业出版社，2005.）

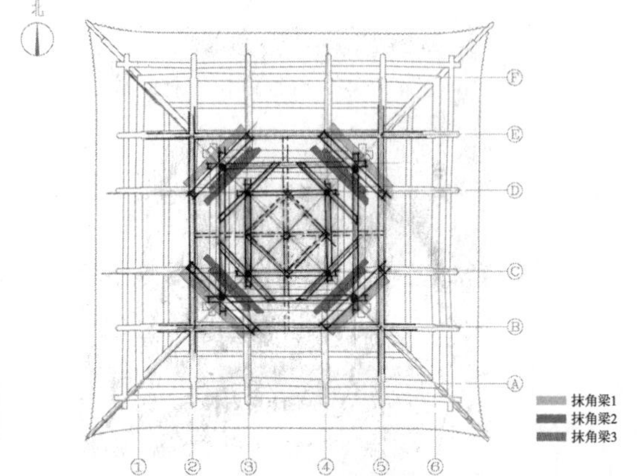

图38 抹角梁1、2、3现状（半透明部分）与推测位置对比（图片来源：作者根据天津大学建筑学院聊城光岳楼项目组提供的测绘图改绘）

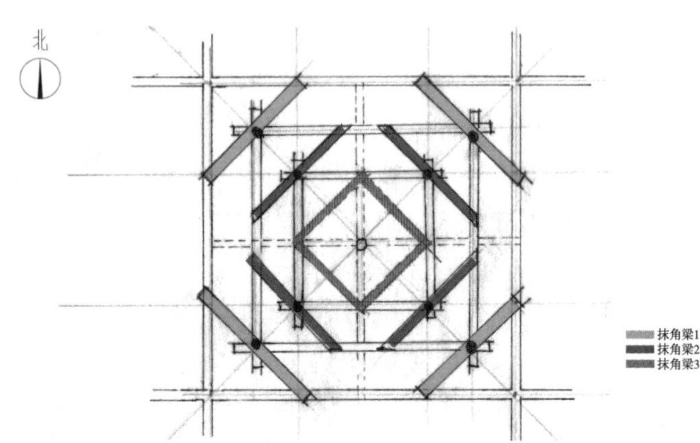

图39 三层结构推测——梁架局部仰视简图（图片来源：作者自绘）

2. 平坐结构推测

前文已述，平坐下原有斗栱无疑。承重梁上卯口痕迹普遍为两列，为方便描述，对梁上竖向结构层次进行编号（图40，图41）。笔者根据测量数据及相近时期楼阁建筑（西安钟楼、曲阜孔庙奎文阁、北京智化寺万佛阁）平坐为参照（图42），采用排除法对平坐斗栱及一层腰檐、围脊做如下推测：

（1）若以孔庙奎文阁为参考，柱身出丁头栱，则轴线1与轴线2距离远大于轴线2与轴线3距离，结构不合理。

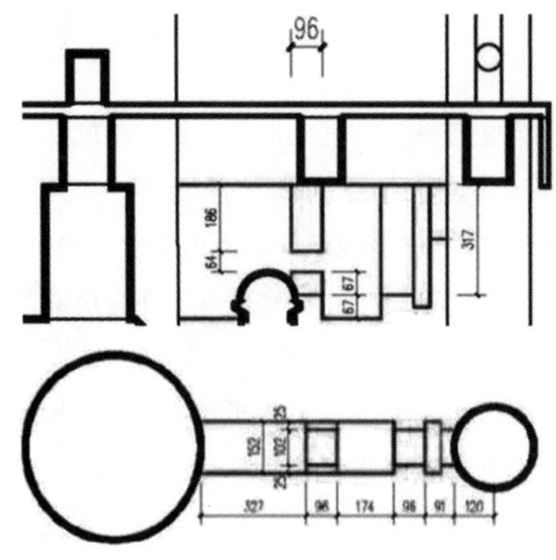

图40 平坐下梁典型槽口痕迹（图片来源：作者自绘）

图41 承重梁各结构层次编号（图片来源：作者自摄、自绘）

（2）若以西安钟楼为参考，童柱上置大斗，同时柱身出丁头栱，则轴线1与轴线2同为斗栱正心一缝。但由于轴线2上的现状卯口为单材所留痕迹，而轴线3上的卯口为足材栱所留痕迹❶（图43），因此轴线2不可能为正心一缝。

（3）若以智化寺万佛阁为参考，只于童柱上置大斗，则正心一缝位置较为灵活，可位于轴线3处，然后斗栱内外各出一跳，与现有卯口痕迹较为吻合。且一层外墙较厚，童柱只有位于轴线3上较为合理，因此，此种形制与光岳楼原有平坐斗栱较为吻合。

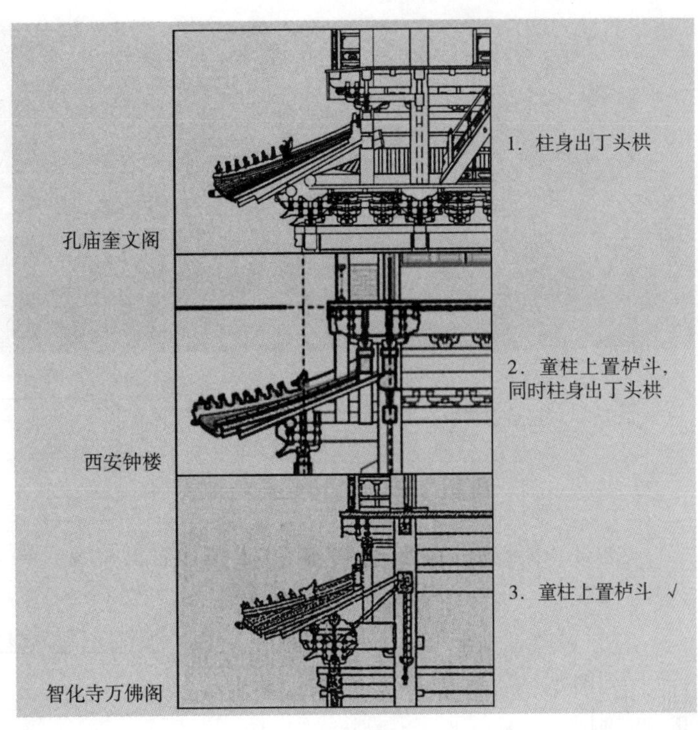

图42 平坐斗栱案例参照（图片来源：原测绘图纸：上：天津大学建筑学院提供；中：黄思达. 西安钟楼营造做法研究［D］. 西安：西安建筑科技大学，2016；下：郭华瑜. 明代官式建筑大木作［M］. 南京：东南大学出版社，2005. 笔者根据以上图纸改绘）

❶参照三层外檐斗栱单材与足材与梁身卯口对比。

另外，在三层内檐斗栱靠北一侧发现一较老的双卷麻叶云构件，其碳十四测年结果指向明代初年，应为洪武初营建之物，构件上有三个卯口痕迹，由斗栱构造可知，这三个卯口为盖口卯。因此该构件现应是修缮时被倒置随意放于此处，它原本应与耍头平行，在二翘位置处。在三层内檐斗栱靠南一侧亦有两个类似构件（图44）。测量其截面高度为184毫米，宽102毫米，卯口宽92毫米，而三层斗口宽为118毫米，足材高应为236毫米，此构件高远小于三层足材高，可见此构件原始位置不在三层内檐斗栱二翘处。由平坐梁上卯口痕迹可知，平坐斗栱斗口值约为96毫米，足材高恰好与此双卷麻叶云构件截面高度吻合（图40），因此笔者大胆猜测此双卷麻叶云构件原位于平坐斗栱二翘位置处。

根据以上推断绘制平坐斗栱结构剖面（图45）。由图可知，随着平坐斗栱的复原，一层腰檐及围脊结构也与现状不同。其一，围脊位于童柱之外，如此一层屋檐完整性更佳，有利于建筑防水；其二，檐椽置于承椽枋上，外墙顶端较现状更低；其三，二层廊柱与一层童柱为两根构件且平面不对位。

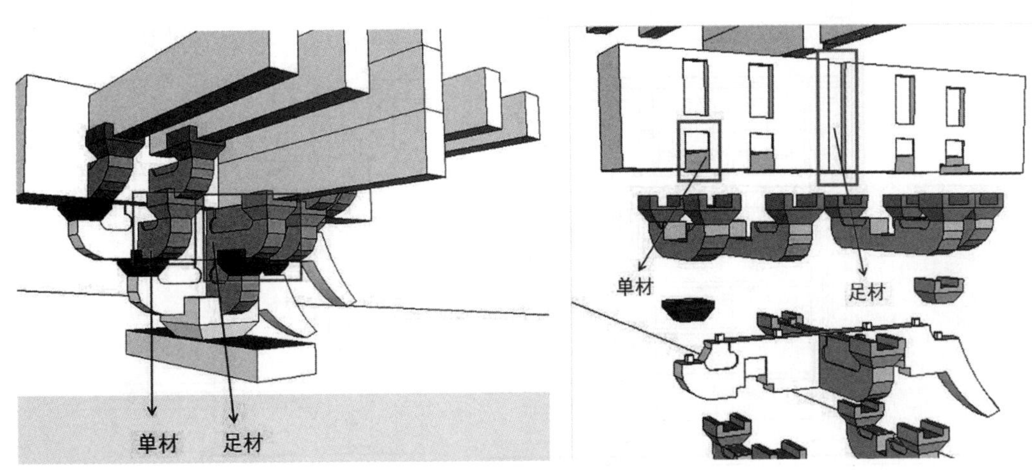

图43 三层外檐斗栱中单材及足材在梁身卯口痕迹对比（图片来源：作者自绘）

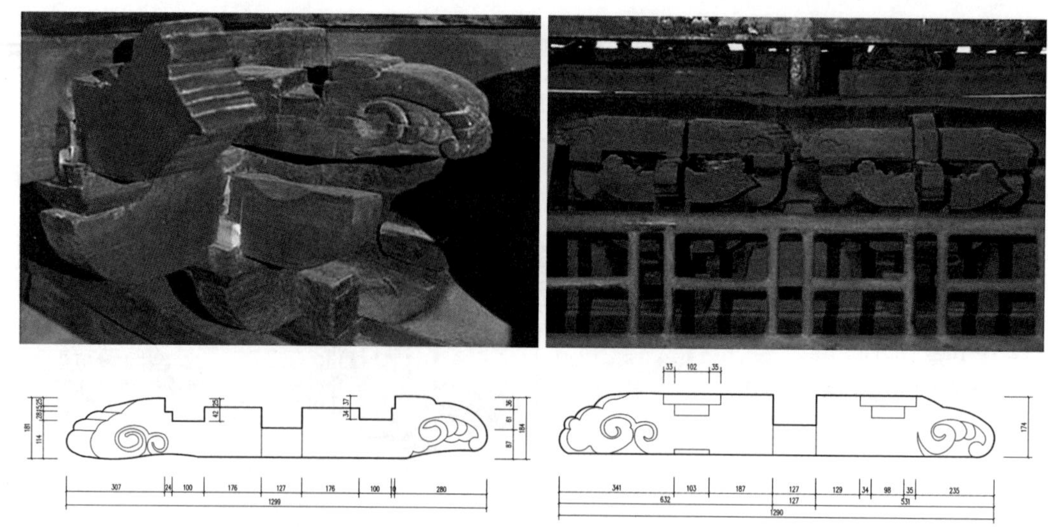

图44 三层内檐斗栱处双卷麻叶云构件（左：北侧；右：南侧）（图片来源：上：作者自摄，下：作者自绘）

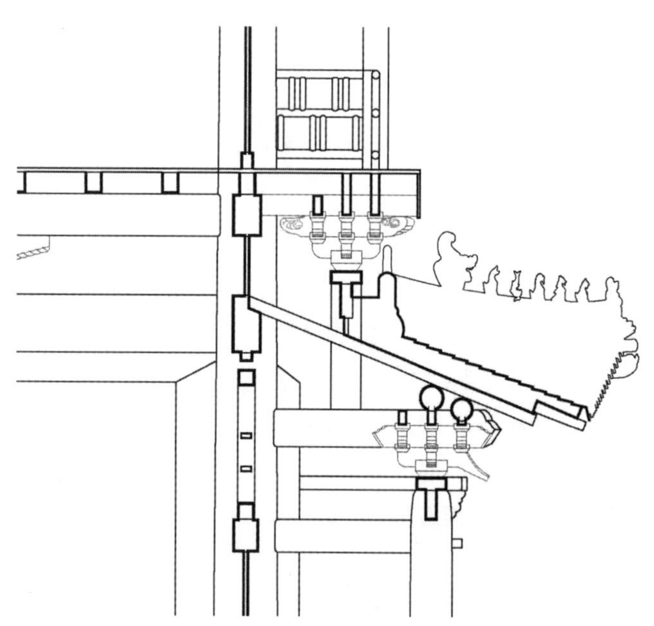

图45 平坐部分剖面结构推测（图片来源：作者自绘）

3. 版门上窗格结构推测

由现状痕迹可知，一层各向明间版门上原本均为露明窗格。由于鲁班龛位于北向窗格正前方，完全遮挡窗格，若鲁班龛本就存在，则北向窗格应与其他各向不同，但现状并非如此，笔者推测鲁班龛应为后期添建。前文中推测因为平坐斗栱的存在，原本的一层外墙顶端更靠下，那么承椽枋应位于外墙顶部，其剖面高度恰好与如今窗格上过梁高度一致，所以窗格正上方的过梁过去应为承椽枋（图46）。

4. 三层内檐斗栱旧貌推测

前文已述，三层内檐斗栱里拽部分异型栱较多，通过对其形式与新旧情况的统计，发现至少可分为三个时期（图47，表6）。

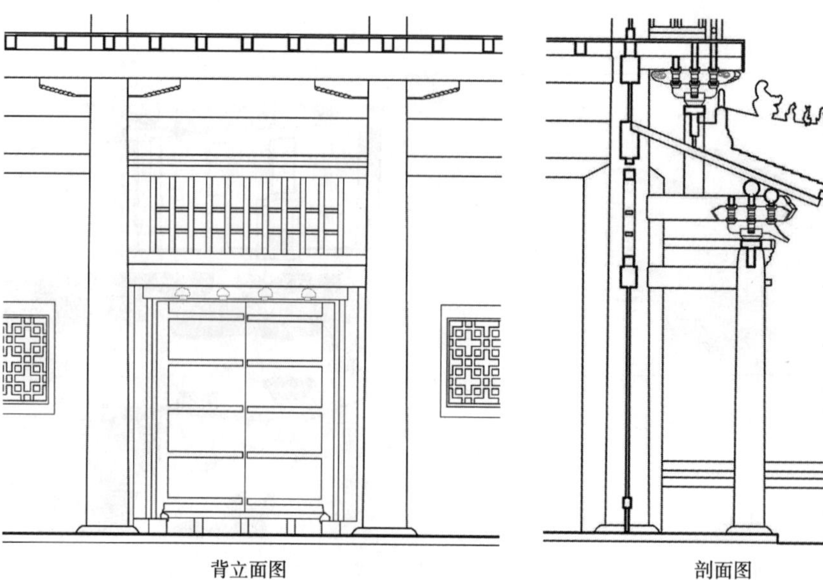

图46 版门上方窗格复原（图片来源：作者自绘）

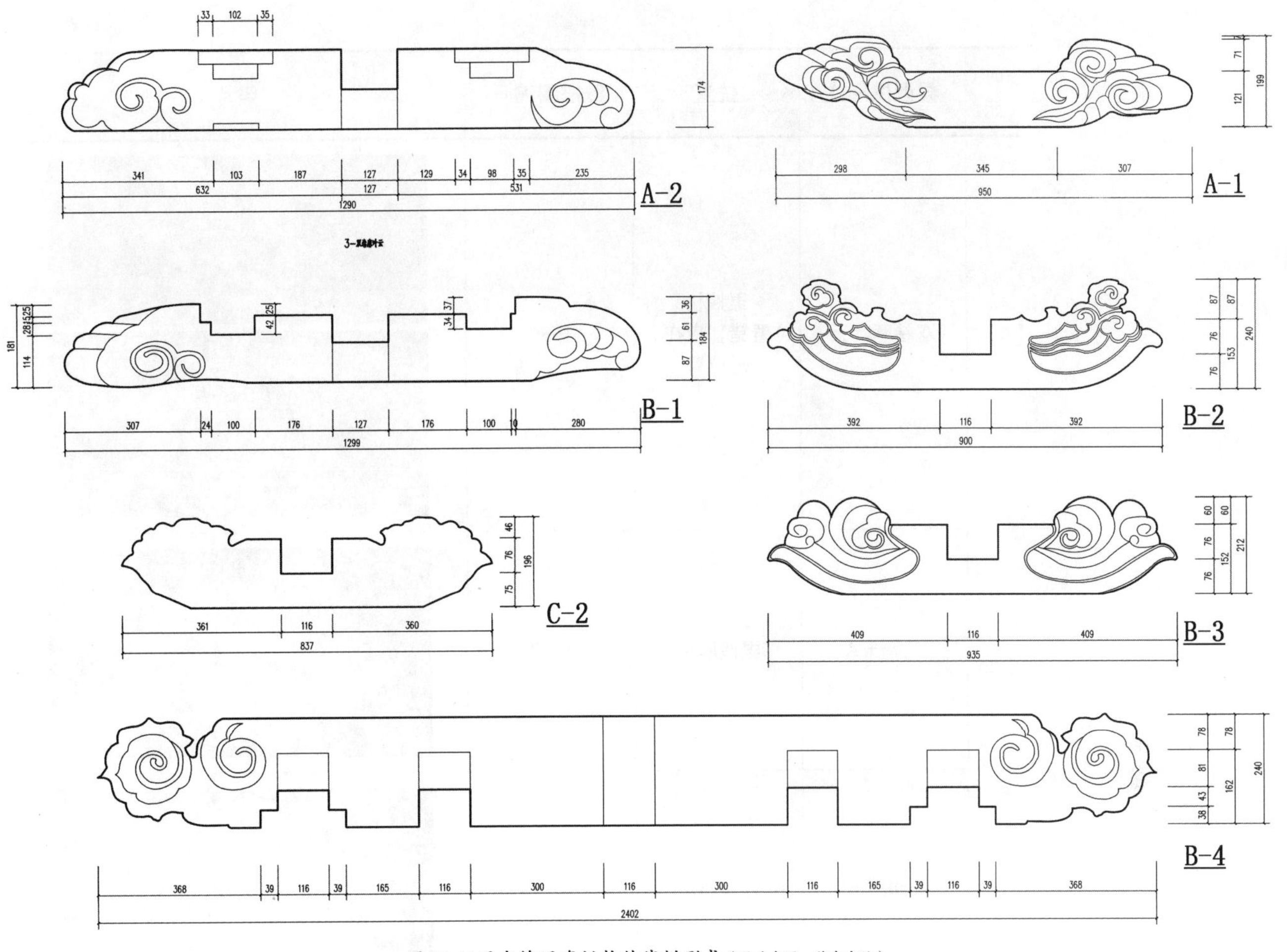

图47 三层内檐现存栱构件线描形式（图片来源：作者自绘）

表6 三层内檐现存栱构件分期（表格来源：作者自制，表格中照片为天津大学建筑学院聊城光岳楼项目组提供）

时期	异型栱形式	位置	线描图编号	照片
最早	三卷麻叶云	里拽厢栱、里拽万栱	A−1	
	双卷麻叶云	里拽万栱 位置错，应在二翘位置	A−2	 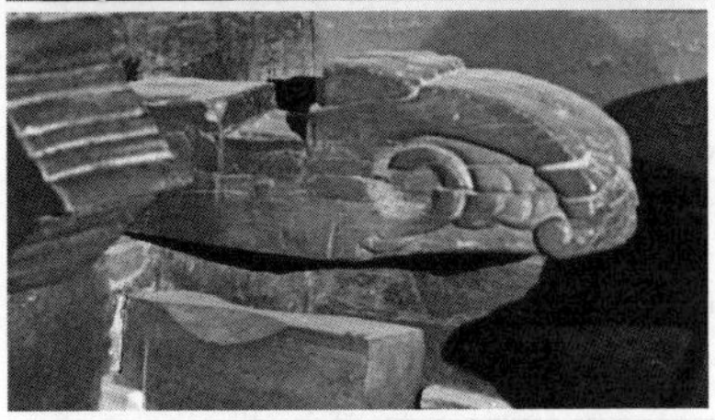

续表

时期	异型栱形式	位置	线描图编号	照片
较早	双卷麻叶云	里拽枋 位置错，应在二翘位置	B-1	
	三幅云A	里拽厢栱	B-2	
	三幅云B	里拽厢栱	B-3	
	双卷云	耍头	B-4	
较新	三幅云A（无隐刻）	里拽厢栱、里拽枋	C-1	
	三幅云B（无隐刻）	里拽厢栱	C-2	
	双卷云（无隐刻）	耍头	C-3	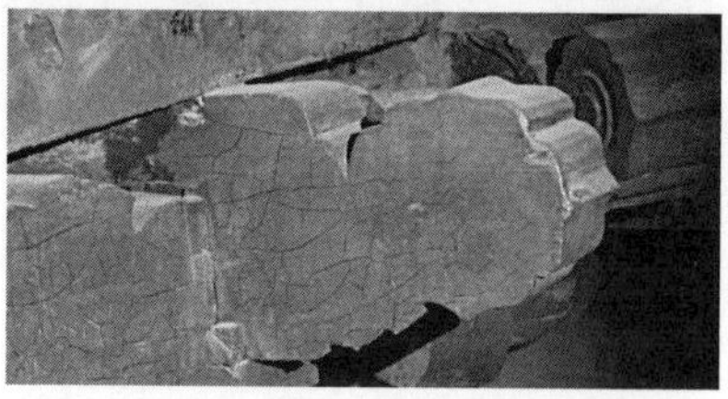

由表6可知，三层内檐斗栱异型栱表面应有花纹隐刻，后期修缮中用表面平整的构件进行替换，如：平身科厢栱处应为表面有隐刻的三幅云构件，这种三幅云形式在明初的西安钟楼、瞿昙寺隆国殿及明中期的曲阜孔庙奎文阁中均有存在，形式上略有差异（图48）；而柱头科应为三卷麻叶云构件。另外，根据碳十四测年结果，三层各辅柱年代均指向清代（图9），因此在洪武初营建时，三层内檐柱头科挑尖梁后尾不入柱身，而只有夔龙尾出头。三层内檐斗栱异型栱原始构造推测见图49。

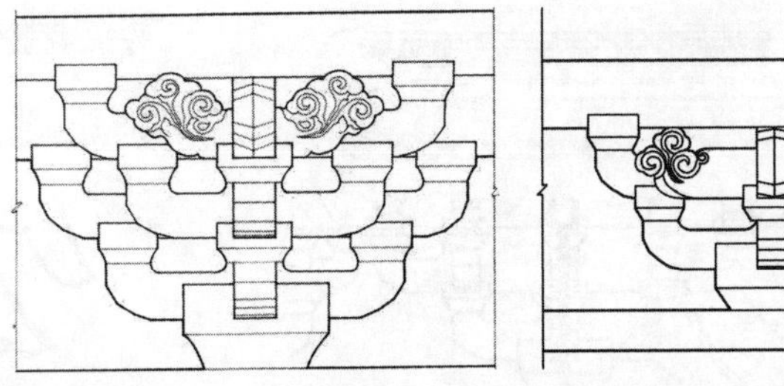

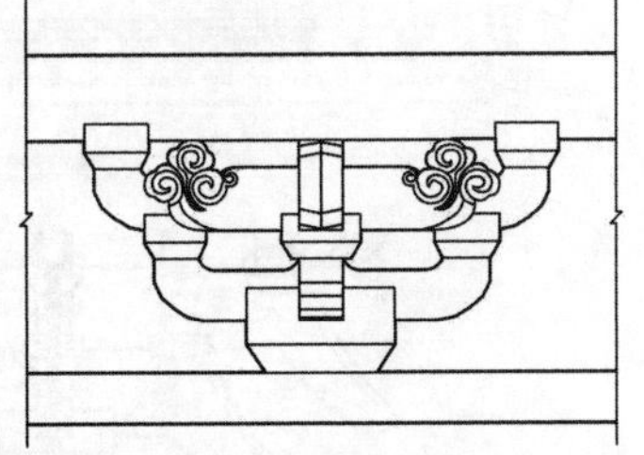

图48 三福云形式（左：瞿昙寺隆国殿；右：曲阜孔庙奎文阁）（图片来源：天津大学建筑学院提供）

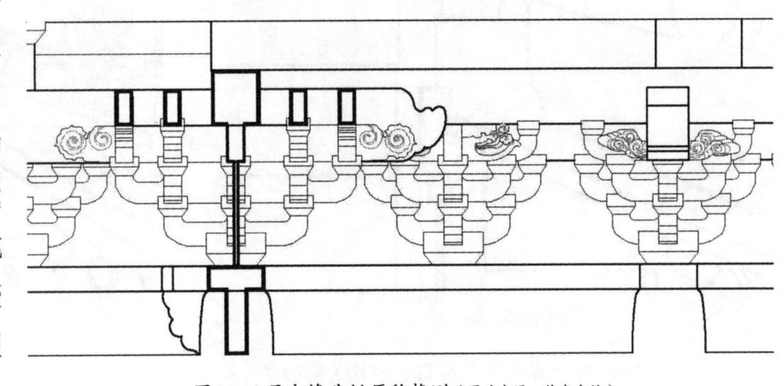

图49 三层内檐斗栱原貌推测（图片来源：作者自绘）

5. 二层围脊旧貌推测

光岳楼管理处的魏聊先生在《光岳楼修复工程技术得失谈》[1]一文中指出，1933年维修时曾将二层檐上端围脊改建为高窗，可见清末时二层承椽枋上为完整的围脊形式。围脊的存在可以起到杠杆作用，有利于平衡二层屋檐的重量，而如今该位置只存围脊的下半部分（图50）。根据三维激光扫描可知（图51），如今光岳楼二层屋檐有明显下沉，承椽枋向外转动，应为缺少完整围脊的平衡所致，由此可以反证围脊存在的设计合理性。参考同时期其他楼阁建筑重檐结构，此处在洪武初营建时应与清末相同（图52）。至于围脊上花纹装饰已不可考，本文在复原推测时暂且参照一层围脊与三层围脊的形式处理。

[1] 文献［13］：53-56.

6. 整体旧貌推测

根据前文对现状痕迹的分析，并参考同期案例，笔者试图绘制洪武初年光岳楼的旧貌推测图，未明确部分以现状为准（图53～图55）。

图50 残存的二层围脊与三层高窗（图片来源：天津大学建筑学院聊城光岳楼项目组提供）

图51 二层承椽枋向外翻转（基于点云形成的表面模型）（图片来源：天津大学建筑学院聊城光岳楼项目组提供）

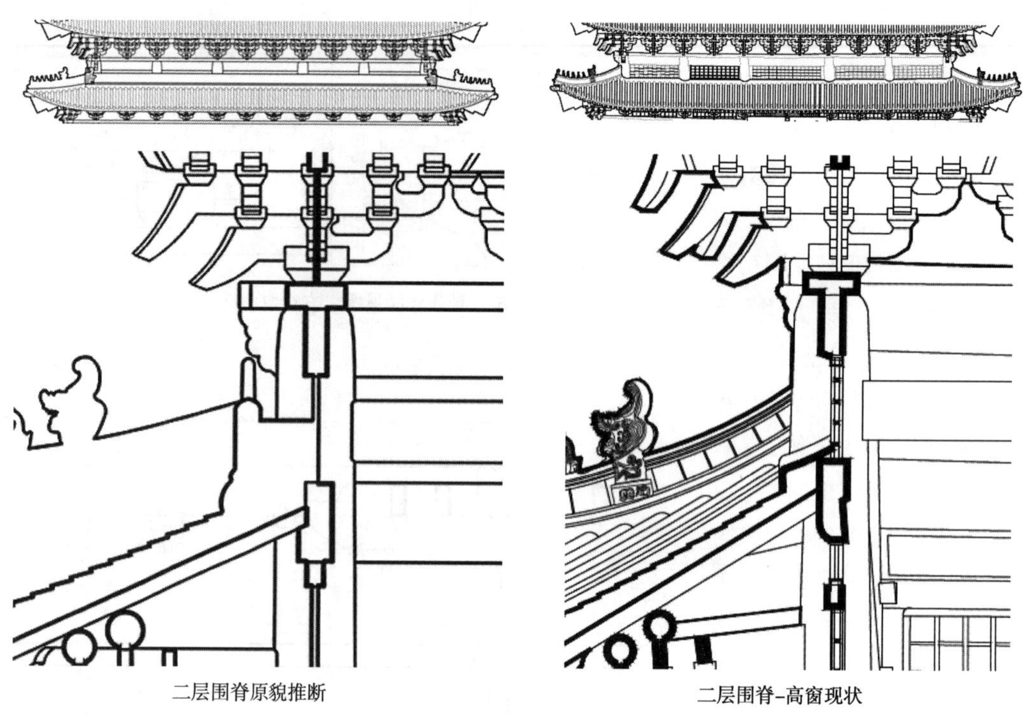

二层围脊原貌推断

二层围脊-高窗现状

图52 围脊原貌推断与现状对比（图片来源：左：作者自绘；右：天津大学建筑学院聊城光岳楼项目组提供）

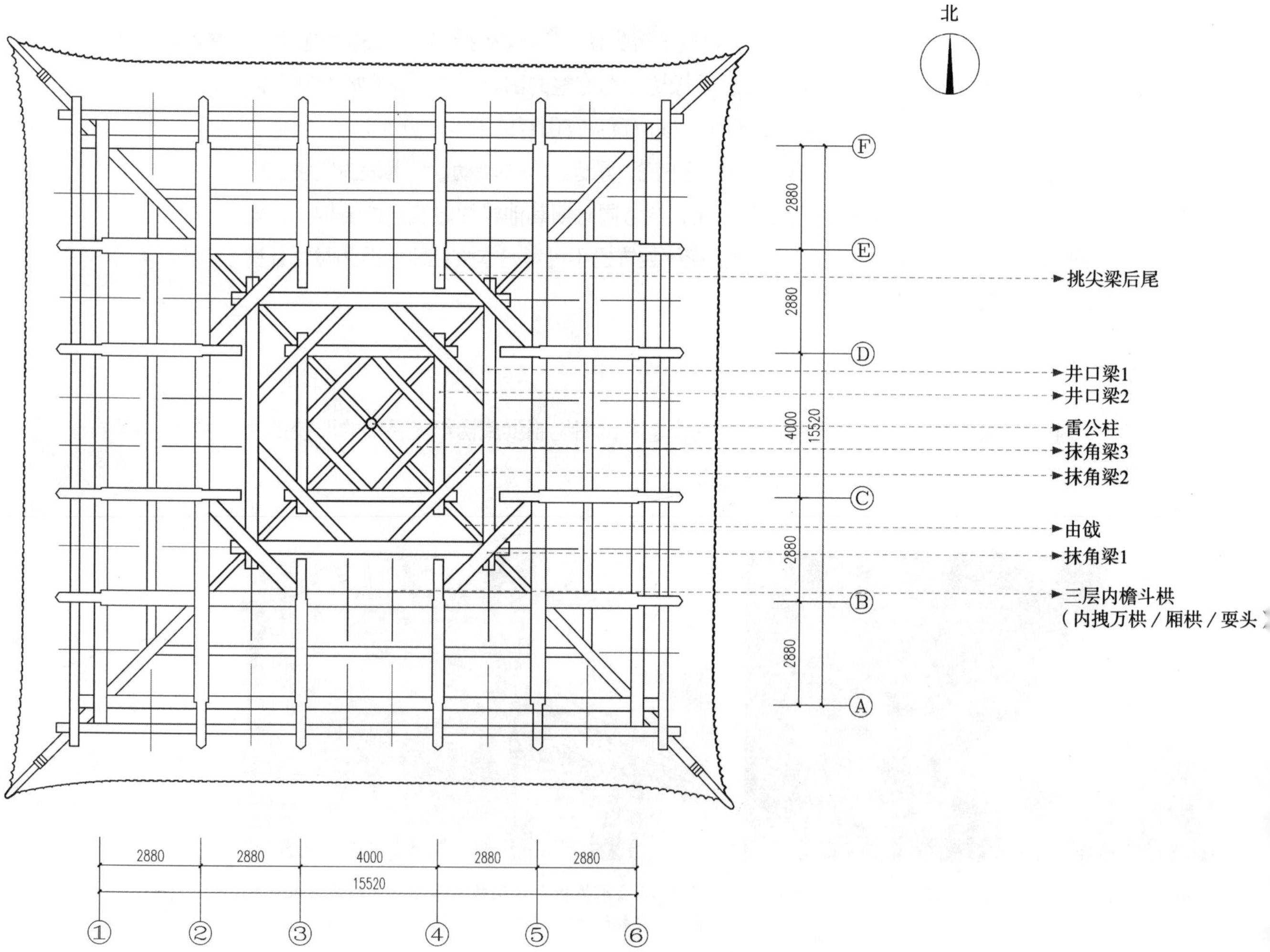

北

F
E
D
C
B
A

2880
2880
4000
15520
2880
2880

挑尖梁后尾
井口梁1
井口梁2
雷公柱
抹角梁3
抹角梁2
由戗
抹角梁1
三层内檐斗栱
（内拽万栱／厢栱／耍头）

2880 2880 4000 2880 2880
15520
① ② ③ ④ ⑤ ⑥

图53 推断——三层梁架仰视结构示意图（图片来源：作者自绘）

宝顶
三层屋面举架
三层屋架（井口梁及抹角梁）
三层内檐斗栱（内拽万栱／厢栱／耍头）挑尖梁后尾
二层围脊
二层廊柱
平坐斗栱／童柱／滴珠板／承椽枋／一层围脊
一层版门上方窗格
金通柱及檐通柱柱础
十字拱券（取消支撑木构件）
F
E
D
C
B
A

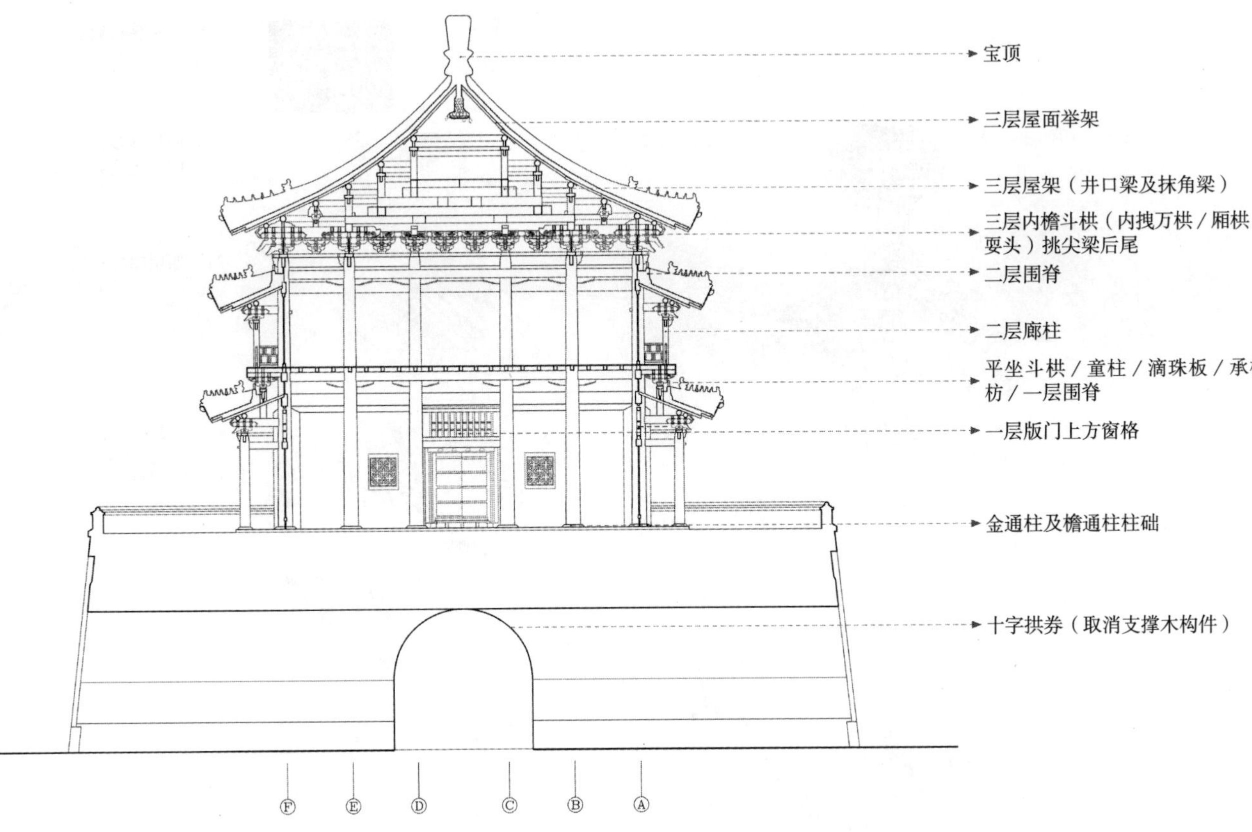

图54 推断——剖面示意图（图片来源：作者自绘）

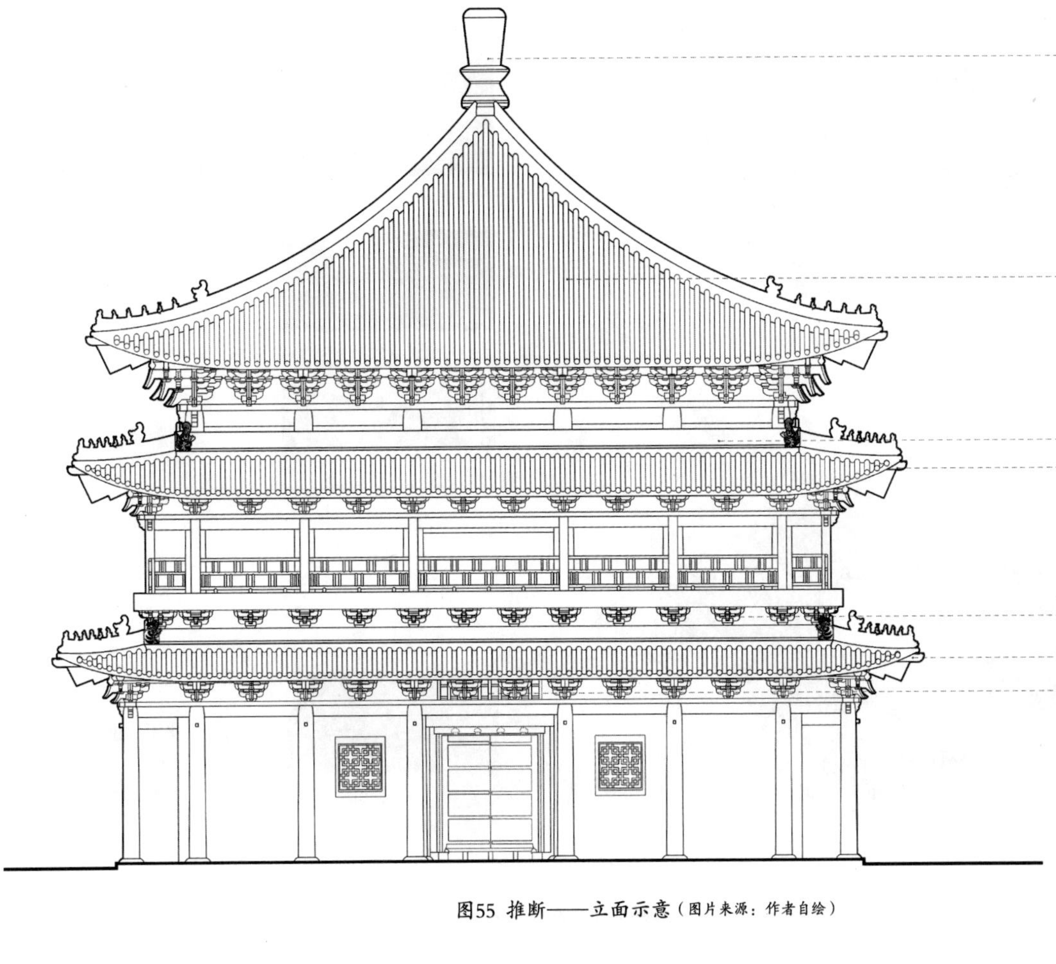

宝顶
三层屋面
二层围脊
二层翼角起翘
平坐斗栱／童柱／滴珠板／承椽枋／一层围脊
一层翼角起翘
一层版门上窗格

图55 推断——立面示意（图片来源：作者自绘）

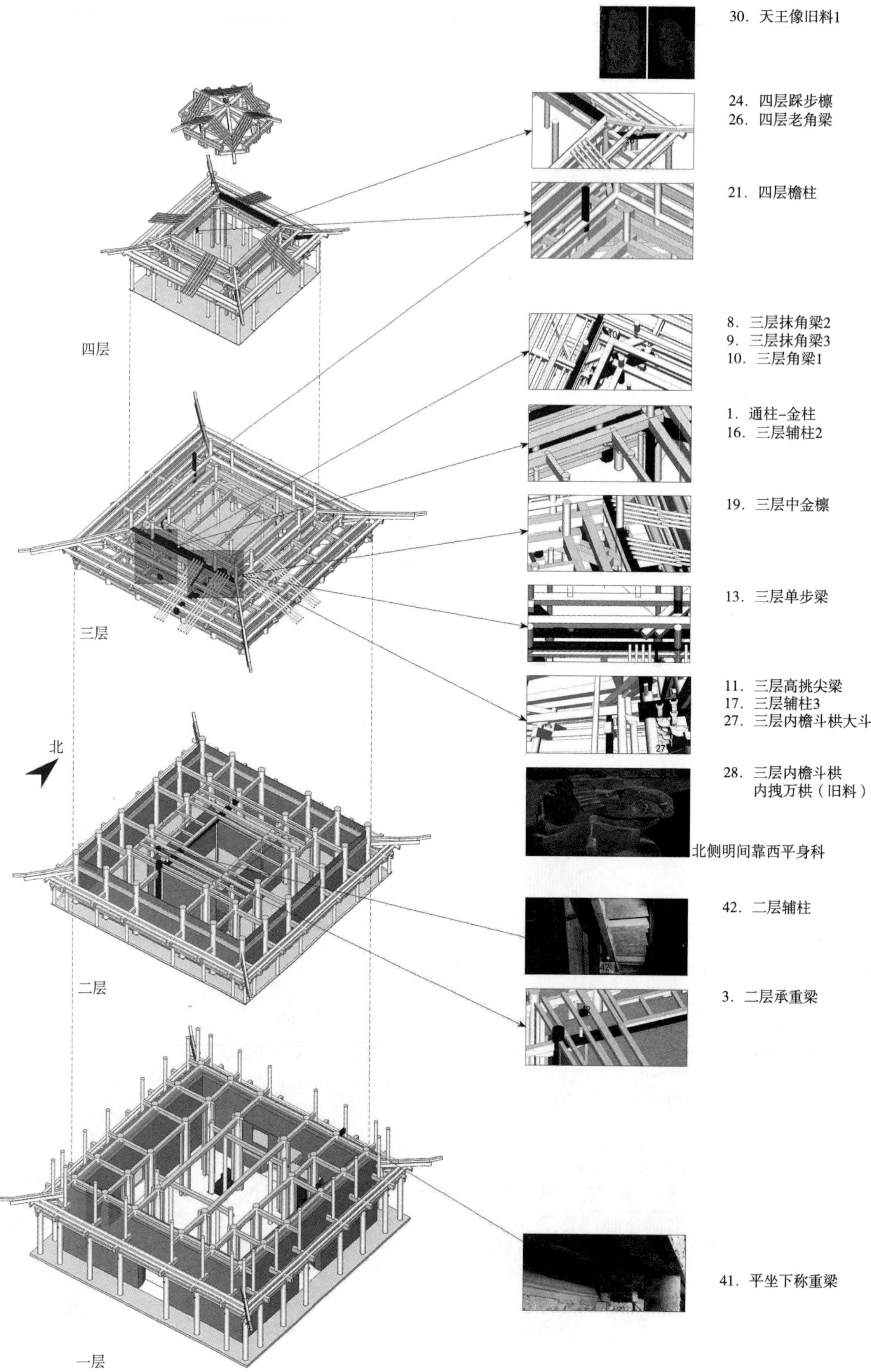

图56 碳十四测年取样构件及取样位置（图片来源：作者自绘）

表7　各构件碳十四测年结果与部分构件树种检测结果（表格来源：作者根据Beta实验室提供的碳十四测年结果整理）

序号	编号	名称	木材类别	常规放射性碳年龄	树轮校正后年代	
					置信度 68.2%	置信度 95.4%
1	27-3F-D-2C	三层内檐斗栱大斗	杨木	670 +/- 30 BP	1280AD（38.6%）1305AD 1364AD（29.6%）1384AD	1274AD（53.1%）1320AD 1350AD（42.3%）1391AD
2	11-3F-L	三层挑尖梁	杨木	650 +/- 30 BP	1360AD（38.6%）1386AD 1288AD（29.6%）1310AD	1343AD（51.9%）1394AD 1280AD（43.5%）1326AD
3	41-1F-L-F5	平坐下承重梁		600 +/- 30 BP	1307AD（55%）1362AD 1386AD（13.2%）1399AD	1296AD（95.4%）1409AD
4	28-3F-G	三层内檐异型栱旧料	杨木	590 +/- 30 BP	1313AD（51.5%）1358AD 1388AD（16.7%）1403AD	1298AD（67.9%）1370AD 1380AD（27.5%）1413AD
5	01-3F-Z-3B	通柱——金柱	杨木	560 +/- 30 BP	1392AD（34.3%）1416AD 1322AD（33.9%）1347AD	1306AD（50.1%）1363AD 1385AD（45.3%）1429AD
6	08-3F-M-3BC	三层抹角梁2	云杉	550 +/- 30 BP	1394AD（43.9%）1420AD 1326AD（24.3%）1344AD	1386AD（54.9%）1434AD 1311AD（40.5%）1359AD
7	03-2F-L-3CD	二层承重梁	杉木	330 +/- 30 BP	1540AD（37.4%）1601AD 1495AD（19%）1530AD 1616AD（11.8%）1634AD	1477AD（95.4%）1642AD
8	42-2F-Z-23BC	二层辅柱		240 +/- 30 BP	1644AD（45.5%）1668AD 1782AD（22.7%）1797AD	1632AD（52.6%）1682AD 1762AD（29.9%）1803AD 1936AD（5.9%）1950AD 1526AD（5.7%）1556AD 1738AD（1.3%）1750AD
9	26-4F-J-45DE	四层老角梁	杨木	220 +/- 30 BP	1647AD（31.3%）1674AD 1778AD（28.5%）1799AD 1942AD（8.4%）1950AD	1736AD（46.2%）1806AD 1642AD（38%）1684AD 1934AD（11.3%）1950AD
10	17-3F-Z-45C	三层辅柱3		210 +/- 30 BP	1765AD（32.8%）1800AD 1652AD（25.1%）1678AD 1940AD（10.2%）1950AD	1734AD（50.5%）1806AD 1646AD（30.9%）1684AD 1930AD（14%）1950AD
11	10-3F-J-23BC	三层角梁1	榆木	190 +/- 30 BP	1762AD（31.5%）1802AD 1664AD（14.1%）1681AD 1937AD（11.4%）1950AD 1738AD（11.2%）1754AD	1726AD（55.1%）1813AD 1648AD（22.7%）1694AD 1918AD（17.7%）19500AD
12	09-3F-M-3BC	三层抹角梁3	杨木	170 +/- 30 BP	1732AD（35.4%）1782AD 1928AD（14.2%）1950AD 1668AD（11.7%）1685AD 1797AD（7%）1808AD	1721AD（51.6%）1818AD 1916AD（17.9%）1950AD 1659AD（17.7%）1699AD 1832AD（8.2%）1880AD
13	21-4F-Z	四层檐柱	杨木	160 +/- 30 BP	1729AD（34.8%）1780AD 1669AD（13.1%）1690AD 1925AD（12.7%）1945AD 1798AD（7.6%）1810AD	1719AD（48.1%）1826AD 1914AD（17.5%）1950AD 1664AD（17%）1706AD 1832AD（12.8%）1884AD
14	19-3F-T-45B	三层中金檩	杨木	130 +/- 30 BP	1832AD（27.2%）1882AD 1682AD（12.6%）1706AD 1914AD（11.5%）1936AD 1719AD（9%）1736AD 1804AD（7.9%）1820AD	1798AD（42.4%）1894AD 1674AD（38%）1778AD 1905AD（14.9%）1942AD

序号	编号	名称	木材类别	常规放射性碳年龄	树轮校正后年代	
					置信度 68.2%	置信度 95.4%
15	16-3F-Z-23BC	三层辅柱2	杨木	130 +/- 30 BP	1832AD（27.2%）1882AD 1682AD（12.6%）1706AD 1914AD（11.5%）1936AD 1719AD（9%）1736AD 1804AD（7.9%）1820AD	1798AD（42.4%）1894AD 1674AD（38%）1778AD 1905AD（14.9%）1942AD
16	13-3F-L-34BC	三层井口梁1	杨木	130 +/- 30 BP	1832AD（27.2%）1882AD 1682AD（12.6%）1706AD 1914AD（11.5%）1936AD 1719AD（9%）1736AD 1804AD（7.9%）1820AD	1798AD（42.4%）1894AD 1674AD（38%）1778AD 1905AD（14.9%）1942AD
17	30-4F-X	天王像旧料1	杨木	110 +/- 30 BP	1812AD（43.7%）1891AD 1692AD（18.8%）1727AD 1908AD（5.7%）1919AD	1802AD（65.5%）1938AD 1680AD（27.1%）1739AD 1745AD（2.8%）1763AD
18	24-4F-L-34D	四层踩步金	椴木	80+/- 30 BP	1877AD（32.6%）1917AD 1696AD（20.9%）1725AD 1814AD（14.7%）1835AD	1810AD（70.5%）1926AD 1690AD（24.9%）1730AD

表8　关于光岳楼始建情况的文献（图片来源：作者根据碑刻、方志等文献整理）

顺序	史料形成时间	史料名称	关键信息	正文
1	明成化二十二年（1486年）	《重修东昌楼记》	有大致时间、无创建者	我朝开国以来，设城垣以为之保障，而城之内又置楼于中，其所以严更漏而窥敌望远，举在是也……百余年来，风雨剥落，行者恻然。
2	明弘治九年（1496年）	《题光岳楼诗序》	有大致时间、无创建者	城中一楼，高壮极目……虽黄鹤、岳阳亦当拜望，乃今百年矣，尚落寞无名称，不亦屈乎？因于天锡评，命之曰“光岳楼”。取其近鲁有光于岱岳也。
3	明嘉靖十二年（1533年）	《山东通志》	无时间、无创建者、陈镛修	卷二十一 宫室 东昌府：光岳楼在府城中，创始莫考。国朝洪武初，指挥陈镛修……国朝开辟以来，置斯楼以为镇所，以严更漏、察災祥，测气候而窥敌望远，举在是也。百余年来，风雨剥落，几于倾颓。 卷二十六 名宦中 洪武初，陈镛为东昌守御指挥佥事，东昌旧系土城，镛始甃以砖石，树楼橹，作潜洞、水门、暗门之类，又作光岳楼，肇建平山卫治，凡军旅备御之事，多所更定。在镇十二年，军民安乐，有古良将风。
4	明万历二十八年（1600年）	《东昌府志》	无时间、无创建者	光岳楼，在府城中，创始莫考，台高数丈，楼四叠而上，盘互玲珑，缥缈云表，雄盛甲于中原。
5	明万历四十二年（1614年）	《北河纪-北河纪余》卷三	无时间、无创建者	光岳楼，在府城中央，创始莫考，台高广数丈，为楼四层，盘互玲珑，矗立云表，雄盛甲于齐鲁。
6	清顺治十八年（1661年）	《东郡光岳楼壁记》	有大致时间、陈镛作	山东通志曾有载之者，则明初陈墉其人也……志曰：洪武初，陈墉为东昌守御指挥佥事，东昌旧系土城，墉始甃以砖石，树楼橹，作潜洞、水门、暗门之类，又作光岳楼，肇建平山卫治、凡军旅备御之事多所更定……则光岳楼之建之洪武初之陈镛也，明矣。

续表

顺序	史料形成时间	史料名称	关键信息	正文
7	清康熙二年（1663年）	《聊城县志》	有大致时间、陈镛作	陈镛洪武初平山□□□□□□□□□□，镛始甃以砖石，□□□作□□□□□□□□□类，肇平山卫治，作光岳楼。□□□□□□□多所更定，在镇十有二年，军民安乐，有古良将风。
8	清康熙十三年（1674年）	《山东通志》	无时间、无创建者、陈镛修	光岳楼在府城中，创始莫考。明洪武初，指挥陈镛修。成化二十年甲辰知府杨能重修。
9	清雍正四年（1726年）	《古今图书集成》之《东昌府古迹考》	无时间、无创建者	光岳楼在府城中，创始莫考。其台高数丈，楼四叠而上，盘亘玲珑，缥缈云表，雄盛甲于天下。
10	清乾隆元年（1736年）	《山东通志》-卷九	无时间、无创建者、陈镛修	东昌府，光岳楼，在东昌府城中，旧名余木楼。易以光岳，取挹三光而齐五岳之意。创始莫考，明洪武初，指挥陈镛修。
11	清乾隆三十六年（1771年）	《钦定南巡盛典》卷八十三	无时间、无创建者	光岳楼在东昌府城中，傑構入云，高下在目。或曰可以远望岱岳，或曰意取三光而齐五岳，其兴建始末无可考据。
12	清乾隆四十二年（1777年）	《东昌府志》	洪武七年、陈镛创建	楼在城中央，洪武七年东昌卫指挥佥事陈镛以修城余木建。
13	清嘉庆十三年（1808年）	《东昌府志》	洪武七年、陈镛创建	楼在城中央，洪武七年东昌卫指挥佥事陈镛以修城余木建，名“余木楼”，以料敌望远，后西平李赞名之曰“光岳”，取其近鲁有光于岱岳也。
14	清道光二十八年（1848年）	《重修东昌光岳楼记》	洪武七年	东昌为古东郡……然无山而有足以为属城之保障者，曰“光岳楼”。楼建于明洪武七年，名“余木楼”，厥后西平李赞改名“光岳”，取其近鲁有光于岱岳也。
15	清宣统二年（1910年）	《聊城县志》	洪武七年、陈镛创建	光岳楼在城中央，明洪武七年东昌卫指挥佥事陈镛以修城余木建，名“余木楼”，以料敌望远，后西平李赞名之曰“光岳楼”，取其近鲁有光于岱岳也。
16	清宣统三年（1911年）	《山东通志》	洪武七年、陈镛创建	光岳楼在县城中，旧名余木楼，明洪武七年指挥佥事陈镛建。
17	民国22年（1933年）	《重修光岳楼记》	洪武七年、陈镛创建	光岳楼在聊城中央，为东昌卫指挥佥事陈墉以修城余木建于洪武七年，因名“余木”。
18	1986年	《重修光岳楼记》	洪武七年	斯楼建于明洪武七年，初名余木楼，后改称光岳楼……

参考文献

[1]（明）陆釴．嘉靖十二年（1533年）**山东通志**．明嘉庆刻本．

[2]（明）王命爵．万历二十八年（1600年）**东昌府志**．明万历二十八年刻本．

[3]（明）谢肇淛．万历四十二年（1614年）**北河纪-北河纪余**．四库全书．

[4]（清）胡德琳．乾隆四十二年（1777年）**东昌府志**．乾隆四十二年刻本．

[5]（清）嵩山．嘉庆十三年（1808年）**东昌府志**．嘉庆十三年刻本．

[6] 明实录6 **明太祖实录** 卷一四六至一八三［M］．

[7]（清）张廷玉．**明史**［M］．北京：中华书局，1974．

[8] 陈从周，路秉杰．山东聊城光岳楼//文物编辑委员会编．**文物资料丛刊2**［M］．北京：文物出版社，1978.12：202-208，256．

[9] 乔迅翔. **聊城光岳楼研究——兼论中国木构楼阁的建筑构成** [D]. 上海：同济大学，2002.
[10] 聊城光岳楼管理处. **光岳楼** [M]. 2003.
[11] 聊城光岳楼管理处. **光岳楼** [M]. 2014.
[12] 聊城光岳楼管理处. **光岳楼** [M]. 北京：中国建材工业出版社，2016.
[13] 魏聊. **光岳楼修复工程技术得失谈** [J]. 古建园林技术，1991（4）：53-56.
[14] 王贵祥. 明代建城运动概说//王贵祥主编. **中国建筑史论汇刊 2008 第1辑** [M]. 北京：清华大学出版社，2009：139-174.
[15] 郭红，于翠艳. **明代都司卫所制度与军管型政区** [J]. 军事历史研究，2004（4）：78-87.
[16] 杭侃. **中原北方地区宋元时期的地方城址** [D]. 北京大学，1998.
[17] 成一农. **中国古代城市的筑城活动与城市外部形态研究** [D]. 北京：中国社会科学院，2005.
[18] 中国科学院自然科学史研究所. **中国古代建筑技术史** [M]. 北京：科学出版社，1985.
[19] 郑万钧主编，中国树木志编辑委员会编. **中国树木志 第1-3卷** [M].北京：中国林业出版社，1985.
[20] 凤凰出版社编撰. **中国地方志集成 山东府县志辑 1-95** [M]. 南京：凤凰出版社，2004.

高平清梦观建筑彩画历史信息解读❶

赵萨日娜
（清华大学建筑学院）

摘要：高平清梦观创建于元初，后经修缮，寺中两座大殿大木结构均为明清遗物，从其内、外檐彩画中可辨别出不同时代的修缮痕迹。在文献资料和传统研究方法所能提供的信息极为有限的情况下，笔者从两殿彩画上采集微量样本，借助文物保护领域中的显微分析手段，结合地方彩画和古代颜料史相关研究成果，对两殿现存彩画的营缮年代、构造做法、材料种类、制作工艺等多方面历史信息进行解读。两殿内檐彩画形制均为山西地方常见的一绿细画；对颜料痕迹层叠关系的分析及碑记记载表明，现存彩画存在2～3个不同时期的绘制痕迹，其材料、工艺体现出与早期官式做法的共性和山西地方特色。

关键词：高平清梦观，彩画，剖面显微分析，颜料分析

❶本文为国家社会科学基金重大项目“《营造法式》研究与注疏”（项目批准号17ZDA185）和清华大学自主课题“《营造法式》与宋辽金建筑案例研究”（项目批准号2017THZWYX05）相关成果。

An Interpretation of Historical Information of the Polychrome Paintings in Qingmeng Taoist Temple in Gaoping County，Shanxi Province

ZHAO Sarina

Abstract: Qingmeng Taoist Temple in Gaoping County was originally built in the early Yuan dynasty and then renovated several times. The main structures of the two halls in the temple are the remains of Ming and Qing dynasties. The polychrome paintings on the two halls still retained the stratified traces of different historical periods. Although the information provided by literature and traditional research methods is limited, this paper gives a wide range of interpretation of the existing historical information, including the repair possess, materials and techniques, of the polychrome paintings on the two halls by scientific identification methods such as cross-section microscopy analysis and polarized light microscopy analysis, combined with related ancient pigment research. The polychrome paintings on the interiors of the two halls are common used in Shanxi. The analysis of the overlapping painted traces and the inscriptions on stone steles show that the polychrome paintings were applied in two or three different periods. Their materials, techniques and processes showed both local characteristics of Shanxi and early official style.

Key words: Qingmeng Taoist Temple in Gaoping County; Polychrome Paintings; Cross-section Analysis; Pigments Identification

清梦观位于山西省高平市铁炉村东，始建于元中统二年（1261年）❷，明万历八年（1580年）重修三清殿❸，万历九年建钟楼一所❹，万历四十年（1612年）重修玉皇殿，清嘉庆二十二年至道光四年间（1817—1824年）重修观宇❺。清梦观现存完整，两进院落，中有三清殿，为面阔、进深各三间的单檐歇山顶建筑，内墙上绘有“老子八十一化”壁画图；后有玉皇殿，为面阔、进深各三间的单檐悬山顶建筑。两座殿宇内檐彩画保存情况较好；受日照、降水及其他因素影响，三清殿外檐彩画均已不存，玉皇殿外檐彩画褪色、开裂、剥落严重，仅余残迹。现场勘查发现，现存彩画在局部存在多个时期叠压的痕迹，反映出不同的纹样、配色与颜料类型。观中留存有碑刻题记若干，将二者结合可对清梦观彩画的营缮历史、材料、工艺等信息进行初步解读。

❷见“创建清梦观记”，碑刻现存于清梦观玉皇殿前廊东侧。

❸见“清梦观重修玉皇殿记”，碑刻现存于清梦观玉皇殿前廊西侧。

❹见“清梦观钟楼题记”，碑刻现存于清梦观钟楼一层北侧墙体中。

❺见“清梦观重修玉皇殿记”。

一 彩画保存现状

图1 三清殿（左）与玉皇殿（右）梁架彩画（图片来源：赵波摄）

三清殿残存的彩画主要分布在内檐斗栱、室内梁架、栱眼壁、山墙象眼等处，象眼彩画为白底墨线所绘故事画，栱眼壁上绘游龙，梁架彩画图案以瑞兽与花草纹为主。玉皇殿的外檐彩画剥落严重，残迹主要分布于前檐斗栱及檩枋之上；内檐彩画痕迹主要保存于斗栱、室内梁架等处，彩画保存较好，纹样以瑞兽、草片花、锦纹等类型为主（图1）。

两座殿宇的彩画风格及形制类似，均以青绿色调为主，局部使用贴金、沥粉等工艺；但二者在纹样上存在明显差异，应非同一时期所绘，或是基于不同时期彩画的重绘。

二 对彩画样品的科学检测

1. 样品采集

为研究清梦观彩画所使用的材料、工艺及其营缮历史，选取现存彩画上的代表性部位进行取样，共采集48个样本用于实验室分析。三清殿样本19个，其中脊部梁架样本7个，四椽栿样本12个（图2）；后殿样本29个，其中四椽栿样本17个（图3），前檐样本12个（表1）。取样位置及样本具体信息如下：

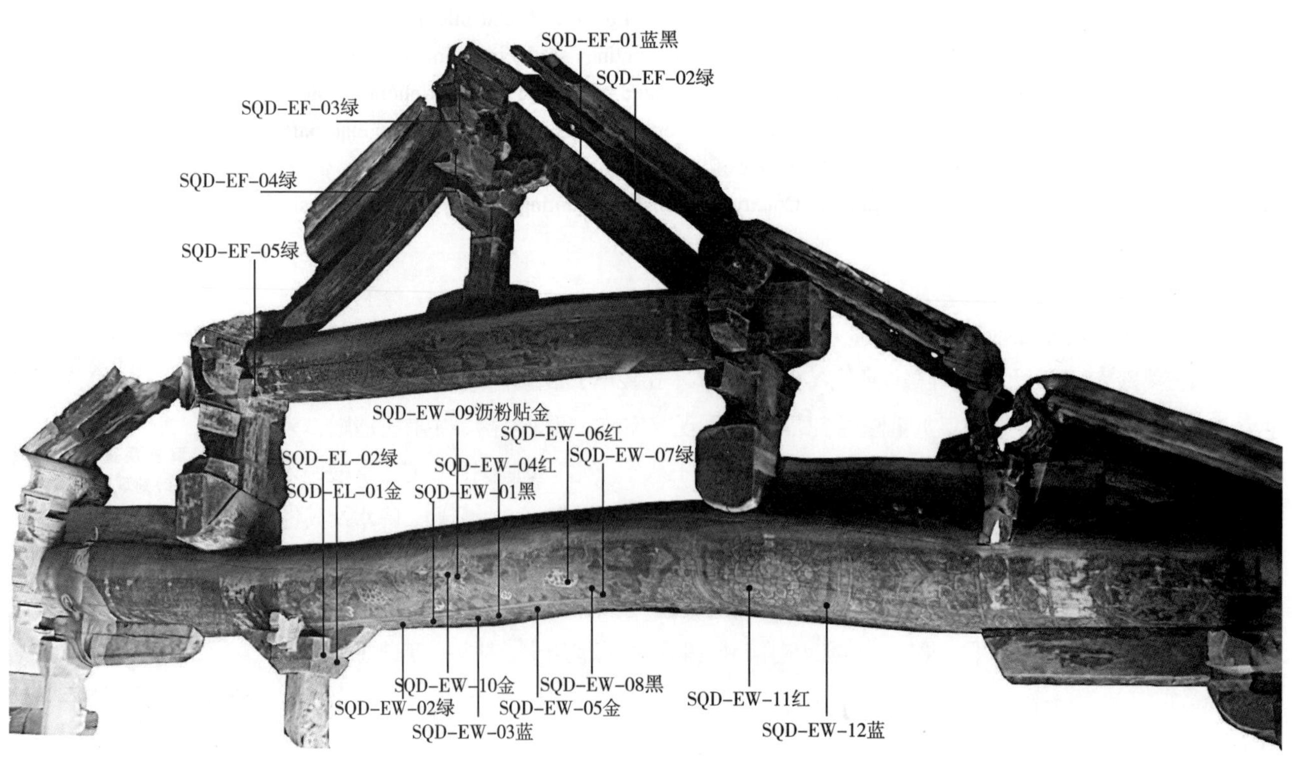

图2 三清殿取样位置记录（图片来源：作者自绘）

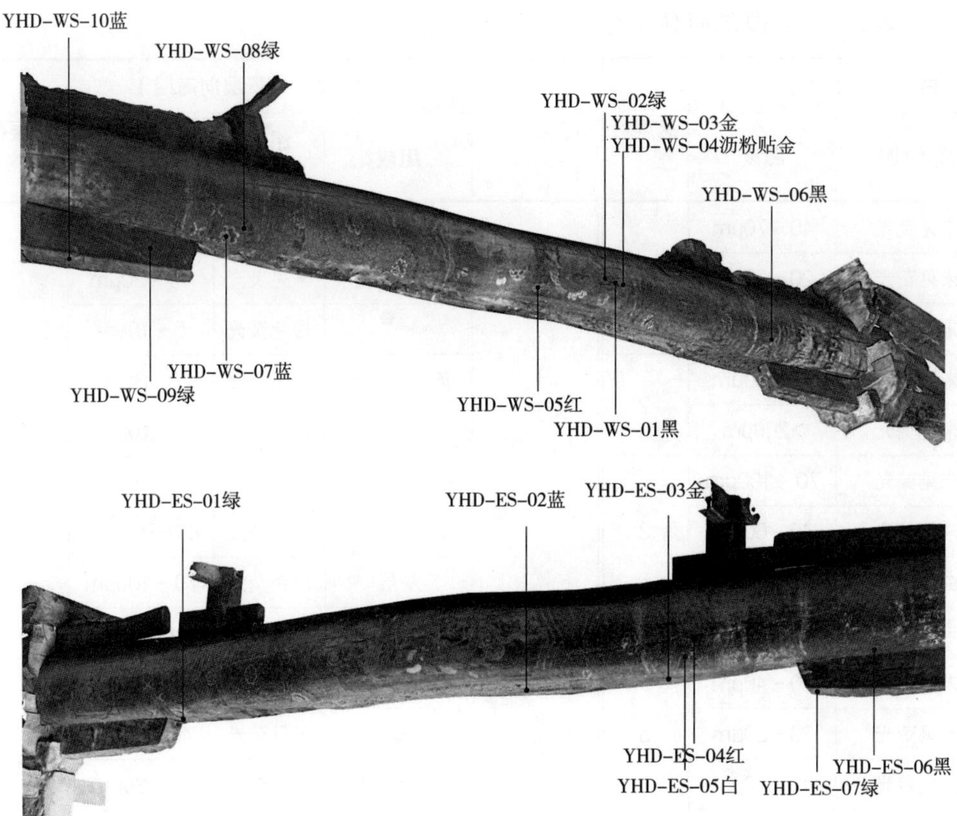

图3 玉皇殿内檐取样位置记录（上：西四椽栿，下：东四椽栿）（图片来源：作者自绘）

表1 玉皇殿外檐取样记录（表格来源：作者自制）

编号	位置	表面色彩	编号	位置	表面色彩
YHD-YE-01	玉皇殿前檐东侧角柱	绿色	YHD-YE-07	玉皇殿前檐东转角铺作散斗	蓝色
YHD-YE-02	玉皇殿前檐东侧角柱	蓝色	YHD-YE-08	玉皇殿前檐东侧檐槫	蓝色
YHD-YE-03	玉皇殿前檐东侧角柱	红色	YHD-YE-09	玉皇殿前檐东侧檐槫	绿色
YHD-YE-04	玉皇殿前檐东转角铺作令栱	黑色、黄色相间	YHD-YE-10	玉皇殿前檐东侧檐槫	蓝色
YHD-YE-05	玉皇殿前檐东转角铺作泥道栱	绿色	YHD-YE-11	玉皇殿前檐东檐柱	绿色
YHD-YE-06	玉皇殿前檐东转角铺作华栱	蓝色	YHD-YE-12	玉皇殿前檐明间阑额	黄色

为探究其绘制层次和颜料种类，对样本进行了剖面显微分析和偏光显微分析。

2. 剖面显微分析

剖面显微分析的基本流程分为制样和观察两部分。通过在显微镜下观察平整的样品剖面，可以得知其所代表部位的彩画的纵向层次，各层材料的厚度、色彩、层叠关系等可以提供关于该区域彩画绘制工艺、绘制顺序等方面的信息。

在小型冰格中注入紫外线固化树脂（Technovit 200LCTM），将样品依次放入不同的方格中包埋，然后将冰格放于紫外光充足的通风处使其充分固化。随后将包埋有样品的小树脂块取出，在砂纸上打磨出观察面，并用抛光布进行抛光。制样完成后，置于Nikon LV100ND反射偏光显微镜下观察并摄影，根据样品大小，照片放大倍数从50倍至200倍不等。观察结果整理如下（表2，表3）。

表2　三清殿剖面显微分析结果（表格来源：作者自制）

样品编号	微观层次（由表层向底层）			总层数
	组成	组成（UV）	厚度	
SQD-EF-01	绿色颜料层	未见荧光	40~70μm	3
	灰蓝色层	未见荧光	20~50μm	
	木基底层	未见荧光	>80μm	
SQD-EF-02	绿色颜料层	未见荧光	20~50μm	2
	木基底层	未见荧光	>200μm	
SQD-EF-03	绿色颜料层	未见荧光	70~100μm	3
	黑色颜料层	未见荧光	40~60μm	
	灰层	白色荧光	>400μm	
SQD-EF-04	尘垢	未见荧光	30~50μm	5
	绿色颜料层	未见荧光	20~40μm	
	浅绿色颜料层	未见荧光	20~50μm	
	黑色颜料层	未见荧光	40~70μm	
	灰层	白色荧光	>200μm	
SQD-EF-05	绿色颜料层	未见荧光	40~60μm	3
	蓝灰色颜料层	未见荧光	20μm	
	灰层	白色荧光	70~100μm	
SQD-EL-01	金	黑色+金色反光	5~15μm	7
	金胶油	未见荧光	30~50μm	
	—	白色荧光	5~10μm	
	黄色颜料层	未见荧光	10~30μm	
	绿色颜料层	未见荧光	20~40μm	
	黑灰色层	未见荧光	15~30μm	
	灰层	白色荧光	>400μm	
SQD-EL-02	绿色颜料层	未见荧光	70~100μm	4
	浅绿色颜料层	未见荧光	10~20μm	
	黑灰色层	未见荧光	10~20μm	
	灰层	白色荧光	>400μm	
SQD-EW-01	黑色颜料层	未见荧光	15~30μm	4
	绿色颜料层	未见荧光	20~30μm	
	灰层	白色荧光	200~250μm	
	木基层	未见荧光	>150μm	

样品编号	微观层次（由表层向底层）			总层数
	组成	组成（UV）	厚度	
SQD-EW-05	金层	未见荧光	5~10μm	9
	胶结层	未见荧光	10~20μm	
	—[1]	白色荧光	5~10μm	
	黄色颜料层	未见荧光	20~35μm	
	黑色层	未见荧光	5~10μm	
	绿色颜料层	未见荧光	20~50μm	
	黑色颜料层	未见荧光	20~50μm	
	灰层	白色荧光	70~100μm	
	灰层	未见荧光	>150μm	
SQD-EW-06	橙红色颜料层	未见荧光	5~20μm	4
	白色颜料层	未见荧光	40~60μm	
	黑色颜料层	未见荧光	20~30μm	
	灰层	白色荧光	>250μm	
SQD-EW-07	绿色颜料层	未见荧光	20~50μm	3
	黑色颜料层	未见荧光	20~40μm	
	灰层	白色荧光	>100μm	
SQD-EW-08	黑色	未见荧光	10~20μm	8
	金层	未见荧光	10~20μm	
	绿色颜料层	未见荧光	50~90μm	
	黑色	未见荧光	5~10μm	
	黄色颜料层	未见荧光	15~25μm	
	灰层	未见荧光	400~500μm	
	黑色	未见荧光	5~10μm	
	灰层	白色荧光	>100μm	
SQD-EW-09	金层	未见荧光	10~15μm	7
	金胶油	未见荧光	10~20μm	
	—	白色荧光	10~15μm	
	黄色颜料层	未见荧光	20~30μm	
	灰层	未见荧光	10~400μm	
	黑色	未见荧光	10~20μm	
	灰层	白色荧光	>100μm	

[1] 该层在可见光下不可辨识，表3中同。

续表

样品编号	微观层次（由表层向底层）			总层数
	组成	组成（UV）	厚度	
SQD-EW-02	绿色颜料层	未见荧光	70~100μm	4
	黑色颜料层	未见荧光	15~30μm	
	灰层	白色荧光	200~250μm	
	木基层	未见荧光	>100μm	
SQD-EW-03	蓝色颜料层	未见荧光	15~30μm	4
	绿色颜料层	未见荧光	5~20μm	
	黑色颜料层	未见荧光	15~50μm	
	灰层	白色荧光	>300μm	
SQD-EW-04	橙红色颜料层	未见荧光	15~30μm	5
	黑色	未见荧光	5~10μm	
	绿色颜料层	未见荧光	15~30μm	
	黑灰色层	未见荧光	10~20μm	
	灰层	白色荧光	>200μm	
SQD-EW-10	金层	显黄色	5~10μm	6
	胶结层	不透明	20~40μm	
	—	白色荧光	5~10μm	
	黄色颜料层	未见荧光	40~60μm	
	蓝黑色颜料层	未见荧光	30~60μm	
	灰层	白色荧光	>100μm	
SQD-EW-11	橙红色颜料层	未见荧光	20~50μm	4
	绿色颜料层	未见荧光	20~50μm	
	黑色颜料层	未见荧光	30~80μm	
	灰层	未见荧光	>300μm	
SQD-EW-12	蓝绿色颜料层	未见荧光	20~40μm	4
	黑色颜料层	未见荧光	20~50μm	
	灰层	白色荧光	200~300μm	
	灰层	未见荧光	>200μm	

表3　玉皇殿剖面显微分析结果（表格来源：作者自制）

样品编号	微观层次（由表层向底层）			总层数
	组成	组成（UV）	厚度	
YHD-ES-01	深绿色颜料层	未见荧光	15~30μm	5
	浅绿色颜料层	未见荧光	10~20μm	
	蓝黑色颜料层	未见荧光	10~20μm	
	灰层	白色荧光	100~200μm	
	木基层	未见荧光	>80μm	
YHD-ES-02	蓝色颜料层	未见荧光	40~70μm	7
	浅蓝色颜料层	未见荧光	10~25μm	
	黑色	未见荧光	5~10μm	
	灰白色	未见荧光	15~25μm	
	黑色	未见荧光	5~10μm	
	灰层	白色荧光	160~200μm	
	木基层	未见荧光	>50μm	
YHD-ES-03	金层	未见荧光	≈5μm	6
	黄色颜料层	未见荧光	15~30μm	
YHD-WS-07	尘垢	未见荧光	5~50μm	6
	颜料层	未见荧光	5~15μm	
	灰白色层	未见荧光	15~30μm	
	黑色层	未见荧光	5~15μm	
	灰层	白色荧光	300~350μm	
	木基层	未见荧光	>100μm	
YHD-WS-08	绿色颜料层	未见荧光	80~100μm	4
	黑色层	未见荧光	5~15μm	
	灰层	白色荧光	300~350μm	
	木基层	未见荧光	>50μm	
YHD-WS-09	绿色颜料层	未见荧光	50~80μm	3
	灰层	未见荧光	80~120μm	
	木基层	未见荧光	>50μm	
YHD-WS-10	样本丢失			

续表

样品编号	微观层次（由表层向底层）			总层数	样品编号	微观层次（由表层向底层）			总层数
	组成	组成（UV）	厚度			组成	组成（UV）	厚度	
YHD-ES-03	绿色颜料层	未见荧光	10～20μm	6	YHD-YE-01	绿色颜料层	未见荧光	10～25μm	6
	蓝色颜料层	未见荧光	10～20μm			灰层	白色荧光	40～80μm	
	灰层	白色荧光	120～160μm			黑色层	未见荧光	5～20μm	
	木基层	未见荧光	＞100μm			绿色颜料层	未见荧光	70～100μm	
YHD-ES-04	橙红色颜料层	未见荧光	5～10μm	4		黑色层	未见荧光	5～20μm	
	蓝黑色颜料层	未见荧光	15～30μm			灰层	未见荧光	＞200μm	
	灰层	白色荧光	130～200μm		YHD-YE-02	蓝色颜料层	未见荧光	25～40μm	5
	木基层	未见荧光	＞200μm			黑色层	未见荧光	60～80μm	
YHD-ES-05	白色颜料层	未见荧光	20～40μm	4		白色颜料层	未见荧光	90～100μm	
	黑色	未见荧光	5～10μm			黑色层	未见荧光	20～50μm	
	灰层	白色荧光	160～250μm			灰层	轻微荧光	＞300μm	
	木基层	未见荧光	＞100μm		YHD-YE-03	浅橙色颜料层	未见荧光	15～30μm	3
YHD-ES-06	深蓝色颜料层	未见荧光	15～30μm	4		深橙色颜料层	白色荧光	20～50μm	
	蓝灰色颜料层	未见荧光	15～30μm			灰层	白色荧光	＞200μm	
	灰层	白色荧光	30～60μm		YHD-YE-04	黑或黄色颜料层	未见荧光	10～20μm	3
	木基层	未见荧光	＞150μm			黑色层	未见荧光	50～80μm	
YHD-ES-07	绿色颜料层	未见荧光	20～50μm	3		灰层	轻微荧光	＞150μm	
	蓝绿色颜料层	未见荧光	10～30μm		YHD-YE-05	绿色颜料层	未见荧光	20～60μm	4
	灰层	白色荧光	＞200μm			浅绿色颜料层	未见荧光	15～40μm	
YHD-WS-01	黑色颜料层	白色荧光	10～20μm	4		黑色层	未见荧光	20～60μm	
	蓝色颜料层	未见荧光	20～30μm			灰层	白色荧光	＞150μm	
	灰层	白色荧光	300～350μm		YHD-YE-06	蓝色颜料层	未见荧光	80～100μm	2
	木基层	未见荧光	＞150μm			灰层	未见荧光	＞200μm	
YHD-WS-02	尘垢	未见荧光	15～30μm	5	YHD-YE-07	蓝色颜料层	未见荧光	20～40μm	4
	绿色颜料层	未见荧光	15～50μm			浅蓝色颜料层	未见荧光	90～120μm	
	黑色颜料层	未见荧光	10～15μm			黑色层	未见荧光	20～50μm	
	深灰色层	未见荧光	10～15μm			灰层	轻微荧光	＞50μm	
	灰层	白色荧光	＞400μm		YHD-YE-08	蓝色颜料层	未见荧光	10～30μm	3
YHD-WS-03	金层	未见荧光	5～10μm	8		灰层	未见荧光	30～50μm	
	金胶油	未见荧光	5～20μm			木基层	未见荧光	＞400μm	
	—	白色荧光	5～10μm		YHD-YE-09	白色层	白色荧光	20～40μm	6
	黄色颜料层	未见荧光	15～50μm			黑色层	未见荧光	30～60μm	
	深蓝色层	未见荧光	10～30μm			灰层	未见荧光	40～60μm	
	浅蓝色层	未见荧光	10～30μm			绿色颜料层	未见荧光	30～60μm	
	灰层	白色荧光	300～350μm			绿色颜料层	未见荧光	40～60μm	
	木基层	未见荧光	＞50μm			木基层	未见荧光	180～200μm	

续表

样品编号	微观层次（由表层向底层）			总层数
	组成	组成（UV）	厚度	
YHD-WS-04	金层	未见荧光	5~20μm	8
	金胶油	未见荧光	15~50μm	
	黄色颜料层	未见荧光	15~40μm	
	灰层	未见荧光	150~200μm	
	黄色颜料层	未见荧光	10~15μm	
	黑色颜料层	未见荧光	10~25μm	
	深灰色层	未见荧光	15~50μm	
	灰层	白色荧光	＞300μm	
YHD-WS-05	红色颜料层	未见荧光	5~10μm	7
	浅粉色颜料层	未见荧光	50~70μm	
	灰层	未见荧光	30~400μm	
	灰白色层	未见荧光	15~25μm	
	黑色颜料层	未见荧光	10~25μm	
	深灰色层	未见荧光	15~25μm	
	灰层	白色荧光	＞200μm	
YHD-WS-06	黑色颜料层	未见荧光	10~20μm	4
	蓝色颜料层	疑似轻微荧光	25~40μm	
	灰层	白色荧光	350~400μm	
	木基层	未见荧光	＞20μm	
YHD-YE-10	蓝色颜料层	未见荧光	10~20μm	6
	浅蓝色颜料层	未见荧光	20~50μm	
	黑色层	未见荧光	40~70μm	
	橙红色颜料层	未见荧光	50~70μm	
	黑色层	未见荧光	20~40μm	
	灰白色	轻微荧光	＞50μm	
YHD-YE-11	绿色颜料层	未见荧光	20~30μm	8
	黑色层	未见荧光	30~60μm	
	灰层	未见荧光	20~120μm	
	绿色颜料层	未见荧光	20~60μm	
	黑色层	未见荧光	30~60μm	
	灰层	未见荧光	40~60μm	
	绿色颜料层	未见荧光	20~60μm	
	黑色层	未见荧光	＞50μm	
YHD-YE-12	尘垢	白色荧光	10~20μm	5
	黄色颜料层	未见荧光	40~80μm	
	黑色层	未见荧光	30~100μm	
	橙红色颜料层	未见荧光	20~50μm	
	灰层	未见荧光	＞100μm	

3. 偏光显微分析

偏光显微法是通过观察颜料晶体的颜色、形状、大小、表面形态、折射率和双折射率等性质，对比已知颜料的标准样来判别颜料种类的方法。

选取部分样本进行偏光分析。取少量颜料样本在载玻片上研磨均匀并置于加热台上，加热至80~90摄氏度；蘸取MeltmountTM树脂滴在盖玻片上，再将其轻轻放在载玻片上，使树脂渗满整个盖玻片，其间可用棉签轻轻按压，以防产生气泡；带其冷却后，在偏光显微镜（Nikon LV100ND）下观察，选取若干典型样本，其观察结果整理见表4。

表4　颜料分析结果（表格来源：作者自制）

样本名	颜色	颜料种类
SQD-EL-01	黄	铁黄
	绿	碱式氯化铜[1]
SQD-EW-03	蓝	石青
	绿	碱式氯化铜+羟氯铜矿

[1] 碱式氯化铜颜料在自然界中以氯铜矿及其同分异构体形式存在，但十分稀有。

续表

样本名	颜色	颜料种类
SQD-EW-04	红	铅丹
	黑	炭黑
	绿	碱式氯化铜
SQD-EW-06	红	朱砂
	白	铅白
YHD-ES-02	蓝	石青
YHD-ES-05	白	铅白+碱式氯化铜
YHD-WS-05	红	朱砂
	粉	红色颜料[1]+铅白
YHD-YE-02	蓝	群青+smalt
	黑	碳黑
	绿	碱式氯化铜+铅白
YHD-YE-03	橙	朱砂+铅丹
	红	

[1] 标准颜料库中暂未发现与该颜料的偏光显微特征相同的物质。

三　对彩画的综合分析

1. 彩画纹样

清梦观的外檐彩画多已脱落，但内檐彩画保存较为完好，尤其是梁架之上的彩画仍保留了完整的纹样。三清殿与玉皇殿的彩画纹样都属于山西地方彩画中特有的“一绿细画草片花”，该纹样以草片花和弧线轮廓为显著特征，其梁、枋之上的图案构成多分为檩条、花棒槌、莲瓣、池子四部分，基本相当于旋子彩画中的箍头、旋花、单路瓣和方心。张昕在其论文《山西风土建筑彩画研究》中总结一绿细画的色彩简洁，多用绿色，莲瓣偶尔跳色为蓝色或灰色，个别廊道或内檐中遍刷土红，此外不用其他色彩，亦不使用沥粉贴金做法[2]。清梦观的彩画则与这一规律不同，使用了更丰富的色彩，并采用了沥粉贴金的工艺。张昕的论文研究立足于晋北、晋中地区，清梦观地处晋东南，二者间的差异有可能反映了不同地域的匠作差异。

[2] 文献［1］：77-78，83-84。

三清殿中彩画以四椽栿最为复杂，池子心中绘两条弓把龙，均以沥粉贴金绘制轮廓，并在龙身上满做贴金处理；花棒槌共有五路瓣，花心绘作如意头；两端檩条间均设盒子，盒子心以黑色为底，上绘一瑞兽，轮廓沥粉，表面贴金；栿底面纹样简洁，遍绘锦纹。平梁纹样与之类似，但不设盒子。檩与阑额上仍区分檩条、花棒槌、莲瓣、池子四部分，但池子中绘草片花。内柱栌斗绘草片花与锦纹。以上各部分纹样复杂，配色上除使用绿色、蓝色、灰色等一绿细画中常见色彩外，还使用了红色、橙色等鲜艳色彩，并在局部使用贴金工艺。其余构件如丁栿、素枋、替木、叉手等仅绘单色草片花或卷草，图案简洁。

玉皇殿内檐彩画与三清殿类似，同样以四椽栿最为复杂。其池子心中仅绘一条弓把龙，用沥粉及贴金工艺；花棒槌路数较三清殿多两路，但图案远不及其精美；两端檩条间距离更长，以锦纹为背景，盒子正中红底之上绘一贴金瑞兽；檩底部仅有一列锦纹。平梁组成部分与之一致，但池子心绘一凤凰；盒子宽度缩短，内为出剑图案；底部绘花草。替木满绘卷草纹，其余构件如阑额、檩、叉手等部分彩画剥落、褪色严重，但依稀可辨其纹样仍分为四部分，且池子心做草片花。配色上仍以绿色为主，黑色、红色和贴金也占据了较大面积。

玉皇殿外檐彩画仍有少量残存，在风格、配色、纹样设计上与内檐彩画差异明显。石柱柱身红色，仅柱头用青绿配色；阑额及普拍枋俱以黄色为底，其上绘制纹样，局部用蓝色填色。外檐斗栱上有明显的红、黄等暖色残存，泥道栱遍刷红色，令栱则刷为黄色。挑檐檩颜色脱落严重，无法辨认其主色，但残存部分红、蓝、绿、白诸色皆有，纹样也与内檐彩画全然不同，或属于一绿细画廊道遍刷土红的延伸做法。

2. 营缮历史

剖面显微照片可以清楚地揭示彩画逐层绘制的痕迹，由分析结果可以看出，三清殿的样本剖面普遍有3~6层物质的叠压，个别样本多达9层；玉皇殿的样本剖面与三清殿类似，但层数多达7~8层的样本数量明显增多。值得注意的是，每一样本并不能完全代表其所在位置的绘制情况，因为在取样时有可能出现表层颜料脱落、只取到下层颜料，或取样深度不足、只取到上层颜料的情况；制样过程中，同样有可能因操作造成表面或底面信息缺失，因此需要结合取样照片和现场观察，将各个样本的剖面显微照片进行对比分析。

在对比分析时，判断不同样本的某一彩绘层是否为同一时期绘制的依据主要有颜料种类和特征、涂层厚度和各层之间的叠压关系。不同样本中材料、工艺相同，厚度相似的彩绘层很可能是同一次绘制。但值得注意的是，历次修缮中可能对木构件进行了替换，因此不能默认所有的木基层都是同一时期的。

就地仗做法及其与木基层关系而言，采集的清梦观彩画样本中发现了三种基底处理方法。第一种，地仗部分分层明显，木基层呈木材本色，细胞中未见杂质渗入；灰层在可见光下呈浅棕色，在紫外光下有白色荧光反应，厚度分两种，分别在150μm和350μm左右；灰层之上另有一层厚度20~40μm的黑灰色层，在紫外光下呈黑色，无荧光，应当是绘制纹样前涂刷的地色；这一做法在样本中最为常见，典型案例如YHD-ES-01、YHD-WS-02等。第二种，灰层在可见光下呈浅棕红色，紫外光下呈黑色，无荧光，厚度超过200μm；这一做法使用较少，见于SQD-EW-05、YHD-YE-06等样本中，但此类样本中均未取到木基层，暂不明确灰层与木基层间的交接关系；第三种，未使用灰层做地仗，颜料直接涂刷于木基层之上，仅见于SQD-EF-01、SQD-EF-02、YHD-WS-10、YHD-YE-08四个样本中；这一做法代表了另一种基底处理方法，还是仅仅由于施工误差造成，尚待商榷。

上述不同的地仗做法很可能对应着不同时期的处理，灰层之间的叠压关系或许能反映出修缮次序的信息。在样本SQD-EW-05（图4）、SQD-EW-12中出现了两种灰层，较底层的灰层在紫外光下无荧光，较顶层的灰层则有白色荧光反应，由此推测，上述第一种处理方法可能是某次修缮重绘中采用的做法，这次重绘中应当对之前残留的彩画进行了清除，局部区域因清理不

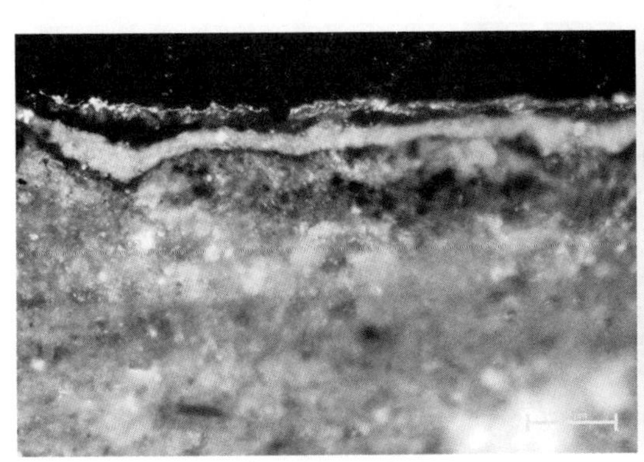

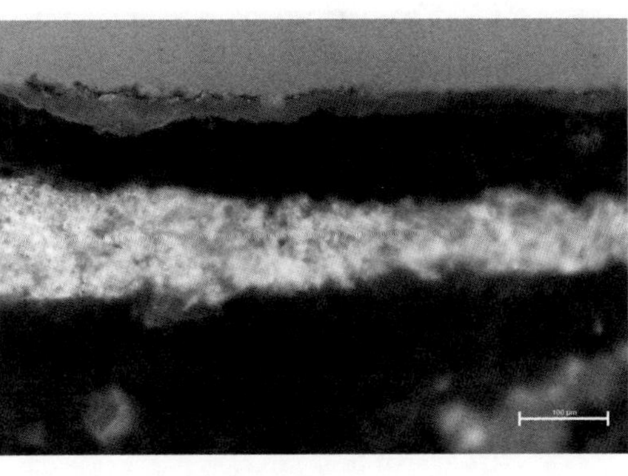

图4　SQD-EW-05样本剖面（左：可见光，右：紫外光）（图片来源：作者自摄）

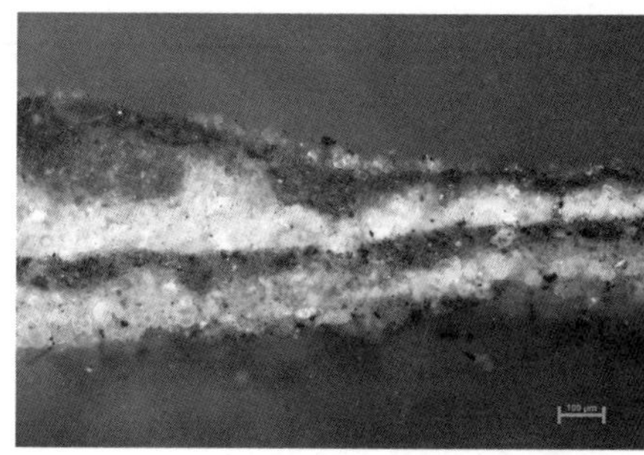
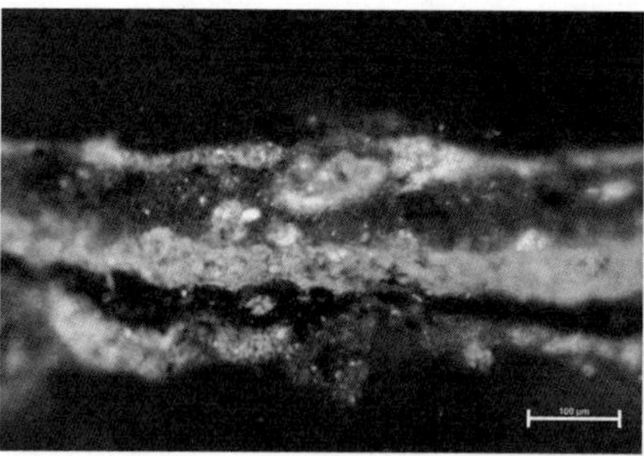
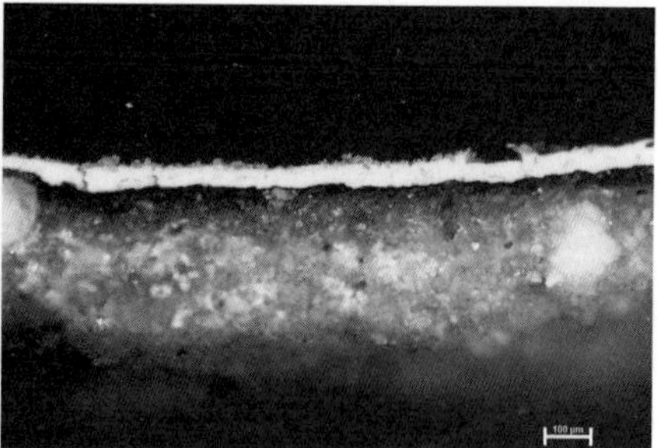

图5 多次修缮的样本剖面（左：YHD-YE-11；中：YHD-YE-10；右：SQD-EW-06）（图片来源：作者自摄）

彻底而有少量地仗残留，但两种灰层之间并未发现颜料遗存。值得注意的是，SQD-EW-09样本中出现了相反的情况，底层灰层在紫外光下有荧光，而上层灰层无荧光；但底层灰层是作为彩画的基底，上层的灰层则是沥粉。由此说明，在重绘时期，两种灰层的制作工艺都仍然存在，但早期做法已不用于在木材上满铺，而仅在沥粉等局部使用。

YHD-YE-11中有三个绿色颜料层，相互间隔着80～100μm的灰层和地色；在YHD-YE-01、YHD-YE-09两个样本中可以看到有两个绿色颜料层，并间隔有50μm左右的灰层；YHD-YE-02、YHD-YE-10、YHD-YE-12灰层所隔的上下两层颜料则使用不同颜色，说明玉皇殿外檐曾经历至少一至二次修缮，某次修缮中还曾对纹样进行了改绘。从剖面上看，几次所用的当是同一种绿色颜料，但最后一次修缮中所用颜料的颗粒明显小于前次。在SQD-EW-06中可以看到有两层红色颜料，底层红色颜料之上依次是上述第一种灰层、地色、衬色和上层红色颜料，由此可以推断三清殿彩画也曾经历过修缮，并可以佐证上述第一种地仗做法确实是修缮时所采用的方法。要分析其具体绘制年代，则需结合碑记中记载的年代信息。

3. 颜料种类

清梦观彩画中出现的色彩及颜料种类均较为丰富。通过剖面观察判断，各样本中所用的绿色当为同种颜料，只是不同时期彩画对应颜料颗粒大小不同。选取层数较多的样本YHD-YE-11对三层绿色颜料分别做偏光显微分析，检测结果为三层绿色颜料均为碱式氯化铜颜料。碱式氯化铜早在公元3世纪便已在壁画中使用，色相较浅。至迟在五代宋元时期，人工制备碱式氯化铜的技术已相当发达，而YHD-YE-11表层绿色颜料中发现了个别石青颜料颗粒（图6），不排除其来源于天然铜矿的可能。

三清殿、玉皇殿内檐蓝色颜料均为石青，而玉皇殿外檐样本YHD-YE-02、YHD-YE-08的蓝色颜料经检测为人造群青与Smalt的混合物。Smalt在清代文献中被称为“洋青”，在雍正、乾隆及以后各代的则例中都有记载，用量虽小但使用广泛。人造群青的化学成分与天然青金石一致，1824年，一位法国颜料商和一位德国化学家几乎同时提出了两种不同的人造群青合成方法，

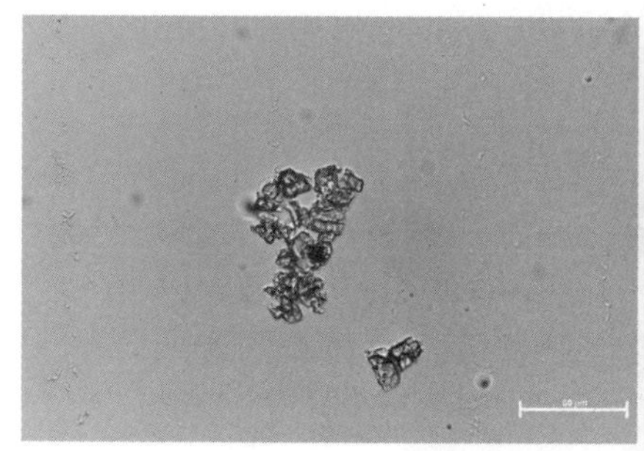
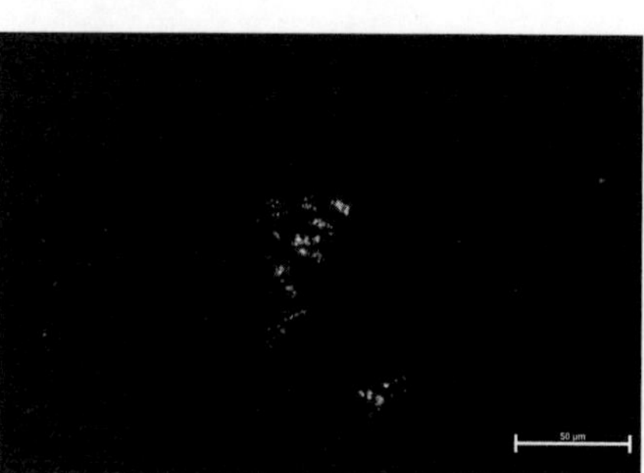
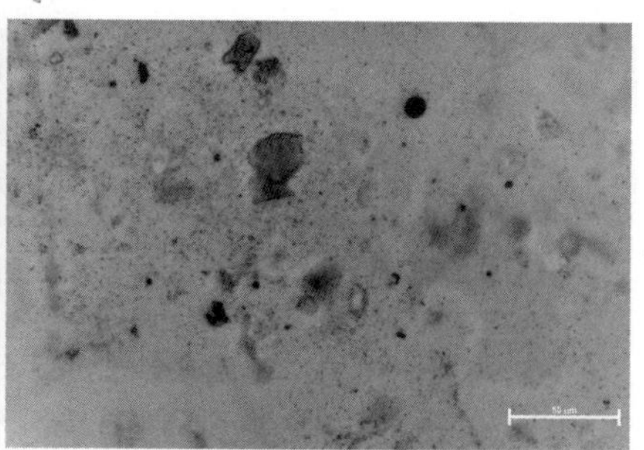

图6 清梦观彩画样本中的碱式氯化铜颜料（左：YHD-ES-05单偏光；中：YHD-ES-05正交偏光；右：YHD-YE-11中混杂石青颗粒）（图片来源：作者拍摄）

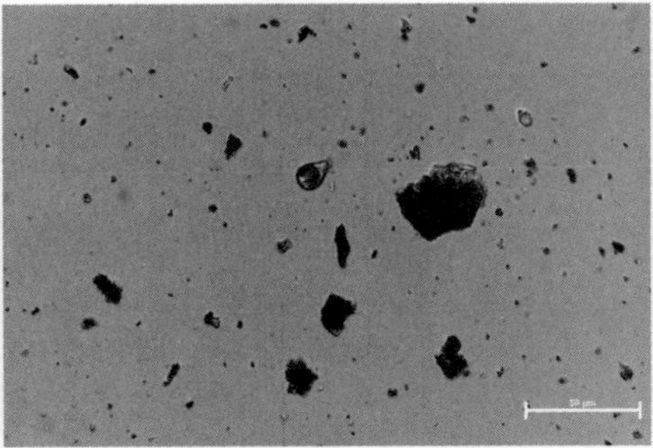
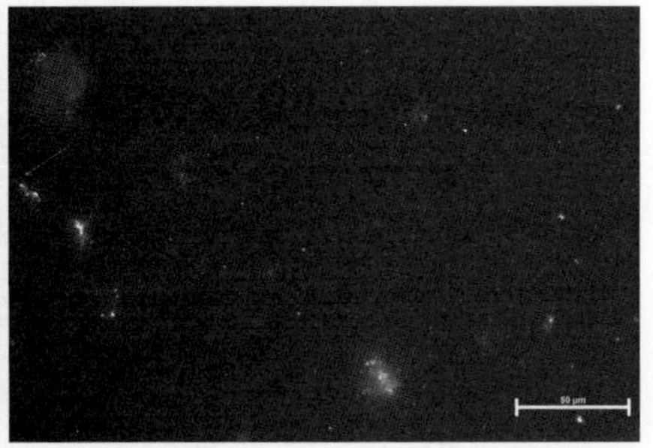

图7 样本SQD-EW-04中的红色颜料（左：取样位置；中：单偏光；右：正交偏光）（图片来源：作者自摄）

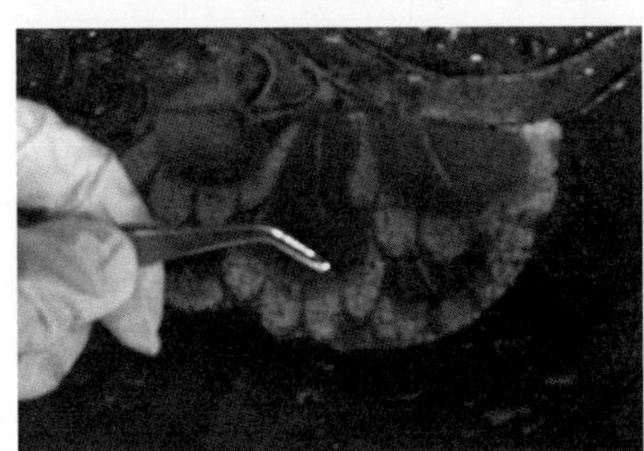
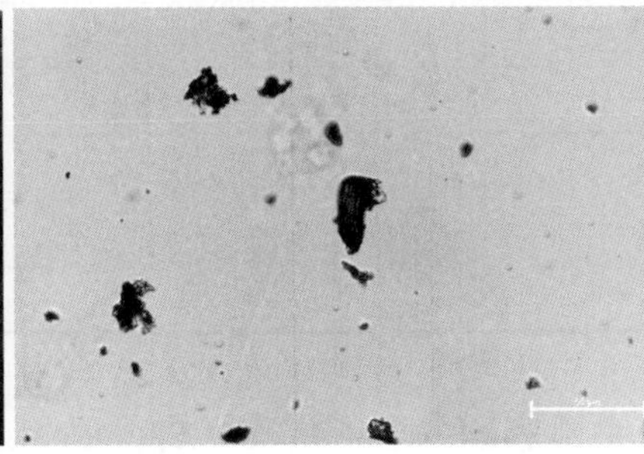
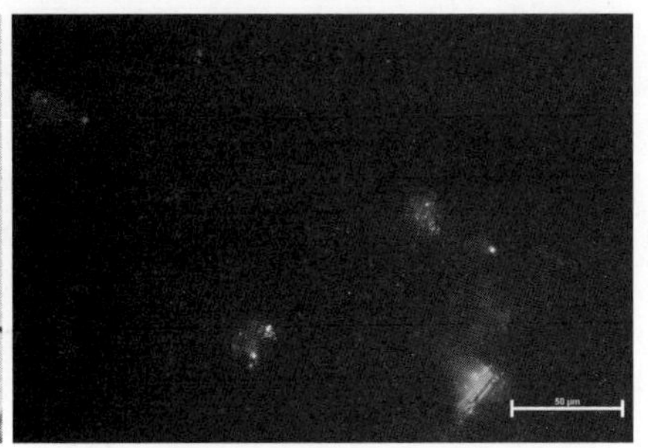

图8 样本SQD-EW-06中的红色颜料（左：取样位置；中：单偏光；右：正交偏光）（图片来源：作者自摄）

此后人造群青在欧洲迅速推广使用。目前已知人造群青进口到中国的最早记录见于1860年粤海关贸易统计册。清梦观中出现的人造群青颜料说明在碑记记载的道光四年（1824年）之后又曾对彩画进行过修缮；而内檐彩画中并未发现人造群青，则此次彩画修缮应只针对外檐。

清梦观彩画中可明确判定的红色颜料有两种：铅丹和朱砂。两种红色颜料在彩画中的运用具有明显区分：铅丹出现于梁栿锦纹与草片花上（如样本SQD-EW-04），颜色略偏橙色（图7）；朱砂则出现于梁栿侧面（如样本SQD-EW-06、YHD-WS-05），用于绘制写生花卉，颜色稍浅，偏向粉色（图8）。两种颜料是否对应于不同时期的修缮暂时不得而知。样本中的朱砂在单偏光下颜色较暗，但在正交偏光下显现出明亮的红色，这一特征在目前已知的清代彩画实例中较为少见，可能指向某一特定产地或特殊的加工方式。另外还有一种红色颜料暂未找到对应物质，该颜料在单偏光下从透明的紫红色过渡到不透明的深红色，在正交偏光下有强烈的消光现象，有可能是一种有机颜料。

清梦观贴金做法中作为衬色的黄色颜料为铁黄，是一种黏土类材料，在清代建筑彩画中运用较少，但在平遥镇国寺万佛殿椽头彩画中发现了这一颜料[1]。清梦观中的黑色颜料均为炭黑，白色颜料以铅白为主，并对应两种使用方式：一是被用作绘制花卉纹样的颜料，因其覆盖力很强，在剖面中完全不透明；二是用于与其他彩色颜料混合得到较浅的颜色，作为表层颜料的衬色。

[1] 刘梦雨，雷雅仙. 平遥镇国寺万佛殿椽头彩画初探［J］. 建筑史，2012（03）：36-54.

4. 彩画工艺

清梦观彩画的构造层次很简单：木基底上做灰层衬地；衬地上方刷深色地色，作为上方纹样的底色。表面纹样有两种绘制工艺：一种是在地色上用稍浅的颜色做衬色，表面用较深的颜色绘制纹样，有贴金图案的部分均用黄色做衬色，其上刷金胶油并贴金，以增加金层的明度；另一种是先遍刷一层大色，在其表面勾画细致纹样，再用其他颜色的颜料填色，关于两种工艺的适用情况暂未发现明显规律。

表5　三清殿彩画各层工艺及分期[1]（表格来源：作者自制）

分期	工艺	层厚 (μm)	EF–01	EF–04	EW–04	EW–05	EW–06	EW–09
第2次绘制	贴金	5~15	无	无	无	金箔	无	金箔
	金胶油	10~30				金胶油		金胶油
	纹样绘制	20~70	碱式氯化铜颜料	碱式氯化铜颜料	铅丹颜料	无	朱砂颜料	无
	衬色	20~50	无	浅绿色颜料层	无	铁黄颜料	铅白颜料	铁黄颜料
	压黑线	5~10	无	无	炭黑颜料	炭黑颜料	无	无
	刷大色	20~40	无	无	碱式氯化铜颜料	碱式氯化铜颜料	无	无
	刷地色	15~70	灰蓝色颜料层	炭黑颜料	炭黑颜料	炭黑颜料	炭黑颜料	无
	衬地	>200	无	灰层		70~100μm	灰层	
	木基层	>80	木基层	—	—	无	无	无
第1次绘制	纹样绘制	40~60	无	—	—	无	橙红色颜料层	无
	刷地色	10~20				无	—	炭黑颜料
	衬地	>100				灰层	—	灰层

表6　玉皇殿彩画各层工艺及分期（表格来源：作者自制）

分期	工艺	层厚（μm）	ES–02	WS–03	WS–04	WS–05	YE–01	YE–02	YE–11
第3次绘制	纹样	10~70	无	无	无	无	碱式氯化铜颜料	群青颜料+Smalt	碱式氯化铜颜料
	压黑线	10~30					无	炭黑颜料	无
	刷大色	15~90					无	碱式氯化铜+铅白	无
	刷地色	10~50					无	炭黑颜料	炭黑颜料
	衬地	20~100					灰层	>200μm	灰层
第2次绘制	贴金	5~15	无	金箔	金箔	无	无	—	无
	金胶油	10~40		金胶油	金胶油				
	纹样	10~70	石青颜料	无	无	朱砂颜料	无		碱式氯化铜颜料
	衬色	15~70	石青+铅白	铁黄颜料	铁黄颜料	浅粉色颜料层	无		无
	压黑线	10~30	炭黑颜料	炭黑颜料	无	无	炭黑颜料		无
	刷大色	15~90	炭黑+铅白	无	无	无	碱式氯化铜颜料		无
	刷地色	10~50	炭黑颜料	炭黑+铅白	无	无	炭黑颜料		炭黑颜料
	衬地	100~350	灰层						40~60μm
	木基层	>50	木基层		无	无	无		无
第1次绘制	纹样	20~60	无	无	无	无	—	—	碱式氯化铜颜料
	衬色	10~25			铁黄颜料	炭黑+铅白			无
	压黑线	10~25			炭黑颜料	炭黑颜料			无
	刷地色	10~50			炭黑颜料	炭黑颜料			炭黑颜料
	衬地	>200			灰层				—

[1] 该表与下一表选取典型样本总结其剖面构造层次，其中“—”表示该层确实或取样时未取到该层，“无”表示该层未经绘制或已经脱落。表中未注明颜料名称、仅以色彩指代的物质为限于目前检测手段暂未探明其成分者。

下面具体说明各层工艺做法：

清梦观彩画中出现了两种灰层，在紫外光下一种有白色荧光反应，另一种则无。根据张昕的研究，山西地方建筑彩画常见的衬地灰层做法有四种：胶矾水灰青、黄土白面、泼油灰、血料腻子❷。前两种所用的材料中均有胶矾水，其制造方法是将骨胶或皮胶与明矾混合，而骨胶与皮胶在紫外光下均有荧光反应；后两种做法所用原料中均不含紫外可激发荧光的物质。因此紫外下显荧光的灰层做法可能为属胶矾水灰青或黄土白面，据可见光下的剖面色彩来看，其为黄土白面衬地的可能性更大；紫外下不显荧光的灰层做法则可能为泼油灰或血料腻子中的一种，但还需依靠其他科学检测手段进行具体判断。

❷文献［1］：219-221.

《营造法式》中记载，“彩画之制，先遍衬地，次以草色和粉，分衬所画之物。其衬色上，方布细色或叠晕，或分间剔填”，清梦观彩画的工艺与之基本相符。清梦观彩画所用为蓝黑色衬地，其上则用不同颜色的颜料“分衬所画之物”，如用浅绿色衬绿色纹样、浅蓝色衬蓝色纹样、浅粉色衬红色纹样、黄色衬贴金做法，虽也有个别样本以深色衬浅色（YHD-YE-03）、以白色衬彩色（SQD-EW-06），但基本可以说明在衬色这一步骤，匠人已对最终纹样有了初步的设计。此后的工艺流程中，匠人仍可以对纹样进行细化和更改。如样本SQD-EW-04在绿色颜料层之上有一层断续的黑色层，其上方为红色颜料层，此处做法即是在遍刷了绿色的构件表面再用墨笔勾线，以设计更细致的纹样，并在其上填入其他颜色；取自草片花的SQD-EW-11样本也在绿色颜料表面又覆盖一层红色，改变了原花瓣的颜色，使这一组草片花层次更为丰富。

值得关注的是清梦观中的贴金做法。曾有学者总结说一绿细画中不用贴金做法，但清梦观中大面积使用了贴金工艺。通过剖面显微观察可以判定，三清殿与玉皇殿采用的贴金工艺做法一致，不论是否沥粉，都在完成此前所有工艺的基础上先做黄色衬色一道。衬色之上有一道极薄的透明物质，在紫外光下有强烈的白色荧光反应（图4）；其上刷金胶油，再在表面贴金。常见的贴金步骤是在红色或黄色的衬色之上涂刷金胶油，再在其表面贴上金箔；也有学者曾整理出贴金工艺的四个步骤：涂作沥粉、包胶、打金胶油、贴金❸，其中包胶是指将石黄与骨胶混合后覆盖沥粉表层，在不贴金处可不包胶，因此其作用应与金胶油下方的衬色一致。但不论是哪种工艺，均未体现清梦观中的荧光层对应的物质和做法。其物质成分及对应工艺仍需借助其他科技手段进行判定。

❸梁瑞香. 中国表面处理技术史的探讨（八）传统的表面装饰工艺——贴金［J］. 电镀与精饰，1986（01）：37-40.

四　结论

综合科技分析与文献碑记所提供的信息，参照建筑彩画相关研究成果，对清梦观彩画进行分析解读，得到如下初步结论：

1. 营缮历史

清梦观现存碑刻两通，题记三处，据其来看，清梦观自元代建成后，经历了明万历八年重修三清殿、万历四十年重修玉皇殿，清嘉庆、道光年间大修等若干次重要的营建和修缮，几次修缮中与彩画相关的记载包括：明万历四十年（1612年），“慨然补葺，去原柱之木，易之以石，石视木坚也；去原壁之坚，易之以砖，砖视坚精也；旧仕质素，兹施以绘彩，又翠美而夺目也”；清嘉庆二十二年至道光四年（1817—1824年），“所获捐金，悉以鸠工庀材，于倾圮者正之，覆压者易之，缺者补，敝者修之，施彩绘，而庙貌之巍峨，宛如昔日”。现存最表层的彩画在年代上应不早于清道光时期。

对颜料层叠关系的分析表明现存彩画包括2～3个时期的叠压，两种不同的灰层也证明存在至少两次的彩画绘制。玉皇殿外檐彩画样本中发现了人造群青颜料，证明这部分彩画的最后一次重绘不会早于道光四年（1824年），这一发现是对碑记所反映出修缮信息的补充。内檐彩画所用颜料均为传统彩画颜料，其最后一次重绘年代应早于人造群青在山西地区流通之时，有可能对应于碑记记载的清嘉庆二十二年至道光四年间（1817—1824年）。

但目前的研究结果尚无法将彩画的早期层次与具体年代准确对应起来，可以考虑对木基层进行检测，作为其营缮时间的参考。

2. 纹样与色彩

清梦观三清殿、玉皇殿的内檐彩画纹样均为山西地方彩画中常见的一绿细画草片花，其构图方式符合一绿细画的典型布局。但与传统一绿细画仅用朴素的青绿配色不同，清梦观内檐彩画中运用了大量暖色，并使用了贴金和沥粉的做法。玉皇殿外檐彩画剥落严重，残存的彩画痕迹与内檐彩画似乎并非同一主题，其用色以红、黄等暖色为主，使用了如意云、花卉等图案，但暂时无法通过局部痕迹对其原貌进行完整的复原。

3. 彩画工艺和材料

清梦观彩画的工艺接近于《营造法式》记载的做法，不做披麻地仗，仅用一层底灰做衬地。样本中发现两种灰层做法，其中一种推断为黄土白面衬地，是一种山西地方特有的传统工艺。灰层之上大多还刷一层蓝黑色的地色和一层较表面色彩稍浅的衬色，因传统矿物颜料具有一定的透明度，地色和衬色的绘制可以使颜料的表面色彩更加艳丽。

清梦观内檐彩画贴金时会在作为衬色的黄色颜料与金胶油之间涂刷一层透明物质，该物质在紫外光下有明亮的白色荧光反应，这一现象在已知案例中极为少见，这一工艺也许仅属于特定地区或特定匠作体系，其物质组成仍需借助其他科技手段进行鉴定。

清梦观彩画中使用的颜料，既包括碱式氯化铜、石青、朱砂、铅丹、铁黄、铅白、炭黑等中国传统颜料，也包含人造群青等进口化工颜料。这一发现为整理山西地区古代建筑中彩画颜料的使用情况提供了一个案例，亦可作为山西地区颜料贸易流通情况的参考。

参考文献

[1] 张昕. **山西风土建筑彩画研究**[D]. 上海：同济大学，2007.

[2] 霍建瑜. **姬志真《创建清梦观记》碑文考**[J]. 山西大学学报（哲学社会科学版），2004（02）：94-96.

[3] 王进玉，王进聪. **敦煌石窟铜绿颜料的应用与来源**[J]. 敦煌研究，2002（04）：23-28.

[4] Nicholas Eastaugh, Valentine W. **Pigment Compendiun—A Dictionary and Optical Microscopy of Historical Pigments**[M]. Butterworth-Heinemann, 2005.

[5] R.J.Gettens, G.L.Stout. Painting Materials: **A Short Encyclopedia**[M]. New York: Dover Publications, 1942.

[6] 刘梦雨. **清代官修匠作则例所见彩画作颜料研究**[D]. 北京：清华大学，2019.

日本黄檗宗寺院建筑中的“卷棚轩廊”研究[1]

李沁园
（中国文化遗产研究院）

摘要：本文探讨了日本现存黄檗宗寺院建筑中，在日本被称为“黄檗天井”的独特构架——“卷棚轩廊”。通过分析得出：黄檗宗寺院建筑中共有十六座建筑设有卷棚轩廊。空间上，黄檗宗寺院建筑均将卷棚轩廊设在主要建筑的入口或过渡空间。构造上，这些卷棚轩廊被分为六类，并对这六类卷棚轩廊的祖型源流进行了分析。

关键词：日本，福建，黄檗宗，寺院，卷棚轩廊

❶本文为国家社会科学基金重大项目“《营造法式》研究与注疏”（项目批准号17ZDA185）和清华大学自主课题“《营造法式》与宋辽金建筑案例研究”（项目批准号2017THZWYX05）相关成果。

A Study on the “colonnade with round ridge roof” of Obaku Monasteries in Japan

LI Qinyuan

Abstract: This article studies the “colonnade with round ridge roof” which is a unique structure of the existing Japanese Obaku Temples, known as the “Obaku Tenjo” in Japan. According to the analysis, there are 16 buildings’ colonnade with round ridge roof of Obaku Temples in Japan. By looking at the functional organization, the colonnade with round ridge roof are located in the entrance or transition space of the main building. Structurally, these colonnades can be divided into six categories, and the origins of these six types of roof are discussed.

Key words: Japan; Fujian; Obaku; temples; colonnade with round ridge roof

一　引言

日本黄檗宗源于我国明末福建福清临济宗黄檗派。明末崇祯时（1628—1644年），福清黄檗山万福寺在隐元隆琦禅师住持期间发展成为闽地大禅刹之一，并自此创立了临济宗黄檗派，渐渐形成了黄檗教团，声名远播。

在不足百年的时间里，黄檗宗在日本迅速发展壮大。据记载，截至延享二年（1745年），黄檗宗在日本各地所辖寺院达到了1043个。而后由于各种灾害导致寺庙损坏，黄檗宗所辖寺庙的数量逐渐减少。据昭和55年（1980年）由日本文化厅编辑的《宗教年鉴》记载，当时日本黄檗宗寺院仍有462个，现存黄檗宗寺院441个（包括各寺塔头[2]）[3]。其中位于日本长崎的崇福寺、兴福寺、圣福寺以及本山京都黄檗山万福寺中的部分建筑，因其特殊做法及历史价值被认定为日本国指定文化财（类似于我国的国家重点文物保护单位），同时这几座寺院也是最具代表性的黄檗宗寺院。

日本江户时代初期，黄檗派首先传入了中国人往来频繁的港口城市日本长崎，从中国东渡的僧人先后在长崎建立了兴福寺、福济寺以及崇福寺，但其传播范围仅限于九州长崎地区，所知者以及信奉者甚少；直至江户中期，即1654年（日本承应三年，即清顺治十一年），福建福清黄檗山万福寺住持隐元隆琦禅师受崇福寺住持之邀经由中左所（厦门）东渡长崎，起初传法于长崎四唐寺之一的兴福寺，在得到德川幕府的支持和赠地以后，于宽文元年（1661年）开创新寺。出于对故乡的思念，隐元禅师仍将新寺命名为黄檗山万福寺（后文称本山京都黄檗山万福寺）[2]。而京都万福寺的建立，为当时形式已经日趋僵化的日本建筑带去了一股清新的空气。

❷塔头本是弟子为了追思逝去的高僧在其墓地附近修建的小院。后来指高僧或祖师退隐之后在寺院里修建的庵院，作养老静修之用，又称为塔中、塔院。

❸文献［1］：277-280.

其特殊的建筑样式便被称为“黄檗样”，与之前传入日本的和样、禅宗样以及大佛样并举。日本黄檗宗建筑中的卷棚轩廊被日本学者称为“黄檗天井”，“黄檗天井”被普遍认为是日本“黄檗样”最重要的特征之一。“黄檗天井”是日本黄檗宗建筑在前檐空间借鉴了明清时期中国东南沿海地区最为典型的卷棚轩廊，在视觉效果以及空间感上极富中国特色。

二 日本黄檗宗寺院建筑中的卷棚轩廊实例

日本很多古建筑毁于战乱、天灾等，黄檗宗寺院建筑也不能幸免。作者在实地调研以及结合日本学者的研究，将黄檗宗寺院建筑中采用了卷棚轩廊的案例根据所在的区域整理如表1所示。

表1 日本黄檗宗寺院建筑中的卷棚轩廊案例列表（表格来源：作者自制）

编号	年代	所在地区	寺院名称	建筑类型	卷棚轩廊所在位置
1	1646年	九州、长崎	崇福寺	大雄宝殿	前廊下
2	1731年			护法堂	前廊下
3	1794年以后			妈祖堂	前廊下
4	1828年			妈祖堂门	第一进
5	1655或1649年		福济寺	大雄宝殿（已不存）	前廊下
6	1650年（卷棚轩廊为1803年修缮时重建）			青莲堂（观音堂）不存	前廊下
7	1883年重建		兴福寺	大雄宝殿	前廊下
8	1881年			三江会所门	前廊下
9	1686年（江户后期应经历过较大修缮）			妈祖堂	前廊下
10	1678年		圣福寺	大雄宝殿	前廊下
11	1705年	京都	圣福寺	天王殿	前廊下
12	推断为19世纪初期		清水寺	本堂（佛殿）	第二进
13	江户末期		灵源院	本堂（佛殿）	前廊下
14	1668年		黄檗山万福寺	大雄宝殿	前廊下
15	1662年			法堂	前廊下
16	1665年			开山堂	前廊下

由表1可知，现存的14座黄檗宗建筑中带有卷棚轩廊，另外长崎福济寺的大雄宝殿与青莲堂（观音堂）毁于二战时期原子弹爆炸中。但根据相关记载，这两座建筑均使用了卷棚轩廊[7]。因此，已知有卷棚轩廊存在的黄檗宗建筑共有16座。

建筑的分布区域上，其中13座建筑均位于九州长崎市，仅有京都黄檗山万福寺中最重要的三座建筑（大雄宝殿、法堂、开山堂）有卷棚轩廊。其余区域的黄檗宗建筑并无卷棚轩廊的实例，不能确定被毁的寺院中是否有卷棚轩廊的存在。

就上述建筑中卷棚轩廊的建造年代而言，除长崎崇福寺大雄宝殿（1646年）以及福济寺大雄宝殿（1649年或1655年❶）建于黄檗宗创立之前外，其余建筑多数建于18世纪或19世纪。

就建筑类型而言，卷棚轩廊多用于寺院的重要建筑，例如：大雄宝殿、天王殿、妈祖堂、

❶在山本辉雄先生的《長崎地方の黄檗宗寺院違築にお-前面一間通り吹き放し部分ヒ所谓黄檗天井》一文中提到福济寺大雄宝殿的建造年代有两种说法，一为1649年，一为1655年。

法堂等。其中各寺的大雄宝殿（本堂）均设有卷棚轩廊；长崎三座佛道合一的寺院中，妈祖堂作为与大雄宝殿同等重要的建筑也均有卷棚轩廊。同样，福建地区的卷棚轩廊也多用于寺观、祠庙中主殿类的重要建筑。

卷棚轩廊在建筑中的位置上，除清水寺本堂（佛殿）将卷棚轩廊设于进深方向第二进，其余建筑的卷棚轩廊均位于建筑进深方向第一进，即前廊的位置。这两种做法均同福建地区的卷棚轩廊设置位置相同。

结合日本现存案例中带有卷棚轩廊建筑的建造时间以及所处区域分析虽然长崎地区大多数带卷棚轩廊结构的建筑建于黄檗宗成立之后。同时，日本京都黄檗寺虽然有三座建筑于前廊设置了卷棚轩廊，除长崎地区以外并没有其余地域采用这种形式。因此作者推测卷棚轩廊的源流更多地来源于长崎崇福寺以及福济寺中建于黄檗宗创立之前的建筑，而不是受到京都黄檗寺的影响。

京都黄檗寺之所以设有卷棚轩廊，原因可能有二：第一，隐元禅师及其弟子均来自福建，而福建地区的寺观、祠庙的重要建筑中多设有卷棚轩廊。在京都黄檗寺梁架形制以及大部分构件形制均采用日本做法或样式的情况下，出于对故乡的思念，隐元禅师及其弟子希望日本黄檗寺在建筑的做法上也应带有一点福建特征，因此选取了三座最重要的建筑在其中加入卷棚轩廊的做法。卷棚轩廊的加入对建筑主体结构并没有太大影响，更多地起到了一种营造空间以及装饰的作用。有可能隐元禅师住持修建的福建福清黄檗寺中的主要建筑就采用了卷棚轩廊。其次，隐元禅师在创立京都黄檗寺之前曾在长崎停留了将近两年的时间，并曾任长崎崇福寺的住持。崇福寺以及福济寺大殿前廊均做成了卷棚轩廊的造型，可以说是长崎唐寺极其明显的特征之一。因此，也可能是受到长崎唐寺的影响，将这个特征带到了京都黄檗寺。

三　卷棚轩廊所在的建筑空间分析

由表1可知，除长崎清水寺将卷棚轩廊设在进深方向第二进外，其余建筑的卷棚轩廊均位于前廊下（进深方向第一进）。两种位置分别对应的空间可以分为入口空间以及过渡空间。

1. 卷棚轩廊位于入口空间

卷棚轩廊所形成的顶部为弧形的空间在建筑进深方向第一进的位置均为建筑的入口空间。以长崎崇福寺、京都黄檗寺为例进行说明（图1，图2）。

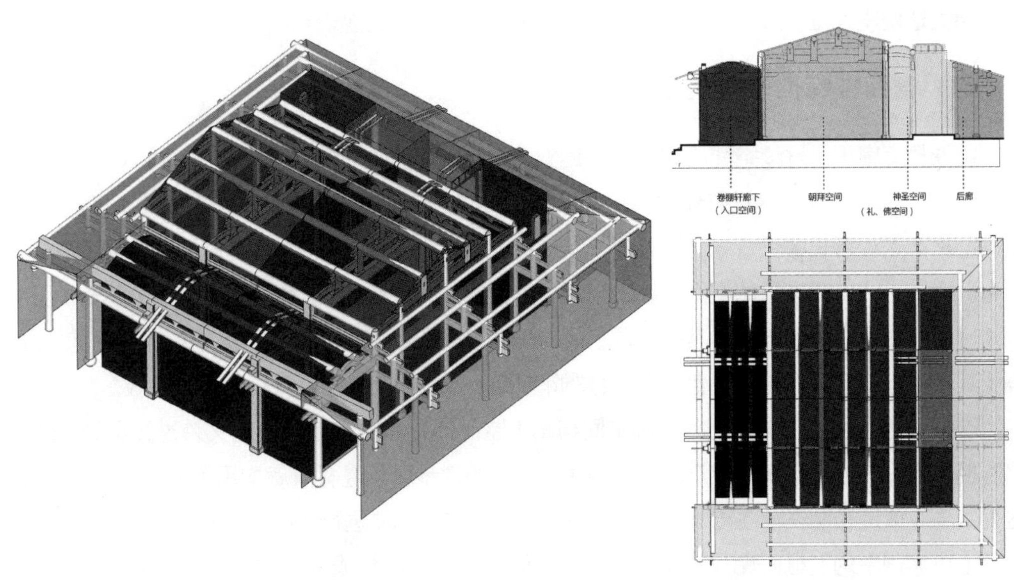

图1 日本长崎崇福寺大雄宝殿空间分析示意图（图片来源：作者自绘）

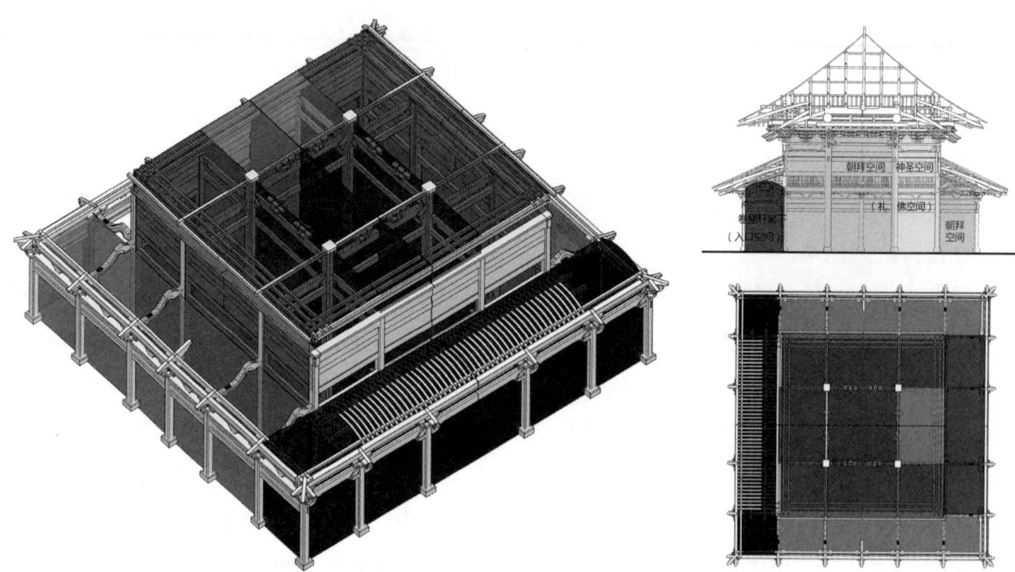

图2 日本京都黄檗山万福寺大雄宝殿空间分析示意图（图片来源：作者自绘）

长崎崇福寺大雄宝殿的空间构成可以分为四部分：卷棚轩廊所围合的入口空间、礼佛空间、佛像所在的神圣空间以及廊下的开敞空间。区分这四个空间方法有两种：首先是以地面高度进行区分，地坪高度根据空间重要程度，依次升高。四个空间所处的地坪高度为：神圣空间>朝拜空间>卷棚所在的前廊入口空间=其余三面廊下开敞空间。其次，用不同的室内屋面形式对空间进行区分。入口空间为弧形的卷棚；朝拜空间为锐角型；佛像所在的神圣空间屋顶采用了日本江户时期盛行的“折上格天井”[1]对该空间进行强调。这种建筑殿身内空间用不同屋面形式的做法在福建以及江浙地区极为多见。

京都黄檗寺大雄宝殿梁架结构虽然与长崎崇福寺大雄宝殿下层殿身梁架结构不同，为层叠型结构。但卷棚轩廊所在的位置与崇福寺大殿相同，同样置于前廊下，为入口空间。京都黄檗寺大雄宝殿的空间由神圣空间、朝拜空间以及入口空间三部分构成。其中神圣空间分别位于殿内三个位置，释迦牟尼佛位于横向第四进，面阔方向的心间位置；两侧副阶位置供奉十八罗汉。剩余的殿身空间为朝拜空间。将佛像空间设于中后部的做法也同样是福建地区的普遍做法。不同于长崎崇福寺大雄宝殿各空间的形状不同，京都黄檗寺大雄宝殿的朝拜空间与神圣空间所在的殿身内部空间高度相同，空间的形状是由梁架形制决定的。

除上述两座大雄宝殿外，其余将卷棚轩廊用于入口空间的建筑空间均与上述两案例类似。

2. 卷棚轩廊位于过渡空间

将卷棚轩廊用于过渡空间的建筑仅有长崎清水寺本堂一例（图3）。

首先，长崎清水寺本堂整体构架形式采用了日本传统形式，将地板抬升使之与地面存在一定的距离。这种形式源于日本原始时期，在近世建筑中也普遍存在[2]。结合该建筑的平面进行分析可以看出，清水寺本堂的空间由廊下空间、卷棚空间（外阵）、朝拜空间（内阵）以及神圣空间（佛坛所在）四部分组成。其中朝拜空间与神圣空间所组成的“礼、佛空间”地面高度相同，高于其余空间。其次为卷棚轩廊所围合的外阵空间。四周的廊下空间开敞，不设地板。

卷棚轩廊所在的外阵空间为礼佛空间与廊下空间的过渡，笔者将之定义为过渡空间。这种将卷棚轩廊设在过渡空间的建筑不见于福建地区，福建地区的卷棚轩廊均用于入口空间。因此，这种做法应该是卷棚轩廊在传入日本以后，日本匠人对其功能进行了改变。

上述案例中的卷棚轩廊虽然所处的建筑空间不同，但所构成的空间形状均为拱形空间，其

❶ 日本将天花、平棊、平闇统称为天井。

❷ 文献［8］：12-13.

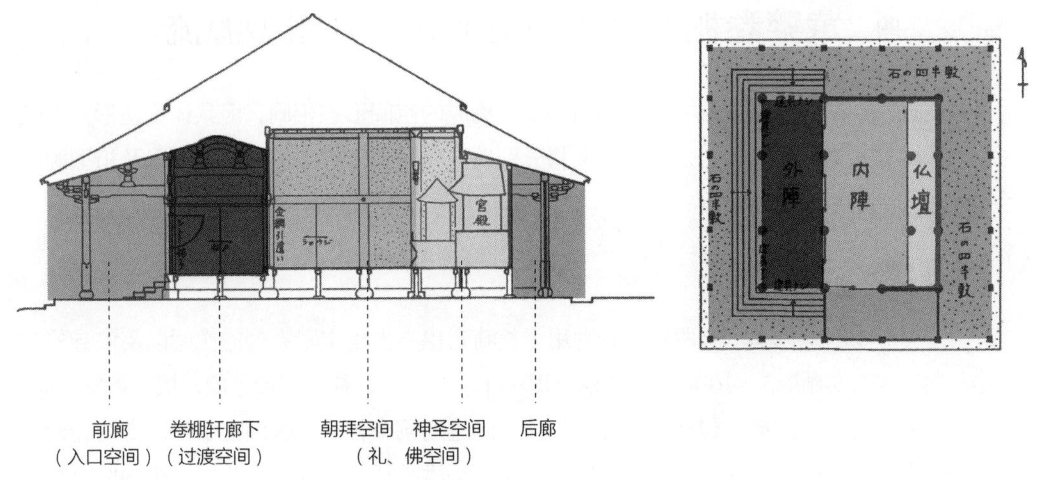

图3 长崎清水寺本堂空间分析示意图（图片来源：作者自绘）

图4 日本京都醍醐寺中的唐破风入口（图片来源：作者自摄）

图5 日本京都东本愿寺中的卷棚回廊（图片来源：作者自摄）

图6 日本京都醍醐寺中的唐门（1599年建）（图片来源：作者自摄）

朝向均为纵向（与建筑平行）。除黄檗宗建筑中的卷棚轩廊外，日本也有卷棚结构的存在。一是同样用于入口空间的唐破风，区别在于唐破风均垂直于建筑，为横向拱形空间（图4）。除此之外还有唐门，唐门整体均采用卷棚结构。与黄檗宗建筑中的卷棚区别在于，黄檗卷棚即使使用于门类建筑，也仅围合部分空间，而不是像日本唐门整体均用卷棚结构。例如长崎妈祖堂门，该建筑的平面形制为分心槽式，卷棚结构仅用于前段（图5）。还有将卷棚结构用于连接建筑的回廊中的案例（图6）。日本这三类采用卷棚结构的建筑从卷棚朝向、所围合的空间以及功能上均与黄檗卷棚不同，笔者认为黄檗卷棚作为围合空间的结构而言不是源于日本传统的卷棚结构。

四　黄檗卷棚轩廊的构造形式及其祖型源流

日本长崎、京都这16座建筑中的卷棚结构虽然构成的空间形态相同，但具体构造形式有较大的区别。根据其构成可以分为六类，下文将分别对这六种类型卷棚的构造形式以及祖型源流进行分析。

1. Ⅰ型

采用这类形制的卷棚案例有两处，分别用于长崎崇福寺大雄宝殿卷棚的次间以及该寺的护法堂的卷棚。这类卷棚形制均在最下层椽栿上用驼峰承托蜀柱，蜀柱直接承檩，檩上置罗锅椽。两蜀柱之间用两道劄牵连接，蜀柱与檐柱、内柱之间也用劄牵相连。区别在于护法堂的卷棚中用了两道劄牵连接蜀柱与内柱、檐柱；下层劄牵用丁头栱承托，崇福寺第二层拉接构件更像是一整根穿枋，穿过了两根蜀柱，两端分别置于内柱与檐柱柱身上（图7，图8）。

崇福寺大雄宝殿次间与护法堂卷棚形制均与福建地区明代建筑中的卷棚形制相似。特别是大雄宝殿次间所用的卷棚形式与福州圣福寺法堂（原为大雄宝殿）的卷棚形式几乎一样。这类卷棚形式在福建地区亦不多见（图9）。护法堂的卷棚形式也是闽东地区及闽北地区非常常见的类型（图10）。而这两种形制的卷棚几乎仅见于闽东及闽北地区。因此，就这类卷棚形制的祖型源流来说，作者推测应该是来源于闽东或闽北地区。结合崇福寺大殿化粧椽以下的梁架形制同样跟福州圣福寺一样，源于闽东的概率较大。福州圣福寺与长崎崇福寺应该有很深的渊源，极有可能两寺的工匠为一个匠作派系，否则无法形成这两座在构架做法上几乎一样的建筑。

图7 日本崇福寺大殿次间卷棚（图片来源：作者自摄）

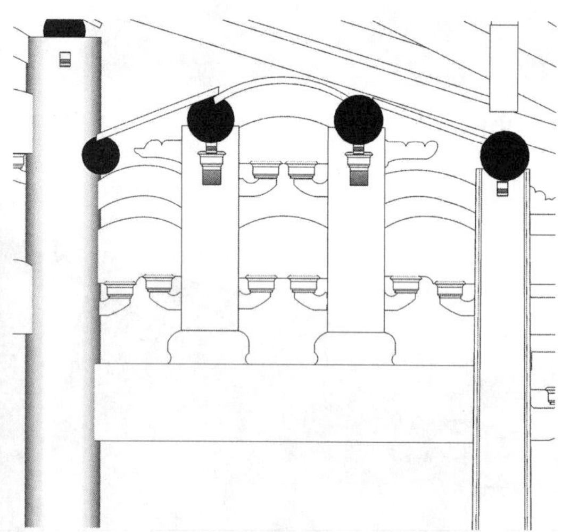

图8 日本崇福寺护法堂卷棚（图片来源：作者自绘）

图9 福州鼓山圣福寺法堂卷棚（图片来源：张继洲提供）

图10 闽东明代民居卷棚（图片来源：张继洲提供）

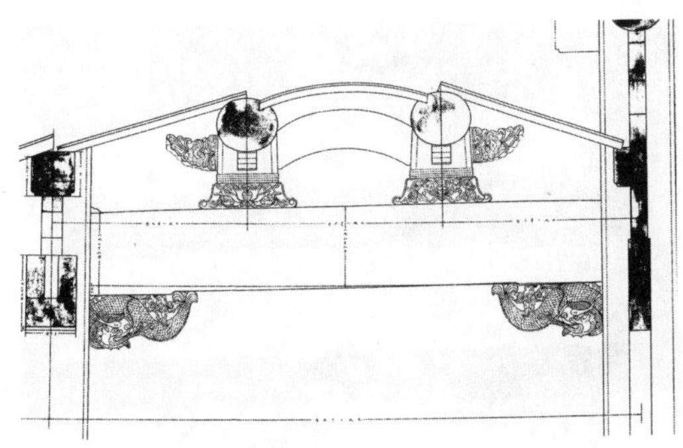

图11 日本崇福寺大殿明间卷棚（图片来源：崇福寺大雄宝殿、第一峰门保存修理工事报告书．平成七年：图版09）

图12 长崎清水寺明间及次间卷棚（图片来源：作者自摄）

2. Ⅱ型

日本长的崇福寺大雄宝殿明间、福济寺大殿以及清水寺本堂明间的卷棚形制相同，均在最下层的四椽栿上置驼峰，上承蜀柱，蜀柱直接承檩。蜀柱较短，之间用一道曲型劄牵相连。椽子分为三段，中间一段弯曲的罗锅椽以及两侧平直的椽子（图11，图12）。与Ⅰ型卷棚的区别在于，这一类型的卷棚仅用两道横向拉接构件，而Ⅰ型卷棚的拉接构件为三道。

这类卷棚的做法在构造上与Ⅰ型卷棚较为相似，更像是Ⅰ型卷棚的简化形式。

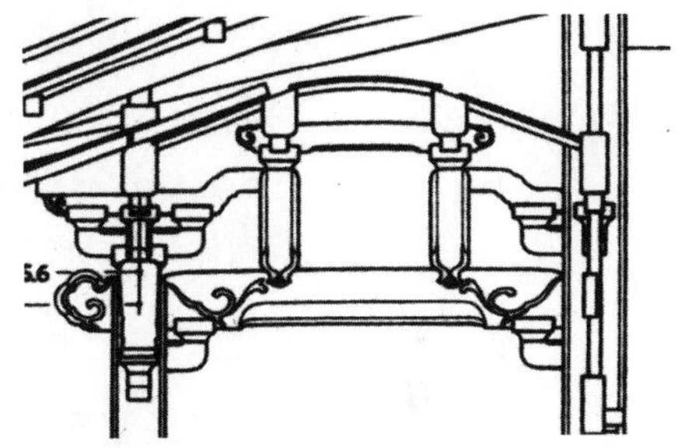

图13 日本万福寺开山堂卷棚（图片来源：日本黄檗山万福禅寺内七座建筑修缮工事报告．1972年：70.）

3. Ⅲ型

Ⅲ型卷棚形式见于京都黄檗山万福寺的大雄宝殿、法堂以及开山堂三座建筑中。这类卷棚的构造形制与上两种卷棚类似，均用蜀柱直接承托檩，蜀柱落于驼峰之上；两蜀柱间用曲型劄牵相连，蜀柱与两侧柱子同样用曲型劄牵连接。与上两型卷棚的区别在于，京都黄檗寺中三座建筑中的卷棚的两根蜀柱仅用顶部一道劄牵连接；不似上两型卷棚中于蜀柱间设两道劄牵的做法。这三个案例的构造形式基本相同，但构件形制均不同。除开山堂卷棚的椽子同前两型中的椽子相同，分为三段，且两侧的椽子呈平直状；法堂同大雄宝殿卷棚顶部的椽子均为一整根弯曲的椽子构成。可能由于三座建筑的建造时间不同，这几座建筑的建造时间相隔约两年左右，参与建造的匠人不同。最先建造的法堂其劄牵形制更接近于福建闽东地区的做法（图13～图16）。

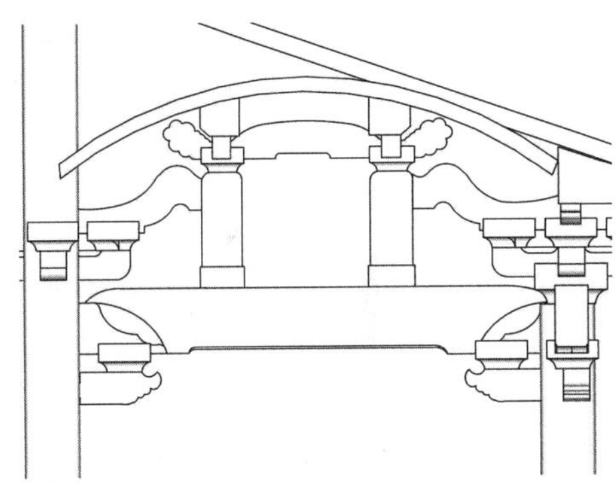

图14 日本万福寺大雄宝殿卷棚（图片来源：作者自绘）

这三座建筑的卷棚构造形式与闽东地区的卷棚有极大的相似处，与Ⅰ型、Ⅱ型相比仅少了一道连接蜀柱的劄牵。但就构件形制而言，均带有较强的日本江户时期构件的特征。结合三座建筑的构架形制以及其余构件形式而言，笔者推断建造这三座建筑的匠人主要应为日本工匠，其间可能有少数来自于福建闽东地区的工匠参与其中。因此，这类型卷棚的构造形式应该源于闽东地区，但在建造过程中融入了较多日本本土建筑的风格。

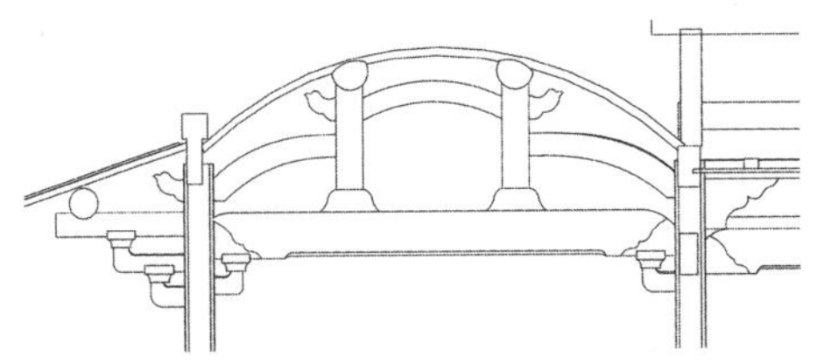

图15 日本万福寺法堂卷棚（图片来源：作者自绘）

4. Ⅳ型

Ⅳ型卷棚形式现存案例仅有长崎圣福寺大雄宝殿以及清水寺本堂次

图16 闽东地区明代民居卷棚（图片来源：张继洲提供）

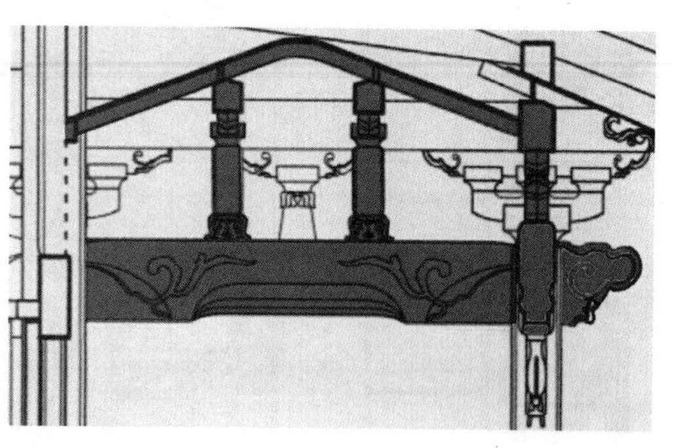

图17 长崎圣福寺大雄宝殿卷棚（底图来源：长崎圣福寺调查报告 2013：115.）

图18 长崎清水寺本堂次间卷棚（图片来源：作者自摄）

间卷棚两例。但根据日本学者山本辉雄的研究，被毁的长崎福济寺青莲堂的卷棚形制与圣福寺相似［7］。圣福寺大殿由两根蜀柱承檩，蜀柱下置有驼峰。清水寺本堂次间卷棚用驼峰上承斗，檩落于斗上。两个案例的共性是承托两檩的构件间不设任何横向拉结构件（图17，图18），这也是与上述三种类型的卷棚最大的区别❶。

❶文献［5]：301-304.

这类构造的卷棚不见于中国，结合其构件形制、建造时间以及建筑整体构架形制，这类卷棚可能源于京都黄檗寺的卷棚形式（Ⅲ型），在该型卷棚的构造基础上进行了简化，去掉了横向拉接构件。

5. Ⅴ型

这一类型的卷棚案例有两个，均位于长崎兴福寺中。分别为兴福寺大雄宝殿以及三江会所门前廊下的卷棚。这一类型的特点是不用蜀柱，两根承罗锅椽的檩用曲型劄牵连接的同时，劄牵直接承檩。这两个案例的区别在于，三江会所门的劄牵为半弧形，两端直接插入两侧柱身，与其下的四椽栿直接无构件相连。而大雄宝殿的曲型劄牵与其下四椽栿之间还设有驼峰、斗、十字相交的栱以及雀替。椽子的形制不同于Ⅰ型与Ⅱ型卷棚，为一整根弧度较大的椽子，而不是像前两型卷棚中分为三段的形式（图19，图20）❷。

❷文献［6]：353-356.

这种用劄牵直接承托檩做法的卷棚多见于中国江浙一带，《营造法源》中所绘的卷棚轩廊的蜀柱均不直接承檩。从构件形制来看，兴福寺这两座建筑中均带有明显的明清时期江浙地区构件形制的做法特征。再结合两座建筑的梁架特征，笔者推断兴福寺这两座建筑中的卷棚不论构造还是构件形制应源于明清时期中国江浙地区，且中国工匠应在这两座建筑的建造过程中发挥了较大的作用。

6. Ⅵ型

首先长崎崇福寺以及兴福寺中的妈祖堂、妈祖堂门均采用此类构造的卷棚。其次，长崎圣

图19 长崎兴福寺大雄宝殿卷棚（图片来源：作者自摄）

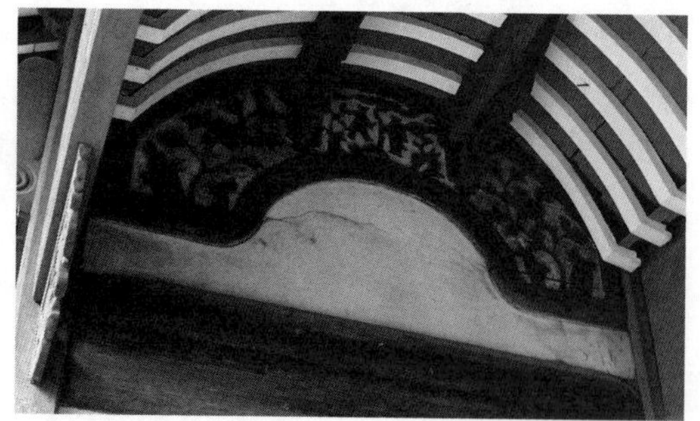

图20 长崎兴福寺三江会所门卷棚（图片来源：作者自摄）

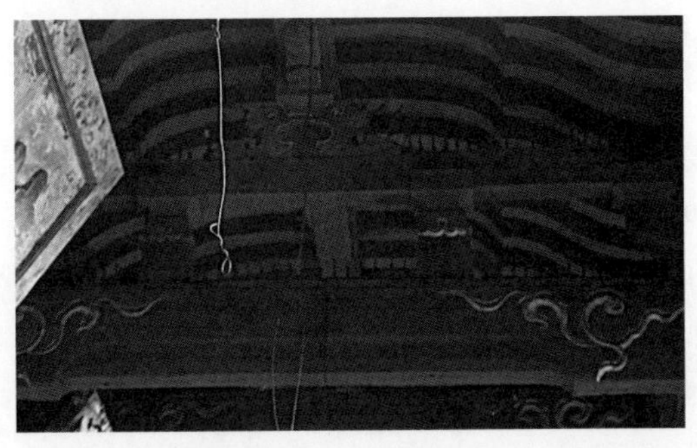

图21 日本崇福寺妈祖堂卷棚（图片来源：作者自摄）

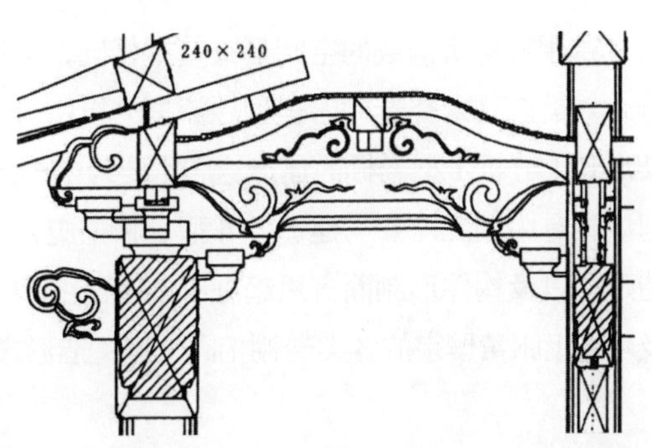

图22 长崎圣福寺天王殿卷棚（图片来源：长崎圣福寺调查报告，2013：122）

图23 长崎兴福寺妈祖堂卷棚（图片来源：作者自摄）

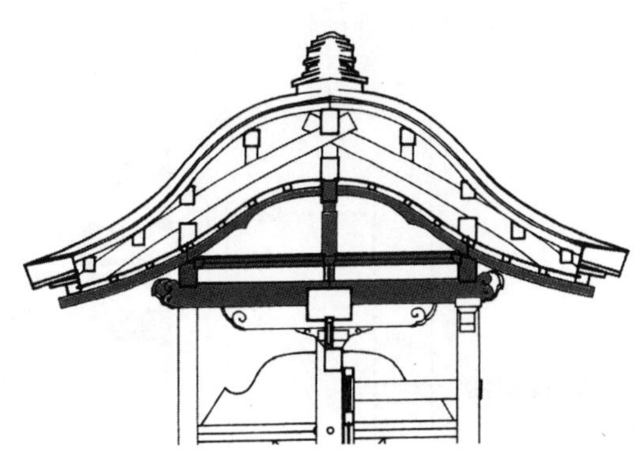

图24 日本三宝院唐门卷棚剖面图（桃山时代）（图片来源：作者自绘，底图来源：铃木嘉吉. 国宝大事典 建造物. 1981年）

福寺天王殿、灵源院本堂也采用了此类型卷棚。这类卷棚在构造上最大的特点就是仅用一根檩承托其上的化粧椽，而其余类型均为双檩。区别在于崇福寺的妈祖堂门及兴福寺妈祖堂的卷棚设有多道乳栿，其间用驼峰或蜀柱承接（图21～图24）。

这类卷棚所形成的空间虽然同前五类卷棚相同，但其构造形式与前五种差别较大。虽然《营造法源》中的"一枝香"型卷棚同这类卷棚均使用单檩承椽子，但其构造形式更多的应源于日本唐门或唐破风的构造。图24中的卷棚即与崇福寺妈祖堂的卷棚形式极为相似，两道一粗一细的乳栿，上层乳栿上置蜀柱承托檩。另外长崎圣福寺天王殿中的卷棚用驼峰承檩的形式也是日本唐破风较为普遍的做法。上述案例中的构件形制也是日本江户时期建筑中较为常见的做法。

因此，笔者认为这类卷棚的建造目的以及功能与前几类卷棚相同，但构造形式应源于日本的唐门、唐破风；构件形制具有典型的日本江户时期构件特征。

五　结语

日本黄檗宗建筑的整体空间由神圣空间、朝拜空间以及入口空间构成。其中佛像所在的神圣空间多位于建筑的中后部。为了区分神圣空间，如建筑为土间式建筑则抬高其地面使之高于其余空间；或在神圣空间上部用不同于其他空间的天花形式对空间进行强调。但这些做法并不是黄檗宗建筑独有，在其余禅宗寺院建筑中也有类似的案例。

黄檗宗建筑在空间营造上的独特之处是在入口或过渡空间采用了卷棚轩廊，于传统空间构成中加入了新的纵向拱形空间。这种做法也是明清时期福建以及江浙地区的建筑特色之一。

已知黄檗宗寺院建筑中共有十六座建筑设有卷棚轩廊，大多数建筑为寺院中的主要建筑。

所有卷棚轩廊所构成的空间形式基本相同，但构造不同。按照构造形式可以将这16个卷棚轩廊分为六类。这六类卷棚的祖型源流据分析所得：Ⅰ型、Ⅲ型应该源于闽东地区；从构件以及构架形制上分析Ⅰ型卷棚的建造这应主要为中国闽东地区的工匠；Ⅲ型的匠人应主要为日本工匠，但应该有中国工匠参与建造。Ⅱ型、Ⅳ型应为Ⅰ型、Ⅲ型的简化形式，属同源。Ⅴ型卷棚就构造形式以及构件形制而言更趋近于中国江浙地区明清时期的卷棚做法。Ⅵ型卷棚在空间形式以及功能上跟黄檗宗的各类卷棚相同，但构造形式应源于日本的唐门、唐破风建筑（图24，表2）。

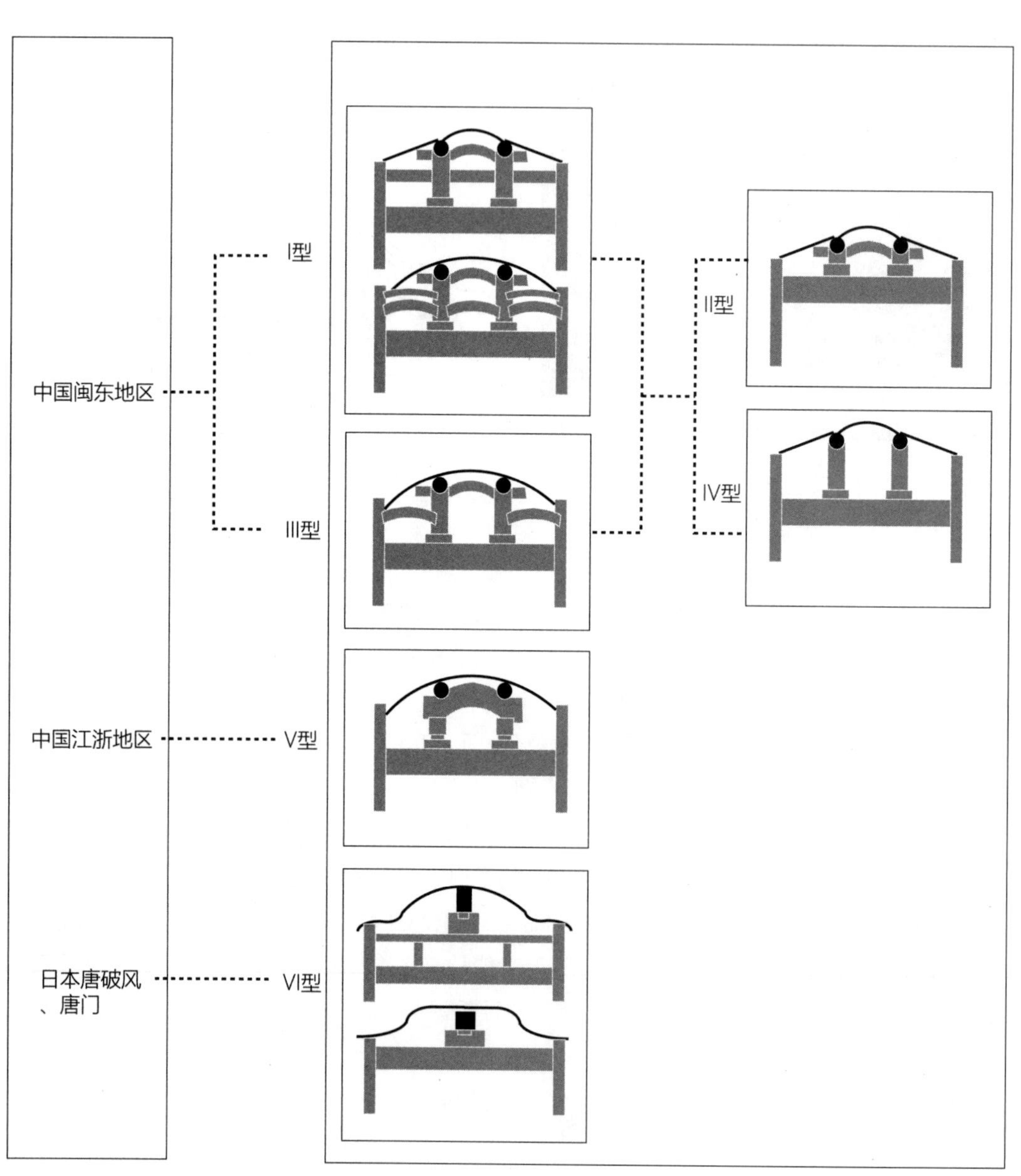

图25 日本各类黄檗卷棚构造简图及其祖型源流（图片来源：作者自绘）

表2 日本黄檗宗建筑中卷棚轩廊类型及祖型源流表

编号	卷棚构造形式	祖型源流	年代	所在地区	寺院名称	建筑类型
1	I型	中国闽东地区	1646年	长崎	崇福寺	大雄宝殿次间
2			1731年	长崎	崇福寺	护法堂
3	II型	I型、III型的简化形式	1646年	长崎	崇福寺	大雄宝殿明间
4			1655或1649年	长崎	福济寺	大雄宝殿（已不存）
5			推断为19世纪初期	长崎	清水寺	本堂明间
6	III型	中国闽东地区（构件为日本近世寺社建筑特征）	1668年	京都	黄檗山万福寺	大雄宝殿
7			1662年	京都	黄檗山万福寺	法堂
8			1665年	京都	黄檗山万福寺	开山堂
9	IV型	I型、III型的简化形式	1650年（卷棚轩廊为1803年修缮时重建）	长崎	福济寺	青莲堂（观音堂）不存
10			1678年	长崎	圣福寺	大雄宝殿
11			推断为19世纪初期	长崎	清水寺	本堂次间
12	V型	中国江浙地区	1883年重建	长崎	兴福寺	大雄宝殿
13			1881年	长崎	兴福寺	三江会所门
14	VI型	日本唐门、唐破风	1794年以后	长崎	崇福寺	妈祖堂
15			1828年	长崎	崇福寺	妈祖堂门
16			江户末期	长崎	灵源院	本堂（佛殿）
17			1686年（江户后期应经历过大修）	长崎	兴福寺	妈祖堂
18			1705年	长崎	圣福寺	天王殿

结合日本黄檗宗寺院建筑中卷棚结构的数量、建筑时间、构造形式以及构件形制可以看出。黄檗卷棚虽为黄檗样的特征之一，但自黄檗宗建立之后，卷棚结构仅出现于日本长崎地区的部分寺院建筑中，并不见于除京都黄檗寺之外的其余黄檗宗寺院。随着时间的推移，黄檗卷棚轩廊在建造过程中其结构不断被简化并融入了日本近世建筑的特征，直至出现了完全采用了日本本土做法的卷棚形式（VI型）。可见黄檗卷棚对于日本黄檗宗建筑的影响是极有限的。

参考文献

［1］吉谷一彦．**黄檗宗伽藍の特徴について**．日本建築学会九州支部研究報告第32号．

［2］京都府教育委员会编．**重要文化财萬福寺大雄宝殿禅堂修理工事报告**．1970．

［3］吉谷一彦．**黄檗建築から黄檗宗建築へ**．日本建築学会大会学術講演梗概集（东北）．

［4］堀内仁之．**江户の黄檗宗寺院について–黄檗宗建築の研究**．日本建築学会関東支部研究報告集．

［5］山本輝雄．清水寺〔長崎市所在）本堂の建築について-長崎市所在黄檗宗寺院建築の研究．日本建築学会中国・九州支部研究報告第4号．
［6］山本輝雄．兴福寺妈祖堂の建築について-長崎市所在黄檗宗寺院建築の研究．日本建築学会中国・九州支部研究報告第3号．
［7］山本輝雄．長崎地方の黄檗宗寺院違築にお-前面一間通り吹き放し部分ヒ所谓黄檗天井．日本建築学会中国・九州支部研究報告第6号．
［8］关野贞原著；路秉杰译．**日本建筑史精要**［M］．上海：同济大学出版社，2012．
［9］聖福寺编．**長崎聖福寺调查报告**．2013．
［10］文化財建造物保存技術協会编．**崇福寺大雄宝殿、第一峰门保存修理工事报告书**．1995．
［11］京都府教育委员会编．**日本黄檗山万福禅寺内七座建築修缮工事报告**．1972．
［12］铃木嘉吉．**国宝大事典 建造物**［M］．东京：講談社，1985．

图书在版编目（CIP）数据

建筑史. 第45辑 / 贾珺主编. —北京：中国建筑工业出版社，2020.6

ISBN 978-7-112-25136-0

Ⅰ. ①建… Ⅱ. ①贾… Ⅲ. ①建筑史—世界—文集 Ⅳ. ①TU-091

中国版本图书馆CIP数据核字（2020）第078494号

责任编辑：徐晓飞 张 明
责任校对：赵 菲

建筑史（第45辑）
贾珺 主编
*
中国建筑工业出版社出版、发行（北京海淀三里河路9号）
各地新华书店、建筑书店经销
北京锋尚制版有限公司制版
北京中科印刷有限公司印刷
*
开本：880×1230毫米 1/16 印张：15½ 字数：428千字
2020年6月第一版 2020年6月第一次印刷
定价：48.00元

ISBN 978-7-112-25136-0
（35912）